.NET 开发经典名著

学习编程第一步

以零基础上手 C#开发为例

[美] Rob Miles 著
王 净 译

清华大学出版社
北 京

北京市版权局著作权合同登记号 图字：01-2016-9912

图书在版编目(CIP)数据

学习编程第一步：以零基础上手C#开发为例 / (美)鲍勃•迈尔斯(Rob Miles) 著；王净 译. —北京：清华大学出版社，2017
(.NET开发经典名著)
书名原文：Begin to Code with C#
ISBN 978-7-302-47578-1

Ⅰ.①学… Ⅱ.①鲍… ②王… Ⅲ.①C语言—程序设计 Ⅳ.①TP312.8

中国版本图书馆CIP数据核字(2017)第142876号

责任编辑：王 军 于 平
装帧设计：孔祥峰
责任校对：牛艳敏
责任印制：沈 露

出版发行：清华大学出版社
网　　址：http://www.tup.com.cn，http://www.wqbook.com
地　　址：北京清华大学学研大厦A座　**邮　　编：**100084
社 总 机：010-62770175　**邮　　购：**010-62786544
投稿与读者服务：010-62776969，c-service@tup.tsinghua.edu.cn
质 量 反 馈：010-62772015，zhiliang@tup.tsinghua.edu.cn
印 刷 者：北京鑫丰华彩印有限公司
装 订 者：三河市溧源装订厂
经　　销：全国新华书店
开　　本：185mm×260mm　**印　　张：**27　**字　　数：**708千字
版　　次：2017年7月第1版　**印　　次：**2017年7月第1次印刷
印　　数：1～3000
定　　价：69.80元

产品编号：074386-01

译 者 序

Microsoft Visual Studio(简称 VS)是美国微软公司的开发工具包系列产品。VS 是一个基本完整的开发工具集，它包括整个软件生命周期中需要的大部分工具，如 UML 工具、代码管控工具、集成开发环境(IDE)等。所写的目标代码适用于微软支持的所有平台。C#是微软公司发布的一种面向对象的、运行于.NET Framework 之上的高级程序设计语言。C#与 Java 有着惊人的相似之处；它包括诸如单一继承、接口、与 Java 几乎同样的语法和编译成中间代码再运行的过程。但是 C#与 Java 存在明显区别，它借鉴了 Delphi 的一个特点，与 COM(Component Object Model，组件对象模型)是直接集成的，而且它是微软公司 .NET Windows 网络框架的主角。C#是一种安全的、稳定的、简单的、优雅的、由 C 和 C++衍生出来的面向对象编程语言。它在继承 C 和 C++强大功能的同时去掉了一些它们的复杂特性(例如没有宏以及不允许多重继承)。C#综合了 VB 简单的可视化操作和 C++的高运行效率，凭借其强大的操作能力、优雅的语法风格、创新的语言特性和便捷的面向组件编程的支持，成为.NET 开发的首选语言。

本书作者 Rob Miles 是一名具有多年实践教学经验的资深教师，在英国赫尔大学从事编程教学 30 多年，同时也是一位资深的 Microsoft MVP。

全书共分为四部分，第 I 部分“编码基础”包括七章，主要介绍如何安装和使用所需的编程工具，以及 C#编程语言的基础元素。第 II 部分“高级编程”包括四章，主要介绍用来创建复杂应用程序的 C#编程语言相关功能，包括介绍如何将大型程序分解成更小的元素，如何创建用来反映待解决具体问题的自定义数据类型以及如何在存储中保存数据；第 III 部分“创建游戏”包括四章，主要介绍如何构建一些可玩的游戏，同时学习如何通过继承以及基于组件的软件设计扩展编程对象；第Ⅳ部分“创建应用程序”包括三章，主要学习如何创建完全成熟的应用程序，如何设计图形化用户界面，如何将程序代码与显示器上的元素连接起来以及如何构建现代应用程序。

本书图文并茂，技术新，实用性强，以大量实例对 C#功能做了详细的解释，是 C#用户不可缺少的实用参考书籍。本书可作为 C#编程人员的参考手册，适用于计算机技术人员。

本书主要由王净翻译，参与本书翻译的还有田洪、范园芳、范桢、胡训强、纪红、晏峰、余佳隽、张洁、赵翊含、何远燕、任方燕、吴同菊、曹兵、朱婷婷、蒋芬娇、王湘旭、朱荣玲、罗聪玉、戈毛毛，在此一并表示感谢。此外，还要感谢我的家人，她们总是无怨无悔地支持我的一切工作，我为有这样的家庭而感到幸福。

译者在翻译过程中，尽量保持原书的特色，并对书中出现的术语和难词难句进行了仔细推敲和研究。但毕竟有少量技术是译者在自己的研究领域中不曾遇到过的，所以疏漏和争议之处在所难免，望广大读者提出宝贵意见。

最后，希望广大读者能多花些时间细细品味这本凝聚作者和译者大量心血的书籍，为将来的职业生涯奠定良好的基础。

王　净

作 者 简 介

Rob Miles 在英国赫尔大学从事编程教学 30 多年。他是一名资深的 Microsoft MVP，并且热爱编程、C#以及创建新事物。只要有空闲时间，他就会钻研代码。他喜欢创建程序，然后运行并查看所发生的事情。他认为编程是可以学到的最富有创造性的技能。此外，他还认为我们与火星人之间的战争最终会以我们的胜利而告终，因为我们可以使用 Visual Studio，而火星人却不能——宇宙中没有比软件更好的东西了。

虽然他声称知道许多有趣的故事，但没有人听他讲过一个笑话。如果你想要了解 Wacky World of Rob Miles，可以在 www.robmiles.com 上阅读他的博客，并可以通过@RobMiles 在 Twitter 上与他联系。

前　　言

我认为，编写程序是一项最富有创造性的活动。如果学会了画画，则可以绘制出美妙的图画。如果学会了拉小提琴，则可以奏出美妙的音乐。但如果学会了编程，则可以创造全新的体验(如果你愿意，也可以绘制出炫酷的图画以及美妙的音乐)。一旦踏上了编程这条路，那么你可以到达的目的地是没有任何限制的。通常，所学到的编程技能总有用武之地。

你可以将本书视为开启编程之旅的第一步。一旦头脑中有了奋斗的目标，那么努力的过程将是美好的，学习编程亦是如此。因此，我更愿意将学习编程的目的描述为"有用性"。虽然在学完本书后，你可能并不会成为世界上最优秀的程序员，但至少具备正确编写有用程序所需的技能和知识。至少有一个你编写的程序会在 Microsoft Store 中供他人下载使用。

然而，在开始学习之前，我想先给出一个小小的警示。如果你打算进行一次探险之旅，那么一定可以找到一本指南告诉你可能会遇到的狮子、老虎以及鳄鱼，同样，我认为必须让你知道的是，我们的学习旅程不可能是一帆风顺的。程序员必须学会以不同方式来思考需要解决的问题，因为计算机的工作方式与我们人类的工作方式不一样。人类可以慢慢地完成一些复杂的事情，而计算机则可以非常快速地完成一些简单的事情。程序员的工作就是如何利用计算机的一些简单的功能来解决复杂的问题。而这恰恰也是我们将要学习的内容。

成为一名合格程序员的成功要素与努力成为其他职业人的成功要素是一样的。如果想要成为一位世界知名的小提琴演奏家，就必须进行大量的练习。对于编程来说也是如此。只有花费大量的时间来编写自己的程序，才能掌握代码的编写技巧。就像小提琴演奏家真正地喜欢乐器唱歌一样，让一台计算机完成你希望的工作是一个真正令人满意的体验。当看到其他人正在使用你编写的程序并认为该程序实用且好用时，你一定会感到非常愉快。

本书的组织结构

本书共分为四个部分。每一部分都是建立在前一部分的基础之上，从而引导读者逐步成为一名成功的程序员。首先，将学习程序告诉计算机完成工作所需的低级别编程指令，然后学习一些专业的软件实践。

第 I 部分：编码基础

第 I 部分是入门，主要介绍如何安装和使用所需的编程工具，以及 C#编程语言的基本元素。

第Ⅱ部分：高级编程

第Ⅱ部分描述用来创建复杂应用程序所使用的C#编程语言的相关功能。该部分将介绍如何将大型程序分解成更小的元素，如何创建用来反映待解决具体问题的自定义数据类型。此外，还将学习当程序不使用某些数据时如何在存储中保存这些数据。

第Ⅲ部分：创建游戏

创建游戏是非常有趣的。同样，事实证明，它也是学习如何使用面向对象编程技术的一种非常好的方法。在该部分，将构建一些可玩的游戏，同时学习如何通过继承以及基于组件的软件设计扩展编程对象的基础知识。

第Ⅳ部分：创建应用程序

在第Ⅳ部分，将学习如何创建完全成熟的应用程序。你将学习如何设计图形化用户界面以及如何将程序代码与显示器上的元素连接起来。学习如何构建现代应用程序。

本书的学习方法

在每一章，都会介绍一些关于编程的相关内容。首先，我会演示如何完成某个操作，然后引导读者使用所学的内容完成一些自己的操作。读者所完成的内容不会超过一个页面。每一章都会使用到Snaps库，该库预先创建了部分功能(本书会介绍如何使用该库)。随后，由读者来完成其他一些操作！

如果愿意，可以直接通读本书。但如果放慢阅读速度，并在学习过程中完成一些实际操作，将会学到更多内容。实际上，本书并不完全是一本教你如何编程的书，任何一本关于自行车的书都不可能教会你如何骑自行车。你必须投入大量时间和实践来学习如何编程。在你尝试进行编程时，本书可以提供相关的知识和信心，此外，当所编写的程序无法按预期运行时，本书也会为你提供帮助。本书中的所有内容将帮助你学习如何编程，努力吧！

动手实践

当然，学习的最佳方法是实践，所以你会发现本书中包含许多“动手实践”部分。该部分提供了练习编程技能的方法。首先从一个示例开始，然后介绍一些可以自己尝试完成的步骤。你创建的所有程序都会在Windows PC、笔记本电脑或者手机上运行。甚至可以通过Windows Store将自己的创作成果发布到全世界。

代码分析

学习如何编程的一个好方法是研究其他人编写的代码，并弄清楚该代码完成的操作(有时还需要弄清楚为什么代码没有完成它应该完成的操作)。在本书的“代码分析”中，将使用演绎技巧来阐释一段程序的行为，讨论如何修复bug并提出一些改进建议。

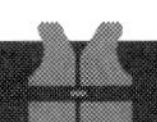

易错点

如果你不知道程序失败的原因，那么在开始编写第一个程序之后将会很快学习到相关内容。为了帮助你提前处理相关问题，本书提供了“易错点”部分，其中预测了可能遇到的问题，并提供了相应的解决方案。例如，当介绍一些新知识时，有时我会花一些时间来考虑程序可能失败的原因以及当使用新功能时所担心的问题。

程序员要点

我曾经花费了大量时间教授如何进行编程。同时，还编写许多程序并向几个付费用户出售了一些程序。通过大量的实践，我学会了一些软件设计的方法，而这些方法我希望在你学习编程的过程中就可以掌握。“程序员要点”的目的是预先给你提供相关信息，以便你可以在学习软件开发的过程中从软件开发的专业角度思考问题。

“程序员要点”涵盖了许多问题，从编程到人再到哲学。我强烈建议你仔细阅读并吸收这些要点——在以后的工作中，这些要点可以为你节省大量时间！

程序和 Snaps 库

没有人会从头开始创建程序。所有软件都是通过使用已经构建的部分软件而构建的。如果一个程序想要显示文本，或者播放一些视频，那么只需要请求另一个程序完成相关操作即可。每种流行的计算机语言都由一个巨大的现有代码库所支持，程序员需要了解的其中一件事就是如何使用这些库以及其他人编写的软件。

我已经为本书专门创建了 Snaps 库。该库提供了一组易用且便于组合的功能行为。在你的第一个程序中就会用到 Snaps 库。本书的后面还会介绍其他可以用来构建程序的功能库。

使用了 Snaps 库的程序需要在 Snaps 引擎中运行，Snaps 引擎是一个独立的环境，在该环境中，程序可以发出消息、从用户获取输入、绘制图像、发出声音，甚至可以知道天气的状况。

本书会提供相关的示例来说明 Snaps 库的工作原理，至于通过这些示例可以学习到什么，就由你去体会了。我们所遵循的原则是“如果你无法通过编程让你的朋友和家人留下深刻印象，那么该程序的意义是什么呢？”我真的希望你可以构建一些令人印象深刻的程序，甚至可以发布给其他人使用。

程序员要点

一切都建立在别人的代码之上

第一个程序员要点是，一名优秀的程序员可以“创造性地偷懒”，这看起来是非常合理的。如果可以使用已编写好的程序，就没有必要编写类似的程序。本书提供的 Snaps 库就是这样一个示例。本书的后面会介绍该库的一些内部代码，你会发现，它本身就使用了其他库。

软件和硬件

如果想要运行本书中的程序，需要一台计算机以及一些软件。我想我恐怕无法为你提供一台计算机，但在本章，你会找到在哪里可以获取 Visual Studio 2015 Community Edition，可以使用这个免费的软件来创建自己的程序。此外，还会知道到哪里下载 Snaps 库以及用来学习和使用的演示代码。

计算机必须运行 Windows 10 操作系统的 64 位版本，此外，还要满足以下需求：

- 1GHz 或者更快的处理器，最好是 Intel i5 或更高版本。
- 至少 4GB 的 RAM，但最好是 8GB 或以上。
- 完整的 Visual Studio 2015 Community 安装需要占用 8GB 的磁盘空间。

对于图形显示器没有具体的要求，但是当编写代码时，高分辨率的屏幕可能让你看到更多内容。Snaps 库可以使用触摸屏、鼠标、笔输入设备以及 Xbox One 和 Xbox 360 控制器(针对第III部分开发的游戏)。

Visual Studio 2015 Community Edition 是一款免费的应用程序，可用来在 Windows 10 PC 上创建 C#程序。如果你的计算机上只安装了 Visual Studio 的更早版本(比如 Visual Studio 2013)，那么恐怕无法使用该版本来完成书中的程序。然而，Visual Studio 的 2015 版本可以与现有的安装一起使用。在第 1 章，我会提供一个链接来详细指导如何安装和运行 Visual Studio。但为了更好地使用 Visual Studio，你最好拥有一个 Microsoft 账号，以便为你分配一个开发许可证。

下载

在本书的每一章，我都会演示并解释一些程序，从而教你如何开始编程——当然，你也可以使用程序来创建自己的程序。可以下载 Snaps 库、书中的示例代码、Visual Studio 的安装和设置说明(请从以下页面下载)：

https://aka.ms/BeginCodeCSharp/downloads

按照第 1 章以及安装文档的说明就可以成功安装示例程序和代码。也可扫描封底的二维码获取下载资源。

致谢

我真的非常喜欢撰写图书。首先，非常感谢 Microsoft Press 的 Devon Musgrave 和其他工作人员，感谢他们给予我撰写本书的机会，其次感谢 Rob Nance 所提供的美妙艺术品以及 John Pierce 和 Lance McCarthy 在文本方面所完成的奇妙工作。事实证明，他们所给予的帮助是非常重要的，正是由于他们的帮助，才确保了本书的所有内容尽量正确无误。

勘误表、更新和图书支持

我们已经尽最大的努力来确保本书及其相关内容的正确性。可以通过以下页面访问本书的更新——其形式为勘误表以及相关修改的列表：

如果你发现了未包含在该列表中的错误，请通过相同的页面将该错误提交给我们。

如果需要额外的支持，请发送电子邮件到 Microsoft Press Book Support(mspinput@microsoft.com)。

注意，上面的地址并不会提供 Microsoft 软件和硬件的产品支持。如果想要得到 Microsoft 软件或硬件的帮助，请访问 http://support.microsoft.com。

我们想要聆听你的想法

对于 Microsoft Press 来说，你的满意是我们的重中之重，而你的反馈则是我们最大的财富。请告诉我们你关于本书的想法：

http://aka.ms/tellpress

我们知道你肯定非常忙，所以只提供了几个简短的小问题。你的答案会直接发送给 Microsoft Press 的编辑们(并不需要提供任何个人信息)。在此先对你表示感谢！

保持联系

让我们在 Twitter 上保持联系：http://twitter.com/MicrosoftPress。

目　录

第 II 部分 高级编程

第Ⅳ部分 创建应用程序

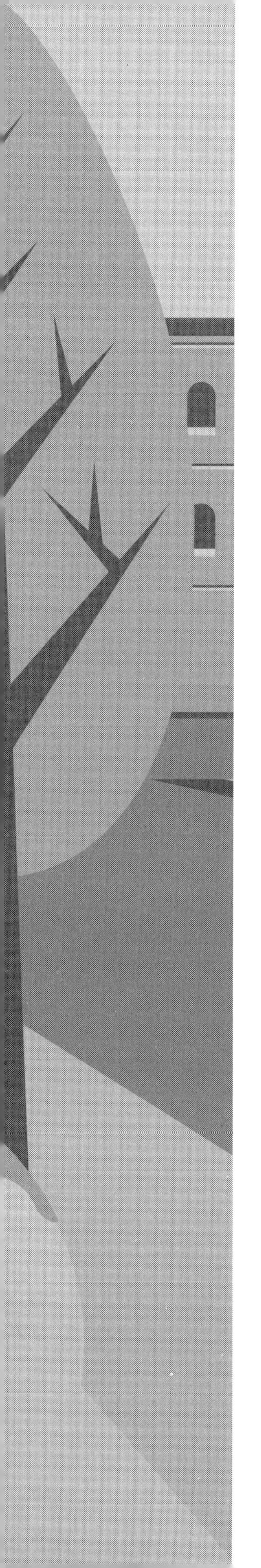

第 I 部分

编 程 基 础

让我们开始编程的启蒙阶段。首先，学习安装所需的编程工具。然后你会了解计算机实际可以完成的工作以及什么是编程语言。此外，还会首次尝试使用C#语言来告诉计算机完成所需的工作，并且了解如何使用Snaps库(为了在后面的程序中使用而创建的辅助程序)。

本部分旨在介绍本书中所有程序使用的C#编程语言的基本要素，而在第II部分，将学习建立在这些编程基础之上的现代编程语言(比如C#)，以便更容易地创建应用程序。

第 1 章

入 门

本章主要内容：

当程序员创建应用程序时，需要使用一组工具和相关技术。在本章，我们将学习编写程序需要使用哪种类型的计算机以及如何找到并安装生成书中代码所需使用的工具。此外，还会通过使用书中的 C#示例应用程序迈出实际编码的第一步。

- 建立工作场所
- 获取工具和演示
- 使用工具
- 所学到的内容

1.1 建立工作场所

如果你是一名花费了大量时间在不同国家之间运输货物的卡车司机，那么一定希望拥有一个舒适座椅的卡车、良好的道路视野以及轻松的驾驶控制。此外，如果卡车拥有强劲的动力能够以合适的速度爬山，并可以轻松地应对弯曲的山腰道路，就更好了。

同样的道理，如果需要花费大量的时间在键盘上编写程序，那么拥有一个像样的工作场所是很有必要的。如果愿意，只需在某处安装一台计算机、一个键盘以及一个屏幕，然后搬来一把椅子就可以开始工作了(如果你不介意长时间坐在该椅子上工作)。

虽然编写程序并不一定需要非常好的计算机，但所使用的计算机应该拥有足够的内存和处理器性能来处理所使用的工具。我建议应该使用至少带有 i5 或相当的处理器、4GB 内存以及 256GB 磁盘空间的 Windows 10 设备。虽然也可以使用速度稍慢的处理器，但这些处理器会在一定程度上阻碍开发进程，因为在你对程序进行任何更改后，这些处理器可能会花费一段时间来更新程序。

还有一件非常重要的事情是必须拥有一台运行 Windows 10 的 64 位版本的计算机。目前，已经有很少的设备运行 Windows 10 的 32 位版本。虽然 32 位版本对于大多数应用程序来说都是适用的，但在该版本中却无法使用 Visual Studio 来构建 Windows 10 应用程序。

1.2　获取工具和示例

我们将要使用的所有工具都是免费下载和安装的。此类强大的软件对任何人都是免费使用的事实让人感到惊叹。Visual Studio 程序使创建应用程序和游戏变得非常简单。它甚至可以帮助你将应用程序放在 Windows Store 上售卖。

我强烈建议那些开始学习编程的人至少将自己的一个程序放到市场上。一旦想到自己编写的软件在市场上供其他人使用，是一件非常有趣的事情。

然而，在开始共享或出售编程产品之前，首先必须下载和安装编程所需的工具。根据网络连接速度的不同，安装所需要的时间也不相同。有时，需要坐下来等待从 Internet 上获取相关工具并进行安装。当 Visual Studio 下载并安装完毕之后，可能还需要花费一些时间来整理并完成一些相关操作。注意：按照我提供的顺序执行相关操作是非常重要的，但只需要在每一台计算机上完成一次安装即可。

安装 Visual Studio 所遵循的步骤有时可能会因为是否拥有一个 Microsoft 账户或者因为其他原因而有所变化。因此，在本章中，我并没有介绍详细的步骤，而是在网上提供了相关的信息，以便可以在需要的时候进行更新。

如果你还没有下载本书前言中“下载”部分所介绍的示例代码以及其他在线内容，那么可以访问下面的网站并下载文件：

```
https://aka.ms/BeginCodeCSharp/downloads
```

打开名为 GettingStarted.pdf 的文件，按照文件中提供的操作指南安装 Visual Studio Community 2015 并提取和安装示例代码和应用程序。

安装完成只是做好了开始的准备，请使用 File Explorer 打开示例代码中的文件夹。此时，应该可以看到如图 1-1 所示的文件和文件夹。现在，可以打开 Visual Studio，并使用 C#进行编码(下一节将学习如何编码！)。

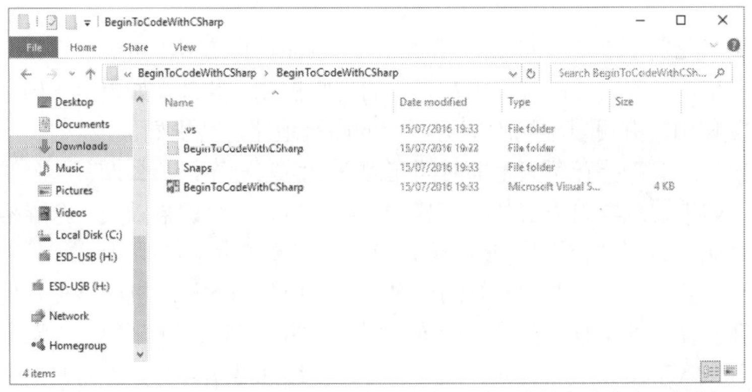

图 1-1　BeginToCodeWithCSharp 文件夹中的内容。稍后将使用此内容开始学习之旅

1.3　使用工具

我们已经迈开了学习如何编程的第一步。现在，可以打开 Visual Studio 并开始使用本书的

演示代码了。这就好比是打开一个新公寓或房子的前门，或者得到一辆闪亮的新车。

1.3.1 Visual Studio 项目和解决方案

如本节所述，Visual Studio 以项目(project)或解决方案(solution)的形式组织编程工作。当使用 Visual Studio 开发应用、应用程序、网站、Web App、脚本、插件或者其他程序时，都会创建一个新项目。项目包含了开发程序所需要使用的一组资源(代码文件、图像等)。当创建项目时，Visual Studio 还会创建一个解决方案，并在该解决方案中包含项目。一般来说，一个解决方案包含单个项目，但是当所开发的程序需要使用其他项目所包含的资源时，可向解决方案中添加额外项目。解决方案中的所有项目都由 Visual Studio 进行合并，从而使解决方案正常工作。

就像字处理程序可以与某一文档文件相关联一样，Visual Studio 也可以自动与解决方案文件(.sln 文件)相关联。这意味着当打开解决方案 BeginToCodeWithCSharp 时(如图 1-2 所示)，会自动打开 Visual Studio 环境以及该解决方案。现在，请找到该解决方案文件并打开(例如，双击该文件)。

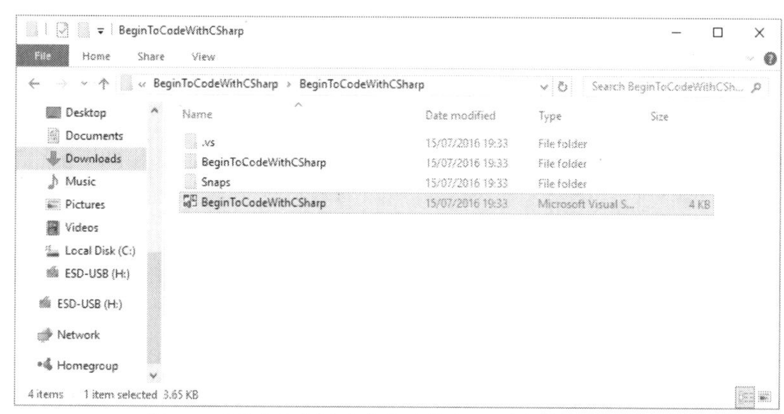

图 1-2 通过双击解决方案文件打开对应的解决方案

Visual Studio 是一种保护性程序，不会自动相信任何从 Internet 上下载的项目，所以它会询问是否确认该解决方案中的项目是可信任的，如图 1-3 所示。此时，相关项目都是可信任的(毕竟这些代码都是我编写的)，所以请选择 OK。

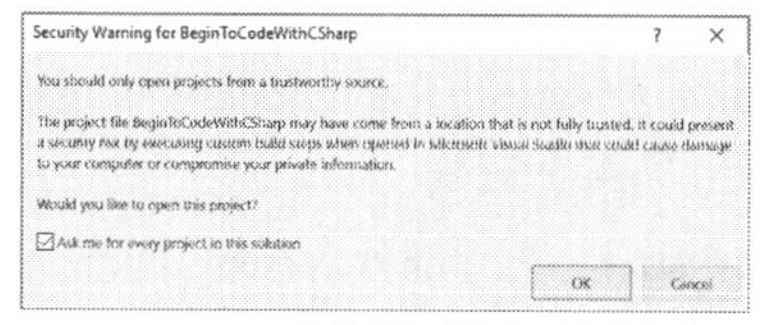

图 1-3 Visual Studio 确定是否信任所选择打开的文件

Visual Studio提供了一个名为Solution Explorer的工具，可以使用该工具浏览解决方案中的项目，以及查看解决方案和项目中的每一个文件。Solution Explorer提供了一个解决方案和项目的有组织视图，所以让我们看一下该视图。图1-4显示了Visual Studio打开BeginToCodeWithCSharp解决方案时所看到的内容(根据所安装的选项不同，你所看到的内容可能也略有不同)。

该解决方案包含了两个项目，分别为 BeginToCodeWithCSharp 项目和 Snaps 项目，该项目包含了示例应用程序中使用的一组工具。Snaps 项目提供了可以被任何程序使用的基础功能，当然也包括稍后将会创建的程序。本书后半部分会详细介绍 Snaps 的相关内容。

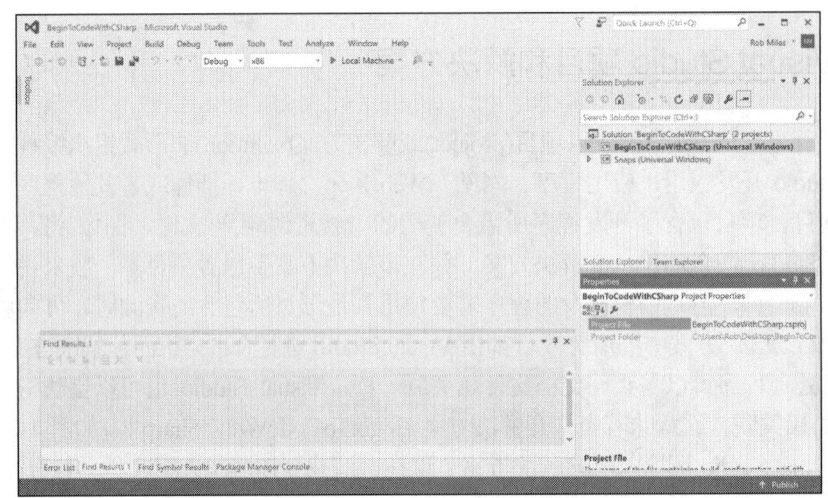

图 1-4　Visual Studio 的主页面。Solution Explorer 位于该页面的右上角

1.3.2　通过 Visual Studio 运行程序

Visual Studio 也被称为 IDE(Integrated Development Environment，集成开发环境)。在该环境中，程序员不仅可以编写自己的程序代码，还可以查看程序的运行。下面运行一些由书中示例代码所创建的示例应用程序，以此进一步了解 Visual Studio。

如果想要控制一个程序，可以使用 Run 按钮来告诉 Visual Studio 运行程序。该 Run 按钮就是图 1-5 中指出的绿色箭头。

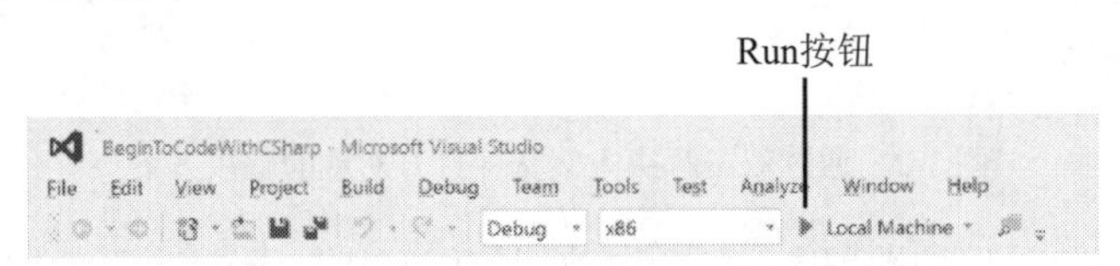

图 1-5　使用 Visual Studio 的 Run 按钮启动程序

当使用 Run 按钮启动一个应用程序时，Visual Studio 实际完成了两件事情。首先，通过使用解决方案中管理的组件创建该应用程序。该过程被称为构建应用程序。应用程序构建完毕之后，Visual Studio 交出控制权并运行程序。对于本书的解决方案，构建过程需要使用一个 Internet 连接才能完成。

接下来单击 Run 按钮，运行应用程序。此时，Visual Studio 将显示如图 1-6 所示的“Begin to Code with C#”窗口。如果愿意，可以在屏幕周围移动窗口，最小化窗口，或者使用右上角的 Maximize 按钮(正方形图标)全屏显示窗口。

解决方案 BeginToCodeWithCSharp 是为了让你浏览本书的示例应用程序而创建的一个应用程序。换句话说，书中的每个演示程序都作为一个单独的应用程序包含在该解决方案中，通过运行该解决方案，可以选择想要运行的特定示例应用程序。其中某些程序是可以直接使用的完全成熟的应用程序，而另一些程序则是为了便于学习而创建的特定编程知识点的简单演示。

窗口底部的按钮是用来控制这些示例应用程序运行的。如果想要运行某一应用程序，首先需要使用按钮上方的导航面板选择该程序。在左边名为 Folder 的面板中，可以选择某一特定的应用程序文件夹，大多数文件夹都以本书章节的名称命名。而在右侧的面板中，可以选择对应章节中的某一应用程序。最后，当单击 Run an app 按钮时，就会运行所选择的应用程序。

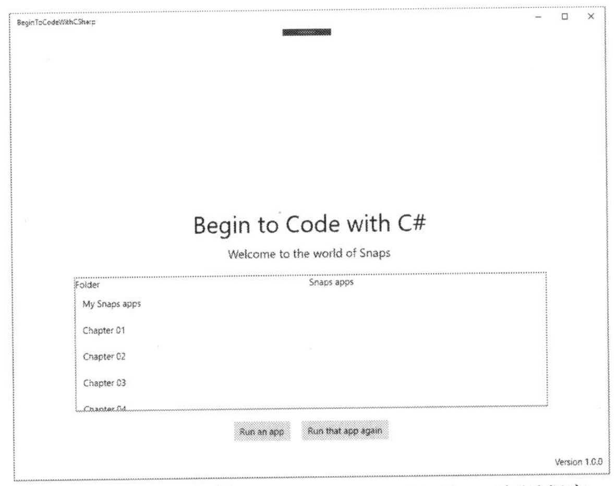

图 1-6　正在运行的 BeginToCodeWithCSharp 应用程序

动手实践

选择并运行一个应用程序

这是我们第一个“动手实践”侧边栏。在该侧边栏中，有时我会要求你完成一些事情，有时会要求你简单地尝试一下相关操作。但不管怎样，你所做的都是开发人员可能完成的操作。此时，我仅要求你选择并运行 BeginToCodeWithCSharp 文件夹中的部分应用程序(当然，这也是本书中最简单的“动手实践”)。

请确保解决方案可以正常运行。首先从左边的面板中选择一个文件夹，然后从右边的面板中选择一个示例应用程序。此时有许多应用程序可供选择。可以先看一下 Chapter03 文件夹中的 Ch_03_03_Speaking 应用程序，该程序可以让计算机通过声音的方式介绍自己。

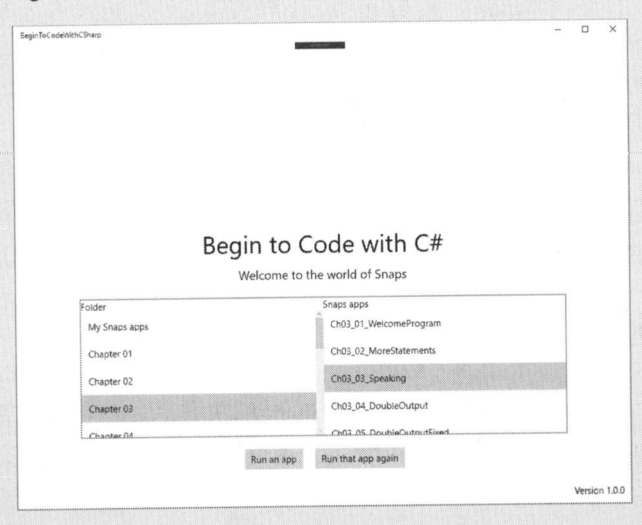

单击 Run an app 按钮，运行所选择的应用程序。当关闭应用程序时，导航面板会再次显示。选择并运行更多的应用程序。如果你喜欢玩游戏，可以运行 Chapter13 文件夹中的 Ch_13_08_KeepUpGame。

1.3.3　在 Visual Studio 中停止程序运行

在尝试完一些应用程序之后，需要停止 BeginToCodeWithCSharp 应用程序。之所以如此，是因为当运行该程序时 Visual Studio 将会禁止对程序的内容进行任何更改。(就好像飞机仍然在空中飞行时无法对其进行维修一样。)当然，一旦停止运行，就可以对程序进行修改了。

如果想要停止程序，只需要使用右上角的 Close 按钮(X)关闭窗口即可，对于任何其他的应用程序也可以执行相同的操作。然而，除此之外，Visual Studio 还提供了一个可用来停止运行程序的 Stop 按钮(如图 1-7 所示)。当你的程序因为某种原因而“卡”住时，可以使用该按钮关闭程序。

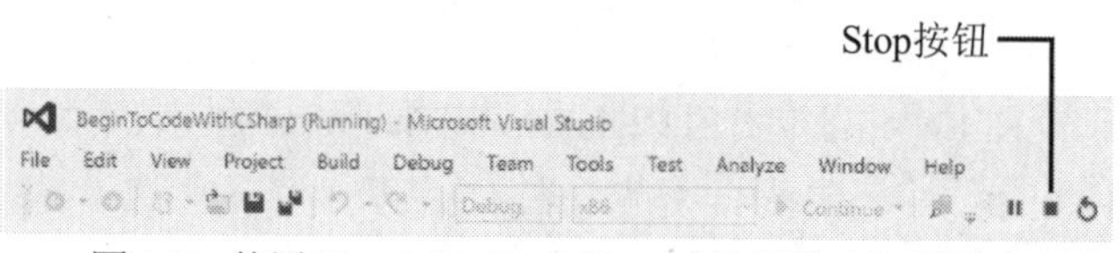

图 1-7　使用 Visual Studio 中的 Stop 按钮停止运行程序

重复运行应用程序

可以使用 Run that app again 按钮再次运行最后运行的应用程序。即使日后关闭了计算机然后再返回到 BeginToCodeWithCSharp 解决方案，最后运行的应用程序的名称也会被记住。

易错点

应用程序被“卡住”

欢迎来到第一个“易错点”侧边栏。在该侧边栏中，我们会了解一些在编写代码时可能遇到的陷阱，同时还会考虑如何在示例应用程序之间切换。

一些应用程序只是简单的演示，运行完毕之后就可以关闭，可以通过主应用程序的导航面板选择并运行。而另一些应用程序则需要持续运行，就像一个“真正的”应用程序。例如，你可能已经发现，无法停止 Keep Up！游戏；该程序被设计为持续运行。

如果你发现自己“卡在”某一应用程序中，并且想要运行其他的程序，那么可以从 Visual Studio 中停止 BeginToCodeWithCSharp 解决方案(具体方法如前所示)或者选择运行程序右上角的 X 按钮停止。虽然前面已经详细介绍了如何停止一个程序，但在此处包括这么一个“易错点”侧边栏的目的是提醒你在学习的过程中应该注意的问题。

1.3.4　MyProgram 应用程序

如你所见，当首次运行 BeginToCodeWithCSharp 解决方案时，应用程序会显示一个欢迎消息“Welcome to the world of Snaps”。当然，该消息也可以由内置于解决方案的一个程序来显示。下面查看一下完成显示的 C#代码。

在 Visual Studio 中，管理所编写程序的方法与 Windows 操作系统中管理文件的方式是相同的。当创建了一个程序时，通常会生成许多不同的部分，如图 1-8 所示。例如，现代应用程序通常会包含声音和图像，所有这些项需要保存在一起，以便用来构建已完成的程序。

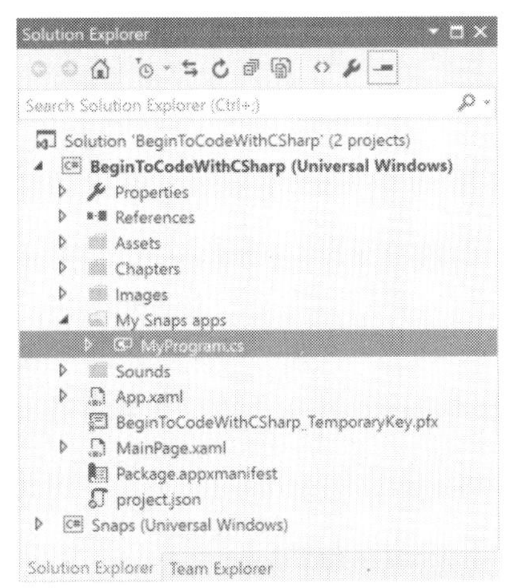

图 1-8　Solution Explorer 中的 MyProgram.cs 源文件和其他程序资源

在Visual Studio中，Solution Explorer可帮助程序员管理程序的不同元素。可将Solution Explorer视为一种特殊的文件浏览器。它提供了一个文件夹视图，其中包含了在Visual Studio中构建和运行应用程序所使用的所有文件。BeginToCodeWithCSharp项目包含了多个保存不同文件的文件夹。可以通过单击项附近的箭头来导航解决方案中的元素和文件夹。在本书后面，我们将学习更多相关的文件夹，但目前，只需要关注MyProgram.cs源文件(存储在My Snaps apps文件夹中，如图 1-8 所示)即可。该文件包含了BeginToCodeWithCSharp解决方案启动时所运行的程序代码。

如果在 Solution Explorer 中双击该文件，就会在 Visual Studio 的编辑器窗口中显示其代码，如图 1-9 所示。

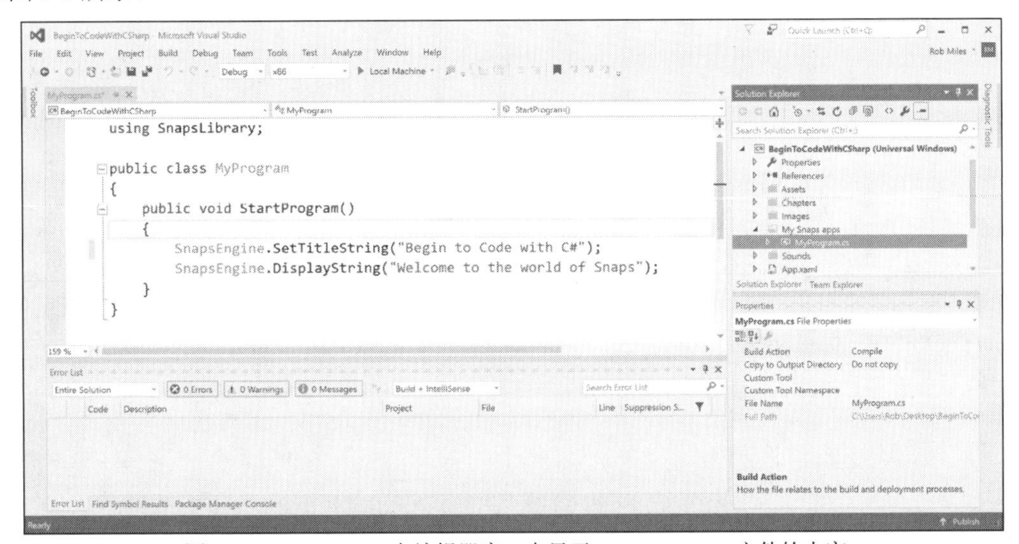

图 1-9　Visual Studio 在编辑器窗口中显示 MyProgram.cs 文件的内容

虽然所完成的操作与在一个字处理程序中打开一个文档是相似的，但所看到的并不是一连串构成某一故事(或者诗歌、报告)的单词，而是计算机运行程序时所执行的一系列指令。换句话说，你正在检查程序的代码。图 1-9 中所示的内容就是实际的 C#代码。所以，恭喜你！你已经第一次看到了 C#代码片段。

程序员要点

编程语言并不是那么特别

如果将编程语言想象为非常复杂且难以理解的事情，那么就大错特错了。我想大部分的人(当然主要指那些会英语的人)都可以理解图 1-9 中用来显示消息“Begin to Code with C#”和“Welcome to the world of Snaps”的程序。

虽然程序中的框架部分来自 C#语言(主要是为了便于理解)，但其他的部分都精心使用了可用来描述程序组件的名称。其实，也可以使用“xyzzy”而不是使用 SetTitleString 来表示在窗口中显示标题消息的行为。计算机并不关心相关行为叫什么名字，只要名字前后保持一致，并且能加以区分就行。然而，我并不是仅仅是为计算机编写程序，而是为初学者编写程序，初学者需要通过了解程序所完成的操作来学习代码，然后才可以开始编写自己的程序。

动手实践

修改消息内容

单击 Solution Explorer 中的箭头，打开 BeginToCodeWithCSharp 项目和 My Snaps apps 文件夹。然后双击 MyProgram.cs 文件，将其打开进行编辑(如果该文件还没有打开)。此时，可以通过更改该程序创建你自己的第一个程序，从而使其以不同的方式工作。可以从更改程序所显示的消息开始。正在运行的程序代码如下所示(从图 1-9 中也可以看到)：

```
public class MyProgram
{
    public void StartProgram()
    {
      SnapsEngine.SetTitleString("Begin to Code With C#");
      SnapsEngine.DisplayString("Welcome to the world of Snaps");
    }
}
```

Visual Studio 专门用不同的颜色显示代码的不同部分。通常的惯例是在程序代码中以红色显示程序运行时在屏幕上所显示的文本(这个文本称为字符串)。你并不需要手动将该字符串文本变为红色；只要在代码中正确地设置了字符串，就会自动完成(更多内容稍后详细讨论)。可以按照下面所示的代码对相关字符串进行一些更改，注意，不要修改其他任何代码。然后使用 Visual Studio 中的 Run 按钮再次运行程序。此时屏幕上的消息反映了对代码所做的修改。例如，下面所示的屏幕截图显示了更改后的结果。

```
public class MyProgram
{
    public void StartProgram()
    {
```

```
        SnapsEngine.SetTitleString("Rob Miles will one day rule the world");
        SnapsEngine.DisplayString("...oh yes he will");
    }
}
```

在更改文本时要更小心，不要删除程序中用来表示字符串开始和结束的双引号字符(")。如果删除了，就会发现该文本在C#程序中不再具有任何意义，同时当尝试运行程序时会收到错误提示。如果发生了以上情况，也不必担心：Visual Studio编辑器拥有强大的撤销功能，可以撤销对文件所做的更改。只需要按住Ctrl和Z键，就可以撤销对文件的连续更改。而如果在编辑器(即显示代码的窗口)中多次按下Ctrl+Z，那么最终会返回到程序的初始状态。

你已经编写了(或者至少是编辑了)自己的第一个程序。现在，如果有人要求你在屏幕上显示一条消息，我想你应该部分知道该怎么做了。当然，我还会对刚才所修改代码的其他部分进行解释，以便帮助你完全理解！

程序员要点

不存在所谓的“专业”程序

此时所运行的是一个“正确的”程序(在对MyProgram.cs文件完成编辑之后)。如果愿意，可以使用Visual Studio内置的工具将该程序提交到Windows Store，以便世界上的任何人都可以下载和使用(虽然坦诚地讲，我不确定有人会认为该程序有用)。学习编程的人往往想知道自己的编程水平什么时候可以达到“专业”开发人员的水平。答案很简单，只要有人愿意付钱给你为他们编写程序，那么你就是一名专业的开发人员。

虽然，付钱完成某事并不会自动地提升你的编程水平，但至少可以为你的努力提供方向。如果想要他人为你的程序付费，那么就需要确保该程序值得付费。在本书中，提供了许多优秀的编程实践示例，当某人看到你的某一程序时说：“我愿意为该程序付费”，你就可以用所学的知识提供高质量和高价值的程序。

1.4　所学到的内容

在第 1 章，我们建立了一个工作场所，安装了编写程序所使用的 Visual Studio 工具，还查看了一些本书所提供的示例应用程序。

你会发现，从本质上讲，Visual Studio 就是一个“程序员的字处理程序”，在该程序中可以创建和测试软件。此外，还会看到，Visual Studio 使用了解决方案和项目来组织资源和程序代码，将这些资源和代码合并在一起可以生成一个现代应用程序。通过更改程序所显示的消息，创建了你的第一个应用程序。

为了巩固对本章的理解，请考虑一下下面关于计算机、程序和编程的相关问题。

程序和应用程序之间的区别是什么？

当人们说起软件时，会发现单词*程序*和*应用程序*会交替使用。当我谈论某一个程序时，通常描述的是一些告诉计算机做什么的代码。我认为应用程序的概念应该更大，需要进行更多的开发。应用程序将程序代码以及诸如图像和声音之类的资产合并在一起，从而为用户提供一个完整的体验。而程序可以非常简单，甚至只包含若干行 C#代码行。

Visual Studio 中的项目和解决方案之间的区别是什么？

解决方案是最外层的容器。一个解决方案可以包含多个项目，通常被用来创建一个完整的应用程序或者产品。而*项目*可以包含 C#源文件，通常是一个解决方案的完整子组件。例如，组成 Snaps 框架的所有 C#程序文件都被打包为一个项目(即解决方案 BeginToCodeWithCSharp 中的 Snaps 项目)，并且可以在任何需要使用 Snaps 资源的解决方案中使用。当你学习本书的过程中开始编写自己的应用程序时，会多次使用到 Snaps 项目。

为什么需要使用 C#之类的专门语言为计算机编写程序？

针对该问题我最喜欢的答案是两组短句“光阴似箭，果蝇爱香蕉”。人类一般可以很容易理解前半句指的是飞行的物体，而后半句是关于昆虫以及它们所喜欢吃的午餐。但如果想要计算机理解这两个短句的真正含义，所花费的时间将是非常长的。人类使用语言的方式往往充满了模糊和混乱。但幸运的是，在两个用来接收语言的耳朵之间拥有一个强大的“计算机”(即大脑)，我们在幼年就已经开始花费大量的时间对其进行“编程”。相比之下，真正的计算机只是一个非常简单的思维机器，只有给定了严格和快速的规则，才会更好地工作。编程语言包含一组可以让计算机理解的特定指令，以便计算机可以正确地按照指令运行。

Visual Studio 是编写程序的唯一方法吗？

不是。可以使用许多其他的工具来创建软件。其中一些工具被绑定到一种特定的编程语言，而另一些则更加通用。当然，Visual Studio 是最好的工具之一。

如果破坏了程序，应该怎么办？

一些人担心，他们使用某一程序在计算机上完成的事情可能会以某些方式“破坏”该程序。曾经我也这样担心过，但只要确保所完成的任何操作都有返回的方法，就可以克服这种恐惧感。目前，你已经做好了学习 C#的准备，因为你知道如何在计算机上安装 Visual Studio，并且正在使用来自下载的.zip 文件夹中的演示代码副本，所以即使出现了某些可怕的错误，并最终破坏程序而导致其无法工作，也不必担心，只需要重新对.zip 文件夹进行解压并再次启动程序即可。

第 2 章

什么是编程

本章主要内容：

本章将介绍更多 C#程序。但在此之前，需要学习一些内容，从而了解如何成为一名程序员以及计算机实际可以完成哪些工作。

- 如何成为一名程序员
- 将计算机作为数据处理器使用
- 数据和信息
- 所学到的内容

2.1 如何成为一名程序员

如果你以前从未编写过程序，那么也不必担心。编程并不是一件非常复杂的事情——对，仅是编写程序而已。在学习编程的过程中，很多人在一开始时头脑中就充满了许多的想法和概念，从而会导致一定的混乱。

如果你认为学习编程是一件非常困难的事情并且认为自己可能无法完成，那么我强烈建议你将这些想法放到一边。实际上，编程就像为朋友组织一场生日聚会一样容易。

2.1.1 编程和聚会策划

如果你正在组织一场聚会，那么首先必须确定邀请谁参加。需要了解谁喜欢素食比萨，哪些孩子不能坐在一起，以避免造成麻烦。同时，还必须弄清楚孩子们可以带哪些礼物回家以及参加聚会的人应该做什么。此外，要计划好时间，以便在客人享用食物的同时可以看到有趣的魔术表演或者听到美妙的音乐。为将聚会组织好，可使用图 2-1 所示的内容来组织。编程与此相类似。它们都是有组织的活动。

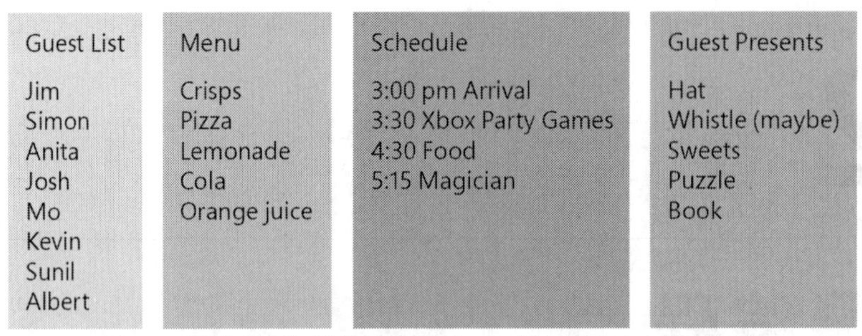

Guest List
Jim
Simon
Anita
Josh
Mo
Kevin
Sunil
Albert
Menu
Crisps
Pizza
Lemonade
Cola
Orange juice
Schedule
3:00 pm Arrival
3:30 Xbox Party Games
4:30 Food
5:15 Magician
Guest Presents
Hat
Whistle (maybe)
Sweets
Puzzle
Book

图 2-1 聚会策划与编程非常类似——都必须有一定的组织性

如果你有能力组织好一场聚会，就可以编写程序。虽然编程与组织一场聚会在很多地方都不同，但基本原则是相同的。因为一个程序包含了你所创建和管理的元素(不像那些不守规矩的顽童)，所以对所发生的事情可以进行完全控制。更重要的是，只要完成过一些编程实践，就可以学会系统地处理所有任务，所以大量编程实践可将你变成一位优秀的组织者。

大多数人将编程定义为“通过做一些没有人可以理解的事情来赚取巨额金钱。”而我却将编程定义为“针对给定的问题确定一种解决方案，并以一种计算机系统可以理解和执行的形式表达出来。”但也有一两种情况不属于这个定义的范畴：

- 在可以编写一个程序解决问题之前需要自己能够实际解决该问题。
- 计算机必须弄清楚你试图告诉它做什么。

可以将一个程序看作一个菜谱。如果不知道如何烤蛋糕，也就无法告诉其他人如何做。如果正在和你交谈的人无法明白诸如“将面粉和糖混合在一起”之类的指令，那么也仍然无法告诉他如何烤蛋糕。

要创建一个程序，必须首先制定出一个解决方案，然后用计算机可以执行的简单步骤写下来。

2.1.2 编程和问题

有时，我会将一个程序员想象为一个水管工。水管工会携带一大包工具和零件到达一个工作地点。在打开包之前，水管工通常会查看一下管道问题，然后拿出各种工具和零件，并将零件安装在一起，从而最终解决问题。编程与之相类似。首先给定一个待解决的问题，然后使用一个工具包(此时指某一种编程语言)解决该问题。你可以先了解一下问题是什么，然后再想出解决该问题的方法，最后将不同的语言部分组合在一起，从而解决问题。编程的艺术在于知道从工具包中取出哪些工具来解决问题的每一部分。

编程最有趣的部分在于拿到一个问题后将其分解为一组计算机可以执行的指令。然而，学习编程与学习某一种编程语言并不是一回事。编程并不仅是编写一个可以解决某一问题的程序。当编写程序时，必须考虑许多事情，而这些事情可能并不都直接与待解决的问题相关。

首先，假设你正在为一名客户编写程序。该客户碰到了一个问题，希望你编写一个程序来解决该问题。此外，该客户对计算机了解甚少。在开始解决问题之前，你甚至不需要讨论编程语言、计算机类型或者相类似的事情；首先要确保了解客户的需求。因为程序员往往对自己提出解决方案的能力感到自信，所以，一旦客户提出一个问题，他们会马上开始思考解决该问题的方法——这几乎是一种反射性动作。但遗憾的是，许多软件项目最终失败了，因为它们所解决的问题是错误的。在现实世界中，针对客户不存在的问题而提出所谓的解决方案是经常发生的事情。很多软件开发人员完全不知道客户到底需要或期望什么。相反，他们创建了自认为需要的东西。客户会认为，如果开发人员停止提问，就表示他们已经理解了需求并构建好了正确的解决方案。而只有在最终交付程序时可怕的真相才被揭示出来。对于程序员来说至关重要的一点是在做某事之前要知道究竟需要什么。

对客户来说最糟糕的事情总是听到“我可以做到”这句话。相反，程序员在说这句话之前，应该首先想一下“这就是客户想要的吗？我是否真的理解问题是什么？”回答这些问题是一种自律。在解决一个问题之前，应该确保对问题进行一个完整的定义，并且得到你和客户的认同。

在现实中，此类定义有时被称为功能设计规范(Functional Design Specification，FDS)。FDS 可以准确地告诉你客户想要什么。你和客户必须在 FDS 上签字，如果你提供一个符合设计规范的系统，那么客户就必须付费。一旦有了设计规范，就可以考虑解决问题的方法了。

你可能会认为，如果是为自己编写一个程序，就不需要制定规范，这种想法是错误的。编写某种形式的规范可迫使你更仔细地思考问题以及系统不需要做什么。需要明白一点的是，为自己编写程序与为客户编写程序需要做的事情是一样的。规范在一开始就设定了正确的方向。

程序员要点

规范始终在那里

我曾经为了赚钱编写了许多程序。但在没有制定出一致的规范之前，我从来没有编写过任何程序。甚至是为朋友工作也是如此。

现代开发技术将客户放在开发的核心位置，让他们以持续的方式参与设计过程。这些技术反映了一种假设，即在项目的开始阶段，制定一个明确的规范是非常困难的。作为一名开发人员，你不可能完全了解客户的业务，而客户也不可能知道可用来解决问题的技术存在的局限性和可能性。请记住，在进行下一步之前，制定一系列解决方案版本并与客户讨论每个版本是一个非常好的主意。该过程被称为原型设计(prototyping)。

2.1.3　程序员和人们

弄清楚客户需要什么是任何编程任务中最重要的方面之一。许多情况下，与其他人沟通是非常重要的。有时，你可能想要说服一个资金充沛的支持者相信你可以解决某个问题，或者使某一客户相信你已经针对他的问题指定了最好的解决方案。

虽然在刚开始时，并不是所有程序员都是非常出色的沟通者，但需要记住的是沟通技能是可以学习的，就像学习一种新的编程语言一样。这需要走出舒适的办公室——没有人会喜欢第一次站在观众的面前——但通过实践，可以快速掌握沟通技巧并大大增加了解相关业务活动的机会。

此外，有效的沟通还可以增强写作能力。能够编写出其他人可以阅读的文本是一项非常有用的技能。而掌握该技能的最有效方法就是通过实践。我的建议是从现在开始坚持写博客或者日记。刚开始也许只有你的母亲会阅读你的博客，但这没有关系；重要的是要经常进行写作练习。如果你经常写一些自己感兴趣的内容(我常在 www.robmiles.com 上写一些关于编程的文章)，那么会写得越来越好。

程序员要点

善于沟通的程序员可以获得更多的报酬和感兴趣的工作

即使只能用个别单词和词语进行沟通，也可以通过编程获得丰厚的报酬，只要可以快速地编写出满足给定需求的代码即可。但只有那些善于沟通的开发人员才会获得真正感兴趣的任务。这些开发人员可以提出自己的想法，并与客户进行交流，从而弄清楚客户的真正需求。

2.2 将计算机作为数据处理器使用

现在，你已经知道程序员需要做什么。接下来考虑一下什么是计算机以及是什么让计算机如此特殊。

2.2.1 机器、计算机和我们

人类是一个可以制造工具的种族。我们发明新东西，从而使生活更容易，并且数千年来一直都在制造不同的工具。很久以前，人们就开始使用机械设备，比如犁(使农业活动更高效)，但从20世纪开始，人们转向使用电子设备。图2-2给出了一个快速摘要。

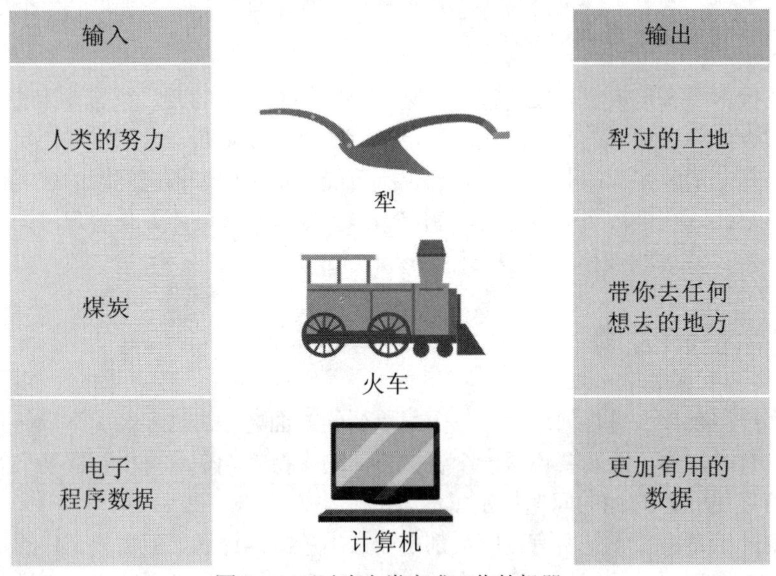

图2-2　可以为人类完成工作的机器

通常需要向机器提供输入，然后机器会生成我们所想要的东西或事件作为输出。以一个犁为例，人们的辛勤劳作和操纵为输入，最终输出可以种出更多粮食的土地。只要提供了足够的煤和轨道，火车就可以带我们去任何想去的地方。只要为计算机提供电能，程序就可以告诉它应该做什么，并使用一些数据进行工作。最后输出有用的数据。

随着计算机变得越来越小、越来越便宜，它们已经融入了我们生活的方方面面。许多设备(比如移动电话)都成为可能，因为我们将计算机放在里面让这些设备正常工作。但是需要记住计算机实际可以完成哪些工作；它们可以自动完成那些需要脑力活动的操作。其实不存在特别聪明的计算机；它们只是遵循给定的指令。从这方面讲，计算机与犁之间存在许多相同的地方——没有任何形式的意识。它们都只是工具，使我们的生活更加便利。

就像香肠机需要肉才能工作一样，计算机同样需要数据才能工作：将东西从一端放入，然后完成一些处理，最后从另一端产生输出。可以将计算机程序想象为一名足球教练在比赛前向球队作出的指示。教练可能会说“如果对手从左边进攻，Jerry 和 Chris 回撤。如果他们将球踢到后场，Jerry 就去追球。”随后，当比赛开始时，球队就会按照指示对相关事件做出响应，直到击败对手。

然而，在计算机程序与足球队在足球比赛中所采取的行为方式之间存在一个重要的区别。足球运动员知道某些指示是没有意义的。如果教练说“如果对手从左边进攻，那么 Jerry 首先唱一下国歌的第一节，然后尽可能快地跑到球场出口处”，我想该球员一定会反对。

遗憾的是，程序并不知道正在处理的数据的有效性，就像香肠机不知道什么是肉一样。如果将一辆自行车放到香肠机中，那么该机器仍然会尝试制作出香肠。将一些没有意义的数据输入计算机，计算机就会使用这些数据完成一些没有意义的事情。就计算机而言，数据就是一种输入的信号模式，必须以某种方式处理后才能产生其他的信号模式。计算机程序就是指令序列，告诉计算机使用输入的数据完成哪些操作以及输出数据的形式。

典型的数据处理应用程序示例如下所示(见图 2-3)：

- **移动电话** 电话里的微型计算机通过无线电通信接收信号，然后转换为声音。同时，还会接收来自麦克风的信号，并转换为可通过无线电通信发送的位模式。
- **汽车** 发动机里的微型计算机通过传感器获取相关信息，从而了解当前发动机的转速、行驶速度、空气含氧量、油门设置等，并产生对应的电压来控制化油器设置、火花塞定时以及其他设置，从而优化汽车性能。
- **游戏机** 计算机接收来自控制器的指令，并使用这些指令管理为了玩游戏所创造的人造世界。

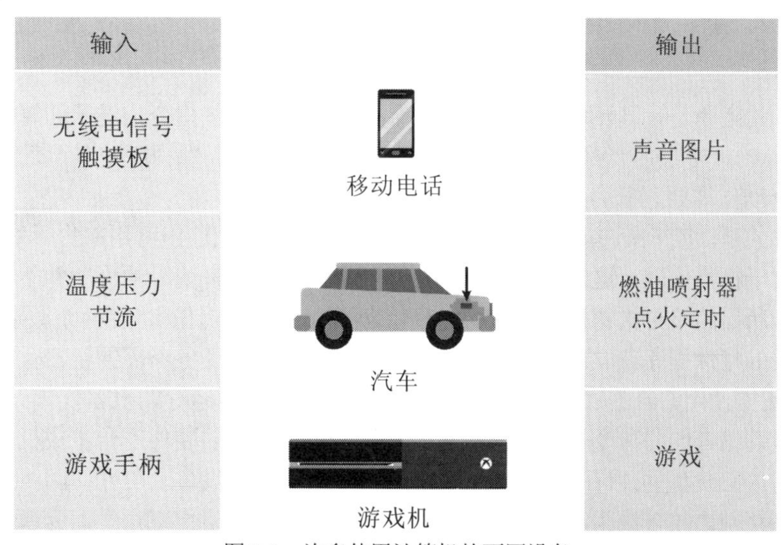

图 2-3 许多使用计算机的不同设备

如今，大多数复杂设备都包含了数据处理组件来优化性能，此外，还有一些设备专门用来进行处理。作为一名编程初学者，理解这些可能有点困难。可将数据处理看成制定公司的工资单——计算数字并打印结果(计算机的传统使用方式)。而作为一名软件工程师，不可避免地会花费大量时间将数据处理组件装配到其他设备中，以驱动它们正常工作。这些嵌入系统意味着许多人都在使用计算机，即使他们并没有意识到这一点。

程序员要点

软件可能涉及生死的问题

还应该记住的是，看似无害的程序可能存在威胁生命的可能性。例如，医生可能会使用你所开发的一款电子表格软件来计算患者的药物剂量。这种情况下，程序中一个小小的缺陷都可能导致伤害(注意，我并不认为医生会真的这么做，但你并不知道)。

2.2.2　使程序工作

每台计算机的内部都是由一个硬件(换句话说，物理机器)来完成前面描述的数据处理过程。该硬件称为中央处理器(或简称 CPU)。用来直接控制 CPU 完成哪些操作的程序称为机器代码。不同类型的 CPU 拥有不同的机器代码设计，就好像人们使用不同的语言进行沟通一样。

机器代码包含了告诉 CPU 该怎么做的各个步骤。通过使用一个机器代码指令序列，就可以完成简单的操作，比如加法。如果想要编写机器代码，则必须完全了解硬件的工作原理以及硬件可以理解的特殊指令。为了理解这个过程，请查看图 2-4，其中显示了统计某一客户在超市购买商品的部分程序。该程序将某一商品价格加到客户的总账单上。

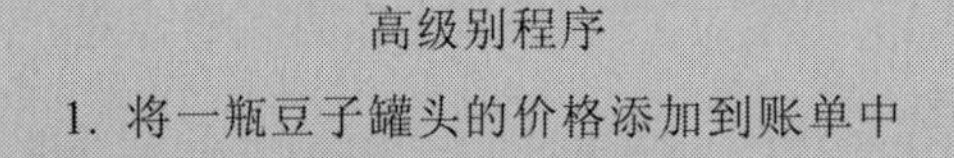

高级别程序	低级别程序
1. 将一瓶豆子罐头的价格添加到账单中	1. 获取账单值 2. 获取一瓶豆子罐头的价格 3. 将两者相加 4. 显示最终结果

图 2-4　高级别程序中的单个步骤被低级别程序分解为多个步骤

右边所示的指令是计算机可以实际执行的低级别指令。这些指令描述了计算机完成该操作(即将一个商品的价格添加到账单中)所需的单个步骤。编写低级别程序是单调乏味的，因为如你所见，一个动作需要划分为许多更小的动作。

值得庆幸的是，多年来许多程序员都在思考这个问题，并创造出可用来告诉 CPU 做什么的新语言。相比于机器代码，这些语言更加高级。使用高级别语言编写的程序并不需要提供完成某一特定行为所需的单个机器代码步骤。它只包含了一个指令，比如“将两个数字相加”。一种被称为编译器的特殊程序获取高级别程序，并生成计算机执行任务所需的机器代码。在编写完高级别程序(比如使用 C#)之后，程序会被编译为可在计算机上运行的机器代码。

使用高级别语言的另一个作用是通过更改编译器，为不同的硬件平台生成机器代码程序。本书中所编写的 C#程序可以在 Windows、Android 以及 Apple 设备上工作，因为可以使用不同的编译器将高级别语句转换为不同设备的机器代码。如果有人问你正在学习为哪种类型的计算机编程，你可以正确地回答“所有类型的计算机”。

2.2.3　将程序作为数据处理器使用

图 2-5 显示了所有计算机可以完成的操作。数据进入计算机，然后使用数据完成一些操作，最后输出数据。至于数据采用何种形式以及输出的是什么则完全取决于我们，而这就是程序所做的事情。

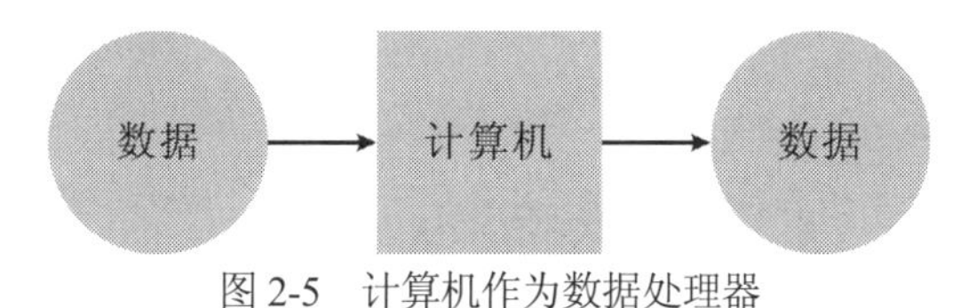

图 2-5　计算机作为数据处理器

如前面所述，可以将程序看作一个食谱，如图 2-6 所示。

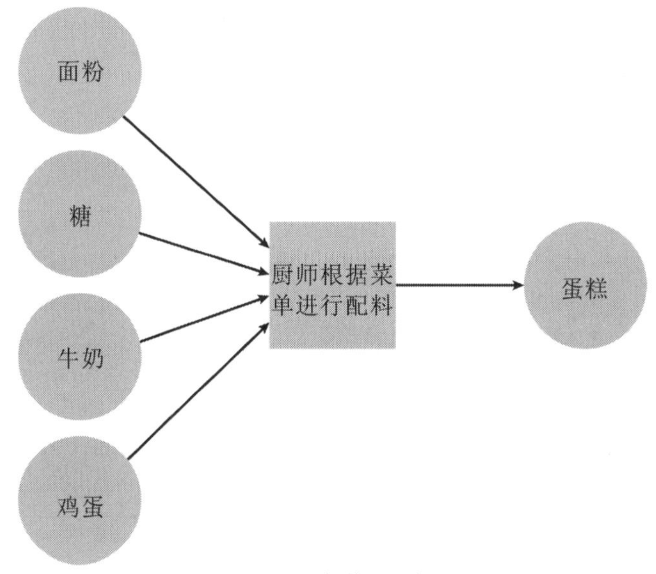

图 2-6　食谱和程序

在本示例中，厨师扮演了计算机的角色，而菜单则扮演了控制厨师用配料做什么菜的程序。一个菜单可以使用多种不同的配料，而一个程序同样也可以使用多种不同的输入。例如，程序可以获取你的年龄以及想要观看的电影名称，并提供一个输出，以确定是否可以观看特定的电影。

代码分析

Mystery 程序研究

欢迎来到你的第一个“代码分析”部分。在该部分中，我们将查看一些代码，并考虑这些代码带来的问题。在第一个示例中，你应该已经接受前面介绍的计算机概念，并且开始考虑当特定程序运行时发生的事情——需要尝试弄清楚程序使用输入完成了哪些操作才产生了输出。这有点类似于侦探工作，一个伟大的侦探到达犯罪现场后，会使用现有证据来推断发生了什么。下面所示的屏幕截图显示了运行第 1 章第一个程序时看到的窗口。该程序显示了一个欢迎信息以及一个文件夹和 Snaps 应用程序列表。

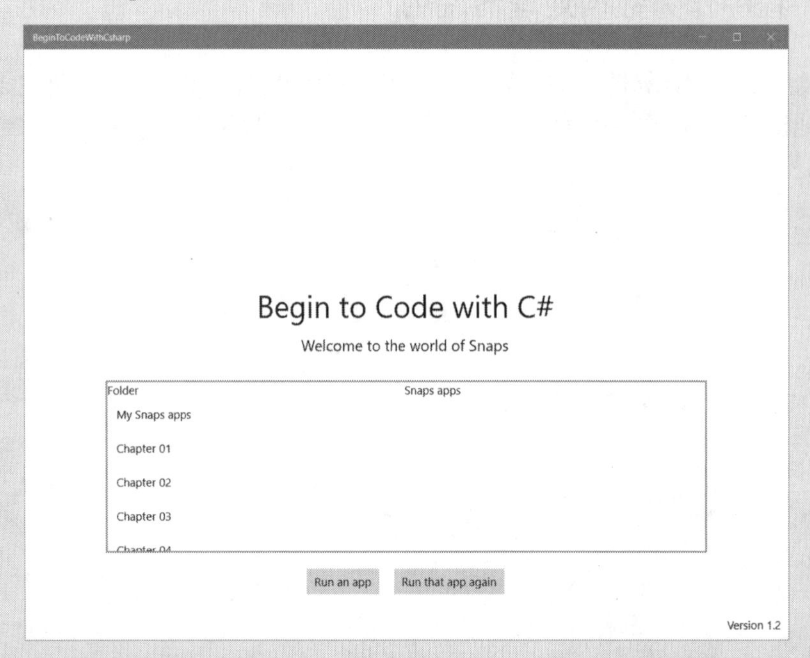

问题：该程序的输入和输出分别是什么？

答案：确定输出是非常简单的，即用户在屏幕上看到的内容。虽然确定程序的输入稍微困难一些，但实际上，在编写程序时输入就已经写入程序了。在上一章中，我们学习了如何使用 Visual Studio 查看程序内容。当打开文件 MyProgram.cs 时，会看到如下所示的程序代码。

```
public class MyProgram
{
    public void StartProgram()
    {
        SnapsEngine.SetTitleString("Begin to Code with C#");
        SnapsEngine.DisplayString("Welcome to the world of Snaps!");
    }
}
```

内置标题字符串

内置所显示的字符串

在向程序提供输入的代码中，我调用了两个字符串。此时，输入以文本字符串的形式内置到程序代码中，当程序运行时就会显示。可将这些字符串称为输入，因为一旦更改了这些字符串，程序运行时就会显示不同内容。事实上，在第 1 章的结尾处也是这么做的，当时我对字符串做了一些改变，从而表达了我对统治世界的渴望(开玩笑)。

一些程序是完全独立的，所有的数据都内置于其代码中。但更多的程序是接收来自外部的数据，并进行处理。所以现在，让我们看一个接收来自用户数据的程序。

该程序是示例代码中提供的其中一个 Snaps 应用程序。在每一章都会介绍一些示例应用程序，如果想要运行它们，首选从左边的列表中选择章节文件夹，然后从右边的列表中选择对应的程序，最后单击 Run an app 按钮。将要运行的第一个示例应用程序是 Ch02_01_MysteryProgram1，屏幕截图如下所示。

如果运行该 Mystery 程序，会被请求输入一个数字，如下图所示：

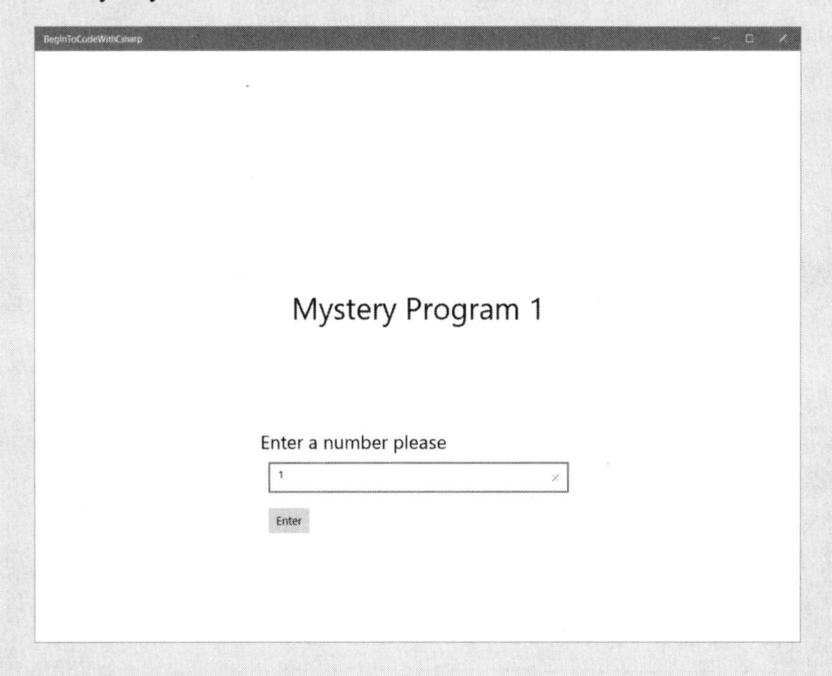

输入该程序的数据应该是一个数字，因此我输入了值 1。当单击 Enter 时，程序会接收该数字，并进行一些处理，最后返回一个结果：

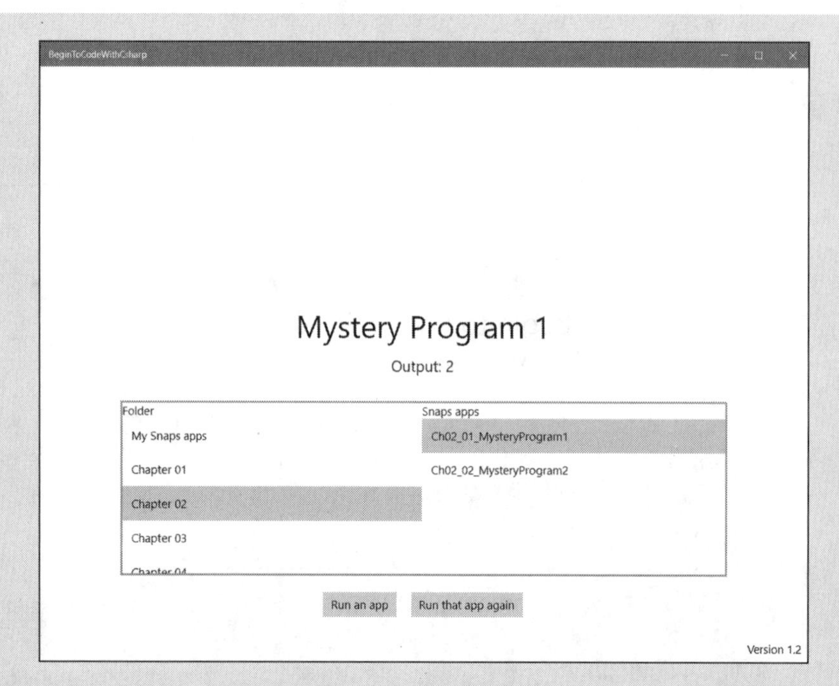

事实证明，当输入 1 时，Mystery Program 的输出为 2。对于该输入是如何产生该输出的，你可能有自己的推测。下面所示的推测可以解释我们看到的输出：

- 程序可能始终输出 2。
- 程序可能将 1 与输入相加。

可以使用 Run that app again 按钮再次运行 Mystery Program，并尝试输入不同的数字。我自己就尝试过不同的数字，并得到了以下结果：

- 输入 1，输出 2。
- 输入 2，输出 4。
- 输入 3，输出 6。
- 输入 0，输出 0。

通过以上的结果，我们可以推断出该程序的行为是获取输入的数字，并且进行加倍处理。

程序员将这些程序测试形式称为黑盒测试(black-box testing)。他们将程序视为一个无法看到其内部的黑盒子。输入值被输入到黑盒子中，然后对输出进行检查，看是否与程序应该完成的操作相匹配。

黑盒测试背后的思想是确信程序实际可以完成我们所需要的操作。如果有人支付一大笔钱要求开发一个对所输入的数值进行加倍处理的程序，那么根据前面所完成的测试可以看出上面的程序完全符合该需求。

虽然前面完成的测试似乎令人信服，但仍然无法确保该程序始终会对输入进行加倍处理，除非尝试所有可能的数字。这恰恰说明了该测试形式所存在的一个问题：它可以证明程序中存在缺陷，但却无法证明其不存在缺陷。

为了说明黑盒测试的局限性，请输入数字 40，并看一下程序完成的操作：

事实证明，除了数字 40 外，程序会对所有输入值进行加倍处理。但对于输入值 40，却显示了消息 Pirate King。就好像该程序是特定搜索值 40，并以不同的方式进行处理。事实确实也是这样。如果想要弄清楚该代码的工作方式，可以在 Visual Studio 中打开该示例程序，并查看一下源代码。按照第 1 章打开 MyProgram.cs 文件的方法，使用 Solution Explorer 找到源文件，如下图所示。

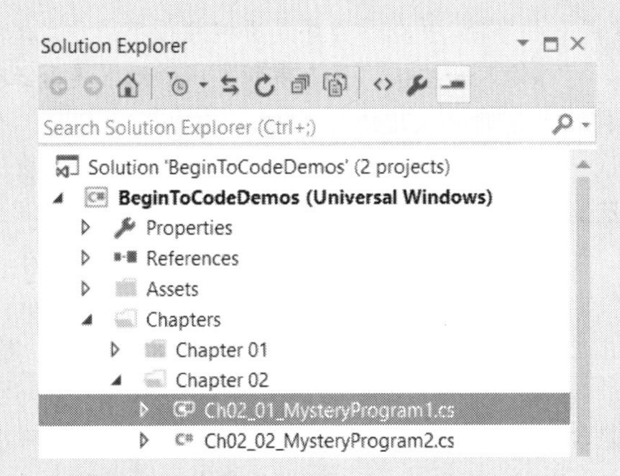

打开源文件之后，找到下面所示的程序代码：

```
public class Ch02_01_MysteryProgram1
{
    public void StartProgram()
    {
       SnapsEngine.SetTitleString("Mystery Program 1");
       double inputNumber = SnapsEngine.ReadFloat("Enter a number please");
      if (inputNumber == 40)  ———————— 对输入值 40 进行测试
          SnapsEngine.DisplayString(@"'Arr. That be my age.' said the
          Pirate King");
```

```
        else
        {
          inputNumber = inputNumber + inputNumber;  ———— 将输入值加倍
            SnapsEngine.DisplayString("Output: " + inputNumber);
        }
    }
}
```

目前，不需要过多地担心程序文本中的大括号以及不同颜色的单词；只需要考虑所调用的元素。可以看到，代码中存在某些测试形式 (主要是在一个 if 语句中完成，相关内容将在第 5 章学习)以及一条对输入值进行加倍处理的语句。

如果想要防止程序中出现错误，则必须看一下实际的程序代码。程序员将这种程序测试形式称为白盒测试(white-box testing)或者代码审查(code-review)。在这种测试形式中，我们查看的是代码调用的行为并确保这些行为与所希望的行为相匹配，而不是查看程序根据特定输入所产生的输出。该测试的过程是假设有一台计算机，并且执行程序语句，然后查看所发生的事情。

程序员要点

虽然测试是很难完成的，但你必须尝试

黑盒测试存在的其中一个不足在于它完成的操作只是证明了某一程序存在缺陷。即使向程序中输入大量的值，并且所有的输出都是正确的，也并不意味着该程序不存在任何错误；而只是意味着还没有找到一种可导致程序失败的测试。唯一能够真正确保程序正确的方法是查看实际的代码。

请不要将测试与“完成一些事情，并查看程序是否按照预期的方式工作”相混淆。在 Mystery Program1 的倍数程序中，可以输入一些值，并查看所生成的结果是否正确，但这并不是测试，而只是确定该程序是否按照预期的方式工作。

如果想要严格地测试一个程序，则需要创建一组具体的测试值。应该确保相关的测试包括了大数字和小数字，以及负数和 0，还可以对测试进行正式化，以确保正确完成相关测试后将程序“签署”为已测试。如果愿意，可以创建一个专门用来测试的程序。该程序可接收大量的值，并检查每种相匹配的输出是否正确。当然，如果测试没有提供值 40，那么该程序也可能会通过测试，但在实际使用过程中仍然存在失败的可能性。如前面所述，测试只能证明存在缺陷，而不能证明不存在缺陷。

如果能够组合使用黑盒测试和白盒测试，则可以创建足够可靠的程序。但是请记住，正确的测试是有计划的、可控的以及文档化的，而不只是“完成一些操作看一下程序是否正常工作。”

动手实践

消除特殊操作

虽然上述练习并不是真正意义上的编程，但至少能够创建加倍程序的一个版本，并且可以针对所有输入的值正确工作。但前提是删除对值 40 进行的特殊处理。只需要编辑本章示例即可完成修改操作(在这种情况下，也可以说是对示例代码的“个性化”修改)。

2.3　数据和信息

到目前为止，我们已经知道计算机是一种能够处理数据的机器，而程序则可以告诉计算机使用数据完成什么操作，接下来让我们更深入地学习数据和信息的本质。人们通常交叉使用单词数据(data)和信息(information)，但我认为，区分这两个单词是非常重要的，因为计算机和人类思考数据的方式是完全不同的，如图 2-7 所示。

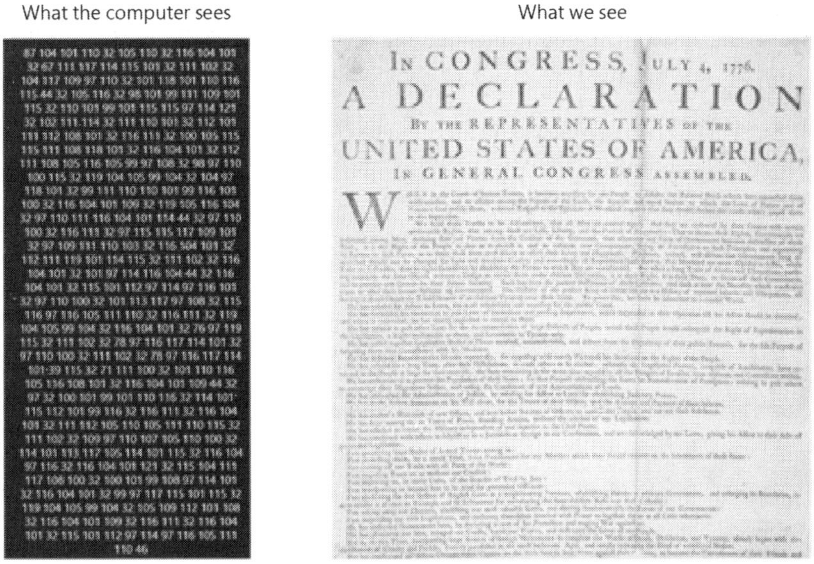

What the computer sees

What we see

图 2-7　左边的是数据，而右边的是信息

图中的两张图像包含了完全相同的数据，只不过左边的图像更接近于文档在计算机中存储的方式。计算机使用一个数字值来表示文本中的每个字母和空格。如果看一下这些值，就会明白每个值的含义，例如，值 87 表示大写字母 W。

根据计算机保存数据的方式，存在另一个层将数字映射为字母。计算机将每个数字保存为独特的开和关信号模式(1 和 0)。在计算领域，每个 1 或者 0 都表示一位(bit)。如果想要更多地了解计算机在该级别上的工作方式以及这些工作如何形成所有编码的基础，可以参阅 Charles Petzold 的 *Code：The Hidden Language of Computer Hardware and Software* 一书。值 87(即“大写字母 W”)按照下面所示的位模式进行存储：

```
1010111
```

虽然我并没有过多的时间详细介绍位模式的工作方式(Charles Petzold 已经在书中详细说明)，但你可以将该位模式想象为“87 由 1+2+4+16+64 组成。”

该模式中的每一位都告诉计算机硬件是否存在 2 的特定次幂。不要担心你是否完全理解这个过程，但要记住，只要涉及计算机，数据就是一个由计算机存储和处理的 1 和 0 集合。这就是数据。

另一方面，信息是人们为了理解某事而对数据的解释。严格地讲，计算机处理数据，而人类使用信息。例如，计算机可以在内存中保存下面所示的位模式：

```
11111111 11111111 11111111 00000000
```

可将该数据理解为“You are $256 overdrawn at the bank”、“You are 256 feet below the surface of the ground”或者“Eight of the thirty-two light switches are off.”当人们读取计算机输出时，通常需要完成从数据到信息的转换。

此时，为什么我要如此迂腐呢？这是因为计算机并不“知道”正在处理数据的实际含义。当谈到计算机时，数据仅指位模式；而这些模式的具体含义则由用户提供。记住，当你拿到一张表明你的账户中有 8 388 608 美元的银行对账单时，上述解释就已经完成了。

代码分析

Mystery 程序研究

现在，让我们运行另一个 Mystery 程序，从而看一下数据是如何在计算机上存储的。该程序名为 Ch02_02_MysteryProgram2。通过前面相同的步骤，可以选择并运行该程序(如果愿意，也可以使用 Visual Studio 来查看代码)。

当运行该程序时，会被要求输入一些内容。请输入单词 hello，并单击 Enter 键，此时程序的显示如下所示：

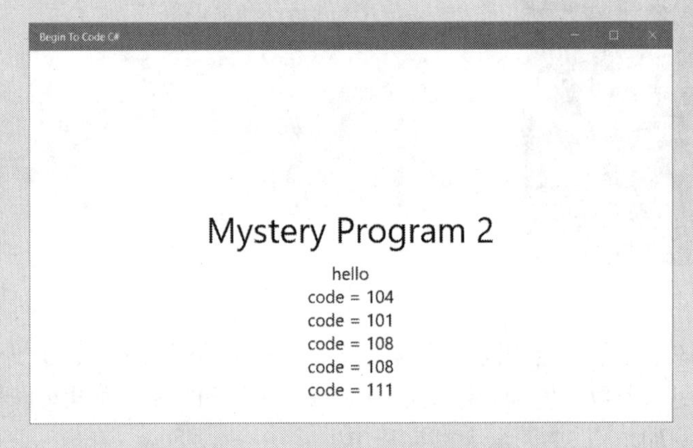

该程序首先显示了刚才输入的单词，紧接着是 Mysterious 代码列表。如果仔细查看该列表，就会明白这些代码的含义。程序显示了 5 个代码值，分别表示单词“hello”包含的字母数字。此外，第三个和第四个代码数字是相同的，因为单词“hello”中第三个和第四个字母是相同的。

事实证明，这些“代码”恰恰是计算机用来表示这些文本字母所使用的数字。现代数字设备都使用了一种称为 Unicode 的标准，它提供了由字符码到特定数值的映射。Mystery 程序首先提取所输入单词中的每一个字符，然后将其转换为一个数字，最后再显示出来。接下来让我们通过分析代码进一步了解具体的工作方式。

```
public class Ch02_02_MysteryProgram2
{
    public void StartProgram()
    {
        SnapsEngine.SetTitleString("Mystery Program 2");

        // Read a string from the user
        string inputText = SnapsEngine.ReadString("Enter something please");
```

```
        // Only display the first 10 characters from the string
        if (inputText.Length > 10)
            inputText = inputText.Substring(0, 10);

        SnapsEngine.AddLineToDisplay(inputText);

        // Get each character in the string
        foreach (char ch in inputText)
        {
            // Get the number that represents this character and
            // display it
            int chVal = (int)ch;
            SnapsEngine.AddLineToDisplay("code = " + chVal);
        }
    }
}
```

和第一个 Mystery 程序相比，该程序更复杂。它包含一个循环——一种让程序重复某一指令的编程方法——并应用于所输入文本的每个字符，将字符转换为一个整数，然后显示出来。在该代码中使用了一些相当高级的 C#结构，虽然相关内容在本书的后续部分才会学习，但你应该可以了解部分元素的含义。如果能做到这一点，目前也就足够了。

程序员要点

能够“阅读”程序代码是非常有用的

多年来，我看过大量的程序。其中一些程序是我自己编写的，而另一些则是别人编写的。其中一些程序是使用我所了解的某种编程语言编写的，而另一些则是用我从未见过的语言编写的。

在阅读代码的过程中，我并没有被那些不能理解的程序部分搞得心烦意乱，而只是关注对我有意义的部分。此时，你可能并不知道程序列表中的 public class 部分表示什么含义，但对代码行 string inputText = SnapsEngine.ReadString("Enter something please");应该有几分了解，这是程序获取文本字符串的地方。

美国人常使用术语“洞穴探险(spelunking)”来描述探索地下洞穴的爱好。而该术语也可用来描述探索不熟悉程序代码的“爱好”。你应该尝试探索本书的程序。可以先从你所熟知的“地标”开始，然后再以此为基础，提高对程序行为的理解。例如，你可能知道程序中的某些地方针对字符串中的每个字符执行了一次操作。然后在此基础上，应该可以弄清楚代码中的哪个部分完成了该操作。

2.4　所学到的内容

在本章，我们学习了很多关于计算机的实际工作方式以及什么是编程的相关内容。你会发现，计算机将世界万物都表示为开和关模式(1 和 0)，而这些模式恰恰是计算机使用的数据。计算机通过将一种位模式(输入)转换为另一种位模式(输出)来完成数据处理。

当人们查看数据输出并进行使用时，数据就变成了信息。计算机并不知道它们所处理的位模式的具体含义，这意味着计算机使用没有任何意义的数据来完成操作。

程序告诉计算机使用位模式完成哪些操作。而计算机本身只能理解最简单的指令，而被称为编译器的程序则可以接收操作更高级别的描述，并生成计算机所执行的简单指令。

程序员的工作则是创建包含了描述所需完成任务的指令序列的程序。为了成功解决一个问题，程序员不仅要编写良好的程序，还必须确保该程序可以实际完成用户所需要的操作。这意味着程序员在编写任何代码之前，必须首先确保充分理解了用户的需求。与他人进行交流并弄清楚他们的想法是一项有价值的技能，如果想要成为一名成功的程序员，则必须掌握该技能。

为了巩固对本章内容的理解，请思考一下下面关于计算机、程序和编程的相关问题。

计算机是否“知道”某人的年龄为-20 岁是非常荒谬的?

无法知道。对于计算机来说，年龄值只是表示一个数字的位模式。如果想要计算机拒绝值为负数的年龄，则必须在程序中添加对年龄的理解过程。

如果程序的输出将作为汽车上燃油喷射系统的设置，那么该输出是数据还是信息?

一旦使用了数据完成某件事，那么我认为数据就变成了信息。虽然人类并不会使用该输出值完成任何操作，但这些值可以改变发动机的转速，从而影响到人类。所以我认为该输出是信息，而不是数据。

计算机不能理解英语，因此它是非智能的，对吗?

想用英语编写某些完全明确的内容是非常困难的。很大一部分的法律专业知识是建立在对文本含义的精确解释以及它们是如何应用于特定情况之上的。由于我们人类不可能就理解某事的方式达成一致，因此有些人认为计算机是愚蠢的是不公平的，因为计算机无法做到这一点。

如果我不知道如何解答某一问题，那么是否可以编写一个程序来完成?

不能。虽然可将一些语句放在一起并查看运行结果，却不可能生成所希望的结果。这就好比将一堆轮子、齿轮和发动机放在墙角，并希望它们能自动组装并形成一辆汽车。事实上，编写一个程序的最好方法是暂时离开键盘，首先好好思考一下希望程序完成哪些操作。

假定客户用英寸衡量一切是明智的吗?

想当然地假设关于项目的任何内容都是不明智的。一名成功的程序员需要确保所有事情都建立在坚实理解之上。所做的所有假设都可能增加出现灾难的可能性。

如果程序出现错误，那么是我的过失还是客户的过失呢?

这依赖于：

- 规范正确，程序出错：程序员的过失
- 规范出错，程序正确：客户的过失
- 规范出错，程序也出错；双方都存在过失

第 3 章

编 写 程 序

本章主要内容：

到目前为止，我们已经了解了计算机、程序和程序员的相关内容，接下来可以开始考虑如何编写程序代码。

本章将仔细研究一些 C#程序，从而了解这些程序的运行方式。之所以将这些程序称为“Snaps 应用程序”，是因为它们都使用了 Snaps 库，该库是一个简单的编程资源集合，可以帮助我们在“一个 Snap”中完成一些操作。通过分析这些程序使用各种 Snaps(该库所提供的离散的编程功能或行为)的方式，可以学习一些 C#编程基础知识。在该过程中，还将进一步学习如何使用 Visual Studio 创建和管理 BeginToCodeWithCSharp 解决方案中的代码元素，以及当编译器抱怨程序没有意义时该怎么办。

在本章的结尾，将创建一些程序，它们为一些现实问题提供了简单的解决方案。

- C#程序结构
- 额外 Snaps
- 创建新的程序文件
- 额外 Snaps
- 创建自己的颜色
- 所学到的内容

3.1 C#程序结构

接下来会详细学习一些 Snaps 应用程序，并了解它们的元素以及元素的组织形式。前面已经讲过，当首次运行 BeginToCodeWithCSharp 解决方案时，所显示的欢迎信息并不是很复杂，却是非常好的学习起点。在第 2 章分析 MyProgram.cs 文件时，我们快速分析了一下相关的代码。现在，查看一下名为 Ch03_01_WelcomeProgram.cs 的文件(万一你忘记了该文件名，可以使用 Solution Explorer 导航到该解决方案的章节文件夹，并找到该文件，然后选择该文件并在编辑器窗口中显示其代码)。

注意，该代码几乎与 MyProgram.cs 中的代码完全相同，所以给予我们的使用体验是相同的，对吗？先让我们查看一下代码吧。再次运行该解决方案，首先分别从 Folder 列表和 Snaps apps 列表中选择 Chapter 03 和 Ch03_01_WelcomeProgram，然后运行该应用程序。没错，使用体验是相同的，这也是合情合理的。接下来，让我们分解该程序，从而弄清楚它是如何工作的。相关代码如下所示，此外，我还使用了标注简要说明程序的每个部分。接下来将逐行研究这些部分。

```
using SnapsLibrary;                          ———— 确定资源

public class Ch03_01_WelcomeProgram          ———— 开始类定义
{
    public void StartProgram()               ———— 声明 StartProgram 方法
    {
        SnapsEngine.SetTitleString("Begin to Code with C#");
        SnapsEngine.DisplayString("Welcome to the world of Snaps");  ——┐
    }                                                                   │
}                                                     设置标题并显示一条消息
```

3.1.1　确定资源

```
using SnapsLibrary;
```

在第 2 章已经介绍过 C#编译器，这是一个可将高级别的 C#程序(比如我们正在分析的程序)转换为可在计算机中运行的机器代码的程序。当运行 C#代码时，内置于 Visual Studio 的编译器将程序转换为可以运行的机器代码。一个 C#程序可以包含多个被称为*指令*的代码行，这些行可以为编译器提供指令。上述程序的首行是一个 using 指令。

作为一名程序员，可能会频繁地使用预构建的软件，这就像一名厨师频繁使用现成的糕点一样。现成的 C#程序被打包成可以添加到 Visual Studio 解决方案中的组件库。如前所述，Snaps 库就是这样一种库的示例，其目的是帮助你更好地学习编程。using 指令确定可以作为资源添加到解决方案的库，稍后还会看到，该程序通过 using 指令使用多个库，尤其是 SnapsEngine。using 指令可以告诉编译器“如果你碰到以前没有见过的内容，那么请在 SnapsLibrary 中查找，看是否可以找到相关的内容。”这就好比是对厨师说“如果你需要使用一些糕点，可以到冰箱里看一下。”你所编写的第一个程序仅会使用 SnapsLibrary 中的项。随后，还会创建使用其他库的程序。

代码分析

使用 using 指令

在一些“代码分析”部分(比如本次代码分析)中，并不需要通过查看任何代码来考虑一些与代码相关的问题。

问题：using 指令是否可以直接提取程序想要使用的库？

答案：不可以。虽然这听起来让人感到糊涂，但 using 指令只是告诉编译器在哪里可以找到程序可以使用的项。程序可以使用的资源都是在 Visual Studio 项目中设置的。可以通过更改 using 指令的方式指示编译器使用来自不同地方的代码。这就好比告诉厨师“如果需要使用一些糕点，请检查一下冰箱”，从而允许厨师使用来自不同地方的糕点。

问题：如果添加多个 using 指令，是否会让程序变得越来越庞大？
答案：不会。该指令只是告诉编译器到哪里寻找相关内容。并不会实际增加程序的大小。

3.1.2 开始类定义

```
public class Ch03_01_WelcomeProgram
```

可以将 C#称为面向对象编程语言。这是因为，以在 C#世界里，所有事物都是对象。在 C#程序中，对象可以非常简单，比如单个数字，也可非常复杂，比如完整的计算机游戏。一个对象可以包含其他对象。对象中所包含的内容称为对象的*成员*。

可以以一个 C# *类*定义的形式表达一个对象设计。C#类定义可以描述数据成员(即对象可以保存的值)以及行为成员(即可以要求对象完成的操作)。当设计一个对象时，可以编写指定这两个成员的 C#代码。上述程序行告诉编译器正在表示一个名为 Ch03_01_WelcomeProgram 的类设计。

本书的后面部分将会更详细地介绍类和对象的相关内容。

代码分析

类和对象

问题：类定义是定义对象的唯一方法吗？

答案：不是。稍后我们会看到，还有其他的 C#对象类型。

问题：定义一个类实际就是创建一个对象吗？

答案：不对。可以将类想象为对象的蓝图或者设计，就像是为建造树屋所指定的计划。为建造树屋制定计划并不意味着实际建造一个树屋，同样，类定义也不会实际创建一个对象。

问题：所有的类都必须包含数据和行为吗？

答案：不一定。一些类可以仅包含数据成员，而另一些仅包含行为成员。例如，目前我们还没有使用过的 Math 库就包含可以执行数学函数的相关类。

问题：何时程序会根据类 Ch03_01_WelcomeProgram 实际创建一个对象？

答案：该创建过程是自动完成的。创建顺序如下所示：首先用户运行 BeginToCodeWithCSharp 应用程序，然后选择并运行 Ch03_01_WelcomeProgram 程序。此时，BeginToCodeWithCSharp 应用程序会根据 Ch03_01_WelcomeProgram 类创建一个对象，并运行该对象中的 StartProgram 行为。

3.1.3 声明 StartProgram 方法

```
public void StartProgram()
```

对象中的行为以方法的形式表示。一个方法就是一块给定了名称的 C#代码。只需要提供方法名称，程序就可以运行该方法中的代码——该过程称为调用方法。虽然目前你所调用的方法都是由我事先写好的，但以后可以创建你自己的方法。

该程序的唯一类(即 Ch03_01_WelcomeProgram)仅包含了单一行为，一个名为 StartProgram 的方法。声明 public void StartProgram()标记了 StartProgram 方法的开始(方法修饰符 public 以及

返回类型 void 告诉我们该方法的性质，但这些细节信息目前并不需要过多考虑)。StartProgram 方法是一个特殊方法，它是 Snaps 应用程序的入口点。换句话说，如果想要运行一个 Snaps 应用程序，就必须调用 StartProgram 方法。

虽然该程序的类并不包含任何数据成员，但稍后将设计一些包含数据的对象。

代码分析

在类中声明方法

问题：行为和方法之间的区别是什么？

答案：行为是一个对象可以完成的操作。而方法是提供相关行为的实际 C#代码。

问题：一个类可以包含多个方法吗？

答案：可以。程序员决定一个类应该提供的行为数量，并为每个行为编写一个方法。前面看到的演示程序仅提供一个行为：启动演示程序。稍后还会创建包含多个方法的类。

问题：如何使用 StartProgram 方法？

答案：StartProgram 是一个特殊方法，因为它定义了任何 Snaps 应用程序的起点。当我们在 Snaps 库提供的 Snaps 环境中进行操作时，通常会调用 StartProgram 方法来运行某一程序。

3.1.4　设置标题并显示一条消息

```
SnapsEngine.SetTitleString("Begin to Code with C#");
SnapsEngine.DisplayString("Welcome to the world of Snaps");
```

上述的第一行代码是 StartProgram 方法中的第一条 C#语句。语句是程序中用来完成操作的部分。一条语句可以调用一个方法、做出一个决定或者操作一些数据。方法可以包含若干语句，并在调用方法时执行这些语句。StartProgram 方法仅包含两条语句；而更大型的程序则会包含更多语句。StartProgram 方法中的这两条语句都调用了其他方法。

方法中的每一条语句都是按照顺序执行的，首先从第一条语句开始，然后依次执行下一条语句。可以使用多种语句类型，这些类型将会在后面的内容中学习。分号(;)字符标记了每条语句的结束。

第一条语句将程序的标题设置为“Begin to Code with C#”。它使用 SnapsEngine 类完成了该操作。SnapsEngine 类是 Snaps 库的一部分——可以从程序的第一行代码确定该类的源库——并且提供了许多可以在程序中使用的行为。可以将 SnapsEngine 想象为一种可以为所编写程序完成相关操作的“程序管家”。

每一种 SnapsEngine 行为都以程序可调用的 C#方法提供。在本示例中，演示了如何调用 SnapsEngine 中的 SetTitleString 方法。一般来说，在向管家发出“给我一杯饮料”命令的同时需要提供想要的饮料类型，同理，此时也需要向 SetTitleString 方法提供可作为程序标题的文本字符串。C#字符串在被调用方法名后面的圆括号内提供。在方法调用中添加的信息被称为方法参数。

对于字符串本身来说，语句中的双引号字符(")标记了字符串的开始和结束——字符串从第一个双引号开始，并在第二个双引号处结束。按照 C#的规定，当想要指定一个文本字符串时，应该像上面所示的代码那样用双引号括起来。如果在字符串文本中添加了空格(例如，"Welcome to Snaps")，那么这些空格也会显示在程序标题中(虽然用户可能并不会注意到这些空格)。

第二条语句的工作方式与第一条语句相同。它调用了 SnapsEngine 类中的一个方法，从而在Snaps应用程序的屏幕(注意，不是设置屏幕上的标题)上显示了一条消息。当看到DisplayString方法名时，你是否期望在方法括号中看到引号和字符串文本？很好！

代码分析

调用类中的方法

问题：在何处声明 SetTitleString 方法？

答案：就像在 Ch03_01_WelcomeProgram 类中声明 StartProgram 方法一样，在 SnapsEngine 类中声明 SetTitleString 方法。稍后将学习如何在类中创建自己的方法。

问题：如果没有向 SetTitleString 方法提供一个字符串，会发生什么事情？

答案：SetTitleString 方法的设计规定在调用该方法时需要提供一个字符串。如果程序没有为方法调用提供一个字符串参数，那么编译器将会认为该程序无效。

问题：向 SetTitleString 方法提供字符串时，为什么要用圆括号将其括起来？很显然，编译器可以知道那些用双引号字符括起来的字符串就是要显示的字符串。

答案：之所以需要使用圆括号，是为了告诉编译器向方法提供的参数列表的开始和结束位置。虽然 SetTitleString 只拥有一个参数，但其他方法可能拥有多个参数。如果查看一下程序的文本，会发现，StartProgram 方法可以接收一个空参数列表，这意味着它可以不需要任何参数。C#语言的设计者使用了不同的字符来定义程序不同元素的界限(或者定界)。前面已经看到，字符串是使用了双引号字符进行定界的。而参数列表则通过打开和关闭的圆括号(即(和))划定界限。类的内容以及方法体使用了大括号进行界限划定：即{和}。而编译器会非常仔细地检查这些分隔符的使用是否“有意义”，并且会拒绝任何带有不匹配分隔符的程序。

可以将前面分析的两条语句(分别设置屏幕的标题和显示一条消息)视为示例程序的“有效载荷”。而围绕这些语句的其他代码则提供了程序结构。如果想要编写更大型的程序，只需要复制该结构并添加更多语句即可。目前，我们已经学习了一个简单的程序是如何组合在一起的，接下来，可以使用 Snaps 应用程序完成自己的程序。例如，可以创建一个显示两条消息字符串的程序，而不是显示一个标题和一条消息，具体代码见 Ch03_02_MoreStatements.cs 文件：

```
using SnapsLibrary;
public class Ch03_02_MoreStatements
{
    public void StartProgram()
    {
        SnapsEngine.DisplayString("Hello world");       ———— 第一条语句
        SnapsEngine.DisplayString("Goodbye chickens");  ———— 第二条语句
    }
}
```

在该程序中，没有调用 SetTitleString 方法，而是都调用了 DisplayString 方法，从而依次显示两条消息。在一个程序中可以编写大量语句。只需要通过添加更多语句，就可以编写一个显示 Gettyburg Address(或者任何其他长文本)的程序。需要重点记住的是，当程序运行时，每条语句会按照顺序执行。上面所示的程序在显示“Goodbye chickens”之前会首先显示“Hello world”

(注意，程序在显示输出时并不会显示双引号，因为在用来划定字符串界限的双引号之间没有出现其他的引号。为清楚起见，上面所示的输出使用了双引号)。

当第二次调用 DisplayString 方法显示一个字符串时，将会替换前一次调用 DisplayString 所显示的字符串(如果有的话)。这也就是为什么在本示例中“Hello world”被“Goodbye chickens”所替换。稍后还会学习如何在屏幕上显示多行文本。此外，如果愿意，还可以使用 DisplayString 来显示更长的消息；如果所显示的文本超过了屏幕的边缘，那么文本会自动换行。而如果显示的消息非常长，会发现该消息会延伸到屏幕的底部，以至于用户无法看到所有的消息。

3.2 额外 Snaps

我将时常介绍一些你可以使用的其他 Snaps——Snaps 库所提供的行为。可以像分析使用 DisplayString 的程序那样在自己的程序中使用这些 Snaps。

SpeakString

可以创建一个说出文本而不是显示文本的程序。具体示例如下所示：

```
using SnapsLibrary;

class Ch03_03_Speaking
{
    public void StartProgram()
    {
        SnapsEngine.SpeakString("Hi there. I'm your friendly computer.");
    }
}
```

虽然 SpeakString 方法的使用方式与 DisplayString 方法相同，但所产生的效果则完全不同，它可以让计算机说出所提供的文本，而不是在屏幕上显示。这是一个非常有用的方法，因为它可以更容易地创建可以说话的程序。

代码分析

说话和显示

接下来查看一些代码，并尝试弄清楚为什么该代码没有完成应该完成的操作。假设你年轻的弟弟编写了以下程序。他想要首先显示“Computer Running”，然后再说出“Computer Running”，但最终却抱怨在计算机说出“Computer Running”之前并没有显示该消息。

```
using SnapsLibrary;
class Ch03_04_DoubleOutput
{
```

```
    public void StartProgram()
    {
        SnapsEngine.SpeakString("Computer Running");
        SnapsEngine.DisplayString("Computer Running");
    }
}
```

问题：为什么在计算机说出消息之后才在屏幕上显示该消息？

答案：如果想要弄清楚一个程序完成的操作，最有效的方法是像计算机那样按顺序逐条运行每条语句。计算机之所以在显示消息之前先说出消息，是因为它严格按照语句的顺序执行。在 SpeakString 方法没有完成之前，并不会运行 DisplayString 方法。只需要调整语句顺序就可以解决该问题。请在 Visual Studio 中查看 Ch03_05_DoubleOututFixed.cs 文件。

3.3 创建新程序文件

编程是富有创造性的活动，当学完本书后，你也可以创建自己的程序。但我真正希望的是你对程序拥有自己的想法，并在所介绍的程序之上创建新的程序。你所创建的每个新程序将会成为新的 Snaps 应用程序，供其他的学习者研究或使用。

可以以 MyProgram.cs 程序文件为起点创建一个新的 Snaps 应用程序。首先和前面一样，打开 BeginToCodeWithCSharp 解决方案文件，然后在 Solution Explorer 的 BeginToCodeWithCSharp 项目中找到 My Snaps apps 文件夹，并找到 MyProgram.cs 文件。右击该文件，打开上下文菜单，然后选择 Copy，如图 3-1 所示。

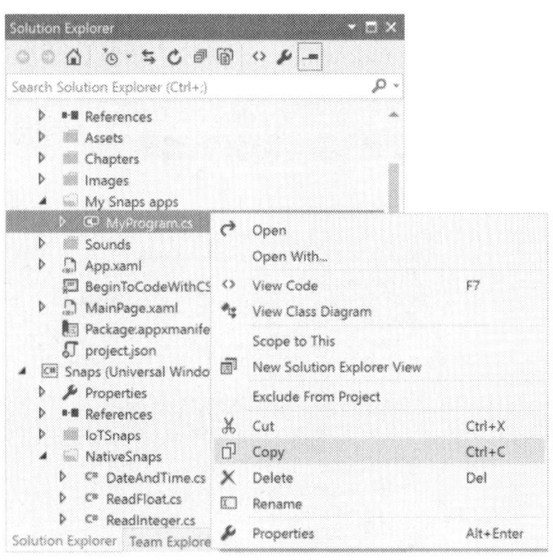

图 3-1 复制程序

接下来，右击文件夹并选择 Paste，将复制内容粘贴到 My Snaps apps 文件夹，如图 3-2 所示。

图 3-3 显示了文件夹中粘贴后的 MyProgram-Copy.cs 文件。

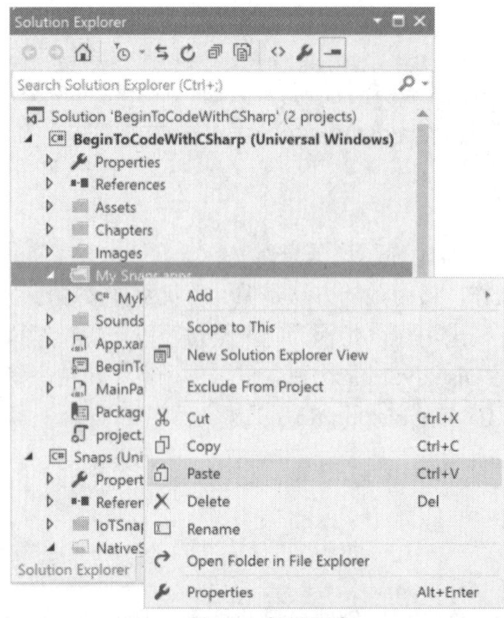

图 3-2　粘贴程序

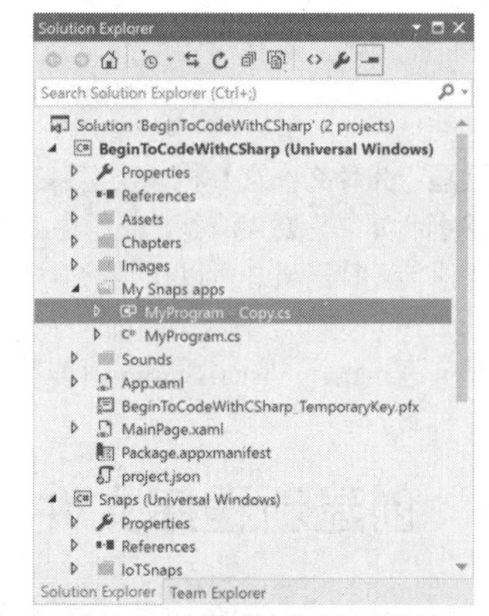

图 3-3　文件夹中复制后的程序

将新文件重命名，从而反映出你要创建的新 Snaps 应用程序。在 Solution Explorer 中右击文件(即文件名中包括“Copy”的文件)，再次打开上下文菜单，然后选择 Rename。此时并没有给出该菜单的截图，因为我确定你应该知道怎么做！现在，可以输入新的应用程序名，如图 3-4 所示。

请将程序名更改为“Countdown”。注意，不要删除文件结尾处的“.cs”。如果删除了该部分内容，Visual Studio 就无法知道该文件是 C#程序，当运行程序时也就无法正常工作。输入新名称之后，单击 Enter 键。现在，Countdown.cs 文件中已经包含了原始程序。我选择该文件名的原因你很快就会明白。

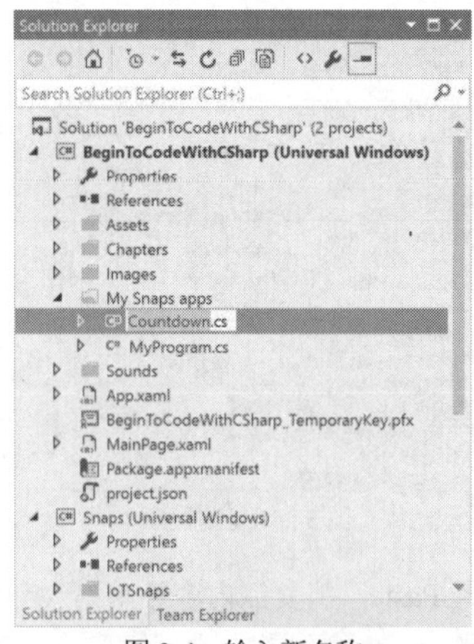

图 3-4　输入新名称

接下来需要操作的是对包含程序的类进行重命名。在Solution Explorer中单击Countdown.cs

文件，以便在编辑器窗口中显示其代码，如图3-5所示。

```
using SnapsLibrary;

public class MyProgram
{
    public void StartProgram()
    {
        SnapsEngine.SetTitleString("Begin to Code with C#");
        SnapsEngine.DisplayString("Welcome to the world of Snaps");
    }
}
```

图 3-5　在 Visual Studio 编辑器中打开 Countdown.cs 文件

通过图 3-5 可以看到，Visual Studio 正在尝试告诉我们一些信息。红色的波浪线表明 Visual Studio 认为程序代码中的某些内容存在错误。Visual Studio 之所以会报错，是因为 BeginToCodeWithCSharp 解决方案中包含了 MyProgram 类的两个版本——MyProgram.cs 中的原始类以及 Countdown.cs 中的新类。只需要为新类赋予一个新名称就可以解决该问题。

在图 3-6 中，我已经将新类更名为 Countdown，并且修改了一条语句(即调用 SetTitleString 的语句)以及删除了其他语句(即调用 DisplayString 的语句)，从而更改了程序所完成的操作。现在，该程序将标题设置为“Countdown”。当然，你也可以为字符串赋予任何值，但一定要确保包含在一个双引号中；否则程序就无法顺利编译。

现在 Viusal Studio 就非常高兴了，因为我们已经删除了 MyProgram 类的副本。可以通过使用 Run 按钮运行该程序。

```
using SnapsLibrary;

public class Countdown
{
    public void StartProgram()
    {
        SnapsEngine.SetTitleString("Countdown");
    }
}
```

图 3-6　定义一个 Countdown 类

代码分析

类名和文件名

一个C#解决方案可以分散到多个独立的程序文件。了解解决方案的工作方式是非常有必要的。

问题：更改了文件名后，为什么还必须更改类名？

答案：要回答这个问题，首先必须了解程序中逻辑名称和物理名称之间的区别。可以将保存程序的文件名视为物理名称，因为文件名与计算机上存储的实际文件相关联。然而，程序中的元素名称则与用来保存程序文本的物理文件没什么关联。它们只存在于由程序员所定义的“逻辑”命名空间中。

当C#编译器编译一个程序时，会读取所有的源文件，并创建一个包含程序中定义的所有不同项的列表，这就是程序的逻辑命名空间。该逻辑命名空间中的每个项都必须拥有一个唯一的名称。如果创建了相同名称的两个项，编译器就会报错，就像前面复制MyProgram.cs文件时所发生的情况。在完成复制后，程序中拥有了两个名为MyProgram的类。此时，只需要将其中一个项的名称更改为一个新且唯一的名称就可以解决问题。

问题：程序源文件的名称(即物理名称)是否必须与源文件中的类名称(即逻辑名称)相匹配？

答案：不一定。虽然按照惯例，通常使这两个名称相匹配，以便更容易地找到特定的项，但C#编译器并没有强制要求这么做。

问题：如果程序已经包含了一个名为Countdown的类，并且又添加了另一个相同的类，那么会发生什么事情？

答案：你可能会猜到会发生什么事情。编译器会报错，因为它无法对带有相同名称的两个项进行编译。

顺便说一下，当单击Run按钮时你可能希望Countdown应用程序马上运行，是吗？只要BeginToCodeWithCSharp应用程序第一个运行，Snaps环境就会寻找名为MyProgram的类，然后调用该类中的StartProgram方法。也就是说，一旦启动了BeginToCodeWithCSharp应用程序，它将会首先运行原来的程序(即MyProgram.cs)，然后使用Folder和Snaps apps列表选择想要运行的其他应用程序。

每次想要创建新的应用程序并将其添加到Snaps环境中时，都可以重复上述复制、粘贴和修改的过程。通过前面的内容可以看到，当Snaps环境启动时MyProgram会自动运行，由此可以获得一个提示，从而让事情变得更加容易：通过编辑MyProgram.cs文件的内容启动自己的程序。也就是说，可以直接运行所创建的代码，而不需要在环境中查找和选择对应的应用程序(就像运行Countdown应用程序那样)。

请记住，只要MyProgram.cs中的类被命名为MyProgram，该程序就会在Snaps环境中第一个运行。当在MyProgram.cs文件中创建完新程序后，可以将程序代码复制并粘贴到一个新的源文件(一个新的.cs文件)中，并赋予该文件一个唯一名称，同时，对程序的类进行重命名，以便Visual Studio不会显示红色的波浪线，从而保证程序顺利编译。此时，如果要求MyProgram程序同时实现前三章所演示的功能(设置相同的标题以及显示前三章所看到的消息)，那么我相信你应该知道怎么做。

现在你是否知道为什么我将源文件命名为MyProgram.cs？是为了便于你使用该程序创建更多的其他程序。

动手实践

创建一个倒计时报时器

“动手实践”部分是非常重要的。它代表学习编程的过程中一个非常重要的里程碑。到目前为止，你已经修改或者修复现有的程序，虽然这是一种开始学习的好方法，但在某些情况下，从头创建自己的程序学习效果可能更好。时机就是现在。想想看，即使是比尔•盖茨也是从某个地方开始学习的。但我可以肯定地说，他的第一个程序是无法对用户说话的。虽然在比尔•盖茨学习编写代码的时代中，想让计算机说话是非常困难的，但他会感受到你创建了第一个程序时所感受到的同样的兴奋感。

在创建完上述程序之后，也就编写完了你的第一个程序。接下来可以使用其他消息，从而让程序更加个性化。在下一节，还会看到一些其他的 Snaps，可以使用它们让该程序更加有趣。

此时，你应该已经创建了一个名为 Countdown 的“空”应用程序。目前，它几乎不完成任何工作——只是设置了一个标题字符串，接下来可以编写自己的语句，从而赋予其真正的功能。例如，使用 SnapsEngine 类所提供的 SpeakString、DisplayString 和 SetTitleString 方法创建自己的程序。

你可以自己动手创建一个倒计数从 10 到 0 的程序。参考线索：应用程序至少应该包含 10 条语句。此外，还可以改进程序，使其在屏幕上显示数字的同时读出这些数字。这样就使程序的语句数量加倍。

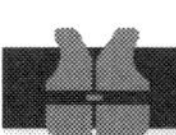
易错点

编译错误

在程序可以运行之前，必须由编译器进行检查。可将该检查过程看成飞机上所完成的起飞前检查。在起飞之前，机长必须围绕飞机走几圈，检查一下机翼，确保所有的轮胎都充满气，以保证航班可以安全起飞。同样，在一个程序可以运行之前，编译器也会对其进行“起飞前”检查。如果程序不符合 C#规则，编译器将会生成程序员必须解决的错误。

遗憾的是，相比于人类，编译器对错误更加挑剔。我可以走向某人并问“你在做什么？”即使我问的问题没有通过正确的英语表达，也会得到一个答案。然而，如果我尝试编译下面的程序，则会得到错误。

```
using SnapsLibrary;

public class BadBrackets
{
    public void StartProgram()
    (
        SnapsEngine.SpeakString("Hello world");
        SnapsEngine.SpeakString("Goodbye chickens");
    )
}
```

虽然该代码看起来与前面运行的程序相类似，但文本中却存在两个小错误。而此时编译器生成了 11 个十分混乱的错误，如下图所示。

Error List

Entire Solution | 11 Errors | 1 Warning | 0 Messages | Build + IntelliSense | Search Error List

Code	Description	Project	File	Line	Suppr
CS1002	; expected	BeginToCodeDemos	Ch03_02_MoreStatements.cs	6	Active
CS1519	Invalid token '(' in class, struct, or interface member declaration	BeginToCodeDemos	Ch03_02_MoreStatements.cs	6	Active
CS1519	Invalid token '(' in class, struct, or interface member declaration	BeginToCodeDemos	Ch03_02_MoreStatements.cs	7	Active
CS1519	Invalid token '(' in class, struct, or interface member declaration	BeginToCodeDemos	Ch03_02_MoreStatements.cs	7	Active
CS1519	Invalid token '(' in class, struct, or interface member declaration	BeginToCodeDemos	Ch03_02_MoreStatements.cs	8	Active
CS1519	Invalid token '(' in class, struct, or interface member declaration	BeginToCodeDemos	Ch03_02_MoreStatements.cs	8	Active
CS0501	'Ch03_02_MoreStatements.StartProgram()' must declare a body because it is not marked abstract, extern, or partial	BeginToCodeDemos	Ch03_02_MoreStatements.cs	5	Active
CS0103	The name 'SnapsEngine.DisplayString' does not exist in the current context.	BeginToCodeDemos	Ch03_02_MoreStatements.cs	7	Active
CS0103	The name 'DisplayString' does not exist in the current context.	BeginToCodeDemos	Ch03_02_MoreStatements.cs	7	Active
CS0103	The name 'SnapsEngine.DisplayString' does not exist in the current context.	BeginToCodeDemos	Ch03_02_MoreStatements.cs	8	Active
CS0103	The name 'DisplayString' does not exist in the current context.	BeginToCodeDemos	Ch03_02_MoreStatements.cs	8	Active

Error List　Find Symbol Results　Package Manager Console

在这种情况下，最麻烦的是没有任何消息确切地告诉你做错了什么(其中包含一些看起来令人恐慌的消息)。虽然编译器是一个非常聪明的程序，但它还没有足够智能到可以告诉“你在应该使用大括号的地方使用了圆括号”之类的错误。请更改上面的代码，在语句的前后分别添加一个开大括号{和闭大括号}，从而保证程序可以运行。请记住，当想要标记程序的开始和结束部分时，通常必须使用大括号。而圆括号则用于其他地方。

程序员要点

好的程序员必须能够处理细节

人类非常善于处理噪音。我们可以从嘈杂背景声中听出自己的名字，在一片面孔海洋中认出自己的母亲。计算机程序必须非常努力地从数据中提取出数据含义。程序中的任何一个不正确的细节都会使编译器产生困惑。这意味着想要成为一名优秀的程序员，必须学会如何仔细地检查事情，在任何情况下，需要逐个字符进行检查，从而发现可能存在的问题。

当然，处理编译错误的最好方法是不犯此类错误。但因为我们都是人类，所以这也是不可避免的。就如何处理编译错误，提几点我个人的小技巧：

(1) 首先从一个成功编译或运行的程序开始。注意：编译器能够读取所创建的高级别代码并生成能够让计算机完成所需操作的机器代码。这也就是为什么说一个没有编译错误的程序可以成功运行。Visual Studio 提供了软件向导帮助我们生成一个仅进行编译操作的程序。

(2) 经常在 Visual Studio 中使用 Run 按钮进行编译。如果在最后一次成功编译之后所进行的修改非常少，那么错误位置就只会分散到少数的几个地方。

(3) 查看是否存在三种标准的编译错误：

a. 缺少某些内容——例如，没有在语句的末尾处添加分号。

b. 使用了错误的字符——例如，使用了[，而不是{。

c. 错误拼写了某些内容——例如，将“StartProgram”写成“starProgram”。在 C#的世界里，使用大写字母或小写字母是非常重要的。

(4) 不要认为编译器发现错误的位置就是错误的实际位置所在。一些错误(例如缺少一个大括号)只有在向下检查多行代码后才会被发现。

(5) 使用颜色突出显示，从而帮助我们进行区分。C#语言自身的关键词以蓝色显示。文本字符串为红色。如果某一个你认为应该有颜色的单词而没有颜色，就可能存在输入错误。

(6) 解决你所看到的所有的错误，然后再编译一次。有时编译器会因为某些代码行上可察觉的错误而产生混乱并进行报告。一旦解决了可以看到的所有错误，就再编译一次，看程序是否可以正确运行。

(7) 使用 Undo 和 Redo。Visual Studio 包含带有 Undo 按钮(或 Ctrl+Z)和 Redo 按钮(或 Ctrl+Y)的功能强大的编辑器，可以使用这些按钮对代码所做的修改进行前进和后退操作。通过使用这些命令以及 Visual Studio 用来突出显示错误的红色波浪线，可以找到错误所在之处。

代码分析

找到编译错误

当进行编译时，该程序产生了两个错误。你是否可以找到所有错误。

```
using SnapsLibrary;
```

```
public Class MyProgram
{
    public void StartProgram()
    {
        SnapsEngine.SetTitleString("Begin to Code with C#");
        SnapsEngine.DisplayString(Welcome to the world of Snaps");
    }
}
```

具体的错误如下所示：

```
using SnapsLibrary;

public Class MyProgram ———————————— Class 应该使用小写的 c
{
    public void StartProgram()
    {
        SnapsEngine.SetTitleString("Begin to Code with C#");

        SnapsEngine.DisplayString(Welcome to the world of Snaps"); ——┐
    }                                                                 │
}                                                 在 Welcome 之前缺少双引号
```

如果解决了这两个错误，程序就可以顺利完成编译。

3.4　额外 Snaps

在一些章节的末尾处，我都会介绍一些可以使用的额外 Snaps。你可以像使用 SpeakString Snap 那样在自己的程序中使用这些 Snaps。

3.4.1　Delay

如果想要程序延迟一段时间，可以使用 Delay Snap：

```
using SnapsLibrary;

class Ch03_06_TenSecondTimer
{
    public void StartProgram()
    {
        SnapsEngine.DisplayString("Start");
        SnapsEngine.Delay(10);  ——— 延迟 10 秒
        SnapsEngine.DisplayString("End");
    }
}
```

该程序首先显示了“Start”，然后暂停 10 秒钟，最后再显示“End”。向 Delay 方法提供的数据类型与向 DisplayString 方法提供的不相同。我们向 DisplayString 方法提供的是想要程序显示的字符串，而向 Delay 方法提供的是希望程序暂停的秒数。如果想要程序暂停的时间少于 1 秒，可以赋值为小数。

```
SnapsEngine.SpeakString("Tick");
SnapsEngine.Delay(0.5);——— 将程序延迟半秒钟
SnapsEngine.SpeakString("Tock");
```

如果想要程序看起来像是在思考某些问题，或者给予用户足够的时间读取屏幕上的信息，则可以使用 Delay 方法。

3.4.2 SetTextColor

该 Snap 能够设置屏幕上所显示消息的文本颜色：

```
using SnapsLibrary;

class Ch03_07_BlueText
{
    public void StartProgram()
    {
        SnapsEngine.SetTextColor(SnapsColor.Blue); ——— 表示蓝色的内置 Snaps 颜色
        SnapsEngine.DisplayString("Blue Monday");
    }
}
```

还可以调用该方法，更改屏幕上已经显示的文本颜色。

```
using SnapsLibrary;

class Ch03_08_DelayedBlueText
{
    public void StartProgram()
    {
        SnapsEngine.DisplayString("Blue Monday");
        SnapsEngine.Delay(2);
        SnapsEngine.SetTextColor(SnapsColor.Blue);
    }
}
```

该程序首先以默认的颜色显示"Blue Monday"，然后 2 秒钟之后，将文本颜色更改为蓝色。

3.4.3 SetTitleColor

该 Snap 可以设置屏幕上标题消息的文本颜色：

```
using SnapsLibrary;

class Ch03_09_GreenSystemStarting
{
   public void StartProgram()
   {
      SnapsEngine.SetTitleColor(SnapsColor.Green);
      SnapsEngine.SetTitleString("System Starting");
   }
}
```

该程序首先将标题文本设置为绿色，然后显示“System Starting”作为页面的标题。一般来说，最好是在显示消息和标题之前设置其颜色；否则当这些文本进入视野时，会“闪烁”成所要求的颜色。你可以将 Ch03_09_GreenSystemStarting.cs 文件中的语句顺序颠倒一下，就会明白我所说的意思了。因为存在延迟，该效果在 Ch03_08_DelayedBlueText.cs 中被最小化了。

3.4.4 SetBackgroundColor

该 Snap 可以设置屏幕的背景颜色。可使用该方法来表示警报或其他情况。

```
using SnapsLibrary;

class Ch03_10_RedScreen
{
   public void StartProgram()
   {
      SnapsEngine.SetBackgroundColor(SnapsColor.Red);
   }
}
```

3.5 创建自己的颜色

Snaps 库包括许多可以使用的内置颜色。在前面学习的示例中可以看到相关的 SnapsColor 值：SnapsColor.Blue、SnapsColor.Green 以及 SnapsColor.Red。然而，有时可能还需要使用一些该库不包括的颜色。例如，使用淡紫色。当向计算机描述一种颜色时，必须使用数字，因为计算机只能使用数值。如果想要描述一个特定的颜色，可以使用三个值：该颜色中的红色的量、绿色的量以及蓝色的量。在 Snaps(以及许多其他的计算机平台，比如 Windows)上，用来描述颜色级别的每个数字的取值范围为 0~255。

可以上网查找一下某一特定颜色的红色、绿色以及蓝色的量。实际上，淡紫色的红色、绿色和蓝色值分别为 200、162 和 200。接下来介绍如何在 Snaps 中使用这些值来处理颜色：

```
using SnapsLibrary;

class Ch03_11_LilacScreen
```

```
{
    public void StartProgram()
    {
        SnapsEngine.SetBackgroundColor(red:200,green:162,blue:200);
    }
}
```

组成淡紫色的红色、绿色和蓝色的量

SetBackgroundColor 方法可以接收一个或三个参数。可以赋予一个 SnapsColor 值，或者分别赋予红色、绿色和蓝色的值。每个颜色强度值由名称进行标识，以便程序员可以更容易地了解哪些颜色值可以满足自己的需求。

在设计一个方法时，程序员必须确定该方法需要多少信息来完成其工作以及信息应该采取何种形式。在上面所示的代码中，SetBackgroundColor 被告知可以使用的红色、绿色以及蓝色的量。这些提供给方法的参数以列表的形式存在，并且通过逗号分隔。如果缺少了某个参数，或者提供了过多参数，编译器在编译程序时就会报错。

```
SnapsEngine.SetBackgroundColor(red:255,green:255);
Error 1 No overload for method 'SetBackgroundColor' takes 2 arguments
```

编译器不喜欢上述语句，因为 Snaps 库中并没有创建仅接收两个参数的 SetBackgroudColor 方法。

易错点

错误的配色方案

虽然设计一个在红色背景上显示红色文本的程序并不会出现任何错误，但程序的用户会说什么呢？我个人比较喜欢使用默认颜色(即当启动程序运行时所使用的颜色)。如果你想要展示你富有创造性的一面，也可以选择其他颜色，但是要确保在多个不同的设备上对你的配色方案进行测试，因为有些机器可以显示比其他机器更好的颜色。此外，在条件允许的情况下，还应该与客户一起讨论你使用的配色方案，因为客户可能对颜色具有比较特殊的要求。另外，不同的人会以不同的眼光查看不同的颜色。不要认为其他人也会以你的眼光来观察颜色！

动手实践

构建一个煮蛋计时器

现在，可以使用所学到的编程技巧构建一个程序来记录煮鸡蛋的时间。通过使用 Snaps 库中的 Delay 方法，可以在煮鸡蛋的过程中让程序暂停，然后在鸡蛋煮好后发出通知。经过我的测试，证明如果想要煮熟一个鸡蛋，应该需要 5 分钟(或者 300 秒)。下面所示的代码可以充当一个非常好的起点——如果你想要创建自己的煮蛋计时器，只需要复制该代码即可，而不需要复制或编辑 MyProgram.cs:

```
using SnapsLibrary;

class Ch03_12_EggTimerStart
{
```

```
    public void StartProgram()
    {
        SnapsEngine.SetTitleString("Egg Timer");
        SnapsEngine.DisplayString("There are five minutes left");
        SnapsEngine.Delay(60);
        SnapsEngine.DisplayString("There are four minutes left");
    }
}
```

我认为，该程序是你成为一名开发人员的另一个重要里程碑。与前面创建的倒计时器不同，该程序拥有一个合格产品的所有要素。你的母亲会发现该程序非常有用。Windows Store 拥有许多以计时器方式工作的产品。你创建的计时器没有理由不成为其中一员。

此外，可以向该计时器添加额外的功能，比如，当鸡蛋煮好后更改屏幕的颜色，甚至可以在计时器结束之前提供 30 秒钟的警告——可以以“10、9、8……”形式进行倒计时。还可以在显示倒计时的同时读出还剩多长时间。

按照上面的设计可以创建适用于多种场合的计时器。我可以想到以下四种计时器：

- 你最好的朋友对冲洗照片非常感兴趣，并且想要一个可以在黑暗中使用的计时器。该计时器应该每 5 秒钟报一下时间。
- 你和你的同事开了一家趣味测试俱乐部，并对每个队回答一个问题的时长进行控制。平均每个队 10 秒钟时间。
- 你的兄弟开发了一个游戏，每个玩家必须在 30 秒钟以内用一根牙签吃尽可能多的烤豆(我并不认为这是一个明智的游戏)，此时，他需要一个计时器来完成该游戏。
- 你的妈妈正在锻炼身体，需要记录锻炼的每个阶段的时间，并告诉她下一个活动是什么。共有 5 种活动：慢跑、俯卧撑、跳跃、站立和坐下。每一个动作应该持续 30 秒，然后是 10 秒钟的休息时间。

你可以尝试动手创建这些计时器以及其他你可以想到的计时器。在下一章，将会学习如何让一个程序获取用户的输入，以便开发出允许用户设置定时器运行时长的计时器。

3.6　所学到的内容

在本章，通过创建自己的程序进一步熟悉 Visual Studio 环境。你已经看到，C#程序被表示成程序运行时按一定顺序执行的一系列语句。此外，所编写的高级别 C#被一个称为编译器的程序转换为低级别的计算机指令。如果代码被成功编译，程序就可以正常运行，但有时代码会因为存在错误而编译失败。

编译器可以确保程序符合 C#语言规则。对于那些包含不正确语句的程序，编译器会拒绝。虽然人类阅读者可以容忍丢失或不正确的标点符号，但编译器会拒绝任何不遵守编程语言规则的内容。

本章所编写的程序使用了一组 Snaps 库所提供的 Snaps，从而实现了说出消息、显示颜色，延迟程序执行一段时间等功能。这些组件都以方法的形式提供，并通过传入的数据告诉它们完成哪些操作。例如，向 SpeakString 方法提供希望读出来的字符串文本。

以下是你可能思考的关于程序、语句和编译器的一些问题。

程序用户是否需要 Visual Studio 的一个副本来运行程序？

不需要。Visual Studio 可以生成一个不需要 Visual Studio 就可以运行的程序文件。

是否必须知道每一条 Visual Studio 命令的工作原理？

不需要。你可以从使用一些按钮开始。在学习本书的过程中，会发现更多功能。

编译器是否会因为被无效的程序代码所困惑而显得其不称职？

你可能会认为编译器有一点愚蠢，因为有时它可能会因为看到错误的字符而产生错误。如果你疑惑编译器为什么不使用正确的字符替换错误的字符然后继续编译，也是情有可原的。然而，事实证明，编译器没有这么做是有道理的。如果编译器插入了它认为缺失的内容，前提假设是知道程序员实际想要做什么。前面已经看到，这种假设是危险的。对于编译器来说，更安全的做法是坚持准确且正确地表达程序所要完成的操作。

C#方法是否可以接收任意数量的参数来完成所需的操作？

不可以。每一种方法都只能接收一组特定的信息。Delay 方法需要被告知延迟的秒数。而 SpeakString 方法则需要被告知需要说出的文本字符串。编译器知道一个方法应该接收哪些数据，因此只会向方法提供所需的数据。如果尝试向 Delay 方法提供一个字符串，那么程序就无法顺利编译。

程序中的语句是否总是按照编写的顺序被执行？

是的。可以将程序想象为一个由一系列指令组成的故事或食谱。按照设置以外的顺序执行相关步骤是没有任何意义的。

Snaps 部分是 C#语言吗？

不是。所提供的 Snaps 库及其方法是用来帮助你学习编程和创建简单应用程序的。虽然它们并不是 C#的一部分，但却是使用 C#创建的。本书的后面还将学习更多使用 C#创建的其他类库和方法。

第 4 章

在程序中使用数据

本章主要内容：

通过第 3 章的学习，已经知道程序是计算机可以执行的指令序列。在使用一些 Snaps 方法所创建的程序中可以看出这一点。在本章，将学习计算机程序操作数据的方式。了解数据可以采取的不同形式(例如，文本数据和数值数据之间的区别)以及两种不同的数值数据(即整数和实数)。此外，还会学习如何在 C#程序中创建自己的数据存储以及如何通过表达式使用该数据。

- 变量
- 在程序中使用变量
- 使用数字
- 使用不同的数据类型
- 程序中的整数和实数
- 额外 Snaps
- 所学到的内容

4.1 变量

到目前为止，我们使用的程序都使用了内置的数据。例如，下面所示的语句接收数据(文本“Hello world”)，然后使用该数据完成一些操作——此时将其转换为计算机可以读出的单词。

```
SnapsEngine.SpeakString("Hello world");
```

许多程序都以这种方式内置了数据，例如视频游戏，其中除了程序代码外，还包括图像和声音。这些数据来自于“硬连接”到程序代码的值。这些值被称为*常量*(*literal*)值。

虽然常量用来表示程序中的固定数据是非常合适的，但如果想要代码更加灵活，则需要另外做一些事情。如果想要更改程序中的常量，首先需要更改代码(例如，将文本“Hello world”更改为所需的消息)，然后再重新编译该程序。为了代码能够更加灵活，需要使用*变量*(variables)。变量接收来自用户的输入，然后程序可以使用该输入。

代码分析

常量

问题： 语句 SnapsEngine.SpeakString("Hello world!")；中的常量是什么？

答案： 常量为字符串"Hello world!"。

问题： 方法 SpeakString 是一个常量吗？

答案： 不是。如果想要弄清楚哪个是常量，首先要弄清楚程序中提供指令的代码(即所完成的操作)与程序中的数据(操作使用的内容)之间的区别。SpeakString 是一个方法的标识符，该方法能够让计算机念出一个文本字符串。而“Hello world”则是想要程序念出的文本字符串。

问题： 字符串是唯一的常量类型吗？

答案： 不是。在本章的后面会学习关于数值常量的相关内容。

4.1.1　变量和计算机存储

如果想要一个程序完全有用，必须能够接收并使用来自外部源的数据。每当按下一个键、单击手机的屏幕或者移动鼠标时，都会向程序提供一个输入，并且存储在某种类型的变量中。那么这些变量又存储在哪里呢？

当一名计算机的所有者自豪地说“我的计算机拥有 16G 的 RAM”时，他实际说的是计算机的 RAM(random access memory，随机存取存储器)包含了大量的存储位置，每一个位置可以保存一小块数据(通常被称为一个*字节*)。每一个内存位置都有编号，计算机可以在任何时候访问任何位置(这也是为什么被称为随机存取存储器的原因)。这些存储位置被用来保存提供给计算机的指令(即程序)以及程序所使用的数据。举一个例子，当使用一个字处理器时，计算机中的一部分 RAM 就保存了该字处理器程序，而另外一部分 RAM 则保存了正在使用的文本。

RAM 中保存的数据与诸如磁盘驱动器或拇指驱动器之类的设备上所存储的数据是不一样的。当使用一个字处理器时，该程序从磁盘驱动器上加载文档，然后将其复制到 RAM 中。如果保存一个文档，则将 RAM 中的内容复制回磁盘存储器中。在使用程序及其相关数据时，它们都保存在 RAM 中，以便可以更快地访问相关数据。但 RAM 也是可变的。当退出程序或者关闭计算机时，RAM 中的内容就会被清除(在本书后面将学习如何让程序在存储设备上存储数据。但目前只考虑如何使用 RAM 中存储的数据)。

可将一个变量想象为内存中一个指定的位置，该位置存储了程序正在“使用”的内容。当程序运行时，可以使用变量生成一个结果(即程序的输出)。此外，还可以将变量看成一个“带有名称的盒子”。程序使用该盒子来存放数据。程序员可以声明一个变量名并指定该变量可以保存的数据类型(如文本或数字)。

4.1.2　声明一个变量

假设创建一个统计参加所组织宴会人员信息的程序。通过使用该程序，每名客人都需要输入各自的姓名。随后所输入的姓名被存储在程序中所定义的一个变量中，最后从内存中获取该变量的值，从而统计已经到达的客人信息。

为让该程序正常工作，需要一个变量来存储客户输入的姓名。因为姓名是一个文本字符串，所以需要一个可存储字符串的变量。

告诉编译器该变量将存储一个字符串
告诉编译器所创建变量的名称(标识符)

```
String guestName;
```

上述代码是一个声明，告诉 C#在内存中为一个用来存储字符串文本的变量预留空间。C#编译器知道单词 string 是该声明的开始。单词 string 后面紧跟着所创建的变量名称(此时为 guestName)。

所使用的变量名称被称为变量的标识符。C#编译器可以确保不会声明两个带有相同标识符的变量。此外，对标识符还强制执行了一些规则：

- 标识符可以包含字母、数字以及下划线字符(_)。
- 标识符必须以字母或下划线开头。
- 所使用的标识符不能匹配 C#中内置的任何关键字。例如，单词 string 是一个关键字，所以不能使用 string 作为标识符。每一个关键字在编程语言的上下文中都具有特殊的含义。

代码分析

标识符

问题：my$name 是一个有效的标识符吗？

答案：不是。该字符串包含了一个不允许在标识符中使用的美元符号。如果使用 MyName 或 my_name 就非常好。

问题：2ndInningsScore 是一个有效的标识符吗？

答案：不是。它以一个数字开头，这是不允许的。

问题：x29zog 是一个有效的标识符吗？

答案：是的。它是一个有效的标识符——C#不会反对该标识符。虽然该标识符是有效的，但却没有任何含义。变量的标识符应该表明它是用来做什么的，而上面的名称却没有任何意义。

问题：textstring 是有效的标识符吗？

答案：这是一个有效的标识符。虽然它包含了单词 string(这是一个关键词)，但编译器此时并不介意，因为 string 只是 textstring 的一部分。然而，我并不喜欢这样的标识符，因为此类标识符并没有告诉我存储的是什么。我更喜欢使用诸如 nameString 之类的标识符。

4.1.3　简单的赋值语句

在声明一个变量后，程序可以为该变量赋值。如下面示例所示：

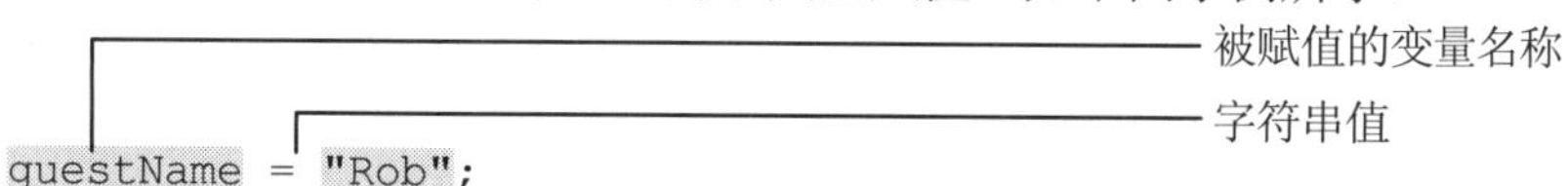


```
guestName = "Rob";
```

该类型的语句被称为赋值。右边的值被赋予左边的变量。程序运行该语句的结果是让变量 guestName 保存字符串"Rob"。

变量与值之间的等号并不表示比较，而是表示使左边的变量等于右边的值。我将其称为 gozzinta 操作，因为右边的值“进入”左边的目的地。

赋值语句是程序中非常重要的一个部分。只要程序处理数据，都是通过赋值语句将值赋给变量。本书稍后会详细讨论赋值语句。

易错点

赋值问题

赋值语句是程序将一个值赋给一个变量的方法。然而，有时该语句也可能出错，下面使用的一些方法可能导致赋值失败：

```
newKidInTown = "Nowhere";
```

只要声明了变量 newKidInTown，该赋值语句就是完全合法的语句。但如果没有声明该变量，编译器将生成一个错误。在 C#中，只有在声明了一个变量之后才能为其赋值。

```
string Name;
name = "Rob";
```

看上去，该代码似乎是合法的。但如果仔细检查一下，会发现所声明的变量使用了标识符 Name，但赋值语句却使用标识符 name。C#语言是区分大小写的。事实上，这里的 n 是不同的，从而导致编译器会抱怨该变量名没有被声明。

```
string age;
age = 21;
```

该代码看起来也是合法的，但编译器仍然会报错，因为在 C#中，文本字符串必须包括在双引号中——“21”是一个字符串，而 21(没有双引号)是一个数字。

4.2　在程序中使用变量

可以在程序中任何可使用字符串的地方使用 string 变量。例如，在前一章使用 SpeakString 时，我们为该方法赋予了希望计算机念出的字符串值。此外，还可以赋予 SpeakString 或 DisplayString 一个包含字符串的变量值，如下所示：

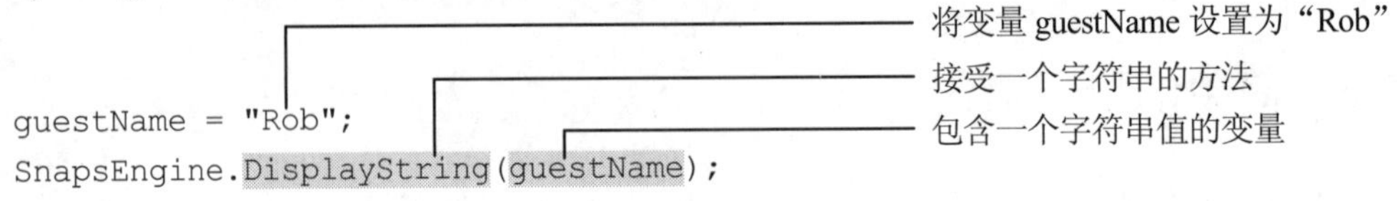
将变量 guestName 设置为“Rob”
接受一个字符串的方法
包含一个字符串值的变量
guestName = "Rob";
SnapsEngine.DisplayString(guestName);

通过使用变量的标识符(在本示例中为 guestName)，可以让程序使用该变量所保存(被赋予)的值。将所有代码放在一起看，可以更容易地了解相关的工作方式。下面所示的代码最终显示了"Rob"：

```
using SnapsLibrary;

class Ch04_01_SimpleVariable
```

```
{
    public void StartProgram()
    {
        string guestName;                    ———— 声明变量
        guestName = "Rob";                   ———— 为变量赋值
        SnapsEngine.DisplayString(guestName); ——— 显示变量中的值
    }
}
```

这样做可以实现什么目的呢？为什么不像前几章中的程序那样在调用 DisplayString 时直接将字符串"Rob"放到方法中呢？很简单，相比于设置一个固定值，从用户获取 guestName 的值可以让程序更加灵活。

为了更详细地了解其工作原理，可以使用另一个 Snap 方法 ReadString。该方法的功能你可能已经猜到——读取用户输入的一个字符串。

```
赋值的目的地
在变量中放置一个值
ReadString 所显示的提示信息
guestName=SnapsEngine.ReadString("What is your name?");
```

在该语句中，ReadString 方法被赋予了一个字符串，即向用户显示的提示信息"What is your name?"。当执行完该语句后，程序将显示该提示信息以及供用户进行输入操作的文本框。然后等待用户输入自己的姓名，如图 4-1 所示。

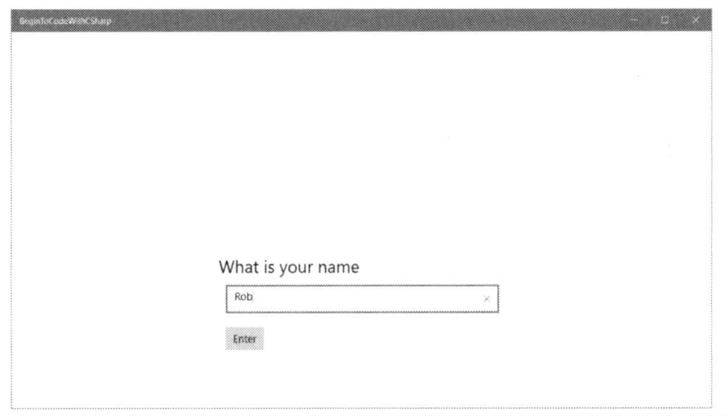

图 4-1　该程序将用户在文本框中输入的姓名存储为一个字符串变量

当用户单击 Enter 按钮时，ReadString 方法将用户输入的内容作为一个字符串返回，所以赋予 guestName 的字符串是来自用户的输入，而不是固定的值"Rob"。当需要获取来自用户输入的信息时，可以使用 ReadString 方法。请看下面更完整的示例：

```
using SnapsLibrary;

class Ch04_02_ReadingAString
{
    public void StartProgram()
    {                              ———— 声明变量
        string guestName;
```

```
        guestName = SnapsEngine.ReadString("What is your name?");   // 读取来自用户的值
        SnapsEngine.DisplayString(guestName);   // 显示变量中的值
    }
}
```

通过读取来自用户的数据，可以让程序成为一个既可接收某一形式信息(用户输入的文本)同时又可以产生另一种形式输出(屏幕显示)的“合适”数据处理器。

动手实践

创建一个广播器

现在你可以试着运行上面的程序。请运行名为 Ch04_02_ReadingAString 的 Snaps 应用程序。Snaps 方法接收输入的姓名，然后显示。如果添加对 SpeakString 方法的调用，那么该程序还可以报出用户名。而如果想要以大字母显示姓名，可使用 SetTitleString 方法。

4.2.1 在声明中分配值

C#允许在声明变量的同时为其分配一个值。下面所示的单个语句替换了前面所看到的两条语句：

```
string guestName = Snaps.ReadString("What is your name?");
```

该语句从用户获取一个字符串，并将其存储在标识符为 guestName 的 string 变量中。这种类型的语句可以让程序更简短，同时会减少程序无法使用未赋值变量的可能性。

4.2.2 将字符串添加到一起

前面已经创建了一个可以在客人到来时念出客人姓名的程序。现在，我们让该程序更有趣一点。在本例中，希望程序说出“The honorable Mister Rob Miles.”可使用下面所示的 C#代码实现该功能：

```
string guestName;
guestName = SnapsEngine.ReadString("What is your name?");   // 获取客人的姓名
SnapsEngine.SpeakString("The honorable Mister");   // 说出介绍词
SnapsEngine.SpeakString(guestName);   // 说出姓名

Ch04_04_StiltedAnnouncer
```

虽然该代码片段(可以从名为 Ch04_04_StiltedAnnouncer 的 Snaps 应用程序中找到该代码)可以正确运行，但由于消息的两个部分分别由单独的语句产生，因此语音输出过程将它们视为单独条目，从而使声音听起来有点生硬。此时需要做的是为程序的输出生成一个单一的问候语。为此，需要将介绍词和姓名组合成一个单一的字符串，如下所示：

```
string fullMessage = "The honorable Mister " + guestName;
```

上面所示的是我们看到的第一个表达式。表达式主要是用来表达一个要执行的动作。它由操作数(即动作使用的条目)和操作符(表示要执行的特定动作)所组成。在广播器程序中，表达式的元素如图 4-2 所示。该表达式包含了两个操作数和一个操作符。一个操作数是字符串“The honorable Mister”，另一个是变量 guestName。而操作符是加号(+)，该表达式的结果赋给了一个名为 fullMessage 的变量。

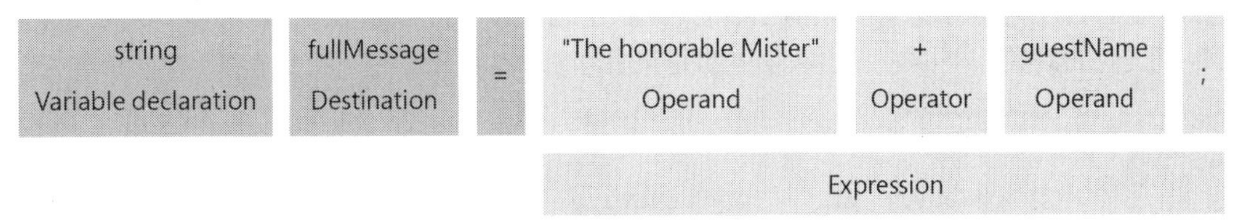

图 4-2　表达式的剖析

表达式是 C#使用数据方式的一个重要组成部分。后续章节将更详细地学习表达式。

易错点

无效的操作符

C#语言提供了许多操作符。程序不仅可以使用加号组合字符串或者增加数字，还可以使用其他操作符进行减法、乘法和除法，很快你就可以看到相关示例。但目前，先看下面的语句：

```
string fullMessage = "The honorable Mister " - guestName;
```

该语句看起来似乎正在尝试从介绍词字符串中减去 guestName。但该操作不能正常工作，因为 C#不允许从一个字符串中减去另一个字符串。对于一个程序来说，只有将一个字符串添加到另一个字符串才是有意义的。编译器通常会检查操作符的上下文。虽然从一个数字中减去另一个数字是有意义的，但从一个字符串减去另一个字符串是不可能的。当编写程序(尤其是当编译器抱怨所执行的某一操作)时，仔细考虑一下所执行动作的上下文是很有必要的。

动手实践

说出一周的某一天：使用模式

广播器程序首先从用户获取一个字符串，然后再显示出来。可以使用相同的模式创建一个可以说出一周中某一天的程序。创建完毕之后，可以运行该程序，并用来确定是否需要早上起床。为了创建该程序，需要使用一个名为 GetDayOfWeekName 的 Snaps 方法。当调用该方法时，它会读取计算机上的时钟信息，并计算出当前是一周中的哪一天。最后将相关信息以字符串的形式返回。

```
string day = SnapsEngine.GetDayOfWeekName();
```

构建该程序的最好方法是基于现有的程序进行创建，使用该 Snap 方法的步骤与广播器程序是相同的。广播器程序的代码如下所示：

```
string guestName = Snaps.ReadString("What is your name?"); —— 设置 guestName
Snaps.DisplayString(guestName); ———————————————— 显示 guestName 的内容
```

说出一周中哪一天的程序与之类似。主要区别在于消息的来源。

```
string dayName = SnapsEngine.GetDayOfWeekName();
SnapsEngine.SpeakString(dayName);
```

可以使用与广播器程序相类似的模式创建那些向某一方法提出一个问题并获得一个响应的程序。当面对一个新问题时，通常比较好的做法是思考一下自己是否曾经使用过某一特定模式解决过类似的问题。下面显示了该程序的完整版本。

```
using SnapsLibrary;

class Ch04_04_SpeakingDay
{
    public void StartProgram()
    {                                              以字符串的形式获取一周中的某一天
        string dayName = SnapsEngine.GetDayOfWeekName();
        SnapsEngine.SpeakString(dayName);          说出当前是星期几
    }
}
```

可以在说出一周中的某一天的同时将其显示出来。此外，还可以添加一些额外的显示信息，以使用户知道程序在为他们做什么。甚至可以将字符串组合在一起，生成问候语，比如“Good day, Rob. And how are you doing this fine Thursday?”。

4.3　使用数字

至此，我们在程序中主要使用的是文本字符串。接下来，将学习程序是如何表示和操作数值的。

4.3.1　整数和实数

就 C#而言，主要有两种数字类型：整数和实数。整数没有小数部分。计算机可以精确地存储一个整数值。而另一方面，实数有小数部分。作为一名程序员，需要选择使用哪种数字类型存储一个特定值。

代码分析

整数与实数

通过查看一些整数和实数的使用示例，可以进一步地了解两者之间的区别。

问题：假设要创建一个设备来计算头发的数量，那么应该将该数存储为一个整数还是实数呢？

答案：应该存储为一个整数，因为不存在半根头发。

问题：再假设使用上面创建的头发计数程序计算 100 个人的头发数量，然后再计算出每个人头上的平均头发数量，那么应该将该数存储为一个整数还是实数？

答案： 当计算出结果时，会发现平均数存在小数部分，这也就意味着应该使用实数来存储该平均值。

问题： 如果要在程序中跟踪某一产品的价格，那么应该怎么做？

答案： 实际上这是一个非常棘手的问题。你可能会认为价格应该被存储为一个实数，比如 \$1.5(1.5 美元)。然而，有时也可以将价格存储为一个整数，比如 150 美分。在类似于这种情况下，应该根据使用数字完成的工作来确定所使用的数字类型。如果只是跟踪销售产品的总金额，那么可以使用整数来保存价格和总金额。然而，如果你正在借钱给他人来购买你的产品，并且想要计算所收取的利息，就需要小数部分来更准确地保存数字。

程序员要点

存储变量的方式取决于使用该变量的目的

应该使用一个整数来计算头上头发的数量似乎是显而易见的。然而，有人会争辩也可以使用一个整数来表示 100 个人头上平均的头发数量。这是因为所计算出来的平均数往往是数以千计的，而头发的小数部分并不会添加太多有用的信息。当思考在程序中如何表示数据时，必须考虑如何使用该数据。

C#整数类型

如前所述，整数没有小数部分。在程序中通常被用来计数。此外，整数值可以被计算机程序精确地存储。换句话说，每个整数值都可以映射到计算机的内存中，从而进行有效的保存。

当我在程序中使用一个整数时，比较喜欢使用 int 类型，其范围可达 2 147 483 647。如果想要存储的数字大于该值，则可以使用 long 类型，其范围可达 9 223 372 036 854 775 807。如果只想存储 32 767，则可以使用 short 类型。所有这些类型都具有等效的负值范围。

每种类型在 RAM 中都占用了不同的空间数量。long 类型占用了 8 个内存位置，而 short 类型只占用了 2 个内存位置。在大多数的 C#程序中，我比较喜欢使用 int 类型，因为我确信不会存储超过该类型范围的值。

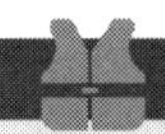

易错点

注意，不要超过整数类型的取值范围

你可能认为计算机会检测到超出了特定类型的范围。换句话说，当尝试将值 32 768 赋给一个 short 类型(该类型最大只能存储 32 767)的变量时，程序应该会停止。然而，停止事件并不会发生。相反，虽然变量中的值完全不正确，而程序仍然可以继续运行。这就可能导致一些比较可怕的问题。我喜欢使用 int 类型而不用 short 类型的主要原因是，因为我需要存储的值通常会超过 32 000，但不可能超过 2 000 000 000。

当为变量选择一种整数类型时，重要的是要考虑所使用类型的范围。如果存在疑惑，那么最好选择一个拥有足够空间的类型。如今计算机都拥有比较大的 RAM，我想在这种情况下大可不必为了节省存储空间而冒所使用变量类型大小不够用的风险。

C#实数类型

实数类型有小数部分，即小数点后面的数字部分。实数通常并不能被精确地存储。特定的实数只能以尽可能接近原始值的方式映射到计算机内存中。虽然可以通过使用更多数量的计算机内存来提高存储过程的准确性，但不可能准确地存储所有的值。

实际上，这并不是一个问题。我们已经习惯了这样一个事实，即诸如 PI 之类的值不能被精确地存储，因为它们“永无止境”。

当创建一个变量来保存一个整数时，应该首先考虑该变量将用来做什么。当考虑在程序中如何保存实数时也需要做同样的事。首先思考程序需要从变量中获取的范围和精度。

精度设置了如何精确地存储数字。比如，C#提供了一个称为 float 的实数类型，它可以保存一个带有七位数精度的数字。一个 float 变量可以保存从 1 234 567.0 到 0.123 456 7 的值，却不能存储 1234567.1234567，因为它没有足够的精度来保存 14 位数。实数类型的范围表明了该类型可以保存的最大和最小值。以 float 类型为例，它可以保存带有 38 位的数字(也就是说 1 后面跟了 38 个 0。)

如果想要更精确地存储一个值，可以使用 double 类型。(该名称是双精度的缩写。)该类型可以提供 15 位左右的精度，可以存储超过 300 位的数字。此外，还有一个称为 decimal 的类型，相比于 double，它的范围稍小一些(可以处理 28 位的值)，但可以提供 28 位的精度。

在大多数情况下，我都会使用 float 数据类型，因为它足够满足我所需的精度。如果程序在计算中使用了一个特定变量，而该计算每秒重复数百万次，就需要使用 double 精度类型。在此类程序中，float 类型就不适用了，因为计算错误可能随时间累积并变得越来越明显。如果正在对金额进行利息计算，那么可以使用 decimal 类型。decimal 类型的高精度能够非常精确地保持非常微小的利息。

易错点

虽然变量是不完美的，但却是足够好的

你可能认为所有功能强大的计算机都应该能够精确地存储所有值。但当你发现事实并非如此时可能会感到震惊，一个简单的 10 位数的袖珍计算器都已超越强大的 PC。

然而，在编程过程中，这种准确性的缺乏并不是一个真正的问题，因为我们通常不具有特别精确的输入数据。例如，如果修改前面计算头发的程序，改为测量头发长度，那么对于我来说，很难使测量头发长度的精度超过 1/10 英寸(约 2.4 毫米)。这意味着使用一个 double 类型的变量来存储头发长度是没有意义的，因为此时数据根本没那么多。

需要记住的重要事情是在使用整数和实数时，应该首先思考一下该数的用途，再来选择所使用的数据类型。

4.3.2　执行计算

通过前面的学习，我们已经知道，可以通过创建连接字符串的表达式来操作字符串。同样，也可以创建包含涉及数字的表达式的语句。可以对该表达式进行求值以产生结果，然后在程序中按照需要使用该结果。表达式可以非常简单(包含单一值)，或者非常复杂(包含一个大型的计算)。下面所示的是数字表达式的几个示例：

```
2 + 3 * 4
-1 + 3
(2 + 3) * 4
```

计算机从左到右对这些表达式进行计算(求值)，就像你从左到右读取这些表达式一样。和传统数学一样，首先执行表达式中的乘法和除法，接着是加法和减法。

C#通过给每个运算符一个优先级来实现这个计算顺序。当 C#计算一个表达式时，通常会找到优先级最高的运算符，并首先计算它们。然后再寻找下一个优先级的运算符，以此类推，直到获得最终的结果。以这种计算顺序计算表达式 2 + 3 * 4 的结果是 14，而不是 20。

如果要指定某一表达式的计算顺序，可以使用圆括号将想要最先计算的表达式元素括起来，比如上面示例的最后一个表达式所示。此外，如果愿意，还可以在圆括号里面再使用圆括号——只要确保开括号和闭括号一一对应就好。一般来说，我倾向于通过在所有事物上加括号来使事情变得清楚。过分地处理表达式求值(大多数人都这么叫它)是不值得的。

表 4-1 显示了其他一些运算符、运算符的用法以及优先级。优先级最高的最先显示。

表 4-1　运算符

运算符	用法
-	一元减号，即 C#在负数中所找到的减号，比如-1。一元意味着只能应用于一个条目
*	乘法：注意使用星号(*)，而不是更多数学上正确但易产生混乱的 x
/	除法：因为在编写代码的过程中难以将一个数字写在另一个数字的上方，所以我们使用了此字符
+	加法
-	减法：注意，它使用与一元减号相同的字符

虽然上面所示的并不是完整的可用运算符列表，但目前学习这些运算符足够了。由于这些运算符都是使用数字，因此它们通常被称为数字运算符。然而，就像前面所讲的，其中一个运算符(即运算符+)还可以运用在两个字符串之间。

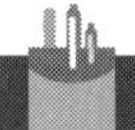

代码分析

计算出结果

问题：当对下面所示的语句进行求值时，看你是否可以计算出 a、b 和 c 的值：

```
int a = 1;
int b = 2;
int c = a + b;
c = c * (a + b);
b = a + b + c;
```

答案：a=1，b=12，c=9。计算上述语句的最好方法是像一台计算机那样操作，并依次计算每个表达式。我在计算的过程中，首先在一张纸上写下各个变量的值，然后再依次更新。这样做实际上是非常有用的。这意味着可以预测程序将要做什么，而无须实际运行程序。

易错点

愚蠢的计算

在表达式中有时可能会使用到除法运算符。在使用过程中可能会编写如下所示的错误代码:

```
int factor = 0;
int kaboom = 1 / factor;
```

该代码尝试用 1 除以 0，而所得的结果是不合理的。你可能认为这会导致计算机自身的崩溃。在过去，崩溃的情况可能会出现。我还依稀记得曾经拥有一个计算器的美好回忆。当时，如果尝试用 1 除以 0，计算器只会继续计数，并得到一个无限的结果。而在 C#程序中，C#运行时系统将会阻止程序进一步运行。

4.4　使用不同的数据类型

你可能已经发现，在 C#语言中，每一个变量都有特征类型，比如 string 或 int。接下来，让我们更详细地研究类型的相关内容。可以将一种类型看作一个车库，该车库只能停放一种特定类型的汽车。C#编译器会执行类型检查，从而确保程序不会尝试组合那些没有意义的类型。就像不能将一辆豪华轿车停放到专为小型汽车而修建的车库一样，也不能直接将某一类型的变量赋给另一类型的变量。然而，有时程序必须在不同类型之间移动数据，例如，在文本框中显示数字值，此时应该怎么做呢？

将数字转换为文本

通过使用 C#编写可操作文本和数字的程序，可以以文本的形式表示数字，或者将文本转换为数字值。接下来，将通过创建一个数字钟来学习如何完成上述的转换操作。前面我们已经使用了一个 Snap 方法获取一周中的某一天。同样，可以使用其他的方法获取日期和时间。Snap 方法 GetHourValue 以整数的形式返回当前时间的小时数。下面的语句声明了一个带有 hourValue 标识符的 int 类型变量，然后将 GetHourValue 方法的结果赋给该变量。

```
int hourValue = SnapsEngine.GetHourValue();
```

此时，已经获取了小时数。接下来可以创建一个输出该值的程序。通过使用 DisplayString 方法创建数字时钟程序，显示小时数，如下所示:

```
SnapsEngine.DisplayString(hourValue);
```

但遗憾的是，该程序并不能正常运行。当尝试运行程序时，Visual Studio 生成了一个错误。

```
Error CS1503 Argument 1: cannot convert from 'int' to 'string'
```

该错误看起来似乎是编译器想要与我们争论什么，但实际上并不是这个意思。参数是 C#调用中向方法提供的数据，从而告诉方法需要做什么。在 DisplayString 方法中，参数是希望程序显示的字符串。之所以出现上述错误，是因为没有为 DisplayString 提供一个 string 类型的参数，而是提供了一个 int 类型的值(包含了一个数据值)。该错误消息告诉我们 DisplayString 被赋予了错误类型的输入，C#编译器无法自动将 int 转换为 string。为了让程序顺利运行，需要将 hourValue 中的数字转换为可以向 DisplayString 提供的字符串。(如果尝试以同样的方式使用 SpeakString 方法时也会出现相同的问题，因为该方法也期望被给予一个文本字符串。)

程序可以获得任何类型变量的字符串版本(只需要请求该变量提供自己的字符串版本即可)。在 C#中，每种类型都提供了一个名为 ToString 的方法，返回一个描述该类型内容的字符串。

```
string hourString = hourValue.ToString();
```

该语句创建了一个新的 string 变量 hourString，并将小时数保存为一个文本字符串。现在，程序可以提供时间信息了。显示小时数的完整程序如下所示：

```
using SnapsLibrary;

class Ch04_05_DisplayHour
{
   public void StartProgram()
   {                                                    以数字的形式获取小时数
      inthourValue = SnapsEngine.GetHourValue();
      string hourString = hourValue.ToString();      要求 hourValue 提供
      SnapsEngine.DisplayString(hourString);         其字符串版本
    }                                          将小时数显示为一个字符串
}
```

代码分析

显示完整的时间

如果想要同时显示小时数和分钟数，则需要对前面创建的计时程序进行改进。此时，需要使用 Snaps 方法 GetMinuteValue。通过向程序中添加该方法，可以将小时数和分钟数字符串连接起来，从而创建一个完整的时间消息，实际上该过程非常容易实现：

```
int hourValue = SnapsEngine.GetHourValue();
int minuteValue = SnapsEngine.GetMinuteValue();
SnapsEngine.DisplayString(hourValue + ":" + minuteValue);

ch04_06_TimeDisplay
```

上述语句首先获取了小时数和分钟值，然后在两个数之间添加了一个冒号并显示出来，如下所示：

BeginToCodeWithCSharp

Current Time

19:27

但如果仔细看一下用来显示小时和分钟的代码，应该会发现有些地方看起来比较奇怪。前面曾经讲过，如果想要显示这些值，必须将数字转换为字符串。

问题：为什么 DisplayString 在使用 hourValue 和 minuteValue 值时没有出现问题？

答案：该代码的工作原理与运算符+处理字符串的原理是类似的。如果提供给运算符+的任何一个操作数不是字符串，那么 C#编译器会自动将其转换为字符串。实际上，我并不喜欢这种行为。虽然这种行为可以让编写程序变得更加简洁，但如果是学习编写代码，那么该行为难以理解。这种行为似乎暗示着一个程序可以在任何允许使用字符串的地方使用数字值(在本示例中为小时数和分钟数)。但事实并非如此。

做些什么

说出时间并增加时间

可以对该时钟程序进行一个简单的功能扩展，使其在屏幕上显示时间的同时说出时间。此外，还可让该程序更有趣，通过增加屏幕上字母的大小提供时间表示。可以使用 SetDisplayStringSize 设置所显示文本的大小。需要向其提供一个数字，从而设置屏幕上文本的大小。

```
SnapsEngine.SetDisplayStringSize(20);
```

该语句将所显示的字符串的大小设置为 20，即程序启动时的文本大小。如果想要使用更大的文本，只需要提供一个更大的值即可。可以用你的系统测试一下，看多大的值最适合你(本书的后续部分还会学习如何在程序中表示对象的大小)。此时，将小时数乘以 20 并设置结果的文本大小，最终的结果还比较好，你可以尝试其他的值。但如果乘以的数字太大，会发现程序显示部分将 Snaps 控制面板“推出”应用程序窗口的底部，此时只有停止该程序的运行，才可以选择其他的 Snaps 应用程序。

4.5 程序中的整数和实数

当在程序中使用了整数和实数时，C#也会执行类型检查。接下来编写一个简单程序，将以华氏度表示的温度值转换为以摄氏度表示的对应值，看看会发生什么事情。

4.5.1　变量类型和表达式

为将温度值从华氏度转换为摄氏度，需要从华氏度值中减去 32，然后再除以 1.8，最后得到结果。计算该结果的 C#表达式如下所示：

```
int tempInFahrenheit = 54;
int tempInCentigrade = (tempInFahrenheit - 32) / 1.8;
```

上述代码很好地使用了圆括号，从而确保在执行除法之前先从华氏度值中减去 32。但遗憾的是，在编译的过程中，程序仍然出现错误：

```
Error 1 Cannot implicitly convert type 'double' to 'int'. An explicit
      conversion exists (are you missing a cast?)
```

该错误之所以发生，是因为计算的结果是一个带有小数部分的数字，而我们正在尝试将该结果存储在一个被声明为 int(用来存储整数的数据类型)的变量中。C#编译器不允许这样操作。

代码分析

丢失数据

到底是温度值转换代码中的哪条语句导致了丢失数据问题的产生，一时很难确定。主要存在以下几个问题：

问题：“double”值来自哪里？

答案：程序中的双精度元素是常量值 1.8。当编译器看到一个整数常量值时，会将其认为是一个整型值。而当编译器看到包含有小数点的常量值时，会将其认为是一个双精度实数。在 C#对表达式进行求值时，结果类型通常是表达式中所使用“最大”类型所对应的类型。这意味着具有双精度值的表达式将返回双精度结果。

问题：编译器为什么会报错？

答案：对于计算机来说，将一个值从双精度转换为整型并不是问题，只需要程序中完成一个简单的操作。然而，编译器所关心的是程序员可能会因为该转换而丢失有价值的数据，因为实数的小数部分将会被抛弃。实际上，编译器似乎在说，“我不会轻易完成这个转换；你必须明确地告诉我希望程序这么做”。

问题：错误消息中“强制转换”指的是什么？

答案：如果需要为一个剧本分派角色，则必须确定哪些演员扮演什么角色。一旦确定好了，就可以告诉 Kevin 他将扮演 Macbeth——对于 Kevin 来说是非常好的运气(因为该角色不错)。在编程方面，强制转换与之相类似。就好比说“我知道这个值是一个双精度值，但在语句中，我希望它扮演整型值的角色”。此时编译器会认为你意识到了正在发生转换，并且允许进行该操作。本节的后面将会学习如何完成强制转换。

只需要将用来保存摄氏温度值的变量类型更改为 double 类型，就可以解决该问题：

```
int tempInFahrenheit = 54;
```

```
double tempInCentigrade = (tempInFahrenheit - 32) / 1.8;
```

Ch04_07_CentigradeAndFahrenheit

4.5.2 精度和准确度

当运行前面所示的温度转换语句时，会得到以下结果：

```
tempInFahrenheit = 54
tempInCentigrade = 12.2222222222222221
```

看上去，以摄氏度保存的温度值比以华氏度保存的值要精确得多。但事实并非如此；这只是计算方式不同而已。当程序进行计算时，虽然所生成的结果可能会使用更高级别的精度进行保存，但并不意味着数据中会提供更详细的信息。

在我自己大多数的程序中并不会使用双精度类型，因为我并不需要这种级别的精度。相反，会使用 float(浮点数的缩写)类型。如前所述，虽然该类型所保存数字的精度比 double 要低，但占用内存的空间却只有一半，并且计算起来也更加快速。如果是在诸如移动电话之类的小型设备上运行程序，那么这些思考是非常重要的。

程序员要点

不要将精度和准确度相混淆

需要重点记住的是，数字并不能仅因为以更高的精度进行存储而变得更加精确。实验室中测量蚂蚁腿长度的科学家无法做到比若干位的准确度更高的精度(除非他们拥有一些令人惊异的技术)，所以使用更高精度来存储和处理测量结果是没有意义的。使用的精度越高，就越会降低程序的运行速度，同时还意味着变量会占用内存中的更多空间。

可以对温度转换程序进行修改，以便将变量 tempInCentigrade 的值保存到一个浮点变量而不是双精度变量中，如下所示：

```
int tempInFahrenheit = 54;
float tempInCentigrade = (tempInFahrenheit - 32) / 1.8;
```

但遗憾的是，这些语句仍然无法编译。

```
Error 1 Cannot implicitly convert type 'double' to 'float'. An explicit
        conversion exists (are you missing a cast?)
```

当尝试将一个双精度值赋给一个整数变量时也会出现相同的问题。如果仔细思考一下，你就会认为该错误是完全有道理的。将双精度的结果赋给一个浮点变量可能会导致数据丢失，因为浮点值并不像双精度值那样精确。

程序员要点

编译器时刻在身边

当编写了更多的程序之后，你就会习惯编译器的这种挑剔。在有些情况下，程序中无论是使用 float 或 double，编译器都没有任何区别。然而，如果有一天所编写的程序需要完成火箭制导计算，那么一个微小的错误结果都可能导致灾难性的后果。编译器必须确保所有的程序尽可能安全，所以你应该更好地处理这些错误，并尝试不再出现类似错误。

4.5.3　通过强制转换实现类型转换

可以通过强制转换解决数字不匹配的问题。通过使用一个转换明确地告诉编译器你已经意识到转换操作可能会丢失数据，但该问题并不会影响程序的行为。请看下面的代码：

强制转换　　　　双精度表达式

```
float tempInCentigrade = (float) ((tempInFahrenheit - 32) / 1.8);
```

在上述代码中，通过圆括号封装了整个表达式，然后使用一个强制转换告诉编译器“我不关心该值的类型是什么，我只希望你将其作为一个浮点值来处理。”该语句指示编译器完成一次显式转换，如果有必要，可以抛弃结果中的一些详细信息。

强制转换具有强大的魔力，比如可以将实数转换为整数：

```
int tempInCentigrade = (int) ((tempInFahrenheit - 32) / 1.8);
```

该转换实际上是非常危险的。它告诉编译器通过抛弃小数部分将实数转换为整数。换句话说，值 0.999 将会被转换为 0，这样就丢失了大多数数据。更好的方法是执行以下转换：

```
int tempInCentigrade = (int) (((tempInFahrenheit - 32) / 1.8) + 0.5);
```

在转换之前将值增加 0.5，从而确保 0.999 向上取整为 1。

4.5.4　在表达式的操作数上使用强制转换

另一种解决类型问题的方法是给予编译器关于所使用值的更多信息。如果我告诉编译器值 1.8 实际上是一个浮点值，那么编译器将生成表达式的浮点版本。可以通过使用一点巧妙的转换做到这一点：

```
float tempInCentigrade = (tempInFahrenheit - 32) / (float) 1.8;
```

```
Ch04_08_FloatCentigrade
```

现在，值 1.8 被转换为一个浮点值，从而使计算结果成为浮点值。

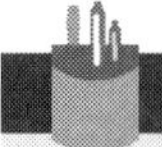

代码分析

强制转换和程序性能

表达式中的变量类型会对程序性能产生影响。这一点值得我们去研究。

问题：将值 1.8 转换为一个浮点值会让程序更加高效。你认为这是为什么呢？

答案：如果将双精度的计算结果转换为一个浮点值，可以有效地执行高精度计算，但需要丢弃一些细节信息。使用浮点值执行计算更加有效率，并且不必转换该值。虽然在普通程序中可能看不出什么区别，但对于那些关注性能的程序员(例如游戏开发人员)来说，则比较担心这类问题。

事实证明，C#的设计者提供了一种快速的方法将操作数转换为浮点值——在值的后面写一个 f：

```
float tempInCentigrade = (tempInFahrenheit - 32) / 1.8f;
```

在常量值的后面写一个 f，从而将该值转换为浮点类型

值 1.8f 在程序中是一个常量值，而不是一个变量。实际上，在该语句中有两个常量——值 1.8 和 32。除非为编译器提供更多的信息，否则它会假设不带有小数点的常量是整数，而带有小数点的常量是双精度。然而，如果在某一个值后面放一个 f，则告诉编译器该值实际是一个浮点值。

4.5.5　类型和错误

当将一种类型转换为另一种类型时所发生的错误通常是程序员最难处理的问题。程序的意图可能是正确的——实际上，告诉计算机所完成的操作没有任何错误，但程序的实现(实现该意图的语句)可能导致数据丢失。编译器可能会注意到这一点，并拒绝编译该程序，除非显式对数据转换的结果负责。

代码分析

类型检查

有时，找到程序中存在的问题需要完成一些侦探工作。必须根据线索找出刚刚发生的事情。

例如，你的一个朋友决定编写一个计算三个温度平均值的程序，且这三个温度值分别保存在变量 t1、t2 和 t3 中。程序完成编译并运行良好。其中包含下面所示的语句：

```
int average = (t1 + t2 + t3) / 3;
```

问题：该语句告诉你关于变量 t1、t2 和 t3 的哪些信息？

答案：它们必须是整数。如果它们是 float 或者 double，编译器将不会允许计算结果存储在一个整数变量中。

问题：你的朋友想要获取结果中的小数部分。虽然他可以尝试下面所示的语句，但该语句似乎没有添加任何更多的细节(虽然语句可以编译和运行)，问题出在哪里呢？

```
float average = (t1 + t2 + t3) / 3;
```

答案：该计算将产生一个整数结果，因为表达式中的所有操作数都是整数，编译器通常使用操作数的最高精度。

问题：你告诉你的朋友，需要确保计算平均值的表达式生成一个浮点结果。于是他将代码更改为以下所示的代码，但不能编译，于是你的朋友很生气。你如何解决该问题？

```
float average = (t1 + t2 + t3) / 3.0;
```

答案：问题在于编译器将常量值 3.0 视为一个双精度值，因此计算产生了一个双精度值，这意味着不能将该值放置到浮点变量中。解决该问题的最好方法是在值(3.0f)之后写一个 f，从而告诉编译器 3.0 是浮点值。

4.6　额外 Snaps

在学习下一章之前，可以通过使用一些 Snaps 对所学的编程知识进行练习。接下来是一些可以尝试的 Snaps。

4.6.1　天气 Snaps

如果有一些天气数据可使用，那么从华氏度到摄氏度的转换就非常有用。Snaps 方法 GetTodayTemperatureInFahrenheit 可以返回美国某一位置的温度(该信息由 US National Weather Service 所提供，www.weather.gov)。如果想要使用该方法，必须向其提供位置的经度和纬度。下面的示例获取了西雅图和华盛顿的温度。

```
int temperature = SnapsEngine.GetTodayTemperatureInFahrenheit (latitude:
   47.61,longitude: -122.33);
```

Ch04_09_TemperatureDisplay

通过使用Bing搜索引擎，可以找到美国某一城镇的纬度。只需要搜索“MyLocation Latitude”，就可以获取所需的值。该方法调用中的latitude和longitude项是命名参数。在第 3 章介绍如何创建颜色值的过程中，我们曾经见过命名参数的示例。此时，提供这两个参数来描述一个位置。

如果想要获取某一位置天气条件的简要描述，可使用GetWeatherConditionsDescription方法，其返回一个描述天气条件的简短字符串。

```
string conditions =
   SnapsEngine.GetWeatherConditionsDescription(latitude: 47.61,
                                               longitude: -122.33);
```

Ch04_10_WeatherConditionsDisplay

我已经运行了该方法，并返回了关于西雅图的天气消息“Partly cloudly”。

请记住，这些方法只提供了关于美国某一位置的天气信息。如果尝试使用其他国家或地区的经纬度值，则会得到一个相当可笑的温度(1000 度)或者得到一条表示无可用天气信息的消息。

4.6.2　ThrowDice

到目前为止，我们的程序都是以完全一致的方式工作。当程序使用了相同的输入时，将会得到相同的输出。但有时对于一个程序来说，获取随机数据也是非常有用的。可以使用随机数让游戏更加有趣。Snaps 库提供了一个名为 ThrowDice 的方法，它可以模拟骰子的一次投掷。不需要向该方法提供任何信息；程序可直接使用所提供的结果。下面所示的三条语句显示了该方法的具体用法：

```
int spotCount = SnapsEngine.ThrowDice();
SnapsEngine.SetTitleString(spotCount.ToString());
SnapsEngine.SpeakString("You have rolled a " + spotCount.ToString());
```

Ch04_11_Dice

第一条语句将掷骰子的结果赋给整型变量 spotCount。第二条语句将页面的标题字符串设置为骰子投掷的结果(需要将整型转换为字符串)，第三条语句则念出结果。

你可以创建一个自己的程序，并在游戏中代替骰子功能。此外，还可以使用该方法创建一个随机延迟功能。随机骰子投掷是“nerves of steel”游戏的基础。程序通过随机投掷骰子的方式选择一个随机时间，然后再将其乘以另一个随机投掷骰子的结果。这样就可以生成一个 1 到 36 之间的数字。随后，程序在说出“Nerves of steel”之前暂停该数字所对应的秒数。此时所有人都站着，然后程序运行。在程序说出该消息之前最后一个坐下来的人就是胜者。

4.7　所学到的内容

在本章，我们学习了程序如何使用 RAM 来保存程序数据和代码。RAM 是一系列的编号位置，每个位置都存储了一个字节。你不必担心数据被存储在内存中的什么位置，因为 C#允许创建可实现自动管理的命名变量。

每一个创建的变量都带有一个程序员所选择的标识符。该标识符应该反映变量的用途。可以为变量赋值，也可以在程序的表达式中使用变量。表达式由操作数(变量和常量)和运算符(比如加号和减号)所组成。表达式可以包含多个操作数和运算符，运算符应用的顺序在 C#中定义，以便按照所期望的方式计算出结果。如果完成的计算生成一个无效的结果——例如，1 除以 0，那么程序将会失败。

给定的变量能够保存特定类型的数据，比如整型或字符串。当在不同的类型之间移动变量时，C#要求程序员明确地告知希望这么做，以便在转换的过程中不会出现无意识的数据丢失。

以下是一些关于类型、变量和表达式的相关问题。

计算机中保存的值是无限准确的吗？

不是。每一种数字类型都有特定的范围(可用的最大和最小值)以及精度(有效数的数量)。通过选择一种使用更多内存字节的类型可以增加所存储数据的准确性。例如，double 变量可以保存 8 个字节，而 float 变量只能保存 4 个字节。

通过使用双精度值可以获得更高的准确性吗？

这主要取决于传入数字的准确度。如果正在使用一个直尺测量课桌的长度，并在程序中使用该值，那么即使是使用双精度也不可能提高测量的准确度，因为输入值的精确度没有那么高。

向表达式中添加圆括号可以让程序运行得更快吗？

不能。虽然圆括号可以帮助编译器搞清楚表达式的计算顺序，但却无法影响程序的实际运行速度。

变量的类型非常重要，对吗？

是的。如果尝试在一个用来存储数字的位置存储字符串，显而易见是行不通的。如果声明了一个数字变量，并且在该变量中放置远大于其范围的值，那么会产生更严重的问题。例如，声明一个 byte 类型(主要是为了解决内存空间)的变量，然后在该变量中存储值 10 000。这显然是不合适的(byte 类型可保存的最大值为 255)，此时程序会完成一些不可预料的事情。

第 5 章

在程序中作决策

本章主要内容：

我曾经将计算机描述为一个香肠机，接收输入，使用输入完成一些事情，然后产生输出。虽然计算机与香肠机在很多地方是类似的，但实际上计算机完成的事情更多。与香肠机不同的是(香肠机只是简单地使用放入的肉来制作香肠)，计算机能以不同的方式对不同的输入做出响应。在本章，我们将学习如何让程序对不同的输入作出响应。此外，还需要知道计算机在做出这些响应的同时程序员也担负着一定的责任——必须确保程序所做出的决定是合理的。

了解了上述信息之后，就开始创建一个根据用户选择作出相应动作的应用程序。在构建的过程中，会学习更多可用来控制程序的逻辑表达式。最后研究一下如何在程序中融入图像和声音，从而扩展你的编程技能。

- 理解 Boolean 类型
- 使用 if 结构和运算符
- 创建语句块
- 使用逻辑运算符创建复杂条件
- 添加注释，从而使程序更清晰
- 游乐场的游乐设施和程序
- 使用程序资产
- 所学到的内容

5.1 理解 Boolean 类型

C#提供了不同的类型，例如 string 和 float，可以在程序中使用这些类型来表示数据。你可以将头上头发的数量与整数(整型)相关联，而将头发的平均长度与实数(浮点和双精度)相关联。下面学习另一个数据类型 Boolean。与数字类型(数字类型提供了一个值的范围)不同，Boolean 类型只有两个可能的值：true 或 false。

5.1.1　声明一个 Boolean 变量

与其他类型的变量一样，程序可以以相同的方法声明并赋值一个 Boolean 变量。下面所示的语句声明了一个名为 ItIsTimeToGetUp 的 Boolean 变量，并将其值设置为 true(在我的世界里，似乎总是存在起床的时间)。注意，为了能够简化程序，C#的设计人员为 Boolean 类型提供了名称 bool。

```
bool ItIsTimeToGetUp = true;
```

在某些极罕见的情况下，我可能被允许继续待在床上，此时可以将该值设置为 false：

```
bool ItIsTimeToGetUp = false;
```

代码分析

Boolean 值

问题：如果尝试将 Boolean 变量值设置为一个数字，而不是 true 或 false，会发生什么事呢？

答案：我想大家应该知道这个问题的答案。就像对所有其他类型一样，编译器会在 Boolean 值上执行类型规则。实际上，C#程序中的关键字 true 就是一个表示"真"的常量 Boolean 值，就像值 12 是一个表示值为 12 的常量整型值一样。

问题：为什么需要 Boolean 变量？

答案：如果仔细思考一下这个问题，会发现实际上并不需要使用 Boolean 变量。只需要使用一个整数，并进行一个转换即可(0 表示 false，而其他值表示 true)。然而，这样就要求所有的程序员都理解这个转换并正确使用。如果只需要存储 true 或 false(例如，我要么英俊，要么不英俊)，那么使用可表示这两种状态的类型显得更有意义。使用 Boolean 类型的另一个理由是为了在程序中正确执行逻辑，本章后面将学习一些逻辑过程。

问题：true 和 false 是什么？

答案：单词 true 和 false 是程序中表示真或假的常量值。前面我们已经介绍过常量值。一个程序可以包含常量整数 1 或常量字符串"Rob"。如果在程序中使用了 false，C#编译器会将其视为一个值为 false 的 Boolean 值。同时，C#编译器还必须确保将这些常量值仅分配给 Boolean 变量。

5.1.2　Boolean 表达式

可以将任何返回值为 true 或 false 的表达式分配给一个 Boolean 变量。比如，每天早上我需要 7 点起床。可以使用一个 Boolean 表达式(包含当前时间小时值)来查看我是否需要起床：

```
int hourValue = SnapsEngine.GetHourValue(); ——— 从时钟获取小时值
bool ItIsTimeToGetUp = hourValue> 6;——————— 如果当前小时数大于 6，则将
                                             ItIsTimeToGetUp 设置为 true
```

第一条语句创建了一个名为 hourValue 的整型变量，并通过使用 Snaps 方法 GetHourValue 将其设置为当前时间的小时数。如果 hourValue 的值大于 6，那么第二条语句将 ItIsTimeToGetUp 的值设置为 Boolean 表达式的结果(求值结果为 true)。

通过使用运算符!(非)，可以将任何 Boolean 表达式的值进行取反(将 true 转换为 false，反之亦然)。下面的语句创建了一个保存 ItIsTimeToGetUp 反转值的 Boolean 变量 ICanStayInBed。

```
bool ICanStayInBed = !ItIsTimeToGetUp;
```

代码分析

Boolean 表达式

问题：字符>意指什么？

答案：如果你在学校中做过任何数学题，那么对字符>一定非常熟悉。它表示大于。运算符+将两个操作数相加，并返回两者之和，运算符>与之类似，它比较两个值并在运算符左边的值大于右边的值时返回 true。

问题：为什么是测试“大于 6”而不是“大于 7”？

答案：之所以使用该测试，是因为我需要在早上七点起床。因此，当 hourValue 等于 7 时表达式必须计算为 true。如果使用测试“大于 7”，那么只有在小时值为 8 时表达式才变为 true(因为 7 并不比 7 大)。

我认为测试 Boolean 表达式的最好方法是大声说出来，使用实际值替换变量。如果有人说当“7 大于 7”时表达式的结果为 true，那么你可以说这个结果是错误的，因为它听起来不对。当然，事实证明我更喜欢该软件出现一些 bug，这样我可以在床上多睡一会。

问题：程序可以比较实数和整数吗？

答案：可以。例如，运算符>可以用于两个 float 值的比较。

问题：如何进行一次测试，以确定我是否可以继续待在床上？

答案：C#提供了一个被称为“小于(<)”的运算符，可用来完成该测试。

```
bool ICanStayInBed = hourValue< 7;
```

5.2　使用 if 结构和运算符

现在，我想要创建一个程序，可以显示一条消息告诉我是否应该起床。通过使用 C#所提供的 if 结构，并借助于一个 Boolean 变量来控制程序的执行。在 C# if 结构中，关键字 if 后面紧跟着一个由圆括号括起来的 Boolean 值。该值通常被称为条件。条件可以控制程序完成哪些操作。如果条件为 true，则执行条件后面的语句。如果为 false，则忽略条件后面的语句。

下面所示的程序使用了一个 if 结构，当 7 点或 7 点以后运行程序时，会显示消息“Time to get up”。

```
using SnapsLibrary;
```

```
class Ch05_01_GetUpAlarm
{
    public void StartProgram()
    {                                                   获取小时数
        int hourValue = SnapsEngine.GetHourValue();     如果到了起床的时间，将
        bool ItIsTimeToGetUp = hourValue> 6;  ———— ItIsTimeToGetUp设置为true
        if (ItIsTimeToGetUp)———————————— if条件的开始
            SnapsEngine.DisplayString("Time to get up"); ———— 当if条件为true时，
    }                                                            执行该语句
}
```

通过在 if 结构中添加逻辑表达式，可以简化程序，如下所示：

```
if (SnapsEngine.GetHourValue() > 6)—— 获取小时数并使用 Boolean 表达式对其进行测试
    SnapsEngine.DisplayString("Time to get up");
```

```
Ch05_02_SimplifiedGetUpAlarm
```

向 if 结构添加 else 部分

许多程序需要在条件为 true 时执行一个操作，而在条件为 false 时执行另一个操作。一个 if 结构可以包含一个 else 元素，表示条件为 false 时所执行的语句。

下面程序所显示的消息取决于用户运行程序的时刻。在早上 7 点以前，程序显示“Go back to sleep”，而在 7 点以后则显示“Time to get up”。

```
if (SnapsEngine.GetHourValue() > 6 ) ———————— 控制 if 结构的条件
    SnapsEngine.DisplayString("Time to get up"); ——条件为 true 时所执行的语句
else
   SnapsEngine.DisplayString("Go back to sleep"); ——条件为 false 时所执行的语句
```

```
Ch05_03_GetUpDeciderWithElse
```

代码分析

if 结构

问题：if 结构必须有一个 else 部分吗？

答案：不一定。虽然有时包括一个 else 部分是非常有用的，但是否应该包括取决于程序所尝试解决的问题。

问题：if 结构中的条件是否控制编译器所完成的操作？

答案：不是。请记住，编译器是将 C#程序文本转换为可以在计算机上运行的机器代码的工具。当 C#编译器对 if 结构进行编译时，会创建作出决策的机器代码，然后再运行所选择的语句。决策是在程序运行时作出的，而不是在编译时作出的。

问题：如果条件永远不会为 true，会发生什么？

答案：如果某一个条件永远不为 true，那么该条件所控制的语句则永远不会运行。如果编译器检测到这种情况，会给出警告“Unreachable code detected”。

问题：if 条件下面的语句缩进一些空间是为什么？

答案：该语句其实并不需要缩进。即使将所有的代码都放在同一行，C#编译器也能知道我们想要程序做什么。此处之所以缩进，是为了让程序更容易理解。该缩进表明 if 结构下面的语句是受上面的条件控制的。像这样缩进代码是一种常见的做法，该行为已被内置到 Visual Studio 编辑器中。换句话说，当输入一个 if 结构，并在条件结束时单击 Enter 键，Visual Studio 会自动缩进下一行。

5.2.1　关系运算符

小于运算符(<)被称为关系运算符，因为它测量两个值之间的关系。此外，还有其他的关系运算符可以使用，见表 5-1。具体选择哪种运算符取决于想要程序完成什么事情。

表 5-1　关系运算符

关系运算符	名称	行为
<	小于	如果运算符左边的值小于右边的值，则计算结果为 true
>	大于	如果运算符左边的值大于右边的值，则计算结果为 true
<=	小于等于	如果运算符左边的值小于或等于右边的值，则计算结果为 true
>=	大于等于	如果运算符左边的值大于或等于右边的值，则计算结果为 true

代码分析

关系运算符

问题：有两个运算符被表示为两个字符(都包含了=)，那么应该如何使用？

答案：当 C#编译器检查程序时，会寻找字符组合并将它们转换为表示程序中元素的符号。然后使用这些符号构建程序。有些符号是关键字，比如 if 和 int。而另一些符号是诸如文本字符串(用双引号括起来)和常量值之类的元素。字符序列<=会被识别出来并转换为小于等于符号。

问题：我如何记住哪个符号是哪个？

答案：在学习编程时，我常使用这样一种方法，将小于看成 L，从而记住谁是谁。

5.2.2　等式运算符

除了关系运算符外，C#还提供了两个可用来测试等式的等式运算符。如表 5-2 所示。

表 5-2　两个等式运算符

运算符	名称	行为
==	等于	如果运算符左边的值等于右边的值，则计算结果为 true
!=	不等于	如果运算符左边的值不等于右边的值，则计算结果为 true

下面所示的示例使用了等式运算符，如果时间的小时值为 9 时显示一条消息。

```
if (SnapsEngine.GetHourValue() == 9)          ← 将小时数与 9 进行比较
SnapsEngine.DisplayString("Nine hours, and all is well"); ←— 如果小时数为 9 时显示消息

Ch05_04_IsItNineOclock
```

运算符==可能会让人有点糊涂。如果想要将某一个值分配给一个变量时，可使用运算符=。而 C#使用符号==来表示等式测试，这样，程序员就不会对这两种行为产生混乱。等式运算符通常被用来生成真或假答案，而赋值运算符则主要用来移动数据。这两个运算符的行为是完全不同的，所以使用不同的符号来识别它们是很有必要的。

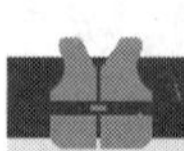

易错点

比较实数

在第 4 章我们开始使用实数，实数既有小数部分，也有整数部分。例如，值 1.1 的整数部分为 1，小数部分为.1 或者 1/10。C#程序可以在 float、double 和 decimal 类型中保存实数。你可能会发现，计算机通常并不会精确地保存一个实数；相反，而是保存一个尽可能接近实际值的数字。这样，当试图比较两个实数时就会出现问题。

```
using SnapsLibrary;

class Ch05_05_NumberCompare
{
    public void StartProgram()
    {
        double calculatedPoint3 = (0.1 + 0.2);      ← 0.1 加 0.2，结果为 0.3
        if (calculatedPoint3 == 0.3)    ←— 将计算出来的值与常量值 0.3 进行比较
            SnapsEngine.DisplayString("Calculation works");  ← 该语句并不会被执行，因为该计算结果不准确
    }
}
```

我们知道，0.1+0.2 应该等于 0.3，所以上述消息应该显示出来。但由于计算机并不能非常精确地保存值，因此 0.1+0.2 的计算结果为 0.30000000000000004。虽然只有很小的差别，但就等式测试而言，这两个数值是不相同的，所以该消息不会显示。

注意，上述情况并不表示计算机或者编程语言存在问题；这只是使用数字系统存储数字的方式所产生的结果。一些数字(比如 1/3)并不能被一个十进制数所准确表示。对于计算机所存储的一些数字而言也同样如此，因此你的程序必须允许这样做。如果想要比较浮点值，程序应该用一个值减去另一个值，并查看相差值是否很小。

5.2.3　比较字符串

程序可以使用等式运算符比较两个字符串。下面所示的程序首先获取一周中某一天的名称，如果该名称为 Saturday，则显示消息。

```
if (SnapsEngine.GetDayOfWeekName() == "Saturday")   ← 将一周中某一天的名称与"Saturday"进行比较
```

```
SnapsEngine.DisplayString("Yay! It's Saturday"); —— 如果为 Saturday，则显示消息
```

Ch05_06_IsItSaturday

可以使用类似的代码创建一个以姓名认人的程序：

```
using SnapsLibrary;

class Ch05_07_HelloGreatOne
{
    public void StartProgram()
    {                                         用来保存用户姓名的变量
        string name;                                            读取用户输入的姓名
        name = SnapsEngine.ReadString("What is your name?");
        if (name == "Rob")                    进行测试，查看姓名是否与"Rob"相匹配
            SnapsEngine.DisplayString("Hello, Oh great one");
    }                                                      如果姓名匹配，则显示消息
}
```

大写和小写字符

如果你试图向他人炫耀这个 Great One 程序，那么很可惜，该程序存在一个问题，是否正确运行取决于输入姓名的方式。等式测试将大写和小写字符视为不同的字符；换句话说，如果输入了字符串“ROB”，则不会进行特殊处理(即不会显示消息)。

解决该问题的一种方法是要求所有字符串都提供对应的大写版本。字符串值提供了一个 ToUpper 方法，它可以返回字符串的大写版本(使用大写字符替换字符串中的小写字符)。可以按照下面的方法使用 ToUpper 方法：

```
using  SnapsLibrary;

class  Ch05_08_GreatOneUpperCase
{
    public void StartProgram()
    {                                              用来保存用户姓名的变量
        string name;                               读取用户输入的姓名
        name = SnapsEngine.ReadString("What is your name");
        string upperCaseName = name.ToUpper(); ——— 获取姓名的大写版本，
                                                   并将其分配给对应变量
        if (upperCaseName == "ROB") ——— 将姓名与全大写版本进行比较
            SnapsEngine.DisplayString("Hello, Oh great one");
    }                                                      如果姓名匹配，则显示消息
}
```

现在，不管用户是输入“rob”、“Rob”或者“ROB”，该程序都会正确地工作。只要是编写接收字符串输入的程序，都需要考虑当用户输入区分大小写的文本时程序应该如何处理。此外，还可以使用另一个被称为 ToLower 的方法，它可以将字符串中的大写字符转换为小写字符。

5.3 创建语句块

前面学习了 if 条件可以控制一条 C#语句的执行。然而，有时需要在某一条件为 true 时执行多条语句。例如，可以创建这样一个广播器程序，首先要求用户输入姓名，然后以该用户喜欢的颜色提供一条个性化的问候语。为此，程序需要根据单个条件控制多条语句。

可以通过创建一个语句块来为该任务编写代码。语句块是一个由一对花括号(字符{和})括起来的 C#语句序列。其实在我们前面所编写的程序中已经出现过语句块；在这些程序中，StartProgram 方法的语句都是包含在一个语句块中。就像单条语句一样，可以在程序的任何位置创建语句块。

```
using SnapsLibrary;

class Ch05_09_ColorfulGreeter
{
    public void StartProgram()
    {
        string name;
        name = SnapsEngine.ReadString("What is your name?");
        string upperCaseName = name.ToUpper();
        if(upperCaseName == "ROB")
        { ———————————————————————————标记语句块的开始
            string dayOfWeek = SnapsEngine.GetDayOfWeekName();
            string fullMessage = "Hello Rob. Hope you are having a great " +
                                 dayOfWeek;
            SnapsEngine.SetTextColor(SnapsColor.Blue);
            SnapsEngine.DisplayString(fullMessage);
        } ———————————————————————————标记语句块的结束
    }
}
```

该程序可以通过姓名认出我，并以我喜欢的颜色显示一条令人振奋的消息。该块中的所有语句都是由 if 结构中的单个条件所控制的。

代码块中的本地变量

如果仔细看一下 ColorfulGreeter 程序，会发现变量 dayOfWeek 和 fullMessage 都是在 if 条件所控制的代码块中声明的。C#程序员将这些变量称为代码块的本地变量，这意味着它们只存在于该块中。一旦块中的最后一条语句执行完毕，程序跳到 if 条件所控制语句块的外面，这两个变量就会被自动丢弃。如果程序稍后重新进入该语句块，那么会再次创建这两个变量。有效使用特定变量的程序部分被称为该变量的作用域(scope)。

C#编译器不允许在声明了变量的语句块(作用域)之外使用该变量，因为就编译器而言，该变量在作用域之外是不存在的。这是一种组织变量使用的非常好的方法。它可以让程序更加清楚，因为程序员可以在程序中需要使用变量的地方声明该变量。此外，假设两名程序员一起开发同一个程序，并且每个人都使用了一个名为 count 的变量，那么也是可以的，只要在单独的代码块中声明即可(为了节省内存空间，在不需要使用某些变量时尽量丢弃它们。虽然如今在编写程序时通常有大量的内存可用)。

代码分析

考虑变量作用域

请看一下下面所示的语句：

```
{
    int  i=99 ;
}
{
    int  i = 100;
}
```

问题：在上面的代码片段中使用了多少个变量？

答案：两个变量。这两个变量的名称都是 i，并且都是所在代码块的本地变量。在第一个代码块中，i 的值被设置为 99；而在第二个代码块中，不同的变量 i(第二个代码块的本地变量)被设置为 100。

```
{
    int  i=99 ;
}
{
    string  i = "I am i";
}
```

问题：该代码是合法的吗？

答案：合法的。在字符串变量 i 被声明之前，整型变量 i 就被丢弃了(超出其作用域)。

```
{
    int  count=99 ;
}
count = 100;
```

问题：该代码是合法的吗？

答案：不合法。变量 count 的作用域被限制在声明该变量的代码块之内，这意味着在该代码块之外将 count 设置为 100 是不允许的。如果试图在声明某一变量的代码块之外使用该变量，编译器将会报错。就像程序员常说的“超出了作用域。”

```
{
    int  i;
    {
        int  i;
        i = 99;
    }
}
```

问题：该代码合法吗？

答案：不合法。C#编译器不允许创建包含与封闭块中变量相同名称变量的嵌套代码块。如果这么做，可能会导致代码混乱。在本示例中，不清楚语句 i=99 中引用的是内部代码块中声明的 i 还是外部块中声明的 i。

5.4　使用逻辑运算符创建复杂条件

有时，程序需要做出更加复杂的决定，而不仅仅是一个简单的关系测试。C#提供了创建复杂条件的逻辑运算符。例如，在 Saturday，允许 9 点起床，而不是 7 点，所以当一周中的某一天是 Saturday 时，需要完成不同的测试，从而确定是否应该起床。此时，该程序必须测试一周中的某一天是否为 Saturday 和时间是否为 9 点。该需求中的关键字是“和”——意味着这两个条件都必须为 true。

C#提供了一个可以使用两个逻辑操作数的逻辑运算符&。如果该运算符左边的操作数与右边的操作数都为 true，则&运算符计算出来的结果就为 true。下面所示的程序在日期为 Saturday 并且小时数大于 8 时显示相关的消息。

```
if(SnapsEngine.GetDayOfWeekName() == "Saturday" &
                                          SnapsEngine.GetHourValue() > 8)
   SnapsEngine.DisplayString("It is time to get up");
```

```
Ch05_10_WeekendAlarm
```

可以使用多个逻辑运算符组合逻辑值。如表 5-3 所示。

表 5-3　逻辑运算符

逻辑运算符	名称	行为
&	与	如果运算符左边的值与右边的值都为 true，则计算结果为 true
&&	短路与	如果运算符左边的值与右边的值都为 true，则计算结果为 true；如果运算符左边的值为 false，就不会再去计算右边的值
|	或	如果运算符左边的值或者右边的值为 true，则计算结果为 true
||	短路或	如果运算符左边的值或者右边的值为 true，则计算结果为 true；如果运算符左边的值为 false，就不会再去计算右边的值
^	异或	如果运算符左边的值或者右边的值为 true，则计算结果为 true；但如果两者都为 true 或 false，则计算结果为 false

代码分析

逻辑运算符

使用逻辑做决策是成为一名高效程序员所必须掌握的。可以通过学习一些代码研究相关的内容。接下来让我们看一些代码，其中添加了 else 部分。

```
if(SnapsEngine.GetDayOfWeekName() == "Saturday" &
```

```
                                    SnapsEngine.GetHourValue() > 8)
    SnapsEngine.DisplayString("It is time to get up");
else
    SnapsEngine.DisplayString("When is this message printed?");

    Ch05_11_WhenIsThisMessagePrinted
```

问题：在什么时候执行 if 结构中的 else 部分？

答案：如果想要回答这个问题，必须逻辑地进行思考。当日期为 Saturday 并且小时数大于 8 时显示消息“It is time to get up”。只要不满足上述条件，就必须执行 else 部分。这意味着一周中的其他天以及 Saturday 8 点以前都会执行 else 语句。

问题：该代码是否会在 Friday 上午 6 点显示“When is this message printed？”？

答案：会。虽然 6 点比我起床的时间早，但由于不是在 Saturday，因此第一个条件为 false。AND 运算符(&)需要所有的操作数都会 true，所以此时不会触发消息“It is time to get up。”

问题：如果使用&&替换上面语句中的&运算符，会发生什么呢？

答案：程序的行为完全相同，但在某些情况下会运行得稍微快一点。如果工作日不是 Saturday，运算符&&就不会对小时值进行测试了，因为对于&&运算符来说，只有两个操作数都为 true，运算结果才为 true，如果第一个操作数为 false，那么测试第二个操作数就没有任何意义了。

问题：假设你的朋友想要创建这样一个闹钟程序，Saturday 的上午 9 点以及其他天的上午 7 点起床。下面所示的代码是否能够按照预期的方式工作？

```
if(SnapsEngine.GetDayOfWeekName() == "Saturday")
    if(SnapsEngine.GetHourValue() > 8)
        SnapsEngine.DisplayString("It is time to get up");
else
    if(SnapsEngine.GetHourValue() > 6)
        SnapsEngine.DisplayString("It is time to get up");
```

答案：该代码的逻辑是正确的。如果一周中的某一天为 Saturday，程序会测试小时数是否大于 8。而对于一周中的其他天，则测试是否大于 6。然而，你的朋友在编写代码时犯了一个错误。else 语句与第二个 if 条件相关联(一个 else 通常与离自己距离最近的 if 相关联)。只需要更改布局，从而反映代码实际的行为方式，就可以看到所期望的效果。

```
if(SnapsEngine.GetDayOfWeekName() == "Saturday")
    if(SnapsEngine.GetHourValue() > 8)
        SnapsEngine.DisplayString("It is time to get up");
else
    if(SnapsEngine.GetHourValue() > 6)
        SnapsEngine.DisplayString("It is time to get up");
```

通过上面的代码可以看到，如果小时数不大于 8，那么实际执行的是对小时数是否大于 6 进行测试。上面代码的布局显示程序的哪个部分由哪个条件控制。只需要将相关语句放入块中就可以解决该问题。

```
if(SnapsEngine.GetDayOfWeekName() == "Saturday")
{
    if(SnapsEngine.GetHourValue() > 8)
        SnapsEngine.DisplayString("It is time to get up");
}
else
{
    if(SnapsEngine.GetHourValue() > 6)
        SnapsEngine.DisplayString("It is time to get up");
}
```

使用逻辑

编写逻辑决策代码是学习编程过程中最困难的部分，就像是解决一个逻辑难题，而这恰恰也是程序员所必须掌握的能力。我的建议是首先写下想要程序完成的工作，然后思考一下相关工作，并将工作描述转换为逻辑表达式。例如，“当工作小时数大于 40 或者当天为 Saturday 时，需要支付加班费。”即使编写了多年的程序，有时我仍然会使用上面的方法。一旦编写好代码，就可以通过使用一些值进行测试并观察所作出的决策是否正确。

动手实践

让“time to get up 程序”使用分钟

现在，我们已经创建了一个可以在需要起床时进行提醒的程序。然而，该程序还存在一个非常严重的限制，因为它只能使用小时值。请思考一下是否可以创建一个程序在 7 点 15 分而不是 7 点叫我起床。

提示：可以尝试使用组合条件来测试小时和分钟值，并决定何时触发闹钟。我强烈建议让该程序仅使用分钟值。可以将小时值乘以 60 得出分钟值，然后再加上分钟值——例如，7 点 15 分就是(7*60)+15=435 分钟(当天的第 435 分钟)，这样测试就会变得更加简单。

5.5　添加注释使程序更清楚

让他人了解程序中所发生的事情是非常有必要的，因此所编写的代码应该更容易阅读。前面曾经讲过，在为变量选择名称时，需要确保该名称描述了变量的用途。此外，为了让程序更加清楚，还可以添加注释，一旦开始指引你的程序作出决定，就应该添加注释，从而说明程序正在做的事情。这些注释并不是为计算机编写的，而是为那些阅读程序的人编写的。此外，还可以使用注释指明程序的特定版本、最新更新时间以及更新理由、编写程序的作者姓名——即使作者就是你自己。

单行注释开始于字符序列/ /并在该行的结尾结束，如下所示：

```
string name;
name = SnapsEngine.ReadString("What is your name?");
```

```
string upperCaseName = name.ToUpper(); // Convert name to uppercase
```

单行注释

可以在一条语句的结尾处添加单行注释，也可以单独另起一行。在 Visual Studio 中，注释以绿色显示，从而使其更加突出。

通过在/*和*/之间包括注释，可以将注释分散到多行，如下所示：

```
string name;
name = SnapsEngine.ReadString("What is your name?");
string upperCaseName = name.ToUpper();
/* Check the name to provide the personalized greeting;
    change "ROB" to the name of the person you want to greet */
if(upperCaseName == "ROB")
{
    // Personal greeting code goes here
}
```

(注释)

程序中的注释可以非常清楚地说明代码所完成的工作以及使用方式。当编译器在程序中碰到字符序列/*时，会忽略后续的文本，直到看到*/(表明注释文本的结束)为止。可以在程序的任何地方放置注释。编译器会完全忽略这些注释。

一些人认为编写一个程序类似于编写一个故事。虽然我并不完全同意这一看法，但我认为虽然程序并不是所谓的故事，但一个好的程序确实有一些好的文学作品所具备的特点：

- 应该易于阅读。任何情况下都不应该让读者被迫放弃阅读或者温习希望读者掌握的知识。文本中所有的名字都应该赋予意义并彼此区别。
- 应该使用良好的标点符号和语法。各组成部分应以清晰一致的方式组织。
- 页面看起来应该美观。好的程序应该拥有非常好的布局。不同的代码块应该缩进，语句应以良好的形式分布在页面上。
- 应该可以清楚地了解程序的作者以及最新更新的时间。如果你编写了一些好的东西，那么应该将你的名字写在注释中。如果更改了以前所编写的内容，也应该添加所做更改的相关信息以及更改原因。

程序员所添加的注释是优秀程序的一部分。一个没有注释的程序就好比是一架装备了自动驾驶仪但却没有窗户的飞机：虽然可以将你带到想要去的地方，但却很难从飞机里面了解具体到哪了。

注释可以使程序更容易理解。有时你会惊奇地发现自己会很快地忘记如何让程序工作的。对于注释不要太吝惜，但也不应该添加太多的详细信息。请记住，阅读你程序的人通常都熟悉 C#语言，因此不需要向他们解释所有内容。

```
goatCount = goatCount + 1; // add one to goatCount
```

我认为该注释简直就是对阅读者的羞辱。只要选择了合理的名称，大部分的程序都可以直接通过代码加以理解。从现在开始，你所看到的示例代码会将我所考虑的事情以合适的注释表示出来。

5.6 游乐场的游乐设施和程序

到目前为止，你已经学习了如何在程序中作决策，接下来让我们创建更多有用的软件。假设你的隔壁邻居是一家主题公园的主人，他有一份工作给你。主题公园内的一些游乐设施仅限于一定年龄的人游玩，他想要在游乐场的周围安装一些计算机，以便人们可以找到他们被允许游玩的游乐设施。所以，他需要为计算机安装一些软件，如果你可以提供这些软件，那么他会向你赠送一个季度的免费票，这是一个非常诱人的建议。此外，表 5-4 还告诉你关于游乐设施的以下信息：

表 5-4 游乐设施的信息

游乐设施名称	最小年龄信息
Scenic River Cruise	无年龄限制
Carnival Carousel	至少 3 岁
Jungle Adventure Water Splash	至少 6 岁
Downhill Mountain Run	至少 12 岁
The Regurgitator (a super roller coaster)	必须大于 12 岁且小于 70 岁

你可以与他一起讨论程序的设计。他所希望的功能是用户可以通过一个菜单选择所需的游乐设施。然后程序会询问用户的年龄，并显示一条消息指示他们是否可以游玩该游乐设施。

为了创建该程序，需要使用一个 Snaps 功能来显示所需的菜单类型。该方法的名称为 SelectFrom5Buttons。

```
using SnapsLibrary;

class Ch05_12_SelectFunfairRide
{
    public void StartProgram()
    {
        SnapsEngine.SetTitleString("Super Funfair Rides");
        string ride;
        ride = SnapsEngine.SelectFrom5Buttons( ——— 从五个按钮中选择
            "Scenic River Cruise",
            "Carnival Carousel",
            "Jungle Adventure Water Splash",
            "Downhill Mountain Run",
            "The Regurgitator");

        SnapsEngine.SetTitleString(ride); ——— 显示所选择的游乐设施
    }
}
```

SelectFrom5Buttons 方法首先在屏幕上显示五个按钮，然后等待用户选择其中一个按钮。当用户选择了一个按钮时，该方法返回所选按钮的名称。随后程序将页面的标题设置为所选择游乐设施的名称。图 5-1 显示了程序运行时所显示的内容。

此时，用户选择了 The Regurgitator 项。如果想要为用户提供一个可供选择的选项范围，那么可以使用 SelectFromButtons 方法。Snaps 框架提供了从两个按钮到六个按钮的不同方法版本。

图 5-1　用来选择一个游乐场游乐设施的菜单

接下来向程序添加一个 if 结构，使其根据所选择的游乐设施的不同而采取不同的行为：

```
using SnapsLibrary;

class Ch05_13_HandleRiverCruise
{
   public void StartProgram()
   {
      SnapsEngine.SetTitleString("Super Funfair Rides");
      string ride;
      ride = SnapsEngine.SelectFrom5Buttons(
         "Scenic River Cruise",
         "Carnival Carousel",
         "Jungle Adventure Water Splash",
         "Downhill Mountain Run",
         "The Regurgitator");

      SnapsEngine.SetTitleString(ride);

      if(ride == "Scenic River Cruise")
      {
         SnapsEngine.DisplayString("There are no age restrictions on
                                    this ride. Enjoy.");
      }
   }
}
```

当用户选择 Scenic River Cruise 游乐设施时，上述代码会进行相应的处理，并显示如图 5-2 所示的消息。

Scenic River Cruise

There are no age restrictions on this ride.
Enjoy.

图 5-2　该消息确定 River Cruise 没有年龄限制

通过从主题公园的主人那获取的相关信息，你会知道如果用户选择了 Scenic River Cruise 以外的其他游乐设施，程序就必须获取用户的年龄才能做出决策。可以向代码中添加一个 else 语句来完成该要求。请记住，如果所选择的游乐设施是 Scenic River Cruise 以外的其他内容，那么 if 结构将会执行 else 部分的代码，而这恰恰也是我们所希望实现的功能。此时，我在代码中需要读取年龄值的地方添加了一条注释。

```
if(ride == "Scenic River Cruise")
{
    SnapsEngine.DisplayString("There are no age restrictions on this
                               ride.Enjoy.");
}
else
{
    // We need to get the age of the user
}
```

5.6.1　读取数字

如果选择了 Scenic River Cruise，那么处理起来是非常容易的，因为任何人都可以玩该游乐设施。而对于其他的设施，程序必须获取想要玩该设施的用户的年龄。幸运的是，可以使用一个名为 ReadInteger 的方法来完成该操作。ReadInteger 方法可以读取用户输入的一个数字，它类似于前面看过的 ReadString 方法：

```
using  SnapsLibrary;

class  Ch05_14_ReadAge
{
    public void StartProgram()
    {
        SnapsEngine.SetTitleString("Super Funfair Rides");
        string  ride;
        ride = SnapsEngine.SelectFrom5Buttons(
            "Scenic River Cruise",
            "CarnivalCarousel",
            "Jungle Adventure Water Splash",
            "Downhill Mountain Run",
            "TheRegurgitator");
        SnapsEngine.SetTitleString(ride);

        if(ride == "Scenic River Cruise")
        {
            SnapsEngine.DisplayString("There are no age restrictions on
                                       this  ride. Enjoy.");
        }
        else
```

```
        {
            // These rides have age restrictions - read the age
            int  ageInt = SnapsEngine.ReadInteger("What is your age?");
                                                              读取用户的年龄
            SnapsEngine.DisplayString("You are " + ageInt + " years old");
        }
    }
}
```

ReadInteger 方法显示一个请求用户年龄的提示，然后返回用户输入的整型值。图 5-3 显示了用户选择 Carnival Carousel 游乐设施时是如何读取年龄值的。如果用户没有输入一个有效的整型值(比如用户输入字符串“twenty-five”)，ReadInteger 方法将会显示一条错误消息，并请求用户再次尝试输入。

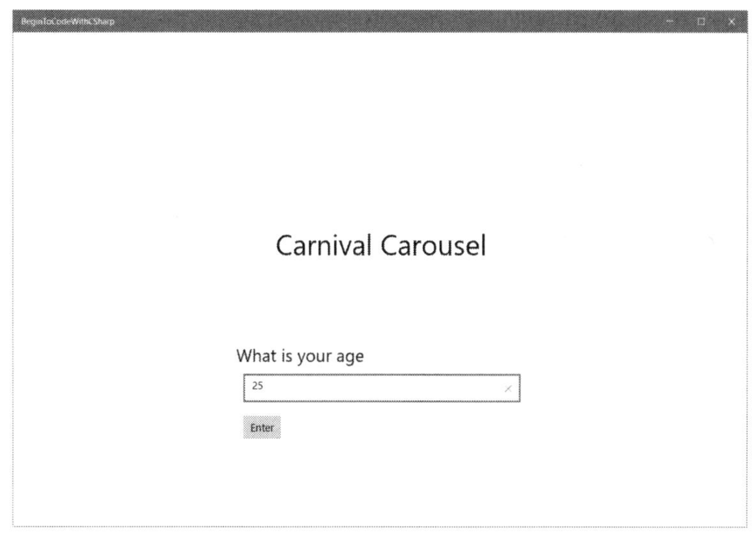

图 5-3　获取用户年龄

5.6.2　使用 if 条件构建逻辑

一旦游乐场程序知道了用户的年龄，就可以决定该用户是否可以玩对应的游乐设施。程序主要使用两个数据项。

- 所选择的游乐设施，被保存在一个字符串变量 ride 中。
- 用户的年龄，被保存在一个整型变量 ageInt 中。

程序可以使用一个 if...else 结构序列来作出最后的决定：

```
if(ride == "Carnival Carousel")
{
    if(ageInt>= 3)
        SnapsEngine.DisplayString("You can go on the ride.");
    else
        SnapsEngine.DisplayString("I'm sorry. You are too young.");
}
```

这些条件都是针对 Carnival Carousel 的。第一个(外层)if 语句被用来确定所选择的游乐设施。内层的 if 语句则根据用户年龄作出合适的决策。

到目前为止，我们已经针对 Carnival Carousel 完成了编码。可以以此为基础编写代码来处理其他的游乐设施。为了让程序适用于 Jungle Adventure Water Splash，需要检查不同的游乐设施名称并根据不同年龄值允许或拒绝用户。请记住，对于该游乐设施来说，游客至少应该 6 岁以上。在对 ageInt 的值进行测试时，可以检查游客是否大于 5 岁(ageInt>5)或者使用大于或等于运算符(ageInt>=6)。

```
if(ride == "Jungle Adventure Water Splash")
{
    if(ageInt>= 6)
        SnapsEngine.DisplayString("You can go on the ride.");
    else
        SnapsEngine.DisplayString("I'm sorry. You are too young.");
}
```

5.6.3　完成程序

可以使用与前两个游乐设施相同的模式实现 Downhill Mountain Run。但最后一个游乐设施(Regurgitator)实现起来稍微复杂一点。该游乐设施非常危险，所以游乐场的主人比较关心使用该设施的老人的健康状况，在最小年龄限制的基础上还添加了最大年龄限制。程序必须检查用户的年龄是否小于 12 岁以及是否大于 70 岁。因此必须设计一个条件序列来处理这种情况。

处理 Regurgitator 的代码是该程序中最复杂的部分。为了理解该代码是如何工作的，需要知道更多关于程序中 if 结构的使用方式。请考虑以下代码：

```
if(ride == "The Regurgitator")
{
    // If we get here we are dealing with the Regurgitator
}
```

该注释清楚地表明只有在所选择的游乐设施为 Regurgitator 时添加到该代码块中的所有语句才会运行。换句话说，该代码块中的任何语句无须关心“选择的游乐设施是 Regurgitator 吗？”之类的问题，因为只有在所选择的游乐设施为 Regurgitator 时才会运行该代码块。执行程序中某一条语句的决定确定了该语句运行的上下文。我比较喜欢添加相关注释，从而更清楚地表明上下文是什么，如下所示：

```
if(ride == "The Regurgitator")
{
    // If we get here we are dealing with the Regurgitator
    if(ageInt>= 12)
    {
        // If we get here the age is not too low
        if(ageInt> 70)
        {
```

```
            // If we get here the age is too high
            SnapsEngine.DisplayString("I'm sorry. You are too old.");
        }
        else
        {
            // If we get here the age is in the correct range
            SnapsEngine.DisplayString("You can go on the ride");
        }
    }
    else
    {
        // If we get here the age is too low
        SnapsEngine.DisplayString("I'm sorry. You are too young.");
    }
}
```

虽然这些注释使程序更长，但却使程序更清楚。上述代码是处理 Regurgitator 的完整结构。了解该代码的最好方法是使用特定的用户年龄值依次运行每一条语句。我所使用的布局能够让代码块的位置以及哪些 else 和 if 部分相匹配变得非常清楚。可以通过示例 Ch05_15_CompleteFunfairProgram 运行完整程序。

动手实践

算命先生

可以在 if 结构中使用来自 Snaps 框架的 ThrowDice 方法(第 4 章曾经介绍过)，从而让程序以看似随机的方式执行。

```
if(SnapsEngine.ThrowDice() < 4)
    SnapsEngine.SpeakString("You are going to meet a tall,
                            attractive stranger");
else
    SnapsEngine.SpeakString("You are not going to meet anyone at all");
```

该 if 结构对调用 ThrowDice 方法所产生的值进行测试。如果返回的值小于 4(换句话说，值为 1、2 或 3)，程序会告诉用户她会遇到一个高大英俊的陌生人。否则，告诉用户她将不会遇到任何感兴趣的人。你可以使用这样的条件序列创建一个有趣的算命程序。

5.7　使用程序资产

对于一个程序来说，包括的不仅仅是程序代码。程序通常还包括图像和声音。当生成应用程序时，图像和声音被合并到程序中并且由其使用。我们通常将图像、声音以及类似的内容称为资产(asset)。一些应用程序会包含额外类型的资产。例如，一个游戏会包含游戏区域的地图。

5.7.1　Visual Studio 中的资产管理

通过使用 Solution Explorer(Visual Studio 的组件，我们一直在使用该组件管理 C#源代码)，可以管理程序中的资产。可以像添加程序代码那样添加资产。此外，还可以创建文件夹来组织程序的资产。

图 5-4 显示了已添加到 BeginToCodeWithCSharp 项目的部分资产。Solution Explorer 中所看到的存储结构与计算机中用来存储该项目的文件夹和文件是相对应的。你可能已经发现，在解决方案中已经有一个名为 Assets 的文件夹。虽然可以将资产文件放到该文件夹中，但该文件夹主要用来保存 Visual Studio 所管理的特殊程序资产，所以最好创建自己的文件夹来保存自己的资产。

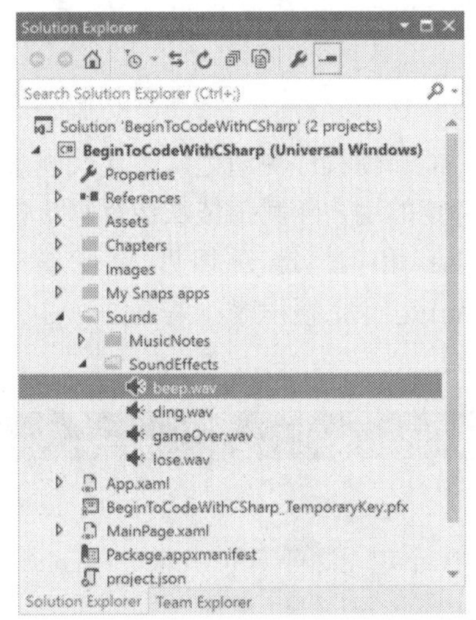

图 5-4　一个 Visual Studio 解决方案中的资产

每种声音效果(beep.wav、ding.wav 等)都被识别为 Visual Studio 解决方案中的一个文件，并存储在计算机的 SoundEffects 文件夹中。当 Visual Studio 生成应用程序时，会查找每个文件，并将它们合并到应用程序中。可以通过 Snaps 库中的方法使用程序中的这些资产。接下来首先播放一些声音。

5.7.2　播放声音资产

通过增加声音效果，可以极大地提高计算机程序的吸引力。BeginToCodeWithCSharp 解决方案中包括了一些简单的音乐效果。在使用 PlaySoundEffect 方法时，需要向其提供一个用来识别所播放音乐的字符串。如下语句可以播放 ding 声音：

```
SnapsEngine.PlaySoundEffect("ding");
```

此外，还可以使用字符串“beep”、“gameOver”以及“lose”。但如果使用了 SoundEffects 文件夹中不存在的声音效果，那么该程序将不会播放任何声音。如果愿意，可以添加自己的声音效果文件。PlaySoundEffect 方法可以使用.wav 和.mp3 文件，并在 SoundEffects 文件夹中查找所播放的声音。只需要从存储在计算机上的文件夹中选择一个声音文件，并将其拖放至 SoundEffects 文件夹。然后在程序中通过资产文件名使用该声音即可。下面所示的程序可以让用户从四个内置的声音效果中进行选择。只需要对其进行简单的修改，就可以创建自己的声音效果应用程序。

```
using SnapsLibrary;

class Ch05_16_SoundEffects
{
    public void StartProgram()
    {
        string effectName = SnapsEngine.SelectFrom4Buttons("beep", "ding",
                                                           "gameOver", "lose");
        SnapsEngine.PlaySoundEffect(effectName);
    }
}
```

动手实践

让气氛更热烈

此时，你可以返回到前面编写的程序，并添加一些声音效果。例如，煮蛋计时器会受益于一个报警声音。如果可以找到一些适当奇异的背景声音，可以添加到算命程序中。

5.7.3 显示图像内容

还可以在程序中显示图像。可以显示来自 Internet 的图像以及内置于应用程序的图像文件。Snaps 库提供了一个从任一位置获取并显示图像的方法。下面的代码显示了该方法的形式，并显示了一张应用程序存储的图像：

```
using SnapsLibrary;

class Ch05_17_CityImage
{
    public void StartProgram()
    {
        string url = "ms-appx:///Images/City.jpg";
        SnapsEngine.DisplayImageFromUrl(imageURL: url);
    }
}
```

创建一个 URL，从而确定可以找到资产的地方

显示图像

Ch05_17_CityImage

在上面的代码中，使用了一个用来保存图像 url(统一资源定位器的缩写)名称的字符串变量。你可能在网页上下文中听说过 URL 一词。例如，我的播客网址为 http://www.robmiles.com。URL 的第一部分(字符序列//之前的部分)被称为方案，描述了访问数据的方式。比如，方案“ms-appx”

意味着“查看资产内容”。URL 的第二部分是资源的实际地址，此时为/Images/City.jpg。如果使用 Solution Explorer 来查找 Images 文件夹，会发现该文件夹包含了一个名为 City.jpg 的文件。如果想要向应用程序中添加自己的图像，可以将它们存储在该文件夹中，然后使用 DisplayImageFromUrl 方法进行显示。

方案 http 和 https 意味着“在 Internet 上进行查找，并使用 World Wide Web 协议查找资产。”

```
string url = "https://farm9.staticflickr.com/8713/16988005732_
           7fefe368cc_d.jpg";
SnapsEngine.DisplayImageFromUrl(url);

Ch05_18_BridegImage
```

上述代码显示了如何显示存储在 Flickr 账号下的图像。可以在你的程序中使用类似的语句使用来自 Internet 的图片(但是请记住，你必须遵守任何版权限制)。

DisplayImage 方法可以使用大多数流行的图像文件类型，包括 JPEG、PGN、GIF 以及 TIFF 格式。请记住，如果向程序中添加了大量的图像，那么程序本身也会变得越来越大，因为图像文件被存储为应用程序的一部分。减小应用程序大小的一种方法是调整图像的大小。不要使用直接来自数码相机的图像。可以调整它们的大小，以便不超过 1500 像素宽度。在大多数情况下，该像素宽度可以提供足够的细节信息。可以使用免费的图像处理程序 Pain.Net 来调整图像大小以及完成其他处理，这是一款非常不同的图像处理程序，可以从 http://www.getpaint.net/index.html 下载该程序。

易错点

丢失文件

DisplayImageFromUrl 方法很容易失败。它可能会因为运行程序的设备没有网络连接而无法加载图像。也可能是程序员在程序中拼错了图像的地址。在这些情况下，该方法都无法显示一张图像，这就是一个问题。

然而，该方法在编写的过程中进行了相应的处理，所以不会停止程序运行；相反，它会向用户显示一个占位符图像，以表明在获取图像时出现了错误，如下所示：

通过替换 BeginToCodeWithCSharp 解决方案中 Images 文件夹内的 ImageNotFound.png 文件，可以更改该消息图像。

DisplayImage方法返回一个bool值，以表明是否成功显示了所请求的图像。如下面代码所示：

```
bool displayedOK = SnapsEngine.DisplayImage(url);
if(displayedOK == false)
{
    SnapsEngine.DisplayString ("Please check your internet connection.");
}
```

如果图像没有正确显示，程序将会显示一条消息，提示用户检查 Internet 连接。这说明了在 C#程序中使用方法时应该注意的一个要点：一个程序不一定要使用方法返回的结果。DisplayImage 方法通常返回是否正常工作，而在上面使用该方法时忽略了其返回的结果。

可以直接使用 DisplayImage 方法的结果来简化代码：

字符!对紧跟其后的 Boolean 值进行转换

如果图像成功显示，DisplayImage 方法返回 true

```
if(!SnapsEngine.DisplayImage(url))
{
    SnapsEngine.DisplayString("Please check your internet connection.");
}
```

思考一下，如果图像没有显示(换句话说，如果 DisplayImage 返回 false)，就需要程序显示一条消息。因此需要获取 DisplayImage 返回的结果，然后使用运算符!进行转换。

动手实践

显示一些图片

现在，可以让程序显示图片。可以使用 Delay 方法提供两张图片显示之间的暂停。甚至可以添加一些声音效果并使用按钮让用户选择他们想要看到的图片。如果在屏幕上显示文本，你会发现文本是画在图片之上的，所以可以使用方法在图片显示时添加标题。

5.8　所学到的内容

在本章，我们知道了 C# if 结构可以根据所提供的数据更改程序的行为。这样程序员可以让软件更加智能，因为它可以以一种有效的方式响应输入。

我们还学习了 C#中基于 Boolean 类型(该类型只允许程序使用 true 或 false 值)所完成的决策过程。C#条件是由 Boolean 表达式的值所控制的，C#语言提供了一组可用来操作 Boolean 值的逻辑运算符。如果使用逻辑 AND 运算符(&)，那么只有在两个 Boolean 值都为 true 的情况下才会运行对应代码。而如果使用逻辑 OR 运算符(|)，那么只要其中一个值为 true 就可以运行对应代码。

其次，介绍了如何使用逻辑条件来创建作出决策的代码，从而编写出有用的程序。实现复杂逻辑的最好方法是将决策的简单描述转换为 C#条件语句。例如，可以将“如果是 Saturday 或 Sunday，并且当前时间为上午 9 点，那么我必须起床”转换为一个进行决策的单个逻辑表达式。

最后，学习了如何在程序中添加并使用资产，如何使用 Visual Studio 管理资产文件以及可用来使用图像和声音文件的 Snaps 方法。另外还介绍了如何使用统一资源定位字符串加载来自 Internet 的资产。

接下来是一些关于程序中作出决策过程的问题。

Boolean 值的使用是否意味着对于相同的输入程序将始终完成相同的事情？

只要输入相同，计算机每次都完成相同的事情。如果计算机以一种不一致的方式工作，就会让计算机的有用性大打折扣。当想要计算机完成一些随机行为(例如，当我们正在和一个电脑对手玩游戏)时，必须提供明确的随机值，并根据该值作出决策。没有人想要一台“喜怒无常”的计算机来作出决策(当然，编写一个使用随机数的程序是一个非常有趣的尝试)。

当编写了作出决策的程序时，计算机是否总是完成正确的事情？

如果可以保证计算机始终完成正确的事情，那当然是非常好的。然而，计算机是否能完成正确的事情取决于所运行的程序。如果程序发生了不希望发生的事情，就会导致计算机做出错误的响应。例如，如果一个程序正在计算制作一碗汤的烹饪时间，但用户输入了 10 份，而不是 1 份，那么该程序就会将烹饪时间设置得非常长(甚至有可能在烹饪的过程中烧毁厨房)。在这种情况下，虽然可以责备用户(因为他输入了错误的数据)，但更应该在程序中进行一些测试，检查用户输入的值是否有意义。如果炊具实际上不能容纳超过三份，那么在测试中就应该将输入限制为 3。当编写一个程序时，需要预见用户可能的操作，并作出相应的决策，从而让程序在各种情况下都可以作出明智的决策。

第 6 章

使用循环重复操作

本章主要内容：

在本章，我们将学习如何控制程序的另一个步骤。到目前为止，所编写的程序都是一次运行，然后在完成所有操作后停止。但有时需要让程序重复一系列操作。例如，如果用户输入了一个无效的值，那么程序应该拒绝该值，并重复该操作序列，请求用户输入另一个值。而为了实现重复操作，可以使用所谓的循环(loop)。例如，在视频游戏中，“游戏循环”持续读取游戏控制器的位置，更新反映游戏者状态以及游戏世界状态的变量，然后在屏幕上绘制出游戏世界。在本章，将会学习可用来创建循环的结构。

- 使用循环做一个 Pizza Picker
- 使用一个 while 循环完成输入验证
- 使用 Visual Studio 跟踪程序的执行
- 通过循环计数做一个乘法表
- 使用 for 循环结构
- 跳出循环
- 使用 continue 返回到循环顶部
- 额外 Snaps
- 所学到的内容

6.1 使用循环做一个 Pizza Picker

Pizza Picker 是我们第一个可以考虑向公众出售的程序。当你所在的团队想要订购一些比萨饼时，可以使用该程序。用户只需要单击一个按钮就可以选择一种特定馅料的比萨饼。程序持续计算每个按钮被按下的次数，并显示请求的总数。此外，该程序还可以在 Windows Mobile 设备上工作，所以可以传递你的设备，让每个人使用该设备选择不同馅料的比萨饼所对应的按钮，从而确定他们想要的比萨馅料。图 6-1 显示了程序主菜单的内容。

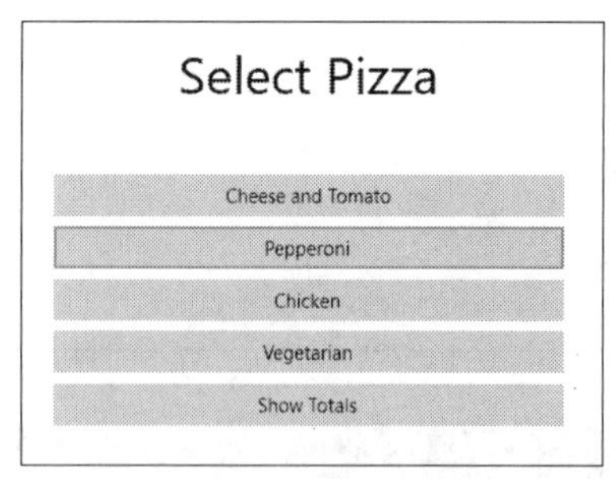

图 6-1　Pizza Picker 应用程序

每当一名用户单击一个按钮时，该馅料类型的计数就会增加。然后用户可以单击 Show Totals 按钮，查看每种类型订了多少份。我们将分两个阶段来创建 Pizza Picker 程序。首先编写用来计算比萨馅料选择的代码，然后添加一个循环，以便程序可以接收多次选择。在构建该程序的过程中，还会用到前面几章介绍的 C#结构。

6.1.1　计算选择

请仔细思考一下，图 6-1 所示的 Pizza Picker 菜单告诉我们程序中需要完成的第一件事。针对每种比萨馅料类型，都需要一个变量来保存不同馅料的请求次数。下面所示的语句创建了四个 int 变量(都使用了合理的命名标识符)，并将每个变量设置为 0。

```
int cheeseAndTomatoCount = 0;
int pepperoniCount = 0;
int chickenCount = 0;
int vegetarianCount = 0;
```

每次选择一个馅料类型时，该馅料对应的数量都会加 1。下面的语句增加了意大利辣香肠比萨饼的计数值：

```
pepperoniCount = pepperoniCount + 1;
```

如果该代码看起来有点不太明白，那么请记住，当执行该语句时，程序会计算出等号右边的值，并将结果赋给左边的变量。变量值加 1(也就是上述语句完成的操作)是一种称为增量操作的行为。

目前，已经编写了存储比萨饼选择所需的代码，并且当用户做出选择时进行增量操作。接下来需要一种方法来显示按钮并确定用户所选择的馅料类型。借助于第 5 章游乐场游乐设施应用程序中所使用的 Snaps 按钮选择方法，可以非常容易地创建该部分程序。如下语句通过使用 SelectFrom5Buttons 方法创建了比萨选择器菜单：

```
string toppingChoice = SnapsEngine.SelectFrom5Buttons(
    "Cheese and Tomato",
    "Pepperoni",
    "Chicken",
    "Vegetarian",
    "Show Totals");
```

保存选择的字符串变量

按钮的标签

请记住，SelectFrom5Buttons 方法显示五个按钮，并且等待用户选择其中一个按钮。当用户选择了一个按钮时，该方法返回引用该按钮的字符串作为结果。可以使用一个 if 结构对选择结果进行测试，然后增加所选馅料的选择次数。比如，当用户选择意大利辣香肠按钮时，下面的语句增加该馅料的计数器：

```
if(toppingChoice == "Pepperoni")
pepperoniCount = pepperoniCount + 1;
```

所选择的按钮字符串

用来比较的常量值

增加对应比萨馅料类型的计数器

代码分析

bug

针对每种馅料类型，Pizza Picker 程序需要一个 if 语句进行测试。如果要求你编写该程序，我想你可能会首先复制上面的代码块，然后设置其他的条件测试。然而，复制此类的代码块是很危险的。请看下面的代码：

```
if(toppingChoice == "Cheese and Tomato")
    cheeseAndTomatoCount = cheeseAndTomatoCount + 1;

if(toppingChoice == "Pepperoni")
    pepperoniCount = pepperoniCount + 1;

if(toppingChoice == "Chicken")
    chickenCount = chickenCount + 1;

if(toppingChoice == "Vegetarian")
vegetarianCount = chickenCount + 1;
```

编写该代码的程序员会为自己写程序的速度感到非常自豪，但该代码存在一个严重的问题——包含一个 bug，而用户会非常讨厌该 bug。bug 是使程序完成错误操作的代码(关于“bug”一词的首次使用，还存在一个故事。当时一只昆虫飞进了早期计算机的电路系统，并导致程序失败。而该程序员尽责地在实验室日志中记录下程序中所发现的每个 bug。bug 一词由此得来)。

问题：你可以找到该 bug 吗？

答案：该 bug 就是最后一条语句。此时程序将变量 vegetarianCount 设置为鸡肉比萨的数量加 1，而不是增加素食比萨的计数器。这意味着你可能得到比预期更多或更少的素食比萨。

问题：如何找到该 bug？

答案：找到该 bug 的唯一方法是系统地使用这些选项，并当单击某一选项时检查对应的计数器值。如果在测试期间没有选择一个素食比萨，那么将永远不知道程序中存在一个 bug。这也是许多 bug 存在的另一个原因：程序员确切知道代码应该做什么，但是在输入代码时产生了输入错误。但由于程序员确切知道代码应该做什么，因此会认为代码是完美的，不必测试所有的可能性。

问题：该 bug 是如何产生的？

答案：如果是逐行编写程序，那么一般来说不会将 vegetarianCount 误写成 chickenCount。

但如果是复制/粘贴代码并且忘记了将 chickenCount 更改为 vegetarianCount，则会出现上面所示的错误代码块。复制/粘贴代码是一个非常不好的习惯。如果想要重复使用程序的某一行为，则应该使用一个方法。在第 8 章，将详细介绍如何使用方法。

6.1.2 显示总数

目前我们所创建的 Pizza Picker 程序可以更新每种比萨馅料的计数器值。接下来，需要一种显示总数的方法。用户可以通过选择 Show Totals 按钮来请求该操作。

当用户选择 Show Totals 时，我们希望程序显示每种比萨馅料当前的选择数量。为实现该功能，可以使用其他一些 Snaps 方法来逐行进行显示。也可以先使用 Snaps 方法 ClearTextDisplay 清除文本显示区域，再使用 AddLineToTextDisplay 方法向显示器添加一行文本。具体代码如下所示：

```
if (toppingChoice == "Show Totals")            如果选择了 ShowTotals 选项
{
   SnapsEngine.ClearTextDisplay();             清除文本显示

   SnapsEngine.AddLineToTextDisplay("Order Totals");   添加一个标题
   SnapsEngine.AddLineToTextDisplay(cheeseAndTomatoCount.ToString() +
      " Cheese and Tomato");                   添加 Cheese and Tomato 数量
   SnapsEngine.AddLineToTextDisplay(pepperoniCount.ToString() +
      " Pepperoni");
   SnapsEngine.AddLineToTextDisplay(chickenCount.ToString() + " Chicken");
   SnapsEngine.AddLineToTextDisplay(vegetarianCount.ToString() +
      " Vegetarian");
}
```

6.1.3 获取用户选项

在用户了解了当前的总数之后，可以做两件事。可以继续进行选择并计算馅料选项，或者将计数器归零，以便下次运行程序时使用。通过在总数显示的下面添加两个按钮就可以提供这两个选项，如图 6-2 所示。

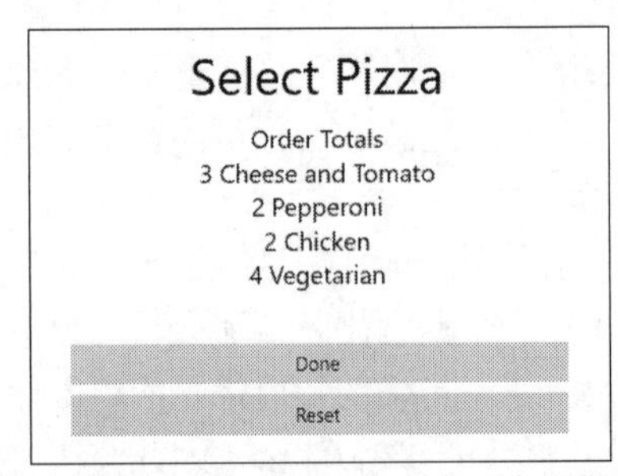

图 6-2　Done 和 Reset 按钮为程序用户提供了选项

当用户查看完总数并且想返回到馅料选择界面时，可以单击 Done 按钮。而 Reset 按钮则用来将计数值重设为 0。可以使用下面的代码完成重置操作——此时代码中的大部分内容你都应该比较熟悉了：

```
string reply = SnapsEngine.SelectFrom2Buttons("Done", "Reset"); —— 获取需要执行的命令
if(reply == "Reset")
{
    cheeseAndTomatoCount = 0;
    pepperoniCount = 0;
    chickenCount = 0;
    vegetarianCount = 0;
}
```

（当用户选择了 Reset 时所执行的代码）

请记住，Snaps 库分别提供了 2~6 个按钮的按钮选择方法。上述代码使用了 2 个按钮的版本。通过使用 Snaps 库，这些按钮通常会显示在文本的下方，所以你看到的屏幕应该如图 6-2 所示。

此时，用户可以查看总数并使用 Reset 按钮将计数器设置回 0。以下所示的就是当用户从菜单中选择 Show Totals 选项时所运行的所有代码。在阅读代码的过程中，可以思考一下当用户请求显示总数时程序需要完成哪些操作：

- 显示总数
- 确定用户是否想要清除文本
- 如果需要，对总数进行重置
- 从屏幕上清除总数的显示

```
if(toppingChoice == "Show Totals")
{
    SnapsEngine.ClearTextDisplay();

    SnapsEngine.AddLineToTextDisplay("Order Totals");
    SnapsEngine.AddLineToTextDisplay(cheeseAndTomatoCount.ToString() +
        " Cheese and Tomato");
    SnapsEngine.AddLineToTextDisplay(pepperoniCount.ToString() +
        " Pepperoni");
    SnapsEngine.AddLineToTextDisplay(chickenCount.ToString() + " Chicken");
    SnapsEngine.AddLineToTextDisplay(vegetarianCount.ToString() +
        " Vegetarian");

    stringreply = SnapsEngine.SelectFrom2Buttons("Done", "Reset");

    if(reply == "Reset")
    {
        cheeseAndTomatoCount = 0;
        pepperoniCount = 0;
        chickenCount = 0;
        vegetarianCount = 0;
    }
    SnapsEngine.ClearTextDisplay();
```

```
}
```

本书的开头曾经提到过，编程就是一种组织行为，可以将编写一个程序比喻为筹办一场Party。使用代码所编写的内容类似于Party策划。如果你正在组织一场Party，那么首先要确保所有的事情都按照正确的顺序发生。你不能在所有人都到达之后才开始供应食物。同时，必须在所有客人离开时才能送出感谢礼物。

同样的道理，只有在用户阅读完总数后，代码才能将相关内容清除，而不能在用户还未阅读之前就清除。同时，只有在被请求时才能清除总数。如果你不清楚如何编写一个程序来解决一个问题，那么最好的方法是按照所发生事情的顺序写下需要完成的操作。可以首先以自己的语言写下这些操作，然后按照“调试”顺序确保操作的顺序有意义。最后提出解决方案的描述并创建C#语句来告诉计算机如何解决该问题。

动手实践

添加一些注释

在第5章，我们学习了如何向程序添加注释。到目前为止，Pizza Picker程序中还没有添加任何注释，因为变量名非常明了，代码流也易于理解。但此时添加一些注释也是非常有帮助的。请思考一下下面的语句：

```
SnapsEngine.ClearTextDisplay();
```

当程序员读到上述代码时可能会产生一些疑惑。在屏幕上不显示任何内容的含义是什么呢？为了帮助其他程序员理解该语句的目的，可以添加一条注释。如下所示：

```
// Clear the total display from the screen, ready for the more choices
SnapsEngine.ClearTextDisplay ();
```

现在，程序员可以知道上述代码正在清除屏幕上的文本，并在为更多的选择做准备。

6.1.4　添加一个while循环

现在，Pizza Picker程序可以处理单个按钮的单击，从而允许用户选择一种比萨馅料。然而，对于每一位想要选择不同比萨馅料的人来说，需要重复前面所编写的语句。为此，可以向程序添加一个循环结构。

C#语言提供了多种方法来创建循环。第一种方法就是我们将要学习的while循环，其结构如图6-3所示。在while循环中，当由一个逻辑表达式指定的条件为true时，语句会被重复执行。

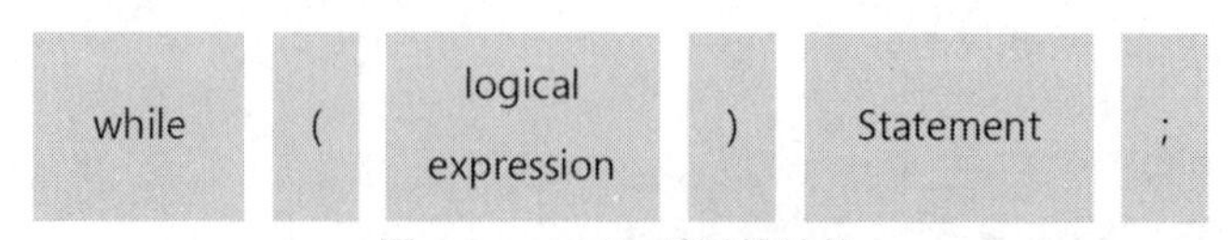

图6-3　while循环的结构

有时使用 while 循环可能会创建一个真正令人讨厌的程序。下面所示的程序将会重复说“Rob will rule the world”，直到用户感到厌烦并中止程序运行为止。请记住，在该上下文中，true

意味着逻辑值始终为真。

```
while (true) ————— 控制循环的逻辑表达式
    SnapsEngine.SpeakString("Rob will rule the world"); —— 循环所控制的语句
```

或者，也可以简写成如下的代码：

```
while(1==1)
    SnapsEngine.SpeakString("Rob will rule the world");
```

上面的 while 循环也会永远运行下去。控制该循环的条件表达式始终为 true，因为 1 始终等于 1。

在 C#程序中，任何可以放置单条语句的地方都可以放置语句块。如果想要程序重复多条消息，那么可以使用 while 结构重复一个语句块。此时，该语句块中的所有语句都会被 while 循环所重复：

```
while(1==1)
{
    SnapsEngine.SpeakString("Rob will rule the world");
    SnapsEngine.SpeakString("Oh yes he will");
}
```

代码分析

查看循环

思考下面所示的程序代码所完成的工作，可以学习更多关于循环的相关知识：

```
while(false)
    SnapsEngine.SpeakString("Rob will not rule the world");
```

问题：该代码会说出消息“Rob will not rule the world”吗？如果会，说出多少次？

答案：该循环由 while 关键字后面所给出的 Boolean 表达式所控制。当条件为 true 时，执行循环所控制的语句。由于上面代码中的条件一开始就为 false，因此循环中的语句不会被执行，代码不会说出该消息。

```
bool flag = true;
while(flag)
{
    SnapsEngine.SpeakString("Hello again");
    flag = false;
}
```

问题：下面的代码又如何？是否会说出对应的消息？如果会，说出多少次？

答案：该代码完全合法，并且可以顺利完成编译。但问题的答案是上述代码只会说出一次消息“Hello again”。接下来让我们逐条语句进行讲解，以便理解为什么。为了简单起见，向代码清单中添加了行编号。(我将会经常采用这种编号的方法帮助你理解程序的每一行所完成的操作。)

```
1 bool flag = true;
2 while(flag)
3 {
4   SnapsEngine.SpeakString("Hello again");
5   flag = false;
6 }
```

- 第一行创建了一个名为 flag 的 Boolean 变量，并将其值设置为 true。
- 第二行开始 while 循环。在循环重复之前，会对关键字 while 后面紧跟的逻辑表达式进行测试。如果表达式的值为 true，则执行循环体中的代码。
- 第三行是大括号，标记了 while 循环所控制的代码块的开始。因为 flag 为 true，所以 while 循环会执行循环语句，因此进入第四行。
- 第四行的语句说出“Hello again”，然后进入第五行。
- 第五行是一个赋值语句，将变量 flag 的值设置为 false。
- 第六行是大括号，标记了 while 循环所控制的代码块的结束。在该代码块的结尾处，程序循环返回到第二行，即控制循环的 while 结构。
- 回到第二行，while 循环再次测试 flag 的值。请记住，只有当该测试为 true 时才会执行循环体。因为变量 flag 的当前值为 false(第五行的语句所设置)，所以循环不会再执行。

问题：下面所示的代码与前一个示例的代码相类似，但此时使用了整型变量，而不是 Boolean 变量，那么该代码又该如何运行呢？

```
1 int count = 0;
2 while(count < 10)
3 {
4   SnapsEngine.SpeakString("tick");
5   count = count + 1;
6 }
```

答案：此时我再次对语句行进行了编码，以便弄清楚上面代码的含义。请记住，逻辑运算符小于(<)的意思是如果运算符左边的值(此时为变量 count)小于右边的值(此时为 10)，那么逻辑表达式为 true。也就意味着循环将一直重复，直到变量 count 的值大于 10 为止。

Pizza Picker 中的一个循环

接下来让我们向 Pizza Picker 程序中添加一个 while 循环，以便程序可以重复进行比萨馅料的选择，并在需要时显示总数。下面所示的是完整的 Pizza Picker 程序代码。注意，此处使用了最简单的循环结构形式，因为我们只需要程序重复请求比萨馅料的选择。当用户想要完成其他事情时，可以退出程序。

```
using SnapsLibrary;

class Ch06_01_PizzaPicker
{
   public void StartProgram()
```

```
{
    SnapsEngine.SetTitleString("Select Pizza");

    int cheeseAndTomatoCount = 0;
    int pepperoniCount = 0;
    int chickenCount = 0;
    int vegetarianCount = 0;

    // repeatedly ask for pizza selections
    while(true)
    {
        string toppingChoice = SnapsEngine.SelectFrom5Buttons(
            "Cheese and Tomato",
            "Pepperoni",
            "Chicken",
            "Vegetarian",
            "Show Totals");

        if(toppingChoice == "Cheese and Tomato")
            cheeseAndTomatoCount = cheeseAndTomatoCount + 1;

        if(toppingChoice == "Pepperoni")
            pepperoniCount = pepperoniCount + 1;

        if(toppingChoice == "Chicken")
            chickenCount = chickenCount + 1;

        if(toppingChoice == "Vegetarian")
            vegetarianCount = vegetarianCount + 1;

        if(toppingChoice == "Show Totals")
        {
            SnapsEngine.ClearTextDisplay();

            SnapsEngine.AddLineToTextDisplay("Order Totals");
            SnapsEngine.AddLineToTextDisplay(cheeseAndTomatoCount.
                ToString() +" Cheese and Tomato");
            SnapsEngine.AddLineToTextDisplay(pepperoniCount.ToString() +
                " Pepperoni");
            SnapsEngine.AddLineToTextDisplay(chickenCount.ToString() +
                " Chicken");
            SnapsEngine.AddLineToTextDisplay(vegetarianCount.ToString() +
                " Vegetarian");

            string reply = SnapsEngine.SelectFrom2Buttons(item1:
                "Done",item2: "Reset");
```

```
                if(reply == "Reset")
                {
                    cheeseAndTomatoCount = 0;
                    pepperoniCount = 0;
                    chickenCount = 0;
                    vegetarianCount = 0;
                }
                // clear the total display from the screen ready for more choices
                SnapsEngine.ClearTextDisplay();
            }
        }
    }
}
```

程序员要点

相同的代码可以有多种用途

在许多不同的场合都可以使用 Pizza Picker 程序的基本逻辑。可以用来计算学校理事会会议上的票数，计算参加 Party 的人数或者让观众在选秀节目中选出优胜者。而你所需要做的只是更改程序中的文本字符串。当他人要求你编写一个程序时，请尝试回忆一下自己是否曾经编写过类似的程序。

动手实践

使用 Snaps 和循环完成更多的操作

虽然 Pizza Picker 程序工作得非常好，但有时也有一点单调沉闷，因为它只有一个简单的显示。如果可以添加比萨图像作为背景来显示，那么将会使程序更加有趣。在前面几章中，曾经使用过 Snaps 库中的 DisplayBackground 方法来设置程序的背景。可以首先通过手机获取一张喜欢的比萨图片，然后提取出来并添加到程序中。如果你不清楚如何完成上述操作，那么请复习一下第 5 章的相关示例。

有一点需要记住：在确保程序外观好看的同时仍然要保持程序正常运行，因此所选择背景的配色方案不会干扰正常显示。如果想要界面更具有艺术感，可以更改文本和程序标题的颜色。

此外，还可以让程序计算每种馅料类型的订单数量。如果每两个人一个比萨饼，那么该计算就比较简单，只需要将订单数量转换为被订购的比萨数量即可。然而请记住，不可能订购半个比萨，只要有一个人订购了特定类型比萨，程序就必须进行合理的处理。

也可以使用语音输出对用户做出的选择进行评论。通过使用条件(if 语句)，可以让程序说出类似于“So, you all like vegetarian pizza”和“Chicken wins”之类的话。

下面列出了一些可以尝试的其他想法：

- 第 5 章创建的游乐设施年龄检查程序使用了一个循环结构。在没有使用循环之前，每次输入年龄时都需要运行程序。通过添加一个 while 循环，程序可以重复请求游乐设施选择以及请求年龄输入。
- 假设你的邻居想要针对卡车司机开一家餐厅。他正在对某一区域的交通情况进行调查，以便知道每天有多少辆卡车经过他的位置。因此需要一种方法来计算经过的轿车、货车、卡车和自行车的数量，并且当他看到不同类型的汽车经过时，按下对应汽车类型的按钮进行计数。此时，可以编写一个程序为他实现这些功能。并且可以以 Pizza Picker 程序为基础进行编程。

- 由于知名度不断提高，你的另一位朋友也来寻求你的帮助。她是当前观测塔上的一名向导。她必须确保每次不超过 10 个人进入电梯到达塔顶。因此想要运行一个程序，当游客进入电梯时可以计算人数。该程序应该依次计算每一个进入电梯的人，当电梯中已经进入了 8 个人时，程序应该说“Room for two more”；而当进入了 10 个人时，应该说“Elevator full, enjoy your trip up”。此外，还需要提供一个 Reset 按钮，以便清除计数，使其返回为 0，从而开始计算下一组的游客。同样该程序也可以以 Pizza Picker 程序为起点，但需要添加一些额外的逻辑，以便在不同的情况下说出对应的消息。请记住，可以在循环中使用 if 结构确定程序应该何时说出哪条消息。

易错点

无限循环

Pizza Picker 程序中的无限循环是完全正确的。如果该循环停止了，对于用户来说就存在一个问题，因为循环停止阻止了程序接收用户输入。然而，请考虑下面所示的循环：

```
while(true)
{
}
```

上面所示的 C#代码是完全合法但存在巨大风险。它并不完成任何操作。你可能会认为计算机应该足够聪明，知道该循环不完成任何操作，因此会忽略该循环。但遗憾的是事实并非如此。此时计算机将会尽力尽可能快地运行该代码(因为不完成任何操作)。如果是在桌面 PC 上运行该代码，那么你会发现处理器使用率会上升，同时几秒钟之后 CPU 风扇会开始快速运转起来。而如果是在移动设备上运行该代码，会发现手机外壳会升温，同时电池会很快耗尽。可有意思的是，此类型代码实际上常被用来为某些移动电话创建“暖手”应用。这些程序实际并不完成任何有用的工作，而只是让手机变得温暖而易于触摸(至少短时间内会如此)，直到手机电池耗尽为止。

在学习编程的过程中，你可能也会犯类似的错误，创建永远无法停止的程序。请记住，在 Visual Studio 中，可以使用停止按钮来终止以这种无限循环方式卡住的程序。

6.2　使用 while 循环执行输入验证

接下来，让我们再看一下前面曾经学过的一个循环结构形式：

```
while(false)
    SnapsEngine.SpeakString("Rob will rule the world");
```

该语句在循环开始时首先对循环的条件进行测试。此时代码并不会说出消息“Rob will rule the world”，因为控制循环的逻辑表达式被显式地设置为值 false。在执行循环中的代码之前会测试该值。

然而，有时需要一个可以在循环代码的结尾处而不是在循环开头执行测试的循环结构。C#

提供了一个完成该操作的循环结构：

```
do{
   SnapsEngine.SpeakString("Rob will rule the world"); —— 循环所控制的代码块
} while (false);———————————————————————————— 逻辑表达式
```

上述代码与 while 结构在排列上略有不同。此时，在代码块被执行完毕之后才会执行测试。即使控制循环的表达式的值被设置为 false，该代码也会说出消息“Rob will rule the world”。但只会说出一次，因为值 false 意味着循环体不会再被执行。

当程序需要对输入进行验证时，可以使用 while 循环形式。验证是构建程序的重要部分。通过验证，可以避免程序不会完成一些不合理的操作。当设计一个程序时，需要思考值可能的有效范围。例如，如果要求用户输入年龄，那么可接受的有效年龄范围应该是 1~100。

当需要先从用户获取一个值之后再确定该值是否有效时，可以使用上面所示的循环类型。可以设计这样一个程序，在用户输入有效值之前循环会一直运行——换句话说，该程序会重复请求一个值，直到用户提供了一个有效值为止。下面所示的示例演示了该程序的工作方式。请记住，如果输入的年龄小于 1 或者大于 100，该输入必须被拒绝，程序会再次请求输入年龄值。

```
1 int age;
2 do
3 {
4    age = SnapsEngine.ReadInteger("Enter your age");
5 }while (age < 1 | age > 100);
```

弄清楚上述代码工作原理的最好方法是像计算机那样逐条解释每条语句。

- 在第一行，程序创建了一个整型变量 age。该变量将保存程序从用户获取的值。
- 第二行标记了循环的开始。
- 第三行是左大括号，标记了循环所控制的代码块的开始。虽然该循环只包含了一条语句，但我仍然添加了大括号，以此表明如果需要，可以在循环体中添加多条语句。
- 第四行包含了读取用户所输入年龄的语句。
- 如果数字被成功读取，程序将移动到 while 结构的末尾处，即第五行。根据变量 age 的值对关键字 while 后面紧跟的逻辑表达式进行求值(true 或 false)。如果 age 的值小于 1 或者大于 100，表达式将为 true，从而导致循环重复。而这恰恰也正是我所希望的操作——当用户输入了无效值时程序持续询问年龄值，直到输入有效值为止。

请仔细阅读上面的过程描述并确保自己完全理解所发生的事情。请记住，该循环所控制的代码至少被执行一次，因为重复条件出现在循环的结尾处。这样做是非常有意义的，可以在测试之前先获取一个值，如果提供的值无效，循环条件将被计算为 true，从而重复执行循环。

6.3 使用 Visual Studio 跟踪程序的执行

程序员可以像前面所做的那样逐行检查程序。也可以在程序运行时使用Visual Studio查看程序的操作。此时，需要使用Visual Studio的调试器。顾名思义，调试器是帮助我们找到并删除程序中bug的工具。可以使用调试器跟踪程序实际执行的路径，而不是你认为它应该执行的路径。

6.3.1 添加断点

首先需要向程序添加断点。断点并不会导致程序中断；而只是导致程序“休息一会”。当程序到达指定了断点的语句时，Visual Studio 会暂停程序，并将控制权交给程序员，然后程序员就可以对程序中每个变量所保存的值进行检查。

一个程序可以包含多个断点。程序所碰到的第一个断点就是将要暂停程序的断点。还可以在程序运行时设置和删除断点。可以在任何代码或者 BeginToCodeWithCSharp 解决方案的任何示例中添加断点。

接下来，将使用一个断点来研究前面循环中所完成的操作。可以在 Ch06_02_AgeReader 文件中找到相关代码。通过使用 Solution Explorer 找到该文件，然后在 Visual Studio 中将其打开，如图 6-4 所示。在想要暂停程序的语句左边的空白处单击以设置一个断点。

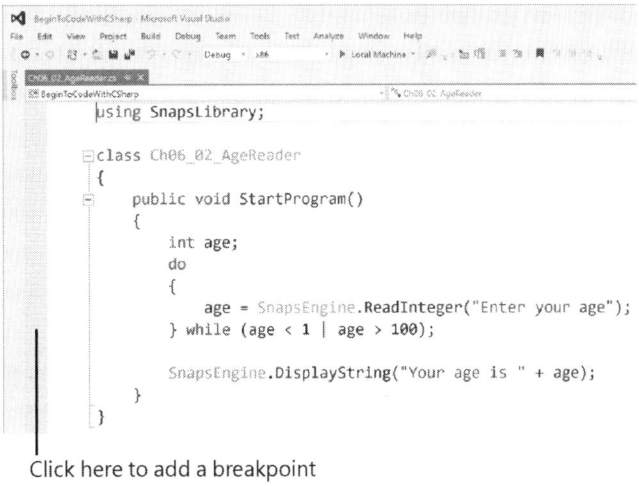

```
using SnapsLibrary;

class Ch06_02_AgeReader
{
    public void StartProgram()
    {
        int age;
        do
        {
            age = SnapsEngine.ReadInteger("Enter your age");
        } while (age < 1 | age > 100);

        SnapsEngine.DisplayString("Your age is " + age);
    }
}
```

Click here to add a breakpoint

图 6-4　在某一语句左边的空白处添加一个断点

断点由页面左边的红色圆点来表示，而包含该断点的语句则以棕色突出显示。注意，在变量 age 的声明处或者开始循环的关键字 do 处是无法设置断点的。此时，我在循环的 while 部分添加了一个断点，如图 6-5 所示。

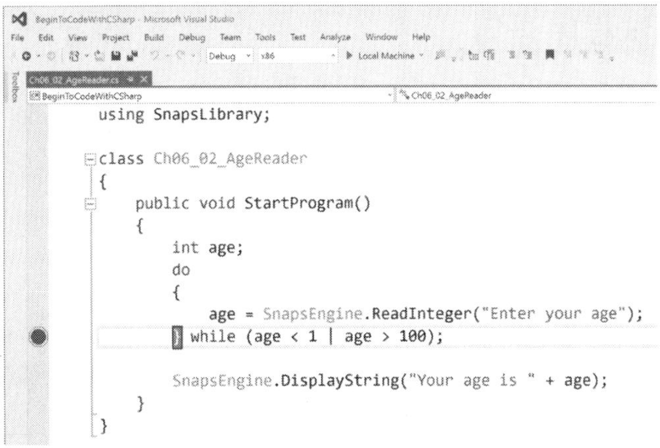

```
using SnapsLibrary;

class Ch06_02_AgeReader
{
    public void StartProgram()
    {
        int age;
        do
        {
            age = SnapsEngine.ReadInteger("Enter your age");
        } while (age < 1 | age > 100);

        SnapsEngine.DisplayString("Your age is " + age);
    }
}
```

图 6-5　设置一个断点

6.3.2　命中断点

为了调试程序，需要运行 BeginToCodeWithCSharp 解决方案。首先选择 Ch06_02_AgeReader 演示应用程序，最后单击 Run an app。此时，程序首先要求输入年龄。然后当程序到达断点时，Visual Studio 将会暂停程序，并等待你的命令。图 6-6 显示了到达断点时所看到的画面。注意，此时断点处的语句还没有被执行。

```
using SnapsLibrary;

class Ch06_02_AgeReader
{
    public void StartProgram()
    {
        int age;
        do
        {
            age = SnapsEngine.ReadInteger("Enter your age");
        } while (age < 1 | age > 100);

        SnapsEngine.DisplayString("Your age is " + age);
    }
}
```

图 6-6　命中断点

6.3.3　查看程序中变量的内容

在命中断点时，只需要将鼠标指针放在变量的名字上就可以查看变量的内容。图 6-7 显示了在输入了一个合适的值之后变量 age 的内容。如果将鼠标指针移离变量，那么内容显示就会消失。如果想要年龄值保持可见，可以单击所显示值右边的图钉符号。

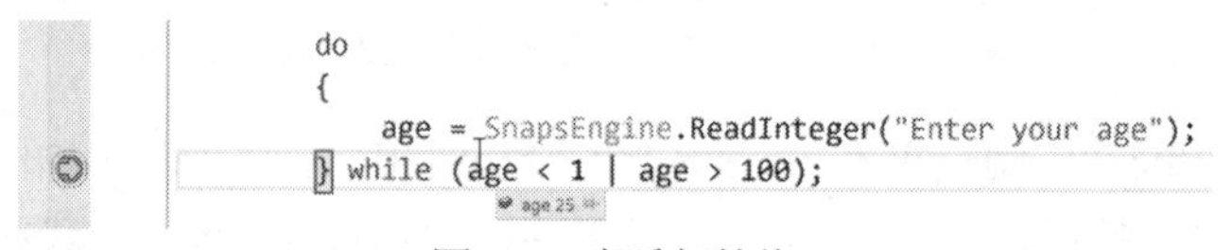

图 6-7　查看年龄值

6.3.4　单步调试程序语句

当程序暂停时，可以通过使用一组控制调试动作的按钮让 Visual Studio 单步调试程序语句。只有当程序暂停时这些按钮才会出现在 Visual Studio 工具栏中。图 6-8 分别介绍了这些按钮以及相关联的功能键。你可以选择使用功能键，也可以单击对应的按钮。

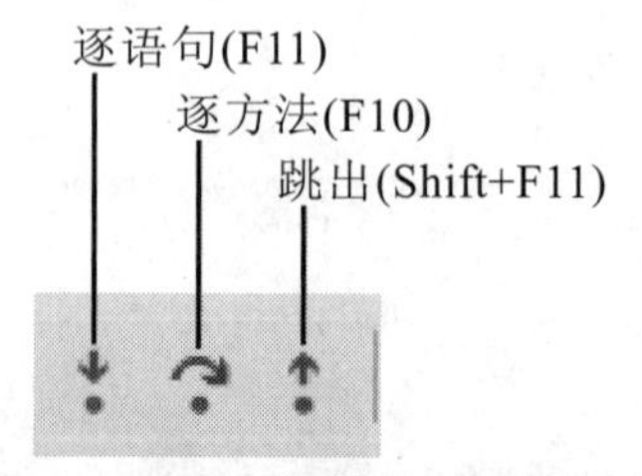

图 6-8　在 Visual Studio 中使用这些按钮单步调试程序

当程序在调用了一个方法的语句处暂停时，如果选择了逐方法或者按下了 F11，那么 Visual Studio 将会打开包含了该方法的文件，并跳转到定义该方法的语句。如果想要研究程序正在使用的方法的内容，那么这种调试方法是非常有用的。我们将在第 8 章详细介绍什么是方法，但现在只考虑 ReadInteger 方法。该方法返回了一个整型的代码。如果想要单步调试 ReadInteger 方法中的每条语句，可以按下 F11 进入方法。当想要离开正在调试的方法并返回到调用该方法的语句时，可以使用跳出按钮(或者按住 Shift+F11 组合键)。

一般来说，最有用的按钮是逐语句(F10)。该命令可以让我们单步调试程序，并跟踪执行路径。每当按下该按钮时，Visual Studio 都会执行一条语句，然后程序再次暂停。在本程序中，执行每一步发生的事情取决于 age 的值。如果输入一个有效年龄(介于 1 和 100 之间)，那么循环将终止，程序将继续调用 DisplayString。而如果输入了无效年龄，程序将会再次循环。

6.3.5　程序继续

当想要停止对程序的单步调试并正常运行时，可以单击 Continue 按钮(或按 F5 键)继续运行程序。此时，程序会继续运行，直到碰到下一个断点(如果有下一个断点的话)。此外，Visual Studio 还提供了一个可用来查看所创建断点的断点窗口。如果想要显示该窗口，在 Visual Studio 中依次找到 Debug、Windows 菜单，然后选择 Breakpoints 选项。可以使用断点完成一些有趣的事情。例如，只有当某些条件为 true 时才使断点生效(以便仅在 age 值无效时中断程序)。后面，还会介绍更多此类的技巧，现在可以使用断点和单步调试功能来了解程序是如何执行的。

程序员要点

设计调试代码

单步调试代码是弄清楚代码所完成操作的一种比较好的方法。当编写代码时，对代码进行设计是很有用的，以便可以更加容易地进行单步调试并弄清楚正在做什么。我始终坚持将自己的代码扩展到多条语句，并在运行代码时使用额外的临时变量，这样，可以使调试更加容易，并且程序不会消耗过多的内存，但即使是代码的“较小”版本，编译器仍然需要创建一些内部临时变量来执行计算。但与代码的“更高效”版本的唯一不同点在于，无法查看“较小”版本。

代码分析

当循环出现问题时

接下来，让我们看另外一个示例，学习更多关于循环工作原理的内容。看上去下面所示的代码可能与前面的代码是相同的。但如果实际运行该程序，它似乎工作得更好。如果提供了一个有效年龄，程序会说谢谢。

```
1 public static void StartProgram()
2 {
3     SnapsEngine.SetTitleString("Age between 1 and 100");
4     int age;
5     do
6     {
7         string ageString = SnapsEngine.ReadString("Enter your age");
```

```
8       age = int.Parse(ageString);
9     } while (age < 1 & age > 100);
10    SnapsEngine.DisplayString("Thank you for entering your age of " + age);
11 }
```

Ch06_02_BadAgeReader

问题：该程序的缺陷是什么？

答案：第九行代码存在缺陷。我们曾经见过此问题。此时所使用的逻辑表达式与前面所使用的略有不同。该表达式的意思是“当 age 值小于 1 并且大于 100 时”。这听起来似乎有点愚蠢。一个数字怎么可能小于 1 又大于 100 呢？这样的值是不存在的。但事实证明编译器可以顺利编译包含此类错误的程序。

问题：上述缺陷会导致程序完成什么操作？

答案：由于不存在既小于 1 又大于 100 的数字，因此控制 while 循环的表达式不可能为 true，也就意味着循环将不会重复。换言之，该表达式会将所有的年龄值都视为正确年龄。这是非常危险的，因为此时并没有对无效值进行测试，你也将无法发现该问题。

易错点

在测试成功行为的同时还需要经常测试失败行为

当编写软件时，这一点是非常重要的。需要对那些用来处理错误的代码进行测试。软件工程师经常会讨论完成一个程序的“快乐路径”，比如用户输入正确值，网络连接正常工作，磁盘驱动器上有足够的存储空间以及打印机没有阻塞等。当程序员编写程序时，他们倾向于专注于这个快乐路径，而不会过多思考那些可能导致程序出错的方法。然而，这种编写代码的方法是非常危险的。一位优秀的程序员会主动寻找那些可能出错的内容，并编写代码来处理这些错误情况，然后不断地测试代码是否正常工作。

在年龄读取程序中，我始终坚持使用年龄值 0、1、50、100 和 101 来进行测试。通过使用这些值，可以让我确信无效值(0 和 101)会被拒绝，而所有其他的年龄值(包括边界上的值)被接受。事实上，我找到了一种可以自动测试代码的方法，从而可以定期进行测试。

6.4　通过在循环中计数来创建一个乘法表辅助程序

Pizza Picker 程序中的循环是最简单的循环类型。它会永远重复下去，因为控制该循环的逻辑表达式是 Boolean 值 true。然而，还可以创建仅重复特定次数的循环。只需要通过使用一个变量来计数循环的执行次数就可以实现该功能。程序可以将计数器变量设置为一个起始值，然后在每次循环中更新该变量，直到变量值达到一个极限值为止，从而导致循环停止。

可以使用此类循环创建一个乘法表辅助程序，从而帮助你(或者其他人)学习乘法，而这恰恰也是学习数学中最枯燥乏味的部分之一。此外，还可以让程序说出“1 乘以 2 等于 2，2 乘以 2 等于 4”以此类推。下面所示的是完整的程序。其中使用了一个 while 循环生成了连续输出。

```
using SnapsLibrary;

class Ch06_04_TalkingTimesTables
{
   public void StartProgram()
   {
      SnapsEngine.SetTitleString("Talking Times Tables");

      int count = 1; ———————————— 创建一个计数器
      int timesValue = 2; ——————— 设置乘数值

      while (count < 13) ———————— 当计数器值等于 13 时停止循环
      {
         int result = count * timesValue; ———— 计算结果

         string message = count.ToString() +
            " times " + timesValue.ToString() +
            " is " + result.ToString(); ———— 组装消息

         SnapsEngine.DisplayString(message);
         SnapsEngine.SpeakString(message);

         count = count + 1; ———————— 更新 count 变量
      }
   }
}
```

该程序存在两个必须理解的部分。首先是循环以及控制循环的表达式：

```
while(count < 13)
```

while 循环由逻辑表达式 count<13 所控制，当 count 值等于 13 时，表达式计算结果为 false。因为值 13 并不比 13 小，而是等于 13。

程序的第二个重要部分是更新计数器的赋值语句：

```
count = count + 1;
```

这与我们前面在 Pizza Picker 程序中更新比萨馅料计数器所使用的模式是相同的。每次运行该语句时，将 count 的值加 1，然后存储在变量 count 中。

代码分析

计数器智能

下面所示的是带有行号的乘法表代码。下面仔细研究一下：

```
1 using SnapsLibrary;
2
```

```
 3 class Ch06_04_TalkingTimesTables
 4 {
 5    public void StartProgram()
 6    {
 7       SnapsEngine.SetTitleString("Talking Times Tables");
 8
 9       int  count = 1;
10
11       int  timesValue = 2;
12
13       while  (count < 13)
14       {
15           int  result = count * timesValue;
16
17           string message = count.ToString() +
18              " times " + timesValue.ToString() +
19              " is " + result.ToString();
20
21           SnapsEngine.DisplayString(message);
22           SnapsEngine.SpeakString(message);
23
24           count = count + 1;
25       }
26    }
27 }
```

问题：如果想要为 3(而不是 2)生成乘法表，那么需要更改哪条语句？

答案：需要更改第 11 行的赋值语句。如果将变量 timesValue 设置为 3，就会导致乘法表显示 3 的倍数。

问题：如果将第 24 行的语句更改为如下所示的语句，那么程序会发生什么事情呢？

```
count = count - 1;
```

答案：每次执行完上述语句之后，变量 count 的值就会减少 1。乘法表循环中的代码将会计算并显示负数的倍数，同时循环永远不会停止，因为变量 count 的值永远小于 13。

问题：如果想要程序生成另一个乘法表，那么应该做什么呢？

答案：最好的方法是在另一个循环中放置上述完整的程序。当然在一个循环中嵌入另一个循环也是完全可以的。如果这么做，就必须添加一些允许用户重启程序的代码；否则程序会一直运行下去(用户可能会不太喜欢)。

```
using SnapsLibrary;

class Ch06_05_RepeatingTimesTables
{
   public void StartProgram()
   {
```

```
        SnapsEngine.SetTitleString("Talking Times Tables");

        while (true) ———————— 永远执行的外部循环
        {
            int  count = 1;
            int  timesValue = 2;

            while(count < 13)
            {
                int  result = count * timesValue;———— 在该循环中包含了
                                                       与上面相同的代码
                stringmessage = count.ToString() +
                    " times " + timesValue.ToString() +
                    " is " + result.ToString();

                SnapsEngine.DisplayString(message);
                SnapsEngine.SpeakString(message);
                count = count + 1;
            }
            SnapsEngine.WaitForButton("Press to continue"); ——— 等待用户按下
                                                                  一个按钮
        }
    }
}
```

该版本的程序使用了一个永远不会停止的外部循环。而该循环的里面就是乘法表循环。同时，代码使用了另一个 Snaps 方法 WaitForButton，用来等待一个按钮被按下。当乘法表被显示之后该方法允许用户进行选择。

动手实践

允许用户选择乘数值

可以对该乘法表程序进行改进，使其可以询问用户使用什么值。如果愿意，甚至可以允许用户听到 25 的倍数。或者使用验证，从而仅生成 2 到 12 范围内的乘法表。

6.5　使用 for 循环结构

程序员可以很好地管理 while 循环结构。乘法表程序工作得非常好。然而，C#的设计者决定设计一种更加简单的方法来创建执行计数的循环。为此，他们创建了 for 循环结构。图 6-9 显示了该循环的常见结构。.

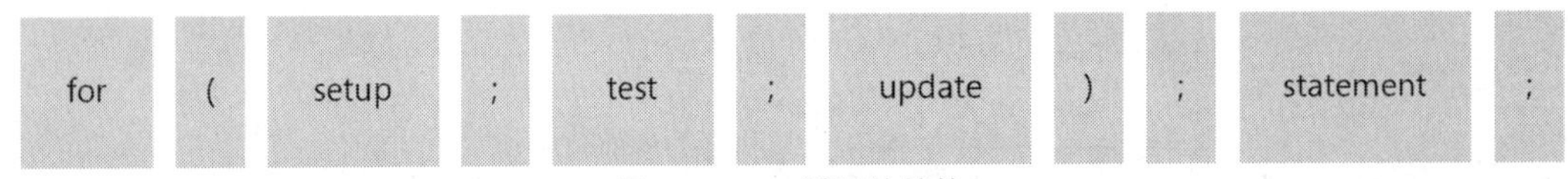

图 6-9　for 循环的结构

for 循环允许程序员在单一语句中创建循环的设置、测试和更新元素，而每一个元素都是一个 C#语句。

- 一旦开始 for 循环，设置元素就会被执行。
- 在执行循环之前会首先执行测试元素。就像前面介绍的 while 结构一样，只有当所测试的逻辑表达式返回 true 时才会执行循环语句。
- 每执行一次循环之后执行更新语句。

通过使用 for 循环，可以让乘法表程序更加简单：

设置计数器变量
测试计数器
更新计数器

```
for (int count = 1; count < 13; count = count + 1)
{
    int  result = count * timesValue;

    string  message = count.ToString() +
        " times " + timesValue.ToString() +
        " is " + result.ToString();

    SnapsEngine.DisplayString(message);
    SnapsEngine.SpeakString(message);
}
Ch06_06ForTimesTable
```

代码顶部的 for 循环完成了前一个程序版本中三条语句所完成的工作。对于任何需要重复特定次数的程序，都应该考虑使用 for 循环。

程序员要点

for 循环并不能创建任何新功能；它只是让事情变得更加简单

事实证明，在前面所编写的程序中，我们仅使用了一种循环结构。虽然这些程序可能有点长并且难以理解，但它们都运行良好。之所以会使用 do 循环和 for 循环这两种不同的循环形式，是因为它们可以让程序编写更加容易。如果想要创建一个计算特定次数的程序，那么相比于 while 循环，for 循环编写起来更容易且更快速。同时该循环也更富表现力，任何查看程序中 for 循环的人都会完全明白程序正在完成的事情。本书的后面还会介绍其他可用的循环类型。

代码分析

拆解循环

通过拆解一些循环设计，可以学习更多关于 for 循环的内容。

问题：以下所示的程序完成了什么事情？

```
for(int countdown = 10; countdown >= 0; countdown = countdown - 1 )
{
    SnapsEngine.SpeakString(countdown);
    SnapsEngine.Delay(1);
}
```

答案：该程序完成了一次 10 秒钟的倒计时。同时念出数字 10、9、8 等。

问题：该程序是否会念出数字 0？

答案：会。此时的终止条件(只有在该条件为 true 的情况下 for 循环才会继续)为 countdown>=0(countdown 大于等于 0)。当计数器的值为 0 时，该条件仍然为 true，因此循环继续工作。

问题：该循环执行多少次？

答案：你可能会认为该答案非常简单：10。但是你错了。该循环将会执行 11 次。首次循环时，countdown 的值为 10。最后一次循环时该值为 0。如果计算一下这些值，可以算出它们：10、9、8、7、6、5、4、3、2、1、0。此时有 11 个值，所以循环必须执行 11 次。在设计循环时要非常小心，要确保仔细检查终止条件，以便在正确的时间停止循环。我第一次编写该循环时，就将终止条件写成了 countdown>0，并且疑惑为什么程序没有念出值 0。

程序员要点

不要太聪明

一些人喜欢使用设置、条件和更新语句完成一些所谓的巧妙事情，并以此炫耀自己有多聪明，但实际上只需要使用简单的赋值、增量和测试就可以完成相同的事情。一些程序员认为，在顶部的 for 部分内完成所有工作并在其后保持空语句是一种非常聪明的做法。

我认为这些人是聪明反被聪明误。很少有创建此类复杂代码的需要。当编写程序时，应该考虑两件事情：“如何证明程序正常工作？”以及“如何让代码易于理解？”。而复杂的代码并不能帮助你做好这两件事情。

6.6　跳出循环

有时需要在循环的中间位置跳出循环——换句话说，程序认为没有必要继续执行循环体的后续代码，想要跳出循环，并从循环后面的语句开始继续执行程序。

可以使用 break 语句完成该操作，它可以命令程序立即离开循环。但在以这种方式跳出循环之前通常需要做出一些决定。我发现当需要在某些代码中间提供一个“get the heck out of here”选项时，break 语句是非常有用的。

例如，假设想要让用户可以在乘法运算过程中停止运算。一旦程序启动，如果没有提供停止程序的方法，那么对于用户来说可能是恼人的。为此，可以使用一个 Snaps 方法 ScreenHasBeenTapped 让程序检测用户何时在触摸屏上单击或者使用鼠标单击屏幕。

```
if(SnapsEngine.ScreenHasBeenTapped())
```

```
// statement that we perform if the screen has been tapped
```

如果屏幕被单击了，ScreenHasBeenTapped 方法就返回 true。Snaps 框架使用了一个标志(一种指示器)，当框架检测到屏幕被单击了，就会设置该标志。如果希望你的程序检测到后面的屏幕单击事件，则必须调用 ClearScreenTappedFlag 清除该标志，从而为下一次的单击做准备。

```
SnapsEngine.ClearScreenTappedFlag();
```

通过调用 ClearScreenTappedFlag，可以清除该标志，而当屏幕被再次单击时，将会再次设置该标志。可以将这些 Snaps 方法与关键字 break 一起使用，从而允许乘法表程序的用户通过单击屏幕的方式阻止程序继续生成输出。具体代码如下所示：

```
using SnapsLibrary;

class Ch06_07_TapScreenToStop
{
    public void StartProgram()
    {
        SnapsEngine.SetTitleString("Talking Times Tables");

        while(true)
        {
            int timesValue = 2;

            // Make sure that the screen tapped flag is clear
            SnapsEngine.ClearScreenTappedFlag(); ——清除单击标志，为下次使用做准备

            for(int count = 1; count < 13; count = count + 1)
            {

                int result = count * timesValue;

                string message = count.ToString() +
                    " times " + timesValue.ToString() +
                    " is " + result.ToString();

                SnapsEngine.DisplayString(message);
                SnapsEngine.SpeakString(message);
                // If the screen is tapped, break out of the for loop
                if (SnapsEngine.ScreenHasBeenTapped()) ——测试标志，如果屏幕
                    break;                                被单击，退出循环
            }
            SnapsEngine.WaitForButton("Press to continue");
        }
    }
}
```

该版本的乘法表程序将显示并念出 2 乘以 1 到 12 的结果。如果用户在运行时单击了屏幕，那么程序将跳出内层的 for 循环，并继续执行循环后面的语句——此时所执行的语句调用了 WaitForButton 方法。

一个程序可以跳出任何循环。跳出之后，程序将继续执行循环最后一条语句后面的语句。如果所跳出的循环位于另一个循环的内部(如本示例所示)，那么程序只会跳出当前的循环。换句话说，一旦在 for 循环内部执行了 break 语句，就好比在告诉乘法表不要让程序退出 while 循环，而只是退出内部的 for 循环。

6.7　使用 continue 返回到循环顶部

有时，可能需要编写一个可返回到循环顶部并再次执行循环的程序。有时，当在一个特定的循环中执行一定的语句后需要返回到循环顶部。为了实现该操作，C#提供了关键字 continue，其意思是“请不要进一步执行该循环。回到循环顶部，并完成所有的更新以及其他工作(如果有的话)，然后在条件允许的情况下再次进入循环”。

例如，假设有一位乘法表程序的用户对数字 4 有特别的爱好。虽然他们也不知道为什么，但就是不希望听到程序读出该数字的乘法值。此时可以使用关键字 continue 控制该行为。

```
for(int  count = 1; count < 13; count = count + 1)
{
    if (count == 4)  ———— 测试 count 值，看是否为 4
        continue;  ———— 如果 count 值为 4，则继续循环

    // Rest of the times-table program here
}
```

Ch06_08_MissOutFour

此时关键字 continue 的效果是将程序带回到循环的顶部，并增加 count 值，使其变为 5，然后对终止条件进行测试(由于 count 值小于 13，因此循环将继续)，最后再次进入循环体。如果运行程序，会发现程序始终没有念出数字 4 的乘数值。

程序员要点

不要像使用 break 那样频繁地使用 continue

在很多情况下使用关键字 break 是非常有用的。然而，关键字 continue 的使用频率却没有那么高。不要认为你没有频繁地使用 continue 就不是一名合格的程序员。

代码分析

循环、break 和 continue

通过查看几个简单的程序，可以提高对 break 和 continue 使用方法的理解。

```
1 for (int count = 1; count < 13; count = count + 1)
2 {
```

```
3    if (count == 5)
4        break;
5    SnapsEngine.SpeakString(count.ToString());
6 }
7 SnapsEngine.SpeakString("Done");
```

问题：上述代码实际念出的值是什么？

答案：该程序将念出"1、2、3、4"以及"Done"。当 count 的值为 5 时，第三行 if 条件的逻辑表达式变为 true(因为 count 值目前等于 5)。break 语句会使程序马上退出循环，并继续从第七行开始运行。此时程序不会念出值 5，因为在调用 SpeakString 方法念出值之前程序就跳出了循环。

```
1 for (int count = 1; count < 13; count = count + 1)
2 {
3    if (count == 5)
4        continue;
5    SnapsEngine.SpeakString(count.ToString());
6 }
```

问题：上述代码念出的内容是什么？

答案：它将念出"1、2、3、4、6、7、8、9、10、11、12"。注意，程序并没有念出"5"，因为当 count 的值为 5 时，第三行的条件语句使程序返回到循环的开始处，这也就意味着对于值 5 来说没有调用 SpeakString 方法。

```
1 while (true)
2 {
3    break;
4    SnapsEngine.SpeakString("Looping");
5 }
```

问题：该程序是否会永远运行？

答案：不会。虽然控制循环的逻辑表达式被设置为 true(这意味着始终重复该循环)，但循环体的内容包含了一个 break 语句，从而导致循环退出。

问题：该程序是否会念出消息"Looping"？

答案：不会。该语句不会被执行，因为程序首先跳出了循环。

```
1 while (true)
2 {
3    continue;
4    SnapsEngine.SpeakString("Looping");
5 }
```

问题：该程序是否会永远运行？

答案：会。关键字 continue 并不会导致循环结束。相反，它会导致终止条件被重新测试，如果发现条件为 true，循环重复进行。

问题：该程序是否会念出消息“Looping”？
答案：不会。该语句不会被执行，因为程序首先返回到了循环的顶部。

6.8　额外的 Snaps

在编写自己程序时，你会发现下面介绍的一些额外的 Snaps 可能会非常有用。

6.8.1　声音输入

Snaps 框架提供了一组可用来让程序对声音输入做出响应的方法。这些方法的工作方式与前面看到的按钮选择方法相类似。唯一的区别在于需要提供作为提示向用户显示的附加字符串。在下面的代码中，我使用了声音输入功能从用户获取了比萨选择(在 SelectFromFiveSpokenPhrases 方法的调用中，我使用了命名参数。更多关于命名参数的内容将在第 8 章详细介绍。在该代码中，命名参数可以更容易地告诉我们提示以及所使用短语之间的区别)。

```
string  toppingChoice = SnapsEngine.SelectFromFiveSpokenPhrases(
          prompt: "What pizza topping do you want",
          phrase1: "Cheese and Tomato",
          phrase2: "Pepperoni",
          phrase3: "Chicken",
          phrase4: "Vegetarian",
          phrase5: "Show Totals");
```

```
Ch06_09_VoicePizzaPicker
```

当运行程序时，会显示如图 6-10 所示的 Windows 10 声音输入面板。

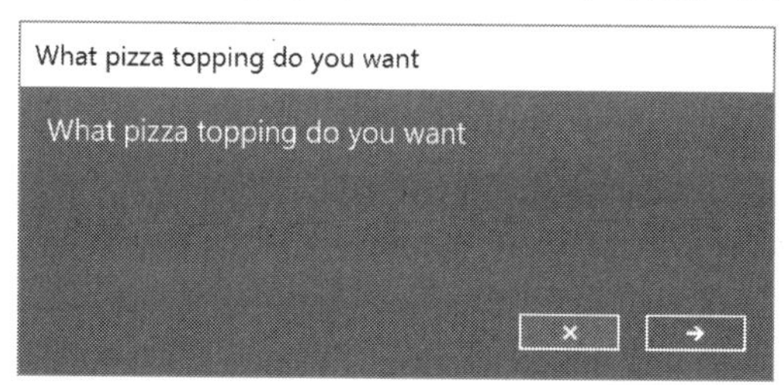

图 6-10　声音输入面板

虽然声音输入方法可以返回所检测到的短语，但如果用户所说的话无法识别，或者单击了对话框中的 Cancel 按钮，该方法将返回一个空字符串。

下面所示的代码检查是否识别了用户所说的比萨馅料。如果没有，则返回一个空字符串，同时程序会告诉用户所说的内容没有被识别，并使用关键字 continue 继续循环，以便重新进行比萨选择。

```
if(toppingChoice == "")
{
```

```
        SnapsEngine.SpeakString("Sorry, choice not recognized");
        continue;
    }
```

可以使用声音输入方法的不同版本来选择2～6个短语。你可以使用这些方法生成前面创建的应用程序的声音控制版本。可以创建一个声音控制的煮蛋定时器，延迟时间由用户通过说话的方式提供。还可以更改游乐场游乐设施程序，使其对声音做出响应，或者创建一个全新的声控程序。

6.8.2　机密数据录入

虽然ReadString方法让程序具备了读取字符串的能力，但任何可以查看程序的人都可以看到所录入的内容。ReadPassword方法的使用方式与ReadString方法相同，但是所输入的字符都被点所替换。下面所示的语句将字符串password设置为用户输入的密码。

```
string password = SnapsEngine.ReadPassword("Enter your secret password");
```

可以使用ReadPassword方法创建应用程序的密码保护版本。

6.9　所学到的内容

在本章，我们学习了如何创建包含了程序运行时可重复执行语句的程序。为此，使用了C#所提供的三种循环结构。

只要条件中的逻辑表达式为true，第一种循环结构(“while(条件)语句”结构)就会重复执行语句。如果简单地将Boolean值true作为条件，循环将永不停止。在某些情况下，这是一件合理的事情，因为许多程序(比如游戏)都包含了运行中必须重复的行为。

第二种循环结构(do 语句 while 条件)与第一种结构相类似。主要的区别是前者的循环代码至少执行一次。在“while(条件)语句”结构中，条件测试确定循环重复是否在循环的开始就执行。这意味着如果控制循环的条件一开始就为false，那么循环代码将永远不会被执行。而在第二个结构(“do 语句 while 条件”)中，测试是在循环代码被执行一次后完成的。当需要先读取一个值，然后再测试其有效性时，第二种结构在某些情况下是很有用的。

第三种循环结构与前两种完全不同。当程序员想要通过设置一个计数器，测试计数器何时达到极限值并使用第三条语句更新计数器的方式管理一个循环时，使用“for(设置;测试;更新)语句”结构是非常合适的。该结构在程序必须执行某一操作特定次数的情况下显得特别有用。

此外，C#语言通过使用关键字break提供了一种让程序跳出循环的方法。当程序遇到了继续重复循环没有任何意义的情况时，该关键字就显得非常有用。另外，还有关键字continue，它可以让循环继续从循环语句的开始处继续，但前提是对终止条件进行了测试。

我们是否真的需要循环？

不一定。从理论上讲，通过使用一系列语句和条件就可以编写任何程序。可以将循环“展开”成重复的代码部分。执行某一操作10次的循环可以被该循环代码的10个副本所取代。虽然不使用循环进行编程会让程序变得非常庞大，但仍然可以正常运行。

循环是否危险？

从某种程度上讲是存在危险的。一个“展开”循环可以保证运行到结束。此时程序不可能被卡住或者执行错误的次数。然而，有时也会看到，如果终止条件错误或错误地更新了计数器，就有可能导致循环永远运行下去，或者循环了错误的次数。换句话说，在程序中使用循环会引入潜在的新错误类型。有趣的是，在某些特别重要的程序(例如，用来控制飞机和核反应堆的程序)中，程序员有时会出于以上原因而避免使用循环。

第 7 章

使 用 数 组

本章主要内容：

至此，我们已经学习了告诉计算机做什么所需知道的大部分内容。可以编写一个程序来存储数据项、根据数据值作出决策以及在特定条件为 true 的情况下重复行为。这些内容都是编程的基础，所有程序都建立在这些核心功能之上。

然而，在可以编写一些大型的程序之前，还需要知道一件事情，即如何在程序中管理大量的数据。在本章，将学习如何通过数组来使用“集合”以及如何使用循环来遍历数组。

- 冰淇淋销售程序
- 生成一个数组
- 多维数组
- 使用数组作为查询表
- 所学到的内容

7.1 冰淇淋销售程序

随着你的名声传得越来越响亮，现在，一名拥有多家冰淇淋店的老板来请求你编写一个程序帮助她跟踪冰淇淋销售结果。在城里她拥有十家冰淇淋店，每天销售不同数量的冰淇淋。她的想法非常简单——获取每个店的销售值，然后以不同的方式查看数据：从小到大进行排序，从大到小进行排序，仅查看最大值和最小值，销售总数，平均销售值等。她可以使用相关信息规划新冰淇淋店的位置，以及奖励最好的销售人员。如果你做得好，就可以得到一些免费的冰淇淋，所以你同意帮这个忙。

程序员要点

获取正确的规范：故事板

与你的客户就规范达成一致是非常重要的。可以使用多种方法制定规范。但我发现最好的方法是与用户一起坐下来并准备一大堆纸(请尽可能地远离计算机)，然后制定一个“故事板(storyboard)”。故事板常用于电影制作，向大家展示电影如何讲述故事。同样，程序也可以使用故事板。

电影故事板描述了一个序列(电影的叙事逻辑)，而计算机程序的故事板展示了用户如何通过应用程序进入不同的路径。例如：当冰淇淋销售程序启动时，要请求输入 10 个销售值(依次输入)，然后进入菜单屏幕。菜单屏幕提供了查看数据的选项(从小到大、从大到小等)以及读取一组新数字的选项。如果用户选择了 High to Low，程序将会从大到小地显示销售数字，并提供了一个返回菜单屏幕的按钮。可以以类似的方法列举并描述所有其他的操作。

在故事板中，还可以画出不同屏幕所期望的外观以及用户进入到下一个屏幕之前所必须完成的操作。甚至可以确定所使用的配色方案。请记住，在设计程序的过程中，最糟糕的事情是用户说“我并不关心程序是如何工作的。一切都由你来决定。我相信它会运行得很好。”但事实往往不是这样。必须与客户一起来设计一个程序。这样，就可以确保所交付的程序正是客户所需要的。此外，以这种方式设计程序意味着当开始编写程序时，就已经完全知道自己需要做什么，因为故事板会告诉先发生什么，后发生什么。如果客户有什么没有想到，那么在构建故事板的过程中也会被发现。在创建程序时，了解程序如何组合在一起是很有帮助的。

在获取了所需的信息之后，接下来需要做的是编写实际的程序。程序将使用变量来保存用户输入的销售值，可以使用一个逻辑表达式来比较两个销售值并选择较大的那个值(以便可以对销售值进行排序，找出最大的销售值)。通过前面章节的学习，你应该知道如何向用户显示结果。

在单个变量中存储数据

当编写一个程序时，一个好的开端是声明所有程序要使用的变量。前面介绍的冰淇淋销售程序需要存储 10 组销售数据，所以首先声明 10 个变量，每个变量存储了需要在程序中存储的值。可以使用整型(int 类型)来保存销售数字，因为不可能卖出半个冰淇淋。

```
int sales1, sales2, sales3, sales4, sales5, sales6, sales7,
    sales8, sales9, sales10;
```

接下来，需要从用户获取销售数字。前面我们已经使用过 ReadInteger 方法完成了此类操作。第 5 章的游乐场游乐设施程序也是使用了相同的方法读取了游客的年龄信息。而在本程序中将使用该方法读取销售值。可以编写 10 条使用了该方法的语句读取每家冰淇淋店的销售值。

```
sales1 = SnapsEngine.ReadInteger("Enter the sales for stand 1");
sales2 = SnapsEngine.ReadInteger("Enter the sales for stand 2");
sales3 = SnapsEngine.ReadInteger("Enter the sales for stand 3");
sales4 = SnapsEngine.ReadInteger("Enter the sales for stand 4");
sales5 = SnapsEngine.ReadInteger("Enter the sales for stand 5");
sales6 = SnapsEngine.ReadInteger("Enter the sales for stand 6");
sales7 = SnapsEngine.ReadInteger("Enter the sales for stand 7");
sales8 = SnapsEngine.ReadInteger("Enter the sales for stand 8");
sales9 = SnapsEngine.ReadInteger("Enter the sales for stand 9");
sales10 = SnapsEngine.ReadInteger("Enter the sales for stand 10");
```

现在，程序中已经拥有了数据，可以开始使用了。首先，创建一个 if 条件来确定第 1 家店的销售值是否是最大的。此外，正如第 5 章所看到的那样，可以合并多个条件，从而生成复杂的逻辑表达式。当 sales1 比所有其他销售值都大时，下面所示的逻辑表达式结果才为 true：

```
if(sales1>sales2 && sales1>sales3 && sales1>sales4 &&
   sales1>sales5 && sales1>sales6 && sales1> sales7 &&
   sales1>sales8 && sales1>sales9 && sales1>sales10)
{
   SnapsEngine.DisplayString("Stand 1 had the best sales");
}

Ch07_01_UnworkableSales
```

但问题是该程序必须重复该条件 10 次才能知道哪家店的销售值是最大的(该问题你可能已经发现)。如果客户新增另外 20 家销售店，那么该问题会变得更加严重，因为程序会变得更加复杂——需要 20 多个变量，20 多条读取语句以及 20 多个复杂的条件。这并不是我们管理数据所应该遵循的路线。

7.2　生成数组

存储和使用大量的数据实际上是非常容易的，但相比于单个变量，需要多做一些事情。首先需要创建一个集合，最简单的集合形式是 C#数组，所以下面让我们看看如何生成和使用数组。

数组可以是一维或者多维。一维数组类似于一个列表。二维数组则更像一个表格或者一个网格(通过行和列位置来标识每个元素)。

使用一个数组就可以管理上述冰淇淋应用程序中所使用的数据：创建一个可以保存所有 10 个销售值的变量。为此，请使用下面所示的语句声明一个数组变量，该语句创建了一个名为 sales 且可以保存 10 个销售值的数组，其中每个值都为 int 类型：

引用一个整型数组的变量 sales

可以保存 10 个整型值的数组

```
int[] sales = new int[10];
```

该语句看起来有点像赋值语句(前面我们已经见过这种语句类型)——例如 int age=21;，它首先创建了一个名为 age 的整型变量，然后将值 21 赋给该变量。数组声明也是类似的。创建一个可以引用整型数组的变量(名称为 sales)，然后使变量 sales 引用一个可保存 10 个整型值的全新数组。这是我们第一次在 C#程序中看到引用(reference)变量。本书的后面将会学习更多关于引用变量的相关内容。

如果你将单个变量视为一个可以保存一个值的盒子，那么可以将数组视为一排盒子，而每个盒子都可以保存一个值。在 C#术语中，数组中的每个盒子都被称为一个元素(element)——一个数组由多个元素所组成。当创建了一个整型数组时，每个元素初始都被设置为 0。

可以创建一个保存任何类型值的数组。可以在任何允许使用特定类型变量的地方使用数组元素。

7.2.1 使用索引

程序使用一个索引(index)找到数组中的特定元素，索引是一个用来标识数组中元素的数字。一些程序员也将索引称为下标(subscripts)。通常在数组引用后面的方括号内提供索引值(比如[5])。下面的语句将数组开头的元素(即索引为 0 的元素)设置为值 99。图 7-1 显示了该语句的执行效果。

```
sales[0] = 99;
```

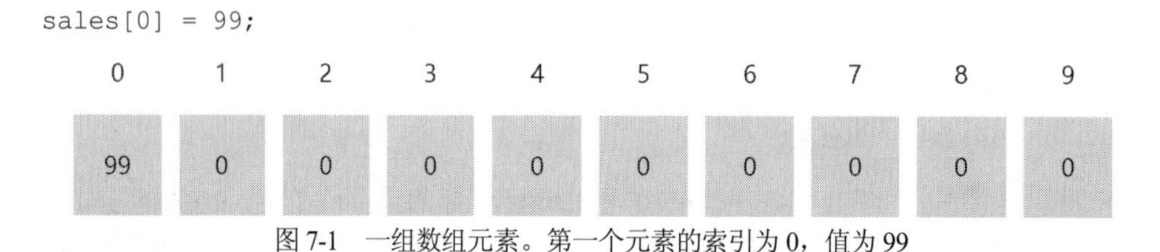

图 7-1　一组数组元素。第一个元素的索引为 0，值为 99

知道数组索引是从 0 开始是非常重要的。换句话说，第一个元素的索引为 0。但由于以下两点原因，有些人对此会感到疑惑。

- 这不符合人们对事物编号的方式。我们从来不会说“选择菜单中的第 0 个项目”或者“我住在街道最尽头的第 0 号房”。人们更倾向于将“第一个”与数字 1 关联起来。
- 一些其他的编程语言并不是按照这种方式工作的。一些其他的编程语言(比如 Basic)是 1 开始数组元素的。

我认为最好将索引想象为访问所需元素所必须行进的距离。数组的初始引用指向数组的开头，所以索引 0 指向了开始元素。

离开数组的末尾

当程序运行时，会为特定大小的数组分配所需的实际内存量。这样就会产生一个问题。下面的语句试图将最后一家冰淇淋店的销售值设置为 50。

```
sales[10] = 50;
```

```
Ch07_02_ArrayExceptions
```

看上去该语句似乎没有什么问题。数组包含了 10 个元素，且我们正在访问第十个元素。那么该语句是否会失败呢？事实证明该语句是错误的，因为数组的第一个元素的索引为 0，这就意味着第十个元素的索引为 9。如果你不相信，可以按照图 7-1 所示数一下数组元素，你会发现当到达第十个元素时刚好从 0 数到 9。对于程序来说，数组中没有索引 10 对应的元素。因此程序只能做唯一一件事情，抛出一个异常。

抛出一个异常相当于在你即将输掉一场国际象棋时踢翻桌子，从而导致当前的比赛被放弃。如果你正在使用 Visual Studio 开发程序，那么会看到对所发生事情相关的描述。图 7-2 显示了程序抛出一个异常时在 Visual Studio 中看到的信息。

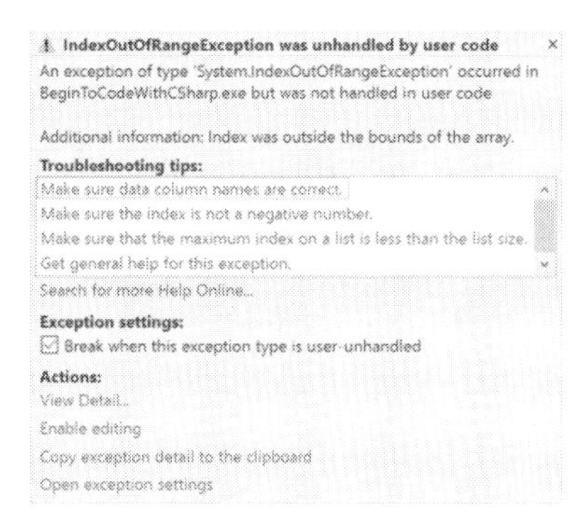

图 7-2 Visual Studio 所显示的针对 IndexOutOfRange 异常的详细信息

如果是在 Visual Studio 外运行程序，那么用户将看不到上面所示的消息，但是当抛出异常时会阻止程序继续运行。

你可能认为该行为有点极端。我们所做的只不过是设置了一个错误的索引值。为什么这么大惊小怪的呢？该问题的答案非常重要。当程序出错时，让用户尽可能快地知道该错误是至关重要的。程序中存在错误并不可怕，可怕的是用户不知道程序存在错误。比如，当尝试保存一个文件时，如果出现错误，字处理程序会显示一个错误消息。但如果字处理程序没有给出任何提示，那么用户就会认为文件已经保存，但实际并没有保存，这种情况就非常糟糕了。

在第 11 章将会学习如何在程序运行时捕获和处理可能出现的异常。

7.2.2 使用数组

目前，你可能对数组并没有非常深刻的印象。虽然我们已经学习了如何使用单条语句声明多个变量，但这种方法是如何帮助处理冰淇淋销售数据呢？现在，请思考以下代码：

```
using SnapsLibrary;

class Ch07_03_ForLoopStorage
{
    public void StartProgram()
    {
        int[] sales = new int[10];
        for(intcount = 0; count < 10; count = count + 1)
        {
            sales[count] = SnapsEngine.ReadInteger("Enter the sales value");
        }
    }
}
```

当需要使用一个变量而不是固定值检索元素时，数组是非常有用的。上面所示的代码使用了一个 for 循环重复一个代码块。该 for 循环使用了计数器 count。第一次循环时，变量 count 的值为 0。再次循环时值为 1，以此类推，当 count 的值为 10 时(即数组末尾)，循环终止。

下面所示的是循环中读取每个销售值的语句：

```
sales[count] = SnapsEngine.ReadInteger("Enter the sales value");
```

在该语句中，变量 count 被用来检索数组，并告诉程序读取的数字放在什么位置。第一次循环时 count 值为 0，所以用户所输入的整数被放到第一个元素中。然后 count 值加 1。这意味着下一个输入的值将被放入索引为 1 的元素中，以此类推。

代码分析

研究数组

下面所示的数组在程序运行时填充了数据，其中部分是通过数据输入填充的。

0	1	2	3	4	5	6	7	8	9
50	54	29	33	22	0	0	0	0	0

问题：程序刚在数组中的一个元素中存储了一个值。这个时刻的 count 值是多少？最近输入的销售值是多少？

答案：前面已经讲过，在创建数组元素时都被填充了 0。这意味着数组中第一个不为 0 的元素所存储的值就是最近输入的值。如果看一下上图所示的数组，会发现最近输入的值存储在索引为 4 的元素中。该元素存储了值 22。所以本题的答案是 count 的值为 4，最近输入的销售值为 22。

问题：第三家冰淇淋店销售了多少冰淇淋？

答案：销售了 29 只冰淇淋。如果你认为答案是 33，那么请记住，数组元素的索引是从 0 开始的。第一家店销售了 50 支冰淇淋(该元素对应的索引为 0)，第二家店销售了 54 支(对应的索引为 1)，第三家店销售了 29 支。

问题：如果想要存储来自 100 家冰淇淋店的销售数据，那么必须更改程序的什么内容呢？

答案：这种情况恰恰是使用数组的好时机。此时需要改变的只是数组的大小，从而可以保存 100 个值，同时让循环进行 100 次。C#提供了一种可以让这些更改变得更加容易的方法。程序可以确定数组的长度。该长度值通常被用来控制 for 循环，以便循环自动适用于任何大小的数组。

使用数组的 length 属性计算数组长度

```
int[] sales = new int[100];
for (int  count = 0; count <sales.Length; count = count + 1 )
{
   sales[count] = SnapsEngine.ReadInteger("Enter the sales value");
}
```

上述程序可以针对 100 个销售数据进行工作。只需要将 100 更改为其他的值，就可以让该程序适用于任何的销售数字。甚至可以要求用户确定有多少家冰淇淋店：

```
int  noOfStands = SnapsEngine.ReadInteger("How many ice cream stands?");
int[] sales = new int[noOfStands];
Ch07_04_Variablearraysizes
```

该代码允许用户确定想要处理多少数据。

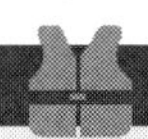

易错点

灵活性可能是很危险的

允许用户更改他们想要使用的存储大小是一个非常好的主意，但也是非常危险的。请看一下下面的屏幕截图：

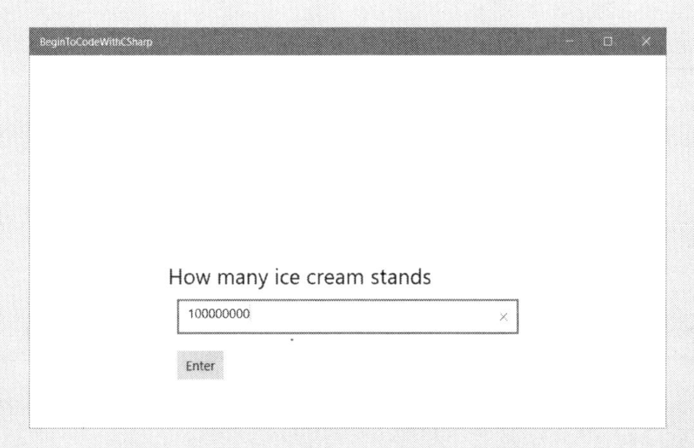

类似于上图所示的数据输入是非常糟糕的。该程序尝试创建一个可保存一亿个销售值的数组。如果创建成功，接下来程序会要求用户输入每个值，这将是一个非常耗时的过程。

为了防止这种情况发生，必须与用户进行详细的讨论，并一致同意用户不能输入小于 10 或大于 100 的数据。对于超出该范围的值，程序将会拒绝。

代码分析

索引问题

有时，尝试乐于助人会给自己带来新的问题。程序的原始版本要求用户依次提供每家冰淇淋店的详细信息。而当前版本并没有这么做，因此用户非常想知道正在输入的是哪个特定值，为此，程序在提示中使用了 count 值。

```
for(int count = 0; count <sales.Length; count = count + 1 )
{
    sales[count] = SnapsEngine.ReadInteger("Enter the sales for stand " + count);
}
```

问题：此时该程序并不能正常工作。你可以找到问题所在并解决它吗？

答案：数组的索引是从 0 开始的，这意味着第一次循环时，程序将显示提示“Enter the sales for stand 0”。而该提示会让用户产生疑惑，因为她想要从 1 开始计数。所以应该按照下面的代码修改程序：

```
sales[count] = SnapsEngine.ReadInteger("Enter the sales for stand "
    + count + 1);
```

此时的想法是将 count 加 1，从而显示 1、2、3、4，而不是 0、1、2、3。然而，当运行“修复”后的程序时，输出看起来并不正确：

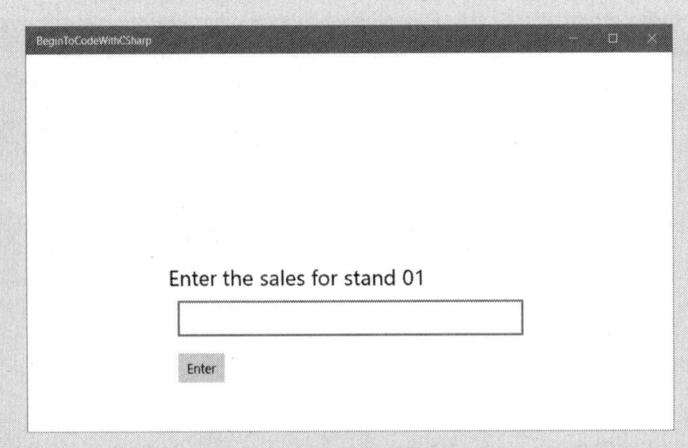

在添加了第一个销售站的详细信息后，事情变得更糟了：

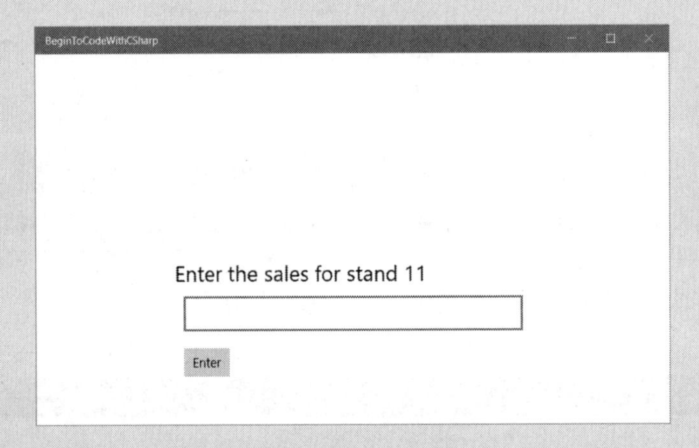

究竟什么地法出现了问题？原来问题出在提示语句中。

```
sales[count]=SnapsEngine.ReadInteger("Enter the sales for stand")+count+1);
```

此时，该程序使用了运算符+将两项组合在一起，从而构建提示中显示的字符串。当一个表达式在两个字符串值之间包含了运算符+时，就会连接两项(将它们串在一起)。所以，代码+1会将 1 连接到显示字符串的末尾，而不是将 count 值加 1。为了让程序正确工作，必须强迫程序先计算 count+1，然后再将结果显示为一个整数组合到其他字符串中。为此需要使用圆括号告诉编译器先计算表达式的哪一个部分，所以代码修改如下所示：

```
sales[count] = SnapsEngine.ReadInteger("Enter the sales for stand "
    +(count + 1));
```

此时当程序构建字符串时，会先计算 count+1，从而可以正确显示冰淇淋店号。但我对其进行了进一步的修改，代码如下所示：

```
for(int count = 0; count <sales.Length;count = count + 1 )
{
```

```
        // User likes to count from 1, not zero
        int displayCount = count + 1;
        sales[count] = SnapsEngine.ReadInteger("Enter the sales for stand " +
                                               displayCount);
    }
Ch07_06_ProperlyNumberedStand
```

上述代码显式地创建了一个显示消息中使用的计数器(displayCount)。此外，该代码还包含注释，从而解释了创建该计数器的原因。我认为这才是更专业的代码。一些程序员可能会说该代码效率不高，因为我在每次循环时都创建了一个新变量，但事实并不是这样。如今的编译器非常擅长优化创建程序的方式。无论如何，我都非常愿意用少量的计算机能力来换取可读性的巨大提高。

7.2.3 使用 for 循环显示数组的内容

可以通过创建一个循环在屏幕上显示出数组的内容，从而看到销售值。

```
using SnapsLibrary;

class Ch07_07_ReadAndDisplay
{
    public void StartProgram()
    {
        SnapsEngine.SetTitleString("Ice Cream Sales");

        // Find out how many sales values are being stored
        int noOfStands = SnapsEngine.ReadInteger("How many ice cream stands?");
        int[] sales = new int[noOfStands];

        // Loop round and read the sales values
        for(int count = 0; count <sales.Length; count = count + 1)
        {
            // User likes to count from 1, not zero
            int displayCount = count + 1;
            sales[count] = SnapsEngine.ReadInteger("Enter the sales for stand " +
                                                   displayCount);
        }

        // Got the sales figures, now display them

        SnapsEngine.ClearTextDisplay();
        // Add a line to the display for each sales figure
        for (int count = 0; count <sales.Length; count = count + 1)
        {
            SnapsEngine.AddLineToTextDisplay("Sales: " + sales[count]);
        }
```

该循环显示销售数据

从数组获取元素，并显示在屏幕上

```
    }
}
```

Ch07_07_ReadAndDisplay

变量 count 用来检索数组中的元素，以便依次显示每个元素。图 7-3 显示了程序显示销售值后的输出。

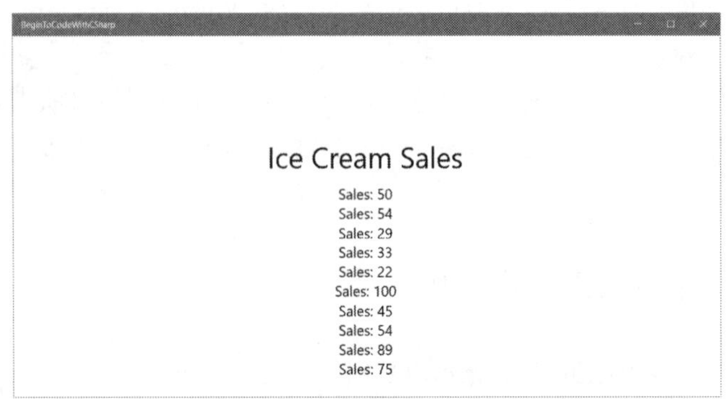

图 7-3　冰淇淋销售列表

当需要读取一些数据并显示出来时，可以在其他程序中使用这种模式。

动手实践

读取 Party 嘉宾的姓名

数组可以保存任何需要保存的数据类型，包括字符串。可以对冰淇淋销售程序进行相应的修改，使其能够读取并存储参加 Party 或者活动的嘉宾姓名。

创建销售程序的修改版本，使其可以去读一些嘉宾姓名并显示出来。该程序可以处理 5 到 15 位访客。

7.2.4　显示用户菜单

在程序读取了销售数据之后，接下来必须确定用户想要使用这些数据干什么。该程序可以使用前几章使用的 SelectFromButtons 方法获取来自用户的一条命令。下面的代码你应该非常熟悉。请记住，该方法首先显示了一组按钮(此时显示了 6 个按钮)，然后等待用户选择一个按钮。图 7-4 显示了语句所创建的菜单。

```
string command = SnapsEngine.SelectFrom6Buttons(
    "Low to High",
    "High to Low",
    "Highest and Lowest",
    "Total sales",
    "Average sales",
    "Enter figures");
```

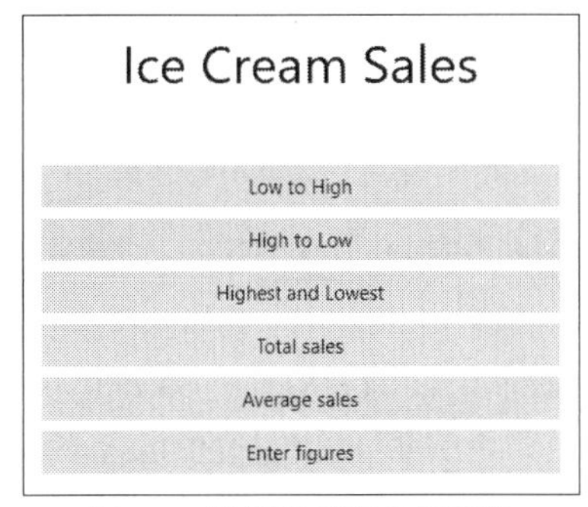

图 7-4 冰淇淋销售分析菜单

用户可以按下想要查看数据对应的按钮，然后程序对返回的结果进行测试，并决定执行哪个功能。在下面的示例中，如果命令为 Low to High，则执行对应的代码块。此处我添加了一些注释来解释读取其他人代码将要做什么。

```
if(command == "Low to High")
{
    // Need to display the contents of the sales array
    // sorted lowest to highest
}
```

7.2.5 使用冒泡排序对数组进行排序

接下来需要做的事是编写排序代码。虽然排序通常需要计算机程序花费大量时间来完成，但是与其他操作一样，也必须准确地告诉计算机如何操作。计算机不能立即对整个数组进行排序，而只能一次处理一个项目。好好地研究一下排序程序的工作原理是非常有用的，因为可以帮助我们理解如何将一个复杂的问题分解为一系列较小的步骤。

计算机科学家经常会谈论关于算法(algorithms)的问题。算法是一种做事的方法。编程实际上就是采用一种算法，并将其转换为指令序列，从而告诉计算机做什么。这使得算法成为编程最重要的关注点之一：如果没有算法，也就无法编写程序。换句话说，如果不知道解决问题的步骤序列，也就无法编写一个解决问题的程序。

当需要对集合数据进行排序时，可以使用多种不同的算法。冒泡排序就是其中之一。该算法的工作方式非常简单，通过比较相邻元素并交换那些顺序错误的元素，从而逐步让数组更加有序(每次一步)。接下来，我们将详细学习冒泡排序的工作原理，然后将该算法转换为 C#程序。冒泡排序适用于小数据集，但对于大量数据却不是最好的方法。如果你对计算机排序的方法感兴趣，可以查找一些在线资源学习一下。

接下来开始看一下所使用的销售数据，如图 7-5 所示。

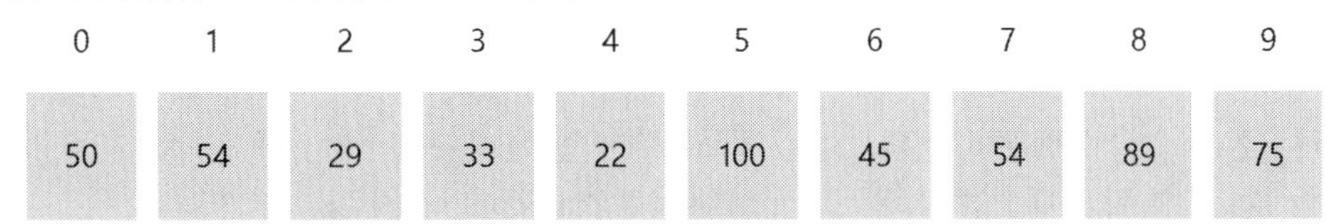

图 7-5 销售数组的内容，等待排序

为了对数组进行排序，首先需要从数组开头的元素进行比较：

```
if(sales[0]>sales[1])
{
   // The elements are in the wrong order, need to swap them round
}
```

if 结构由一个逻辑表达式所控制，而该表达式将 sales[0]和 sales[1]进行比较。如果 sales[0]大于 sales[1]，那么两者之间就是错误的顺序(我们希望最大的数字在最后)，所以这两个元素需要交换，因为我们的排序是从最低到最高。

代码分析

交换两个数字

虽然第一次交换之后销售数组中的头两个元素处于正确的顺序，但在后续的排序过程仍然需要重复地进行数据交换，请看下面的代码：

```
if(sales[0]>sales[1])
{
   // The elements are in the wrong order, need to swap them around
   sales[0] = sales[1];
   sales[1] = sales[0];
}
```

问题：该代码看似正确，但事实上却是错误的。知道为什么吗？

答案：上述代码实际完成的操作是将 sales[1]的副本放入 sales[0]。其原因是：

- 第一条语句将 sales[1]的值放入 sales[0]。此时两个元素都包含了 sales[1]的值(即 54)。
- 第二条语句将 sales[0]的值(请记住，该值为 54)放回 sales[1]。
- 最终两个元素都包含相同的值，所以代码是有问题的。

解决该问题的方法是临时保存 sales[0]的值，以便在将 sales[1]的值放入 sales[0]时不会丢失 sales[0]的值：

```
if(sales[0]>sales[1])
{
   // The elements are in the wrong order, need to swap them around
   inttemp = sales[0];
   sales[0] = sales[1];
   sales[1] = temp;
}
```

创建变量 temp 的目的是临时保存该值，并且只存在于该代码块中。只有当元素的顺序是错误的时，才会执行上述代码块。

通过交换两个错误顺序的元素，可以逐步让数组变得越来越有顺序。程序现在可以移动到下一对数字上，然后重复上述过程，从而最终对数组进行完整排序。

```
if(sales[1]>sales[2])
{
```

```
        // The elements are in the wrong order, need to swap them around
        inttemp = sales[1];
        sales[1] = sales[2];
        sales[2] = temp;
    }
```

虽然可以重复该结构，直到到达数组的末尾，但这样会耗费大量的时间来编写程序。如果有一天冰淇淋店的店主来找你，并告知现在她有 50 个销售网点，那么我想你一定会哭起来。

然而，如果仔细查看一下交换元素所使用的代码，会发现一些规律。代码针对每对数字所执行的操作都是相同的；只不过是移动到数组的下一个位置并完成第二次测试而已。这意味着可以使用一个循环来遍历数组，并在单个 if 结构中完成交换操作：

```
for(int count = 0; count <sales.Length - 1; count = count + 1)
{
    if(sales[count] > sales[count + 1])
    {
        // The elements are in the wrong order, need to swap them around
        inttemp = sales[count];
        sales[count] = sales[count + 1];
        sales[count + 1] = temp;
    }
}
```

在第一次循环过程中，变量 count 包含值 0，所以测试的对象是 sales[0]和 sales[1]。而第二次循环时，count 包含值 1，所以测试对象是 sales[1]和 sales[2]。依此类推，直到到达数组的末尾。

按照上面代码所编写的循环可以对任何大小的数组进行排序。此外，该循环还具备一定的智能：当计时器到达值 length-1 时自动终止循环。之所以这么设计是因为我们通常总是拿一个元素与其后面的元素进行比较，我不想超出数组的范围。

运行 Snaps 应用程序 Ch07_08_BubbleSortDemo，查看第一遍排序的结果。

该演示包含了文本形式的销售值。一旦第一次循环完成，数组就会按照图 7-6 所示的那样排序。

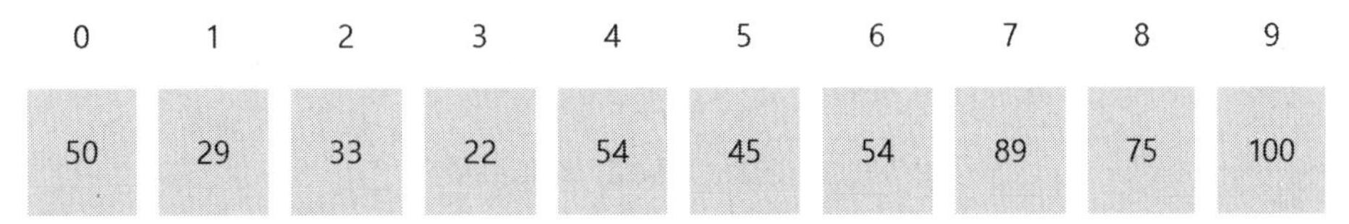

图 7-6 略微有序的数组

通过上面所示的数字可以看到，一些值被移动了，而另一些值则没有被移动。其中值 54 一直向数组下方移动，直到碰到了值 100，随后值 100 继续向下移动。这就是冒泡排序名字的由来。当对数组进行排序时，较小的值会与较大的值进行交换，从而向上冒，而较大的值则向下移动。一次循环之后，可以确保最大的值一定位于数组的底部，然后再开始另一轮的循环，将下一个最大的值向底部移动。在最坏的情况下(比如，最小的值恰好在数组的底部)，可能需要进行九次(或者 length-1 次)循环才能将最小值冒泡到顶部。此时，最小值会与数组中的每个值进行交换。

下面所示的代码通过使用一个重复进行排序操作的循环实现了多次遍历过程。最外层的循环可以让程序进行多次数据遍历。变量 pass 被用来记录遍历的次数。当外层循环结束时，会看到如图 7-7 所示的排序数字。

```
for(int pass = 0; pass <sales.Length - 1; pass = pass + 1)
{
    for(int i = 0; i <sales.Length - 1; i = i + 1)
    {
        if(sales[i] > sales[i + 1])
        {
            // The elements are in the wrong order, need to swap them around
            int temp = sales[i];
            sales[i] = sales[i + 1];
            sales[i + 1] = temp;
        }
    }
}
```

Ch07_09_BubbleSortWorking

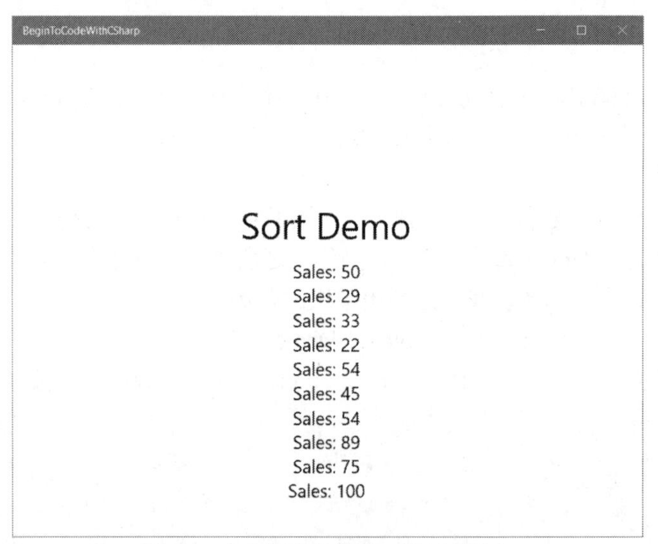

图 7-7　完全排序的数组，最低到最高

上述代码非常好地演示了如何通过重复一个简单的操作(交换两个相邻数字)解决复杂任务(对一组数字进行排序)。

代码分析

提升性能

虽然该排序过程可以正常工作，但并不能提高程序的效率。

问题：程序所完成的比较次数是否比实际需要的多？

答案：是的。如果你仔细思考一下上面的代码，会发现一旦程序完成了一次内循环，就可以保证最大的数位于数组的底部。此时如果仍然查看该值是否需要被交换显然是在浪费时间，因为该值不可能被交换。可以使用计时器pass让程序只在需要时向下遍历值：

```
for(int pass = 0; pass <sales.Length - 1; pass = pass + 1)
{
    for(int i = 0; i <sales.Length - 1 - pass; i = i + 1)
    {
        if(sales[i] > sales[i + 1])
        {
            // The elements are in the wrong order, need to swap them around
            int temp = sales[i];
            sales[i] = sales[i + 1];
            sales[i + 1] = temp;
        }
    }
}
```

仔细看一下上面的代码，其中关键的是控制内部循环的语句：

```
for(int i = 0; i <sales.Length - 1 - pass; i = i + 1)
```

该语句使用pass的值缩短了每次遍历过程中向下的距离。相比于以前版本的程序，这个小小的更改可以减少一半的比较次数。

问题：程序所完成的遍历次数是否比需要的多？

答案：有可能。外层循环代码处理了最糟糕的情况，即最小的数字在数组的底部(右侧)，需要将其冒泡到顶部(左侧)。如果最小值在数组的其他地方，那么很显然在已经部分排好序的情况下仍然遍历数组是在浪费计算机的时间。如果一旦数组以正确顺序排列就可以停止排序过程，还是最好的情况。但程序如何检测到这种情况呢？

如果程序遍历了一次数据，但没有进行任何交换，则表明数组是以正确顺序排列的。可以向程序添加一个标记，当两个元素需要交换时设置该标记。如果一次遍历后该标记为false，则意味着数组是有序的：

```
for(int pass = 0; pass <sales.Length - 1; pass = pass + 1)
{
    // clear the swap flag for this pass
    bool doneSwap = false;

    // Make a pass down the array swapping elements
    for(int i = 0; i <sales.Length - 1; i = i + 1)
    {
        if(sales[i] > sales[i + 1])
        {
            // The elements are in the wrong order, need to swap them around
            int temp = sales[i];
            sales[i] = sales[i + 1];
```

```
            sales[i + 1] = temp;
            doneSwap = true;
        }
    }
    if(!doneSwap)
        // Quit the sort if we didn't do any swaps
        break;
}
Ch07_10_BubbleSortPerformance
```

该程序使用 Boolean 变量 doneSwap。在遍历数据之前该变量被设置为 false。如果发生了交换过程，则将其设置为 true。在遍历之后，对该标记进行检查，如果仍然为 false，则表明没有发生交换过程，程序跳出控制遍历数组的循环。

动手实践

对 Party 嘉宾进行排序

虽然冒泡排序算法适用于整数和字符串，但在对字符串进行排序时需要一种按字母顺序比较两个字符串的方法。在 C#中，string 类型提供了一个 Compare 方法来比较两个字符串，如果按照字母顺序第一个字符串排在第二个字符串之前，那么该方法生成一个小于 0 的整数。而如果第一个字符串排在第二个字符串之后，则返回的整数大于 0。下面所示的程序显示了该方法的工作原理。程序最终显示了对应的消息，因为按照字母顺序“Rob”排在“Simon”之前。

```
public static void StartProgram()
{
    string n1 = "Rob";
    string n2 = "Simon";

    if(string.Compare(n1, n2) < 0)
    {
        SnapsEngine.DisplayString(n1 + " is first");
    }
}
Ch07_10_StringCompare
```

根据上面的程序，看看你是否可以让前面创建的 Party 嘉宾程序按照字母顺序显示嘉宾的姓名。当你想按顺序放置一些单词(或者其他内容)时，都可以使用上述程序。

此外，程序还需要按照从大到小的顺序显示销售数据。实现该需求非常简单。首先在循环中找到遍历每个元素时进行数值比较的语句，然后将语句中的大于号更改为小于号。

```
if(sales[i] < sales[i + 1])
{
    // The elements are in the wrong order, need to swap them round
    int temp = sales[i];
    sales[i] = sales[i + 1];
```

```
        sales[i + 1] = temp;
        doneSwap = true;
    }
```

7.2.6 找到最大和最小的销售值

客户对于程序的另一种需求是找到结果集中的最大和最小销售值。在编写代码之前，思考一下所需使用的算法是很有必要的。在这种情况下，程序可以使用一种类似于人类使用的方法。如果你给我一些数字，并要求我找到最大值，那么我会用目前所找到的最大值与其他的值进行比较，当发现一个更大的值时，使用该值替换当前最大的值。从编程方面讲，该算法有点类似于如下所示的代码。(该代码并不是C#代码，而只是一种被称为伪代码(pseudocode)的描述语言。它有点类似于一个程序，但只是用来表达一种算法，而不能在计算机上运行。)

```
if(new value > highest I've seen), highest I've seen = new value
```

当该程序启动时，可以将“我认为的最大值”设置为数组的第一个元素(因为这是我在程序开始时看到的最大值)。然后在for循环中使用计时器检索数组中的每个元素，并依次测试每个值。程序员将这种遍历集合中所有项的行为称为枚举(enumeration)。人类也是这么做的。当我们购物时，会枚举(即遍历)购物清单上的每个项。C#提供了一种额外的循环方法，可用来枚举数组中的项，该循环被称为foreach循环。

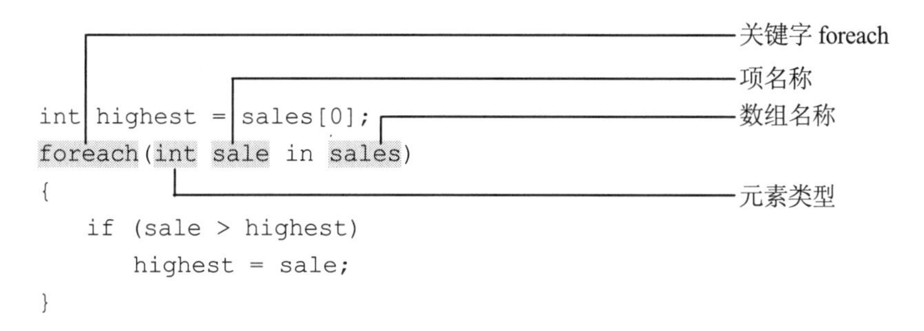

foreach结构依次枚举数组中的每一个元素，而数组必须包含给定的元素类型。在上面代码的第一次循环中，变量sale保存了数组第一个元素的值。下一次循环后，保存了下一个元素的值，依此类推直到数组末尾。在循环过程中，当前最大值与每个后续销售值进行比较，从而找到最大的值。图7-8显示了该循环类型的一般结构。

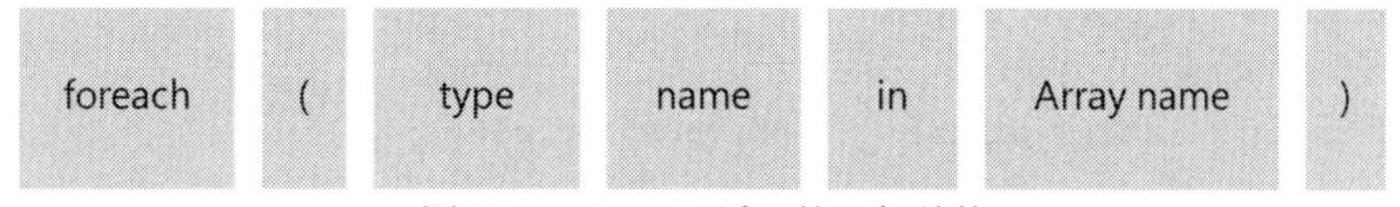

图7-8 foreach循环的一般结构

相比于编写创建和管理计数器的代码，使用foreach结构编写代码更加容易。然而，该循环只能被用来从数组中读出项，而不能用来将值存储到数组中。此外，该循环通常从开始到结束遍历数组。

可以使用相同的方法找到最小值。此时是查找比当前最小值更小的值。

```
int  lowest = sales[0];
foreach(int  sale in sales)
{
   if(sale < lowest)
      lowest = sale;
}
```

由于可以在遍历数组后找到最大值，因此为了提高程序的效率，可以在找到最大值的同时将最小值也一并找出来(注意，在循环开始时，数组中的初始元素既是最大值，也是最小值)。

```
int highest = sales[0];
int lowest = sales[0];
foreach(int  sale in sales)
{
   if(sale > highest)
      highest = sale;
   if(sale < lowest)
      lowest = sale;
}
Ch07_11_HighestAndLowest
```

7.2.7　计算出总销售额和平均销售额

为了计算出总销售额，程序必须将数组中的所有元素加起来。此时，可以使用另一个 foreach 循环完成该操作——或者向前面用来查找最大和最小销售值的循环中添加相应的代码。

```
int total = 0;
foreach(int sale in sales)
{
   total = total + sale;
}
Ch07_12_TotalSales
```

一旦获取了总销售额，就可以计算平均销售额。当然，一组数字的平均值等于总数除以数字个数。计算出总销售额之后，计算平均数就非常简单了。

```
if(command == "Average sales")
{
   SnapsEngine.SetTitleString("Average sales");
   int total = 0;
   foreach(int sale in sales)
      total = total + sale;

   float average = total / sales.Length;

   SnapsEngine.DisplayString("Average sales " + average);
}
```

计算总数的代码与我们所看到的代码是相同的。浮点型变量 average 被设置为总数除以销售值数量(可以通过 sales 数组的 length 属性获得)所得的结果。

这段代码看起来不错，所以我们用一些测试数据来运行它。为了简单起见，仅使用了三个数据值：

- 1 号店-50
- 2 号店-30
- 3 号店-20

此时，总销售额应该为 100。这意味着平均值等于 100 除以 3，结果为 33.33333。但是当运行程序时，所看到的并不是该值，如图 7-9 所示。

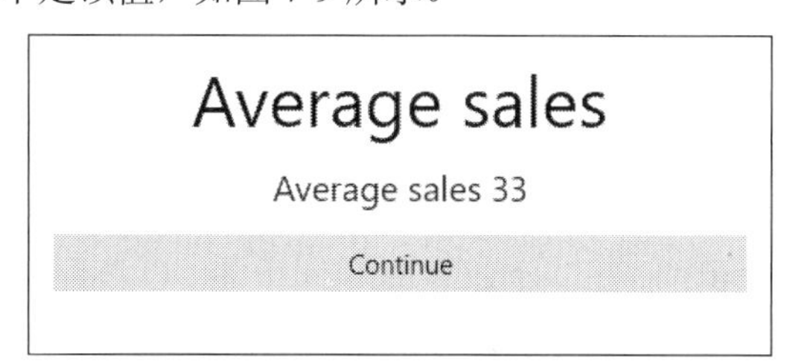

图 7-9　平均值被显示为一个整数

虽然计算结果的整数部分显示出来了，但缺少小数部分。我们前面也遇到过这种问题。针对不同类型的操作数，C#语言都提供了对应的操作数版本。如果在整数之间使用运算符+，则会将两个值加起来。如果在两个字符串之间使用运算符+，则会将两个字符串合并起来。如果在两个整数之间使用了运算符/，则会生成一个整数结果，这就是为什么平均销售值为 33 而不是 33.33333 的原因。如果想要获取一个浮点型结构，则必须更改代码，以便至少有一个操作数是浮点型值。具体代码如下所示：

```
float average = (float)total / sales.Length;
```

此时，在计算平均值之前，total 值被转换为浮点值。现在，程序可以给出正确答案，如图 7-10 所示。虽然该结果的小数位比我们真正想要的要多，但该答案更加精确。

图 7-10　在转换之后，程序显示了正确的平均值

7.2.8　完成程序

虽然现在我们已经拥有了创建完整程序所需的所有功能，但仍然需要完成相关逻辑。可以先看一下前面与客户一起创建的故事板。它们提供了所需的序列。从本质上讲，该程序可以分解为两个循环，外层循环和内层循环。外层循环永远运行。当开始运行时，允许用户输入一些数据。一旦程序获取了可以使用的数据，就执行内层循环。该循环重复读取命令并完成相关操

作。如果用户需要选择输入更多的数据，则内存循环终止，程序返回到外层循环，并继续读取用户所输入的数据。下面的代码显示了这种嵌套循环的结构。

```
while(true)
{
    // Enter some sales data

    while(true)
    {
        // Read in a command from the user
        // Act on the command
        // If the command is "Enter Figures"
        // break out of this while loop
    }
}
Ch07_13_CompleteProgram
```

程序员要点

这种配置是非常常见的模式

上面所示的模式值得我们仔细研究，因为许多的程序都是按照这种方式工作的，比如字处理程序、电子表格以及电子游戏。很多程序都会让用户输入一些内容，并对其进行处理。可以使用该模式创建任何使用数据的程序，不管是足球计分还是按照球队名称进行排序。

7.3　多维数组

目前我们所创建的数组都是一维的——换句话说，它们只有一个长度。然而，有时程序需要存储多个维度的数据。例如，冰淇淋销售分析程序的客户又回来了，并告诉你她对程序非常满意，但认为需要一些改进。她希望能够存储一周中不同天的销售数据，以便随着时间跟踪销售情况。并且还画出了一张显示数据外观的表格。如表 7-1 所示。

表 7-1　显示数据外观的表格

	星期一	星期二	星期三	……
1 号店	50	80	10	
2 号店	54	98	7	
3 号店	29	40	80	
……				

可以将目前编写的程序视为该表格中的一列(例如，星期一的销售值)。虽然用户可以输入某一天的销售数字，但用户现在希望的是程序可以使用一种方法连续存储数天的销售数字列。

一种方法是定义多个数组，分别命名为 Monday、Tuesday、Wednesday 等。该方法需要为每个销售数字使用单独的变量，之前通过使用一个一维数组解决了该问题。但以这种方式使用数据是非常困难的。例如，程序很难找到一周内的最大销售值。幸运的是，C#允许程序通过使用下面所示的语句创建一个二维数组：

```
int[,] weeklySales = new int[7, 10];
```

逗号表明是二维

第一维：一周中的某一天；
第二维：店编号

可以将一个二维数组视为一个网格。第一维指定了列数(如果愿意，也可以将其视为 x 值)，第二维指定了行数(可以将其视为 y 值)。如果使用了二维数组，那么程序必须提供两个索引值来指定所需的元素。下面的语句将 1 号店星期一的销售数据设置为 50。请记住，数组的索引都是从 0 开始的。

```
weeklySales[0, 0] = 50;
```

代码分析

狡猾的索引值

问题：当程序运行时，下面所示的哪些语句会失败？

```
Statement 1: weeklySales[0, 0] = 50;

Statement 2: weeklySales[8, 7] = 88;

Statement 3: weeklySales[7, 10] = 100;
```

答案：语句 1 完全正确(程序中也是这么用的)。语句 2 会失败，因为第一个索引(一周中的某一天)的值为 8。由于数组包含了七个元素(索引值从 0 到 6)，因此该语句尝试访问一个不存在的元素。语句 3 也是无效的。因为元素都是从 0 开始被检索的，而该语句试图超越这两个维度，所以程序失败。如果想要访问数组右下角的元素，应该使用 weeklySales[6，9]进行访问。

7.3.1 使用嵌套 for 循环处理二维数组

在本章的开头，我们编写了一些 C#代码，如下面所示的用来读取一组销售数字的代码：

```
for(int stand = 0; stand < 10; stand = stand + 1)
{
    // User likes to count from 1, not zero
    int displayCount = stand + 1;
    sales[stand] = SnapsEngine.ReadInteger("Enter the sales for stand"
                                           +displayCount);
}
```

该代码使用一个 for 循环结构遍历了数组，并存储了销售值。变量 stand 被用来计数每个销售店。如果想要读取一周内的销售数据，需要针对一周内的每一天执行上述循环代码：

```
using SnapsLibrary;

class Ch07_14_WeeklySalesProgram
{
```

```
    public void StartProgram()
    {
        int[,] weeklySales = new int[7, 10];
        for(int day = 0; day < 7; day = day + 1)
        {
            for(int stand = 0; stand < 10; stand = stand + 1)
            {
                // User likes to count from 1, not zero
                int displayCount = stand + 1;
                weeklySales[day, stand] =SnapsEngine.ReadInteger(
                    "Enter the sales for stand " +displayCount);
            }
        }
    }
}
```

这种使用循环的方式被称为嵌套(nesting)。在前面创建的程序中，我们曾经在一个循环中放置了另一个循环，从而实现重复读取和执行命令。在本示例中，外层循环执行了 7 次(每天一次)，而内层循环则执行了 10 次(每个冰淇淋店一次)。当循环完成时，程序会将所有的值放入数组中。

代码分析

循环计数

问题： 循环体中的语句共执行了多少次？

答案： 共执行了 70 次。外层循环执行了七次，内层循环执行了 10 次。为了得到循环的总次数，必须将两数相乘，从而得到循环 70 次的结果。

问题： 如果想要处理多于一周的销售值，应该如何更改程序？

答案： 可以向数组添加更多的天数。从表格的角度来看，就是添加更多的列。

问题： 如何计算出整个星期的总销售额？

答案： 必须遍历数组中所有的元素，并将它们相加，具体代码如下所示：

```
int totalSales = 0;                                        ———— 将总销售额设置为0
for (int day = 0; day < 7; day = day + 1)                 ———— 每一天循环
{
    for (int stand = 0; stand < 10; stand = stand + 1)   ———— 每个点循环
    {
        totalSales = totalSales + weeklySales[day,stand]; ———— 添加到总数
    }
}

Ch07_15_WeaklySalesProgramTotal
```

为了遍历数组中的所有元素，我们使用了相同的嵌套技术。变量 totalSales 的初始值为 0，然后将数组中的每个销售值都添加到该变量。

7.3.2　创建程序的测试版本

当我编写用来读取销售值的程序时，心情有点郁闷，因为如果想要对总销售额计算进行测试，就必须输入70个数字。更糟糕的是，如果发现了程序存在缺陷，就必须一次又一次地输入这些值。而如果有一个测试值是错误的，那么总数值也将是错误的，此时可能需要再做第三次测试。

幸运的是，在编写程序时，我已经掌握了一些技巧，并对程序进行了一些修改，添加了一个 Boolean 值，通过设置该值，可以让程序自动地生成用于测试的模拟销售值，而不是读取来自用户的值。

```
int[,] weeklySales = new int[7, 10];

bool testMode = true; —— 测试标志

for(int day = 0; day < 7; day = day + 1)
{
    for(int stand = 0; stand < 10; stand = stand + 1)
    {
        // User likes to count from 1, not zero
        int displayCount = stand + 1;
        if (testMode) —— 如果设置了测试标志，则使用一周中的某一天作为销售值
            weeklySales[day, stand] = day;
        else
            weeklySales[day, stand] =
                SnapsEngine.ReadInteger("Enter the sales for stand " +
                    displayCount);
    }
}
Ch07_16_WeeklySalesProgramTotalTest
```

此时，测试值是与一周中的某一天相对应的数字——换句话说，星期一的销售值为 0，星期二的销售值为 1，以此类推直到周末。这样就提供了一些可用来测试额外行为的数据。

程序员要点

使程序更容易测试

以我作为一名程序员的经验来看，如果测试程序确实非常困难，就不要测试了。除非测试非常简单，或者比较困难但却可以完全自动完成，否则就不要因为测试而烦扰了。让事情容易测试甚至延伸到视频游戏。在进行游戏测试时，应该使用一些可跳过不同级别的方法来进行测试，而不是必须玩半小时才能达到理想测试的级别。

每当你发现自己需要重复一个动作来测试程序时，应该考虑如何使该动作自动化。

7.3.3　计算数组维度的长度

通过使用数组的 Length 属性可以获取一维数组的元素数量。下面的代码使用了数组 sales。

```
for(int count = 0; count <sales.Length; count = count + 1)
{
   // Count through the elements in the array
}
```

可以使用类似的技术获取二维数组 weeklySales 的长度：

```
for(int day = 0; day <weeklySales.GetLength(0); day = day + 1)
{
   for(int stand = 0; stand <weeklySales.GetLength(1); stand = stand + 1)
   {
      // Count through the elements in the array
   }
}
```

```
Ch06_17_WeeklySalesProgramTotalAutoSize
```

如果想要求取某一维度的长度，只需要向 GetLength 方法提供该维度值即可。按照 C#的编程惯例，该维度值应该从 0 开始，所以如果想要获取第一个维度的长度(一周内的天数)，可以调用 GetLength(0)。可以使用 GetLength 方法来确保程序正确使用不同大小的数组。

多维数组

如果需要表示大量的表格，可以使用三维数组。可视化这种类型数组的最好方式是将其比喻为一堆页面，并且每周一页。第三个维度表示包含周统计结果的页面编号。

下面的语句演示了如何创建三维数组。此时，需要添加另一个逗号来指定由第三个索引值所指定的元素位置。当创建该数组时，需要指定每一维度的值。下面的代码创建了一个可容纳 52 周数据的数组。

```
int[,,] yearSales = new int[52, 7, 10];
```

表示三个维度的逗号

第一个维度：周；第二个维度：天；第三个维度：冰淇淋店

如果客户想要跟踪不同周的数据，可以考虑使用一个类似的三维数组，但我并不推荐这么做。我认为更加明智的做法是扩展二维数组，使其可以容纳更多列：

```
int[,] yearSales = new int[365, 10];
```

上面创建的二维数组可以保存一年中每一天的一组读数。

程序员要点

保持低维度

在我的编程生涯中，从来没有使用任何超过三个维度的数组，即使是三维也只是使用了若干次(其中一次是创建一个三维的井字棋游戏)。

如果你发现所使用的数组维度比较高，那么我认为你尝试完成操作的方式是错误的，此时应该避免进一步陷入困境并考虑如何将数据重新组合在一起。本书的后面会介绍如何创建可包含相关数据项的结构。一般来说，相比于使用多维，使用结构来创建一维数组可能更加容易。

只要没有耗尽内存，计算机通常是非常乐意使用大维度数组。然而，我发现程序员并不愿意这么做。

7.4　使用数组作为查询表

到目前为止，你已经知道了如何在程序中存储数据，接下来可以与客户讨论如何使用程序。虽然客户对数据存储设计非常满意，但却提出了一个值得注意的问题。当输入销售数据时，程序并没有向用户显示输入的销售数据所对应的是一周中的哪一天。虽然程序也可以正常工作，但用户在使用过程中可能会产生混乱。客户希望的是程序可以显示正在输入哪一天的数据，如图 7-11 所示。

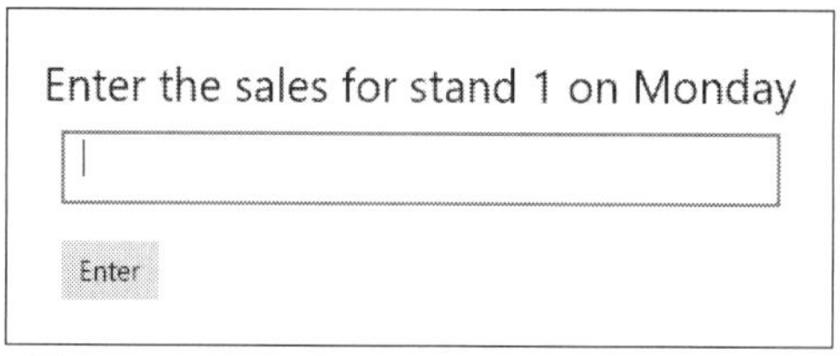

Enter the sales for stand 1 on Monday

Enter

图 7-11　改进程序，使其显示一周中的某一天

为了完成该改进，程序必须显示一条消息来确定一周的某一天。当程序读取某天的信息时，可以使用一个变量 day 来记录天数。该变量从 0 开始(对应星期一)，然后一直计算到 6(对应星期天)。虽然可以直接显示该日数，但用户已经特别要求显示当天的名称。可使用一个 if 结构集合将日数转换为一个字符串：

```
string dayName;
if(day == 0) dayName = "Monday";
if(day == 1) dayName = "Tuesday";
if(day == 2) dayName = "Wednesday";
if(day == 3) dayName = "Thursday";
if(day == 4) dayName = "Friday";
if(day == 5) dayName = "Saturday";
if(day == 6) dayName = "Sunday";
```

虽然上述代码可以正常工作，但输入起来却非常繁琐，甚至有可能在输入过程中出现错误。C#提供了一种目前还没有介绍过的更简单的方法来完成该转换操作。可以创建一个预置数组并将其用作查询表。

数组声明

C#计算元素的个数

```
string[] dayNames = new string []
{
   "Monday", "Tuesday", "Wednesday","Thursday","Friday", "Saturday", "Sunday"
};
```

存储在数组中以逗号分隔的项列表

当运行程序时，使用预置内容创建数组。此时，针对一周中的每一天都对应一个元素，如

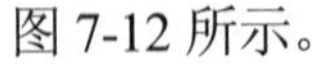
图 7-12 所示。

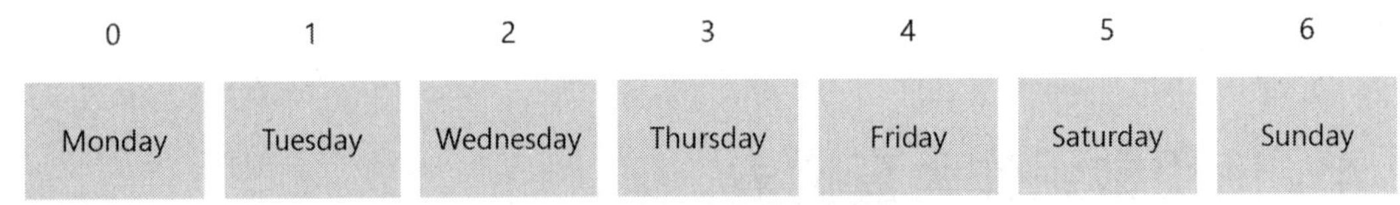

图 7-12　用于查找的名称数组

现在，程序可以直接将 0~6 中某一日值转换为一周中对应的某一天。

```
for(int day = 0; day < 7; day = day + 1)
{
    for(int stand = 0; stand < 10; stand = stand + 1)
    {
        // User likes to count from 1, not zero
        int displayCount = stand + 1;
        weeklySales[stand,day] =
            SnapsEngine.ReadInteger("Enter the sales for stand " +
                displayCount + " on " + dayNames[day]);
    }
}
```

在 dayNames 数组中查找一周中的某一天

```
Ch07_18_DayNames
```

查询表是非常有用的。它们可以被用来创建数据驱动应用程序——通过使用内置数据而不是使用硬连线行为让程序工作。

7.5　所学到的内容

在本章，我们学习了如何使用数组在 C#程序中存储大量的数据。数组是一块固定大小的计算机存储区域。程序员可以创建任何 C#类型的数组。数据包含了特定数量的元素。每一个元素等同于一个与数组相同类型的单个变量。换句话说，可以将一个整数数组视为保存在同一个地方的大量的整数变量。

通过向数组添加一个索引值，程序可以指定要使用的任何特定元素。数组开头元素的索引为 0，后续元素按照顺序依次编号，直到到达数组的界限。例如，一个包含 5 个元素的数组其元素编号依次为 0、1、2、3、4。数组元素的索引可以表示为一个固定值或者一个变量的值。这样，就可以更加容易地使用一个循环结构来遍历数组中的元素。此外，数组还提供了一个 Length 属性，可用来确定数组中元素的数量。C#语言提供了一个额外的循环结构 foreach，可用来枚举数组中的元素。

数组可以是多维的。一维数组仅在一个方向上有大小。二维数组可视为一个值表。二维数组的其中一个索引可被视为指定了表中的行，另一个索引指定了列。虽然 C#语言支持多维数组，但在编程过程中，一般不大可能使用超过三维的数组。

关于数组可能还存在以下问题。

是否真的需要使用数组？

是的。如果不使用数组，那么在很多情况下是无法创建程序的。虽然非常简单的程序可以使用单个变量，但如果想要处理大量的数据，则必须使用数组。

数组实际是如何工作的？

当程序创建了一个数组时，就会保留一块内存，其大小等于数组中所有数据元素的大小。当需要访问某一个数组元素时，程序首先检查该内存块中是否存在所需的元素，也就是说，确定没有尝试使用不存在的元素。如果元素不存在，程序终止并抛出异常。如果元素位于数组的边界，那么程序首先找到数组的起始数据块，然后向下移动数据块，直到找到所需元素。

为什么在程序编译时不能检测出数组索引错误，而只能在程序运行时检测到？

编译器只能完成程序代码的静态分析。这意味着编译器可以根据所编写的程序做一些假设，但无法知道程序运行时变量中的值会发生哪些变化。例如，编译器无法知道程序运行过程中用户会输入什么数字。由于数组访问是发生在程序运行的过程中，因此编译器无法标记这些错误。

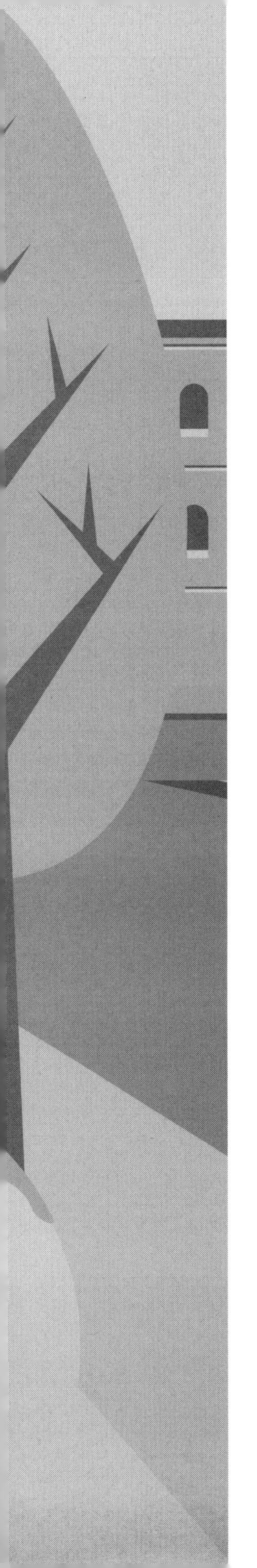

第 II 部分

高级编程

在第 I 部分，我们学习了一个程序的基本行为：输入数据、处理数据以及输出数据。学习了程序如何存储不同类型的数据，如何基于数据值作出决策、如何使用循环以及如何使用列表和数组来存储大量的数据。这些内容都是编写程序所必须掌握的基础知识。

在第 II 部分，将通过学习一些 C#语言提供的高级功能巩固前面所学到的编程技能，使用这些功能可以更加容易地创建大型程序并使程序更加适合特定问题。此外，还将学习 Snaps 框架的构建，以及如何向该框架添加自己的元素，从而定制该框架。

第 8 章

使用方法简化编程

本章主要内容：

方法是程序设计中一个非常重要的部分。可以使用方法将一个大的解决方案分解成单个组件，以及创建程序可以使用的行为库。到目前为止我们创建的程序都是使用了 Snaps 库中的方法(比如 DisplayString 方法)来与用户进行交互。在本章，将学习如何创建和使用自己的方法。学习如何向方法提供所使用的数据以及程序如何接收来自方法的结果。方法的使用可以让程序更加简洁且更易于管理。

- 如何创建一个方法
- 创建一个小型的联系人应用程序
- 向方法添加智能感应注释
- 所学到的内容

8.1 如何创建方法

方法就是被赋予了一个名称的 C#代码块。当 C#编译器找到一个方法时，会获取定义该方法的语句并存储起来，以备使用。请查看一下第 3 章介绍过的 StartProgram 方法的声明。方法的声明也被称为方法头。图 8-1 描述了方法头的一般结构。

```
public void StartProgram()
```

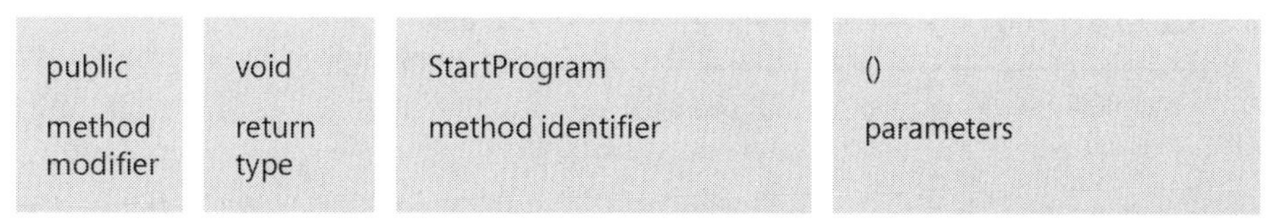

图 8-1 方法标题的结构

接下来让我们依次学习这些元素：

方法修饰符 public 意味着可以在声明方法的类之外使用该方法。当需要类之外的程序使用类中声明的方法时，可以将类中的方法声明为 public。StartProgram 方法必须为 public，因为它需要被调用来启动程序运行。如果 StartProgram 方法在类外部不可见，就无法启动程序了。本书后面将介绍程序员如何控制类中方法以及其他元素的访问级别。

此时，该方法的返回类型被标识为 void。这意味着当调用方法时不返回任何信息。一些方法需要返回相关的值，而另一些方法只是完成一项任务——StartProgram 就是一个只完成任务而不返回任何信息的方法。ThrowDice 方法则是返回一个值的方法示例。在下面的代码中，ThrowDice 被声明为一个返回整数值的方法——关键字 void 被类型 int 所替换。

```
public int ThrowDice()
```

方法标识符提供了方法的名称。方法通常被命名为动词，因为这些动词可以描述方法所要完成的操作。

方法的参数定义了方法运行时完成相关操作所需的数据。在方法头中，参数被包含在一个圆括号中。StartProgram 方法不接受任何参数，因为它不需要任何信息就可以完成自己的工作。如果没有参数，圆括号就是空的。

Snaps SpeakString 方法被声明为接受一个字符串(该字符串包含了一条消息)的方法。方法标识符后面的圆括号包含了该参数的定义——一个名为 message 的字符串。

```
public void SpeakString(string message)
```

方法还包括一个方法体(body)。方法体是包含在大括号内的语句块。当方法被调用时这些语句依次运行。下面所示的简单方法说出了“Hello”。该方法体调用了 Snaps 方法 SpeakString。

```
void SayGreeting()
{
    SnapsEngine.SpeakString("Hello");
}
```

8.1.1　向类添加方法

一个程序可以使用许多方法。只需要在 StartProgram 方法上面声明另一个方法，就可以将其添加到类中，如下所示：

```
using SnapsLibrary;

class Ch08_01_GreetingMethod
    {
    void Greeting() ——————————————— 方法头
    { ———————————————————————————— 方法体的开始
        SnapsEngine.SpeakString("Hello");
    }


    public void StartProgram()
    {
        Greeting(); ————————————————— 调用 Greeting 方法
```

```
    }
}
```

现在，类 Ch08_01_Greeting 包含了两个方法，一个名为 Greeting，另一个名为 StartProgram。此时在 Ch08_01_Greeting 类中定义了一个新方法，并通过 StartProgram 方法调用了该方法。如果运行该程序，就会听到程序说出“Hello”。如果使用 Visual Studio 调试器单步调试该方法，会发现当在 StartProgram 的方法体中调用 Greeting 方法时，程序的执行跳转到 Greeting 方法。

代码分析

程序探路者

一个方法调用另一个方法是完全正确的 C#代码，在前面的示例中，我们曾经见过类似如下所示的代码：

```
using SnapsLibrary;

class Ch08_02_ProgramPathfinder
{
    void M1()
    {
        M2();
        SnapsEngine.SpeakString("cat");
        M3();
        SnapsEngine.SpeakString("mat");
    }

    void M2()
    {
        SnapsEngine.SpeakString("The");
    }

    void M3()
    {
        SnapsEngine.SpeakString("sat on");
        M2();
    }

    public void StartProgram()
    {
        M1();
    }
}
```

问题： 当该程序运行时会显示什么内容？

答案： 回答该问题的最好方法是一次一条语句地执行该程序，就像计算机运行程序时所做的那样。请记住，当一个方法执行完毕时，程序会继续执行方法调用后面的语句。此时该程序的输出实际上就是你所希望的内容——“The cat sat on the mat.”

问题：如果方法调用自己会发生什么事情；例如，如果 StartProgram 方法调用 StartProgram？

答案：此时所看到的效果类似于将两面镜子彼此面对时所看到的效果。在镜子中看到的是无穷尽的反射。当 StartProgram 方法调用自己时，计算机会安静运行几秒钟，然后生成一个错误消息，表明已经用完了“堆栈空间”。之所以会发生堆栈溢出，是因为每次调用一个方法时，都会在计算机的一个数据结构(被称为堆栈)中存储返回地址(方法必须返回的位置)。当运行的程序到达方法的末尾时，会获取栈顶部的地址并返回到该地址点。这意味着当方法被调用并返回时，堆栈不断地增长和缩短。

然而，当一个方法调用自己时，程序会反复在堆栈上添加返回地址。每次方法调用自己时，另一个返回地址会被添加到堆栈的顶部。最终，堆栈会因为增长得太大而用完了所分配的内存空间，从而导致程序停止。

计算机科学家将通过调用自身完成工作的方法称为递归。有时递归在程序中是非常有用的，尤其是当程序在大数据结构中搜索值时。然而，在我多年的编程经历中，只有少数几次使用了递归。我建议你将递归视为一种不需要立即使用的强大魔法。目前，我们暂时还用不到递归，但通常最好的做法是使用循环来重复代码块。

8.1.2　通过使用参数向方法提供信息

虽然 Greeting 方法显示了方法是如何被调用的，但并没有实际用处——每次调用时，它只是让计算机说出“Hello”。为了让一个方法真正的有用，需要为方法提供所需使用的数据。前面我们已经见过许多以这种方式使用的方法。SpeakString 和 DisplayString 方法都分别接受了一个需要方法说出或显示出的字符串。接下来，让我们以此为基础创建一个既可以说出消息又可以在屏幕上显示消息的方法。

使用单个参数创建一个 Alert 方法

如果想要让一个程序显示并说出一条消息，只需要依次调用 DisplayString 和 SpeakString 方法即可，如下所示：

```
SnapsEngine.DisplayString("Reactor going critical.");
SnapsEngine.SpeakString("Reactor going critical.");
```

这两条语句意味着相当重要的信息既要说出来，又要在屏幕上显示出来。但很难做到每次想要发送一条消息时都同时使用这两条语句。为了让事情更加简单，可以创建一个 Alert 方法，它既可以显示又可以说出通过参数所提供的字符串。

```
void Alert(string message)
{
    SnapsEngine.DisplayString(message);
    SnapsEngine.SpeakString(message);
}
```

请记住，一个方法接收的参数都在方法标识符后面的圆括号内提供。Alert 方法接受一个字符串作为其参数，然后显示并说出该字符串。可以将参数视为一个变量，当方法被调用时将该变量设置为一个特定值。而方法则使用参数中的值完成相关的工作。当程序调用 Alert 方法时，必须提供方法完成操作所需的字符串。该字符串被称为方法调用的实参(argument)，可以像传递给其他方法一样将其传递给 Alert 方法。

带有 Alert 方法的完整程序如下所示：

```
using SnapsLibrary;

class Ch08_03_Alert
{
    void Alert(string message)————————带有单个参数的 Alert 方法
    {
        SnapsEngine.DisplayString(message); ————显示警报信息
        SnapsEngine.SpeakString(message);————说出警报信息
    }

    public void StartProgram()
    {
        Alert("Reactor going critical."); ————呼叫 Alert 方法，以传递消息
    }
}
```

程序员要点

通过使用方法可以在程序中创建层

如果思考一下，你会发现使用方法可以提供极大的灵活性。如果想要更改程序，以便用户可以选择警报是说出来还是显示出来，那么可以将该行为放到一个 Alert 方法中，而程序中使用该方法的所有代码部分仍然不变。如果需要在一个日志文件中保存警报信息，还可以向 Alert 方法中添加一些用来保存警报的代码。

可以将 Alert 方法想象为与一个警报层的连接，该层可以发出警报并完成其他操作。如果必须对警报处理进行更改，只需要修改实现了相关行为的方法即可。

带有多个参数的方法

Alert 方法只带有一个参数——一个包含了警报消息的字符串。但有时需要编写可以使用多个参数的方法。例如，想要向警报中添加紧急标志。如果警报非常重要，那么还可以将方法设计为在说出警报消息之前播放报警声音。可以根据方法完成任务所需的信息编写使用任何数量参数的方法。

```
void Alert(string message, bool urgent) ———— Alert 方法的方法头
{
    if (urgent)———————————————测试 urgent 参数的值
        SnapsEngine.PlaySoundEffect("ding"); —— 如果 urgent 标志为 true，则播放报警声音
    SnapsEngine.DisplayString(message);
    SnapsEngine.SpeakString(message);
}
```

新的 Alert 方法有两个参数。第一个参数指定了警报文本。第二个参数是一个 bool 值，指

定该警报是否为紧急警报。当设计一个方法时，需要确定哪些输入是必须使用的，并创建对应的参数接收这些输入。

定义完带有两个参数的 Alert 方法后，可以按照下面的代码使用该方法。此时，第一个方法调用仅显示了警报消息，而第二个方法调用在显示消息之前先播放声音：

```
Alert("Time for a coffee break.", false); ——警报消息不重要，不需要报警声
Alert("Reactor going critical.", true); ——警报消息非常重要，播放报警声
```

```
Ch08_04_AlertLevel
```

C#编译器将所提供的参数顺序与方法中定义的参数顺序进行匹配。对于 Alert 方法来说，编译器通过匹配知道哪个参数值是消息，哪个参数值是声音效果。如果顺序出现错误，则会导致问题。请思考下面的方法调用：

```
Alert(false, "Donuts have arrived");
```

该调用的参数顺序是错误的，从而使编译器产生混乱，并在编译程序时出现错误。

```
Error 2 Argument 1: cannot convert from 'bool' to 'string'
Error 1 Argument 1: cannot convert from 'string' to 'bool'
```

从本质上讲，第一个错误的意思是“你给了我一个 Boolean 值，但我希望得到一个字符串。”而第二个错误的意思与之相反。如果错误地调用了 Snaps 方法，也会得到类似的错误提示。

避免出现该问题的一种方法是确保不要提供错误的参数顺序。另一种方法是使用命名参数，如下所示：

```
Alert(urgent:false, message:"Donuts have arrived"); —— 命名参数使方法调用更加清楚
```

在该调用版本中，在每个参数值前面添加了名称。这种调用方法有两个优点。首先，不必关心按照什么顺序提供参数。其次命名参数可以让他人更加清楚地阅读程序。通过该方法调用可以非常清楚地知道方法运行时所使用的值。

程序员要点

使用命名参数的原因

我非常喜欢使用 C#的命名参数功能。它可以让程序更加清晰，同时也意味着不必疑惑一个方法调用实际完成了哪些工作。此外，命名参数还杜绝了一种情况出现的可能性，即因为所有参数都是相同的数据类型而导致编译器没有注意到所提供参数的错误顺序。

代码分析

参数作为值

当一个方法被调用时，参数值被传递给方法参数。这是一件非常重要的事情，但实际上是什么意思呢？

请思考下面的程序。该程序所包含方法的名称非常有趣，即 WhatWouldIDo。它接受一个整数作为参数，并且没有完成太多的操作；只是将参数值设置为 99，然后返回。最后使用名为 test 的变量值作为一个参数调用了该方法。

```
using SnapsLibrary;

class Ch08_05_WhatWouldIDo
{
    void WhatWouldIDo(int input)
    {
        input = 99;
    }

    public void StartProgram()
    {
        int test = 0;
        WhatWouldIDo(test);
        SnapsEngine.DisplayString("Test is: " + test);
    }
}
```

问题：当程序返回时，会显示什么内容呢？0 或 99？

答案：当该代码运行时，按照下列顺序执行：

(1) 将 test 的值设置为 0。

(2) 调用 WhatWouldIDo 方法，将 test 值作为参数传入。

(3) 当 WhatWouldIDo 方法启动时，参数 input 被分配值 0。

(4) WhatWouldIDo 方法将参数 imput 的值设置为 99。

(5) WhatWouldIDo 方法终止，执行返回到调用语句。

(6) 在屏幕上显示 test 的值。

请记住，参数实际上就是输入到方法调用的项。如果参数是一个值，这意味着当使用一个变量作为参数时，使用的是变量的值，而不是变量自身。所以该程序最终显示的值为 0。

8.1.3　从方法调用返回值

如前所述，方法可以返回值。在前面编写的许多程序中都看到过这种情况。下面所示的示例使用了来自 Snaps 库的 ReadString 方法。该方法接受一个参数(显示给用户的提示信息)，并返回一个值(用户输入的字符串)：

```
string guestName = SnapsEngine.ReadString("What is your name?");
```

现在，看一下方法头：

```
Int GetValue(string prompt, int min, int max)
```

该方法被命名为 GetValue。它有三个参数：第一个参数是一个 string，用于向用户显示提示信息，后两个参数是 GetValue 可以返回的最小值和最大值。方法本身是 int 类型，意味着该方法体中必须有一条返回整数结果的语句。

```
int GetValue(string prompt, int min, int max)———GetValue 的方法头
```

```
{
    return 1;  ————— 该版本的方法始终返回 1
}
```

该版本的 GetValue 非常简单——始终返回值 1。此外，该方法还演示了如何使用关键字 return。

代码分析

方法和返回

下面介绍关键字 return 在程序中的用法。

```
int  GetValue(string prompt, int  min, int  max)
{
    return  1;
    return  2;
}
```

问题：该版本的 GetValue 返回什么？

答案：返回值 1。第二个 return 语句并没有执行，因为当到达一个 return 语句之后方法的执行就终止了。

问题：一个方法可以包含多个 return 语句吗？

答案：可以。当程序到达第一个 return 语句时就返回。

问题：关键字 return 必须返回一个值吗？

答案：如果方法定义了一种类型(换句话说，类型不为 void)，那么方法就必须使用关键字 return 返回该类型的一个值。当然，也可以在 void 方法中使用 return。在这种情况下，return 语句不包含任何返回的值。return 只是一种提前退出方法的方法。

现在，看一下完整的 GetValue 方法。它重复读取整数值，直到所读取的值位于所需的范围之内——换句话说，只要 result 值小于 min 或大于 max，就会导致循环重复进行。当输入了有效值时循环终止，此时到达 return 语句，方法返回。

```
int  GetValue(string prompt, int  min, int  max) — 方法头
{
    int  result;  ————— 保存方法返回值的变量

    do  ————— 开始循环
    {
        result = SnapsEngine.ReadInteger(prompt); — 获取一个整数，并存储在 result 中
    } while  (result < min || result > max);  ————— 当 result 值太小或太大时重复循环
    return result;  ————— 返回 result 值
}
```

可以使用该方法让某些程序变得更加简单。例如，下面的两条语句获取了某人的年龄和身高。

```
int  age = GetValue(prompt:"Enter your age in years", min:0, max:100);
int  height = GetValue(prompt:"Enter your height in inches", min:30, max:96);
```

Ch08_06_GetValue

程序员要点

使用方法进行程序设计

方法是程序员工具包中非常有用的部分，成为开发过程中非常重要的一部分。一旦了解了用户对应用程序功能的需求，就可以开始思考如何将程序划分为方法。你经常会发现在编写代码的过程中会重复某一特定操作。如果出现这种情况，应该考虑将该操作变为一个方法。这样做有两点理由：首先，节省了编写相同代码的时间；其次，如果发现代码中存在缺陷，只需要在一个地方进行修改即可。

程序员将这种类型的更改称为重构(refactoring)程序。重构在开发过程中经常发生，因为在编写代码的过程中会不断提高对程序的理解。例如，你可能认为应该给一个变量起一个更好的名称，此时可以使用 Visual Studio 的重构工具对变量进行重命名。

8.2　创建一个小型联系人应用程序

接下来让我们运用所学到的有关方法的相关知识来创建一个应用程序。在创建的过程中，将会学习更多关于如何使用方法来帮助设计应用程序以及如何使用参数的相关内容。此外，还会学习如何存储数据，以便在用户需要时从存储中检索数据。

你现在正在逐步成为一名可以独立开发完整应用程序的人。有一天，你的一位律师朋友来找你，因为她需要创建一个私人的、保密的联系人应用程序，并且想要一种快速存储联系人详细信息的方法来存储重要客户信息——姓名、地址和联系电话。她出于对你的信任，希望你能够帮忙编写该程序。一般来说，首先应该绘制出该程序的故事板，然后确定程序所显示的第一个屏幕，如图 8-2 所示。

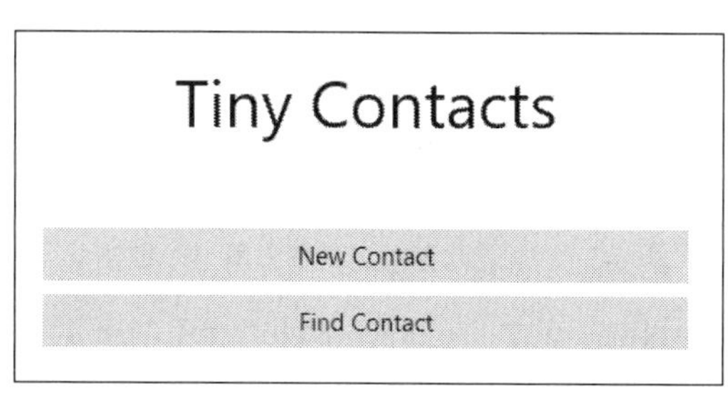

图 8-2　Tiny Contacts 启动屏幕

如果用户选择 New Contact，程序会通过使用三个连续的屏幕要求用户输入联系人的姓名、地址和电话号码。图 8-3 显示了输入这三项所使用的屏幕。

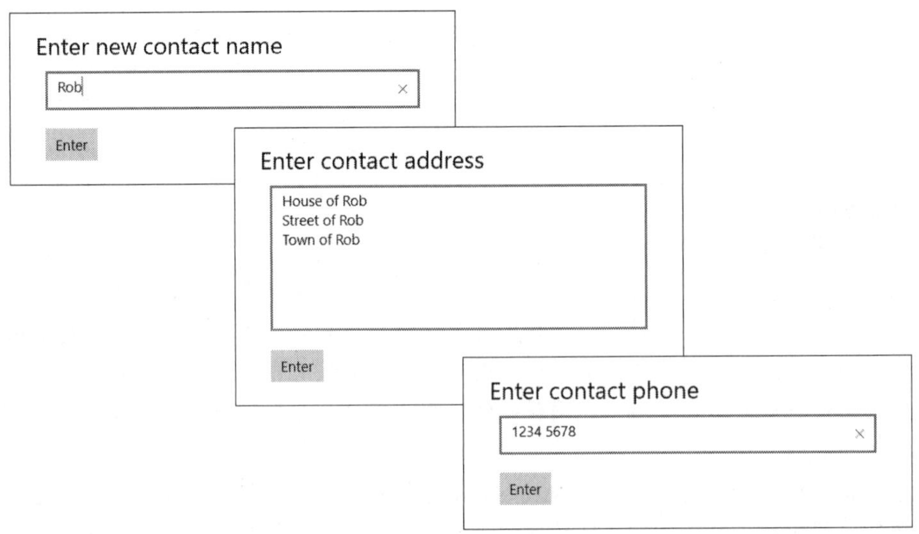

图 8-3　联系人数据输入屏幕

如果用户选择了 Find Contact，程序将显示如图 8-4 所示的屏幕。此时程序会首先要求输入联系人的姓名，然后显示该联系人的详细信息。

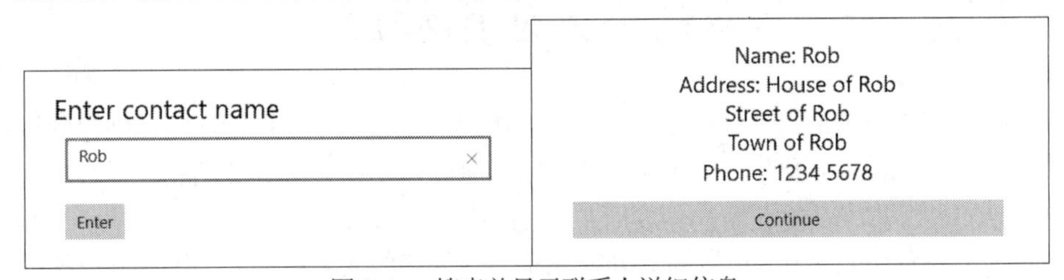

图 8-4　搜索并显示联系人详细信息

当用户阅读完详细信息时，可以使用 Continue 按钮返回到主菜单。如果联系人详细信息没有找到，程序会显示如图 8-5 所示的一条消息。此时用户也可以单击 Continue 按钮返回到主菜单。

图 8-5　如果没有找到联系人所显示的消息

如果你的律师朋友同意程序按照上述的方式工作，就可以开始构成程序了。程序需要完成的第一件事是确定用户是想要输入新联系人还是查找现有的联系人。可以使用 Snaps 库中的 SelectFrom2Buttons 方法来创建该屏幕：

```
    string  command = SnapsEngine.SelectFrom2Buttons("New Contact", "Find
Contact");
```

一旦用户选择了想要完成的操作，字符串 command 就会保存“New Contact”或“Find Contact”。如果所选择的命令是 New Contact，程序就必须获取新联系人的姓名、地址和电话号码。可以将这些行为都放置在 NewContact 方法(实际完成相关操作)中。

```
if(command == "New Contact")
{
   NewContact();
}
```

这是我们第一个使用方法进行类设计的示例。现在需要填充 NewContact 方法。注意，方法名称和命令名称本质上是相同的。这不是偶然的。这意味着任何读取程序代码的人都能够找到使程序正常工作的各个部分。

8.2.1　读取联系人详细信息

NewContact 方法不仅需要从用户获取新联系人的详细信息，还需要存储这些信息，以便用户日后搜索使用。可以使用 Snaps 方法 ReadString 读取单行文本，单行对于存储联系人的姓名和电话号码是非常合适的。但对于地址来说，则需要读取多行文本。

幸运的是，Snaps 库包含了 ReadMultiLineString 方法，它可以读取多行文本。前面所示的图 8-3 显示了调用该方法时所生成的输出。

```
string address = SnapsEngine.ReadMultiLineString("Enter contact address");
```

在输入地址的过程中，用户可以通过按下 Enter 键来标记每行文本的结尾。然后 ReadMultiLineString 方法返回一个包含控制字符(control characters)的字符串，该控制字符标记了每行的结束。为了理解该方法的工作原理，需要学习更多关于 C#程序中字符串和字符工作原理的知识。

字符串和字符

C#提供 string 类型来保存文本。此外，还提供了一个可保存单个字符的 char 类型。

```
char ch = 'R';
```

上面的语句创建了一个名为 ch 的字符变量，其中包含了字母 R。编译器通过单引号字符(')的使用来识别值'R'的起始和结束，从而知道该值是一个字符，而不是一个字符串。

可以将字符串看成一个 char 值的集合。字符串“Rob Miles”包含了九个字符。注意，“Rob”和“Miles”之间的空格也是一个字符，虽然在显示字符串时屏幕上什么也没有出现。

虽然 Char 类型可以保存的大多数字符都是可见的——例如，字母、数字和标点符号，但也有一些是控制字符，这些字符不可见，但却控制着显示的行为。ReadMultiLineString 方法所读取的一个地址的多行文本都是通过两个控制字符彼此分割的。第一个控制符是一个回车，它将显示位置移动到行的开始处。第二个控制字符是换行，它将显示位置向下移动一行。

C#表示控制字符的方式为反斜杠字符后跟一个字母，这种方式被称为转义序列。反斜杠意味着“不使用字符值的正常规则而使用一套新的规则”。转义字符\r 的含义是回车。而\n 的含义为新行。可以在程序中编写图 8-3 所示的地址：

```
address = "House of Rob\r\nStreet of Rob\r\nTown of Rob" ;
```

如果想要在字符串的某个位置插入一个新行，可以使用序列\r\n。

8.2.2　存储联系人信息

一旦 NewContact 方法获取了姓名、地址和电话号码后，就需要存储该特定联系人的相关字符串。此时可以再次使用相关方法来帮助构建程序。在下面的代码中，NewContact 方法首先读取联系人信息，然后调用了一个名为 StoreContact 的方法来存储联系人详细信息。

```
void NewContact()
{
    SnapsEngine.DisplayString("Enter the contact");
    string name = SnapsEngine.ReadString("Enter new contact name");
    string address = SnapsEngine.ReadMultiLineString("Enter contact address");
    string phone = SnapsEngine.ReadString("Enter contact phone");
    StoreContact(name: name, address: address, phone: phone);
}
```

程序员要点

占位符方法是一个非常好的主意

目前，虽然我们并不知道如何创建 StoreContact 方法，但通常可以向程序中添加一个空方法，以便可以测试其他的代码。可以通过显示一条消息来表明该方法目前还不可用：

```
void StoreContact(string name, string address, string phone)
{
    SnapsEngine.DisplayString("Store contact to be completed");
}
```

虽然此时程序可以生成并顺利运行，但如果用户尝试保存一名联系人信息，则会显示上述消息告知用户该功能还不可用。在这种情况下，程序员通常会在程序中添加 ToDo 注释。这种不完整的方法被称为占位符方法或方法存根。如果想要运行一些示例程序向用户演示你所创建的程序符合用户需求，那么使用占位符方法是一种非常好的方法。

8.2.3　使用 Windows 本地存储

到目前为止，只有当程序实际运行时程序中的数据才存在。一旦程序停止运行，这些数据也会消失。为了让 StoreContact 方法实际运行起来，需要在程序停止运行时存储和保存数据，以便日后进行数据检索。

Windows 10 操作系统提供了本地存储作为存储数据(比如联系人详细信息)的一种方法。Windows 在主机设备上为每一个程序分配了一个本地存储区。你不需要知道该存储区是如何工作的，只需要知道本地存储了一块程序可以存储信息的地方。我已经创建了两个可以处理本地存储的 Snaps 方法。一个用来保存字符串，另一个用来取回字符串。

Snaps 方法 SaveStringToLocalStorage 拥有两个参数。一个是被存储项目的名称，另一个是被存储的实际文本字符串。

```
                                                被存储的项
SnapsEngine.SaveStringToLocalStorage(itemName:"password", itemValue:"12345");
                                                          存储到本地存储的字符串
```

上面的方法调用在名为"password"的位置存储了字符串"12345"。为了从本地存储取回密码，需要使用 FetchStringFromLocalStorage：

```
string myPassword = SnapsEngine.FetchStringFromLocalStorage(
   itemName:"password");
```

当 FetchStringFromLocalStorage 方法运行时，Windows 将在本地存储中找到"password"项，并返回该项的内容，然后将结果"12345"赋给变量 myPassword。

在本地存储中存储联系人信息

我们需要存储联系人程序中每一位联系人的地址和电话号码，并且每一个存储项需要一个名称加以识别。程序可以使用被存储联系人的姓名作为项的名称。下面的语句显示了具体的过程：

```
SnapsEngine.SaveStringToLocalStorage(itemName: name + ":address",  ——为地址构建项名称
                                     itemValue: address);
```

请记住，联系人的姓名和地址都是由程序用户输入的，上述语句使用了联系人的姓名来创建存储项的名称。如果输入的姓名为"Rob"，那么对应的地址就应该存储在名为"Rob:address"的位置。

另外，还创建了一个用来保存联系人信息的方法。应该向该方法提供需要保存的姓名、地址和电话号码。注意，程序并不需要存储联系人的姓名：当用户想要查找联系人的详细信息时，将会输入姓名。姓名主要是用来创建系统查找所需的项目名称。

```
void StoreContact(string name, string address, string phone)   ——将姓名转换为小写
{
   name = name.ToLower();                                   ——创建一个名称来存储地址
   SnapsEngine.SaveStringToLocalStorage (itemName: name + ":address",— 被存储的地址
                                         itemValue: address);
   SnapsEngine.SaveStringToLocalStorage (itemName: name + ":phone",— 创建一个名称来存储电话号码
                                         itemValue: phone);
                                         保存在本地存储中的字符串
}
```

从本地存储中加载联系人详细信息

当用户输入联系人姓名时，程序可以通过该姓名构造要搜索的项目。下面的语句通过将":address"添加到联系人姓名的末尾，从而构建了要搜索的项目名称。随后 FetchStringFromLocalStorage 方法找到对应位置所存储的地址信息。同样，FetchStringFromLocalStorage 方法也可以以相同的方式获取联系人的电话号码。

```
address = SnapsEngine.FetchStringFromLocalStorage(itemName: name + ":address");
```

8.2.4 使用引用参数传递方法调用的结果

StoreContact 方法会在本地存储中保存一个联系人信息。此外，该程序还需要一个 FetchContact 方法来获取某一联系人的地址和电话号码。FetchContact 有三个参数：被搜索联系人的姓名、联系人地址以及电话号码。该方法的其中一个早期版本如下所示：

```
void FetchContact(string name, string address, string phone)
{
    address = SnapsEngine.FetchStringFromLocalStorage(itemName: name +
        ":address");
    phone = SnapsEngine.FetchStringFromLocalStorage(itemName: name + ":phone");
}
```

该方法被赋予了被搜索联系人的姓名并将地址和电话号码参数设置为从本地存储中提取的地址和电话号码值。程序可以按照下面所示的代码使用 FetchContact 方法：

```
string contactAddress;
string contactPhone;
string name = SnapsEngine.ReadString("Enter contact name");
FetchContact(name: name, address: contactAddress , phone: contactPhone );
```

该代码片段首先使用 ReadString 方法获取用户输入的联系人姓名，然后调用 FetchContact 方法获取该联系人的地址和电话号码，并将它们设置为参数 contactAddress 和 contactPhone 的值。但遗憾的是，这种方法行不通。变量 contactAddress 和 contactPhone 并不会被 FetchContact 方法所更新。原因是在 C#中，每个方法参数都是按值传递的。这也就意味着当 FetchContact 方法被调用时被赋予的是 name、contactAddress 和 contactPhone 值的副本，然后在方法体中使用这些副本完成相关的处理。

程序还可以以另外一种方式使用参数。可以赋予 FetchContact 方法某一变量的引用，而不是某一参数变量的值。

人们在日常生活中一直在使用引用。当某人给你带来一杯咖啡时，此时你会指向一个干净且平坦的表面(可能是你的鼠标垫)并说“请把它放在那边。”此时，你正在进行一次有效的引用。在 C#术语中，引用参数指的是程序中的一个变量。当使用该引用时，程序根据引用使用所指向的变量。

当声明 FetchContact 方法时，只需要在 address 和 phone 参数名前添加 ref，就可以将这两个参数变为引用参数：

```
void FetchContact(string name, ref string address, ref string phone)

{
    address = SnapsEngine.FetchStringFromLocalStorage(itemName: name +
        ":address");
    phone = SnapsEngine.FetchStringFromLocalStorage(itemName: name + ":phone");
}
```

当方法中的代码为 address 和 phone 参数赋值时，实际上更改了这些变量作为参数所提供的值。当调用 FetchContact 方法时，必须向方法传递引用，而不是参数值。此时需要在调用的参数前面添加关键字 ref:

```
FetchContact(name: name, address: ref contactAddress, phone: ref contactPhone);
```

当调用 FetchContact 方法时，被传递的是 address 和 phone 变量的引用。在方法执行完毕后，address 和 phone 变量的值被设置为从本地存储所提取的值。

代码分析

引用和参数

引用的使用是比较麻烦的一件事，必须认真加以分析，所以接下来让我们思考一些关于引用的问题。

问题：如果仔细看一下 FetchContact 的定义，会发现只有 address 和 phone 参数是引用参数。为什么 FetchContact 方法的 name 参数不是一个引用参数呢？

答案：原因是该方法不需要更改所提供联系人的姓名，而只是使用姓名执行搜索。

问题：何时应该使用引用参数？

答案：只有在想要允许方法更改某一变量值时使用引用参数。在 FetchContact 方法中，必须找到对应的地址和电话号码信息，并将这些值传递给调用者，所以使用引用参数是非常合适的。

问题：相比于按照值传递的参数，引用参数看似更加灵活。为什么就不能一直使用引用参数呢？

答案：从技术上讲，是不存在不能使用的理由。C#编译器也不会抱怨。然而，我一般只在必要时才会使用引用，因为相比于作为参数传递的变量，引用参数给予方法更大的控制力。如果按值传递了一个参数，那么方法可以做的只是读取该值。但如果按照引用传递一个参数，那么方法就可以更改该变量的值，有时我并不希望这样的事情发生。

使用输出参数

引用参数可以让方法对所提供的参数进行完全访问。然而，C#的设计者决定定义一个更细粒度的控制水平。他们添加了一种 out 类型的参数。方法必须将值存储在一个声明为输出参数的参数中。

如果仔细思考一下，你可能会发现，FetchContact 方法读取地址和电话号码的内容是没有道理的，因为地址和电话号码都是被该方法设置的。将一个参数标记为输出参数(如下面代码示例所示)意味着如果该参数没有被设置值，那么编译器将会拒绝编译。如果 FetchContact 方法尝试读取变量的值，编译器也会产生一个错误。

```
void FetchContact(string name, out string address, out string phone)
{
    address = SnapsEngine.FetchStringFromLocalStorage (itemName: "addr" +
        name);
    phone = SnapsEngine.FetchStringFromLocalStorage (itemName: "phone" + name);
}
```

当调用 FetchContact 时，对应的参数必须被标记为方法的输出：

```
FetchContact(name: name, address: out contactAddress, phone: out contactPhone);
```

当设计方法和参数时，应该决定方法如何使用传递给方法的信息，并选择是传入值还是传入引用。

代码分析

方法头

为了进一步地理解这些参数类型和方法头，下面列举了可能需要考虑的一些问题。

问题：假设需要为棋盘游戏创建一个方法来生成两个整数的骰子投掷值，那么应该使用哪种类型的参数呢？

答案：这两个参数应该为输出参数，当方法被调用时设置它们的值。而方法本身并不返回值。

```
void ThrowTwoDice(out intdice1, out intdice2)
```

问题：如何调用方法 ThrowTwoDice？

答案：当程序调用该方法时，必须提供对整数变量的引用作为参数。

```
int d1, d2;
ThrowTwoDice(out d1, out d2);
```

问题：如果需要向一个方法提供年龄值，然后根据年龄确定是否可以看某一部电影，那么该方法头应该是什么样的？

答案：由于该方法仅需要年龄值，因此可以将年龄作为一个值传递。同时，方法可以返回一个 bool 值，以表明是否可以看该电影：

```
bool AllowedToSeeMovie(int age)
```

易错点

读取不存在的联系人

联系人应用程序的原理是在尝试读取联系人信息之前用户应该存储相应的信息。然而，有时需要考虑在用户尝试获取不存在项时可能发生的事情。当用户所输入的联系人姓名没有被应用程序所存储时就会出现这种情况。

实际上，C#提供了一个被称为 null 的值来处理上述情况。如果变量所引用的内容不合理，就可以将值 null 赋给变量。例如，下面的语句将字符串变量 name 设置为引用字符串"Rob"：

```
string name = "Rob";
```

如果想要表示 name 没有被设置的情况，可以编写下面的代码：

```
string name = null;
```

如果一个程序尝试使用一个 null 引用，就会失败并出现异常。下面所示的语句尝试输出一个被设置为 null 的字符串。当执行语句时，程序将被终止，并生成下面屏幕截图所示的错误。

```
string name = null;
SnapsEngine.DisplayString(name);
```

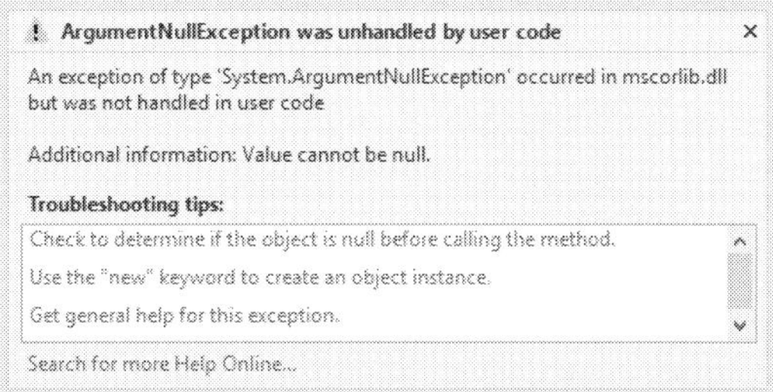

ArgumentNullException was unhandled by user code

An exception of type 'System.ArgumentNullException' occurred in mscorlib.dll but was not handled in user code

Additional information: Value cannot be null.

Troubleshooting tips:

Check to determine if the object is null before calling the method.

Use the "new" keyword to create an object instance.

Get general help for this exception.

Search for more Help Online...

只要是在程序中创建一种行为，就应该考虑到该行为可能失败的方式，并且尽可能让该行为去完成它可以完成的事情。对于 FetchStringFromLocalStorage 来说，如果被请求的项不存在，那么该方法应该返回 null。这意味着如果联系人应用程序的用户尝试查找一个不存在的姓名，就有可能会看到上面所示的异常，这是一件非常糟糕的事情。如果想要解决该问题，则可以让 FetchContact 方法返回一个 Boolean 值，从而表明是否能够找到某一联系人。如果联系人的姓名或者地址没有找到，该方法可以返回 false：

```
bool FetchContact(string name, out string address, out string phone)
{
    address = SnapsEngine.FetchStringFromLocalStorage(itemName: name +
        ":address");
    phone = SnapsEngine.FetchStringFromLocalStorage(itemName: name + ":phone");

    if(address == null || phone == null) return false;

    return true;
}
```

当使用 FetchContact 方法时，应该对所返回的值进行检查，以确定数据是否找到：

```
if(FetchContact(name: name, address: out address, phone: out phone) == true)
{
    // Got the contact - display it
}
else
{
    // Display an error message
}
```

该语句序列显示了应该如何使用 FetchContact 的返回结果。

程序员要点

充分利用方法的返回值

程序员并不是一定要编写代码来检查方法返回的值。如果程序忽略了 FetchContact 的返回值，C#编译器也许会非常高兴。然而，我认为这样做并不合适。忽略 FetchContact 的结果意味着当程序试图使用 FetchContact 提供的地址和电话详细信息时可能会失败并出现异常。此时程序并不会处理该问题，而只会向用户显示无效数据，但也有可能崩溃。优秀的程序员会确保程序不会丢失任何信息，其中就包括正确使用方法运行时所返回的值。

8.2.5 显示联系人详细信息

FetchContact 方法被 FindContact 方法所使用，当用户想要查找某一联系人时运行 FindContact 方法，而 FindContact 方法通过调用 FetchContact 方法获取联系人详细信息，并在这些信息可用时显示出来。如果详细信息没有找到，FindContact 方法将显示一条合适的消息。

```
void FindContact()
{
    // Get the name of the contact to search for
    string name = SnapsEngine.ReadString("Enter contact name"); —— 请求用户输入
                                                                     要搜索的姓名
    // Variables to hold the address and phone number being fetched
    string contactAddress, contactPhone;

    if (FetchContact(name: name, address: out contactAddress, phone:
        out contactPhone))——————————————————————————————— 获取联系人
    {
        // Got the contact details - display them
        SnapsEngine.ClearTextDisplay(); ———————————— 如果找到了联系人，
                                                       则显示相关信息
        SnapsEngine.AddLineToTextDisplay("Name: " + name);
        SnapsEngine.AddLineToTextDisplay("Address: " + contactAddress);
        SnapsEngine.AddLineToTextDisplay("Phone: " + contactPhone);
    }
    else
    {
        // Tell the user the name was not found
        SnapsEngine.DisplayString("Name not found");———— 告诉用户该
    }                                                    姓名没有找到

    // Give the user a chance to view the details
    SnapsEngine.WaitForButton("Continue"); ———————————— 等待 Continue
                                                          按钮被单击
    // Clear the display
    SnapsEngine.ClearTextDisplay();
}
```

易错点

净化输入

该联系人应用程序非常简单，即使是你的母亲都会使用。但有时也会不喜欢该程序，因为她明知道要查找的联系人在联系人列表中却查找不到。出现这种情况的一个原因是她尝试查找的是“Rob”的联系人信息，但该联系人的相关信息在本地存储中却以关键字“rob”进行了存储。请记住，C#将这两个字符串视为完全不同的字符串(即使人类可能推断出它们指的是同一个人)。用户输入的姓名必须与当初录入的姓名完全一样，否则程序将无法找到该联系人。

可以使用前面学过的知识解决该问题。可以使用 ToLower 方法请求字符串将自身转换为小写版本。ToLower 方法可以将字符串中的任何字母字符转换为对应的小写版本，以便可以成功地找到联系人详细信息。

```
name = name.ToLower();
```

此时，你可能对编写的程序感到比较满意，所以向你的兄弟展示该程序并邀请他试用并尽可能破坏程序——最终他成功了。他找到了一种方法可以使输入的姓名看起来正确，但程序却无法找到该姓名。虽然你也知道本地存储中存储了该联系人，但程序就是找不到。此时，你可能会要求你的兄弟演示他是如何操作的，于是他向你显示了以下的搜索屏幕。

Enter new contact name

Rob

Enter

如果仔细观察一下该屏幕截图，会发现你的兄弟在“Rob”前面添加了一个空格，从而破坏了程序，所以程序正在搜索的是“ Rob”(在 R 前面有一个空格)。C#是非常讲究准确性的，所以类似这样的搜索会失败。幸运的是，可以使用其他方法解决该问题。可以要求字符串删除任何前导和尾随空格，从而“修剪”自己。这样，就会将“ Rob”更改为“Rob”，从而保证程序正常工作。

解决上述所有问题的最好方法是编写一个使用了 Trim 和 ToLower 的辅助方法，从而对用户输入的文本进行整理：

```
string TidyInput(string input)
{
    input = input.Trim();
    input = input.ToLower();
    return input;
}
```

TidyInput 方法接收一个字符串并对其进行整理，以便于搜索。该方法首先修剪掉所有的前导和尾随空格，然后将字符串中的任何字母转换为小写文本。StoreContact 和 FetchContact 方法可以使用该方法来整理需要存储或搜索的任何字符串。

```
void  StoreContact(string name, string address, string phone)
{
    name = TidyInput(name);

    SnapsEngine.SaveStringToLocalStorage(itemName: name + ":address",
                                         itemValue: address);
    SnapsEngine.SaveStringToLocalStorage(itemName: name + ":phone",
                                         itemValue: phone);
}

bool FetchContact(string name, out string address, out string phone)
{
    name = TidyInput(name);

    address = SnapsEngine.FetchStringFromLocalStorage(itemName: name +
                                                        ":address");
    phone = SnapsEngine.FetchStringFromLocalStorage(itemName: name + ":phone");

    if(address == null || phone == null) return false;

    return true;
}
```

创建TidyInput方法是一个非常好的主意。它可以让程序更简短，同时也意味着对姓名所进行的整理工作都在程序的一个地方完成，否则如果在StoreContact方法中使用ToLower和在FetchContact方法中使用ToUpper方法就有可能出错。此外，如果想要对整理行为进行修改(例如，仅使用姓名中的前10个字符作为搜索项目)，那么只需要在程序相应位置修改一次行为即可。

专业的程序员将这部分程序内容称为输入净化(input sanitizing)。该过程主要是确保用户所输入的内容不会扰乱程序的正常行为。而作为一名初学编程的开发人员，需要记住的是，只要为用户提供了向程序输入数据的机会，就相当于给他们提供了破坏程序的机会，所以应该对所有输入进行适当的怀疑。

在云中存储联系人信息

你的律师朋友对该联系人管理应用程序的功能非常满意，并且马上在自己的Windows设备上进行了安装。但随后她注意到了一个问题。她发现必须在每台设备上都输入联系人的详细信息，并且所需要的详细信息经常在自己的设备上找不到。而她真正的需求是使自己所有Windows设备上的联系人详细信息保持同步。

这听起来像是一件非常棘手的事情，事实上确实也是。但幸运的是，这也是我比较喜欢的一类问题——因为其他人已经帮我解决了问题。Windows 系统提供了所谓的漫游存储(roaming storage)。在每台 Windows 设备上该存储都由操作系统管理。大量的网络存储与每个 Windows 账户相链接，每当账户用户登录到 Windows 设备时，就会将漫游信息从 Microsoft 服务器系统下载到本机。

这是对所谓云(cloud)的一个非常好的示例。Microsoft 系统是“Internet 之外”的某一个地方，Windows 操作系统链接到 Internet，从而让运行在 Windows 设备上的程序可以使用该存储。

如果想要一个应用程序在云中存储内容，只需要使用不同的 Snaps 方法来保存和加载组成联系人信息的字符串即可。此时，程序必须调用 SaveStringToRoamingStorage 方法，而不是使用 SaveStringToLocalStorage 方法。同样，应该使用对应的 FeatchStringFromRoanmingStorage 方法来获取数据。

虽然漫游存储机制工作得非常出色，但它可能需要一点时间来保持存储同步，如果计算机没有连接到网络，该同步就无法完成。此外，在漫游存储上可放置的数据数量也是有限制的。对于那些只需要存储少量信息(比如少量的联系人信息或者设置信息)的程序来说，使用漫游存储是非常合适的，但如果想要保持多台计算机上音乐集合的同步，那么这就不是一种好方法了。

这种存储是基于每个应用程序而组织的，这意味着如果创建了两个不同的应用程序，那么它们将无法查看彼此存储的内容。此外，你的律师朋友对所保存数据的安全性也是比较关注的，但设备和云之间的数据传输是非常安全的。

动手实践

改进 Tiny Contacts 应用程序

对于那些需要存储和检索文本的应用程序来说，Tiny Contacts 应用程序可以作为基础程序来使用。可以使用它来存储食谱或用作一个通用的笔记本。你可以完成下面所示的事情，从而让程序更加有趣：

- 改进应用程序，以便用户可以编辑联系人的详细信息。在用户查看完某一联系人的信息后可以激活编辑行为。
- 向程序添加一个密码。甚至可以添加一个菜单选项，让用户设置密码。密码可以和联系人信息一同存储。
- 让程序不但可以显示信息，还可以说出信息，或者允许用户选择所希望的输出形式。
- 对程序进行更改，使其使用漫游存储，从而所有 Windows 设备上的联系人信息保持同步。

8.3　向方法中添加智能感应注释

现代软件很少由一个人单独完成。一个人可能编写代码的第一个版本，但其他的程序员可能会沿着第一个人的足迹前进，添加功能并且找出 bug。正如前面所介绍的，注释对于程序来说是非常有价值的。它们可以让其他的程序员更容易地理解代码的工作原理。

此外，还可以向代码文件中添加可以由 Viusal Studio 显示并且能极大提高开发人员体验的特殊注释。这种功能被称为智能感应(IntelliSense)。在前面编写程序时，你可能已经体验到智能感应是如何帮助你的。例如，当编写 TidyInput 方法时，只需要将鼠标指向某一 C#方法名称，就会出现该方法的简要描述，如图 8-6 所示。事实证明，只需要向你自己的方法添加相关注释，就可以实现该行为。

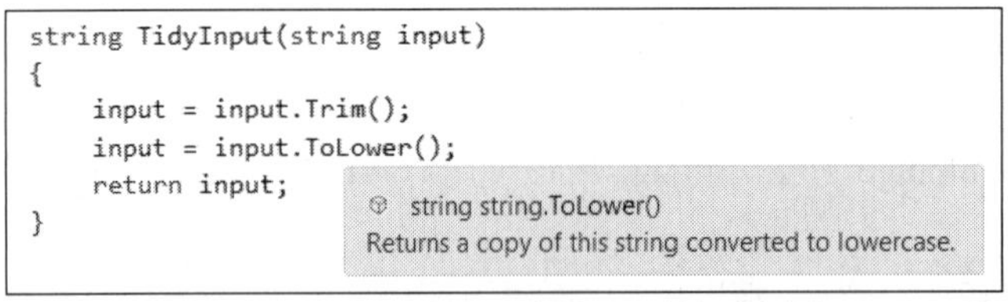

```
string TidyInput(string input)
{
    input = input.Trim();
    input = input.ToLower();
    return input;
}
```

string string.ToLower()
Returns a copy of this string converted to lowercase.

图 8-6　为 ToLower 方法所显示的智能感应

首先找到方法头的上一行，然后连续输入正斜杠字符三次。此时，Visual Studio 会查看该方法头，并构建一个用来向方法添加注释的模板：

```
/// <summary>
///
/// </summary>
/// <param name="input"></param>
/// <returns></returns>
string TidyInput(string input)
{
   input = input.Trim();
   input = input.ToLower();
   return input;
}
```

该模板由 XML(可扩展标记语言)所编写，该语言可以对描述方法功能的注释进行格式化。现在，可以在模板中添加一些详细信息：

```
/// <summary>
/// Tidies up a contact name for use in a search
/// </summary>
/// <param name="input">name to be tidied up</param>
/// <returns>tidied contact name</returns>
string TidyInput(string input)
{
   input = input.Trim();
   input = input.ToLower();
   return input;
}
```

下一步会发生非常有趣的事情，当日后在程序中使用该方法时，Visual Studio 将使用你所输入的文本来提供帮助。只要在程序中使用了 TidyInput 方法，就会看到你输入的注释信息，从而更容易地使用该方法。可以为程序中的所有方法添加类似的注释。此外，该注释提供了关于方法参数个数和类型以及所需值的相关信息，如图 8-7 所示。

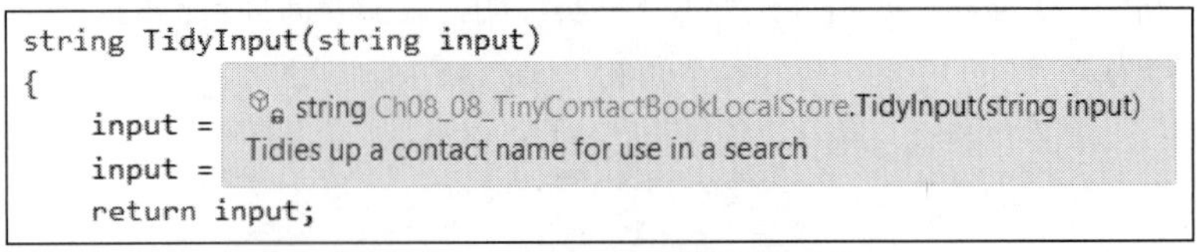

```
string TidyInput(string input)
{
    input =
    input =
    return input;
```

string Ch08_08_TinyContactBookLocalStore.TidyInput(string input)
Tidies up a contact name for use in a search

图 8-7　TidyInput 参数的智能感应

我认为这是一种非常神奇的方法，它可以让你创建的代码突然成为系统的一部分。只要我创建方法，都会理所当然地添加这些注释，我希望你也会这么做。在 BeginToCodeWithCSharp 解决方案中，如果打开 Tiny Contacts 程序的最终版本(位于 Chapter08 文件夹中的 Ch08_08_TinyContactBookLocalStore.cs 文件)，可看到所有的方法都被正确地进行了注释，当使用 Visual Studio 时就会显示在智能感应中。

8.4 所学到的内容

在本章，我们学习了如何提取一个代码块并使其成为可以在程序的其他部分使用的方法。可以看到，一个方法包含了一个用来描述方法的方法头以及作为方法体的代码块。方法头提供了方法的名称并指定了方法返回的数据类型(如果有的话)。此外，方法头还提供了方法接收的参数名和类型。当调用方法时，程序员应该提供与每个参数相匹配的值。

参数是方法可以使用的项。它们通常按值传递，因为在方法调用时会创建所提供参数的副本。如果方法体中包含了更改参数值的语句，那么该更改只在方法体内有效。

方法可以返回任何类型的单个值。如果方法必须返回多个值，则可以使用引用参数。引用参数被连接到用作参数的变量，并且允许方法体中的代码对参数变量进行读写操作。如果方法只需要将值输出到一个参数，那么可以使用引用参数的一个变体输出参数。方法体中的代码只能编写一个输出参数，并且必须在方法体完成之前在该参数中设置一个值。

在使用方法的过程中可能需要思考以下问题。

在程序中使用方法是否会降低程序速度？

一般不会。虽然需要完成一些工作来创建方法调用并返回值，但通常这并不是问题。使用方法带来的好处远远超过性能问题。

是否可以使用方法将开发工作分散给一组程序员来完成？

事实上是可以的。这也是使用方法的一个非常好的理由。如果想要通过使用方法来分散工作，可以使用多种方式。最常见的方式是编写占位符方法并从中构建应用程序。虽然占位符方法拥有正确的参数和返回值，但方法体却只完成很少的操作。随着程序的开发，程序员会填充方法体并依次测试每个方法。

如何为方法命名？

最佳的方法名称通常采用动词-名词形式。FetchContact 是一个非常好的方法名称。其第一部分指明了做什么，第二部分指明了适用于什么。我发现思考方法名称有时是非常困难的(对于变量名也是一样)。好消息是如果你事后想到了更好的方法名称，那么可以使用 Visual Studio(以及其他工具)对方法进行重命名。该过程被称为重构，它是编程中非常重要的一部分。

第 9 章

创建结构化数据类型

本章主要内容：

程序可以使用多种不同的数据类型，包括整数、浮点数以及文本字符串。此外，还可以创建特定数据类型的数组。然而，有时程序需要使用的数据往往比单个值要更加复杂。在本章，将会学习如何创建可以将多个相关项汇集成单个变量的结构化数据类型，以及如何创建结构化数据类型来帮助我们设计满足程序特殊需求的数据存储。

- 使用结构存储音符
- 对象和职责：让 SongNote 播放自己
- 保护结构中保存的值
- 使用 Snaps 创建一个绘图程序
- 创建枚举类型
- 使用 switch 结构进行决策
- 额外 Snaps
- 所学到的内容

9.1 使用结构存储音符

可以使用 Snaps 提供的 PlayNote 方法制作音乐。需要为该方法提供两个参数：一个标识所播放音符音高的数字以及一个设置音符持续时间(以秒为单位)的数字。图 9-1 显示了可用的音符数量。这是一个可以使用的八度音符，为音调提供 13 个可能的值。

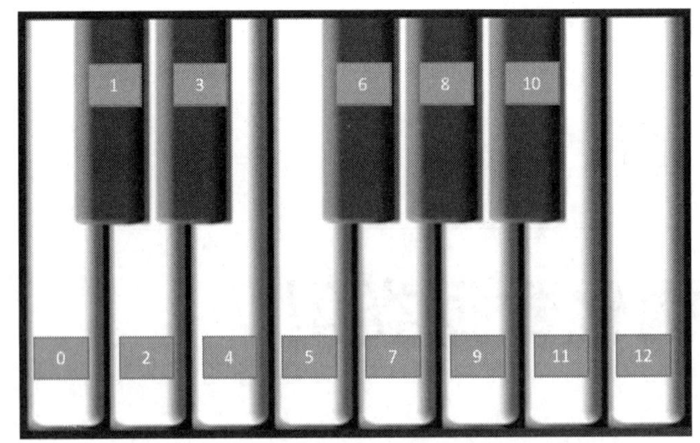

图 9-1　与 PlayNote 方法一起使用的编号键盘

当程序执行下面所示的语句时，会通过设备的扬声器播放出音调为 0(C)的音符。该音符会持续 0.4 秒。

```
SnapsEngine.PlayNote(pitch:0,duration:0.4);
```

在音符播放完之后，程序会继续执行下一条语句。通过创建对 PlayNote 方法的调用序列，程序可以播放一系列的音符。当运行下面所示的程序时，在播放完第一个音符后，第二个音符会播放两次，以此类推。

```
using SnapsLibrary;

class Ch09_01_PlaySomeNotes
{
    public void StartProgram()
    {
        SnapsEngine.SetTitleString("Play Three Notes");
        SnapsEngine.PlayNote(pitch:0,duration:0.4);     播放 C0.4 秒
        SnapsEngine.PlayNote(pitch:2,duration:0.8);     播放 D0.8 秒
        SnapsEngine.PlayNote(pitch:4,duration:0.4);     播放 E0.4 秒
    }
}
```

从程序数据的角度来看，可以认为音乐中的一个音符由两个值表示：所播放音符的音调以及音符的持续时间。如果想要存储大量的音符，以便演奏更加复杂的音乐，可以使用数组来存储音调和持续时间值。一个数组存储音调值，另一个数组存储音符的持续时间。

```
int [] notePitches = new int[3];              保存音调值的数组
double [] noteDurations = new double[3];      保存持续时间值的数组

notePitches [0] = 0; noteDurations [0] = 0.4;
notePitches [1] = 2; noteDurations [1] = 0.8;     设置音调值和持续时间的语句
notePitches [2] = 4; noteDurations [2] = 0.4;
```

在上面每行程序代码中放置了两条语句，分别用来设置音符的音调和持续时间。

可以使用一个 for 循环遍历音调和持续时间数组，并依次播放每个音符。通过向音调和持续时间数组添加更多的元素，可以创建更长的音乐。

```
for (int i = 0; i < 3; i = i + 1) ———— 循环数组中的每一个元素
{
   SnapsEngine.PlayNote(pitch: notePitches [i], duration: noteDurations[i]);
}                                  └———— 播放对应的音符
```

Ch09_02_PlayNotesWithArrays

该音乐存储机制依赖于两个步调一致的数组——换句话说，notePitches[2]必须与 noteDurations[2]相匹配。如果两个数组步调不一致，则会因为音符播放长度的不正确而导致音乐听起来不和谐。此时程序需要一种方法可以创建同时保存播放音符所需数据项的单个变量。C#提供了这样一种方法——被称为结构(structure)。

9.1.1　创建和声明结构

结构可以将多个单独的数据项集合在一起。每一个数据项被称为结构的字段或成员。首先设计结构的组成部分，然后编译器可以创建该结构类型的变量。换句话说，创建了一个结构相当于在程序中添加了一个新的数据类型。可以创建 SongNote 结构来保存歌曲中一个音符的相关信息：

```
public struct SongNote
{
   public int NotePitch;
   public double NoteDuration;
}
```

在第 8 章曾经讲过 public 修饰符。而在本章的后面会介绍 C#语言是如何通过将结构的成员声明为 private 来保护成员安全。通过使用修饰符 private，可以让程序保护其对象及内容免遭其他代码的破坏。可以使用这种方法保护 NotePitch 和 NoteDuration 值，同时还可以让 SongNote 结构仅在程序的某些部分可用。但目前暂时让所有的内容都公开。

需要重点记住的是，此时还没有存储任何音符数据。我们所做的只是告诉 C#编译器当声明 SongNote 结构类型变量时如何创建该结构。通过使用下面所示的语句，创建了一个名为 myNote 的 SongNote 类型变量。

```
SongNote myNote;
```

当 C#编译器看到一种类型名称(例如 int、string 或者 SongNote)时，会首先暂时离开并在“我知道如何做的事情”列表中查找关于如何创建该特定类型变量的指令。如果编译器找到了指令，则会创建该变量。在创建 SongNote 类型的变量时，编译器会为两个值保留空间：整数的 NotePitch 以及双精度的 NoteDuration。就像其他的 C#元素一样，结构的名称也是大小写敏感的。如果输入的是 songNote 而不是 SongNote，编译器会报错。

程序可以提取结构变量中的成员，并像使用其他类型的变量一样使用这些结构成员。下面的代码创建了一个 SongNote 变量，表示播放 0.4 秒的 C(音符编号 0)。

```
SongNote myNote;
myNote.NotePitch = 0;
myNote.NoteDuration = 0.4;
```

代码分析

使用结构变量

结构变量是一种保存数据的新方法。仔细思考一下结构变量的工作原理是很有必要的。

问题：在类似于 myNote.NotePitch=0;的语句中，点符号的作用是什么？

答案：点符号分割了变量名称(myNote)和结构变量的成员名称(NotePitch 或者 NoteDuration)。这与程序访问对象中元素的方法是一样的。

问题：结构值的成员有什么特别之处吗？

答案：没有。可以像使用其他类型变量一样使用结构的成员。换句话说，程序可以将 SongNote 值的 NoteDuration 成员作为一个双精度浮点值来使用。

问题：结构变量成员的初始值是什么？

答案：如果程序尝试使用一个未赋值的变量，编译器会抱怨。如下面所示的代码所示：

```
int  newInt;
int  i = newInt;
```

此时会产生错误“Use of unassigned local variable ‘newInt’”，因为程序正在使用未赋值的变量。使用结构时也是一样的。所有条目所保存的初始值都被设置为“unassigned”。

```
SongNote newNote;
int  r = newNote.NotePitch;
```

上述语句也会编译失败，因为 newNote 变量中的 NotePitch 没有被赋值。

问题：当将一个结构变量赋给另一个结构变量时会发生什么事情？

答案：当结构被赋值时，程序会将该结构所有的成员值复制到目标结构中。

```
SongNote originalNote;
originalNote.NotePitch = 0;
originalNote.NoteDuration = 0.4;
SongNote noteCopy = originalNote;
```

在上面的代码中，变量 noteCopy 中 NotePitch 的值为 0，NoteDuration 的值为 0.4。

9.1.2　创建结构值的数组

为了找到一种可以安全保存歌曲信息的方法，我们开始使用结构。SongNote 结构可以保存音符数量以及音符持续时间，从而提供了一种方法将播放一个音符所需的信息集合在一起。

请记住，SongNote 结构是一种新的数据类型。可以像使用其他 C#类型一样使用 SongNote(或者所定义的其他结构)。这意味着程序可以包含 SongNote 值的数组。

在第 7 章，我们看到，当程序创建一个数组时，每一个元素都被设置为对应类型的默认值。该行为可以扩展到歌曲数组中的元素，这意味着每个元素的 NotePitch 成员都被设置为 0，NoteDuration 同样也是如此。下面的语句创建了一个包含三个歌曲音符的数组。

```
SongNote[] song = new SongNote[3];
```

然后，程序可以使用一个索引值来获取数组中的一个特定音符并访问 NotePitch 和 NoteDuration。下面的语句设置了该数组起始元素的音符以及音符持续时间值。

```
song[0].NotePitch = 0;
song[0].NoteDuration = 0.4;
```

下面的程序首先创建了一个 SongNote 值数组，然后播放所存储的音乐。因为目前每个音符都存储在一个结构中，所以一个音符的 NotePitch 和 NoteDuration 可以保持步调一致(因为这两个值都保存在单个条目中)。

```
using SnapsLibrary;

class Ch09_03_PlayNotesFromStructureArray
{
   public struct SongNote
   {
      public int NotePitch;
      public double NoteDuration;
   }

   public void StartProgram()
   {
      SongNote [] notes = new SongNote[3];
      notes[0].NotePitch = 0; notes[0].NoteDuration = 0.4;
      notes[1].NotePitch = 2; notes[1].NoteDuration = 0.8;
      notes[2].NotePitch = 4; notes[2].NoteDuration = 0.4;

      for(int i = 0; i < 3; i = i + 1)
      {
         SnapsEngine.PlayNote(pitch:notes[i].NotePitch,
            duration:notes[i].NoteDuration);
      }
   }
}
```

9.1.3　结构和方法

结构变量的值可以作为一个方法调用的参数。就像第 8 章向 Alert 方法传递字符串一样，可以使用结构类型作为方法的参数。在下面的代码中，方法 PlaySongNote 接受了一个 SongNote 作为参数。而当调用该方法时，方法从所提供的参数中提取出音调和持续时间值，然后播放音符。

```
public void PlaySongNote (SongNote noteToPlay)———— 被播放的音符
{
   SnapsEngine.PlayNote(pitch:noteToPlay.NotePitch,
      duration:noteToPlay. NoteDuration); ———— 播放音符
}
```

程序可以调用 PlaySongNote，并传入一个 SongNote 作为参数。下面的语句创建了一个音符，然后调用 PlaySongNote 播放该音符。

```
SongNote myNote;
myNote.NotePitch = 0;
myNote.NoteDuration = 0.4;
PlaySongNote(myNote);
```

代码分析

作为方法参数的结构

问题：如果 PlaySongNote 方法更改了作为参数传入的音符的音调，那么会发生什么事情？

答案：在第 8 章我们曾经讲过，除非特别指定，否则方法的参数是按照值传递的——换句话说，当方法调用时，参数值被复制到方法。使用结构作为参数也是完全一样的。在上面的示例中，即使 PlaySongNote 方法更改了作为参数传入的 myNote 的 NotePitch，myNote 变量的 NotePitch 成员并没有被更改。从这方面讲，结构值与整数或其他类型完全相同。

此外，方法还可以返回一个结构作为结果。下面所示的 RandomSongNote 方法是 SongNote 类型的。它返回了一个被设置为随机音调和持续时间的 SongNote 值。该方法使用骰子值(返回数字 1 到 6)来选择一个随机音调，同时使用另一个骰子值来选择随机的持续时间。

```
public SongNote RandomSongNote()
{
   SongNote result;
   result.NotePitch = SnapsEngine.ThrowDice(); ———— 从 1 到 6 中选择一个音调
   result.NoteDuration = SnapsEngine.ThrowDice() / 10.0; ———— 选择一个持续时间
   return result;
}
```

可以使用该方法来播放随机音符序列。下面所示的程序使用了 RandomSongNote 和 PlaySongNote 来播放一个拥有 21 个音符的随机歌曲，这声音听起来就像是一只猫在钢琴键盘上走路时所发出来的声音。

```
for (int i = 0; i < 20; i = i + 1) ———— 循环 20 次
{
   SongNote note = RandomSongNote(); ———— 选择一个随机音符并播放
   PlaySongNote(note);
}
```

Ch09_04_RandomMusic

动手实践

改进键盘猫报警程序

可以使用该随机音乐代码创建一个令人讨厌的报警程序，随机播放一系列音符。播放会一直持续，直到用户单击屏幕为止：

```
public void StartProgram()
{
    SnapsEngine.SetTitleString("Keyboard Cat Alarm");

    SnapsEngine.DisplayString("Tap the screen to stop the alarm");

    SnapsEngine.ClearTextTappedFlag();

    while (true)                                  永远循环
    {
    SongNote note = RandomSongNote();  ┐
    PlaySongNote(note);                ┘          选择一个随机音符并播放
    if(SnapsEngine.TextHasBeenTapped())
        break;                                    如果屏幕被单击，退出循环
    }

    SnapsEngine.DisplayString("Alarm cleared");
}
```

该程序使用了第 6 章介绍的屏幕单击方法来检测用户何时单击了屏幕，从而关闭报警。还可以通过添加延迟来改进程序，以便在报警之前等待几分钟。甚至可以进一步改进程序，当播放每个音符时让程序使用随机颜色闪屏。

9.1.4　构建结构值

结构除了可以包含数据成员，还可以包含方法。这意味着结构类型可以包含执行相关任务的代码，其中一项任务就是设置自己。

到目前为止，在音乐播放程序中，我们都是以“一种相对麻烦的方式”来设置结构变量的值。程序需要使用三条语句来创建新的 SongNote 结构以及设置 NotePitch 和 NoteDuration 成员：

```
SongNote note;
note.NotePitch = 0;
note.NoteDuration = 0.4;
```

幸运的是，C#提供了一种可以同时创建新结构对象以及设置值的方法，即为 SongNote 类型提供一个构造函数。构造函数本身就是结构的一个成员。对象的构造函数与对象同名，此时为 SongNote。一个对象可以拥有多个不同的构造函数，每一个构造函数都反映了在结构中设置初始值的不同方式。

```
public struct SongNote
{
    public int NotePitch;             ┐
    public double NoteDuration;       ┘── 数据成员

    public SongNote(int pitch, double duration) ──── 构造函数成员
    {
        NotePitch = pitch;            ┐
        NoteDuration = duration;      ┘── 将参数赋值到结构的成员中
    }
}
```

SongNote 的构造函数接收 pitch 和 duration 参数值，并使用它们设置结构的成员。当创建新的 SongNote 值时，就会使用到该构造函数：

```
SongNote note = new SongNote(pitch: 0, duration: 0.4);
```

该语句首先创建了一个新的 SongNote，然后将变量 note 设置为对应值。当调用方法时，构造函数会设置音调和持续时间。此时，在构造函数中使用了命名参数，从而更清楚地表明哪个是音调，哪个是持续时间。

这是一种创建 SongNote 值更简洁的方法。它可以确保创建一个变量时保存结构中所有成员的值。此外，它还提供了一种方法来确保音符包含有效信息。

实际上，程序并不会调用构造函数；而是在创建一个音符时自动调用的。在下面的示例中，添加了一条由 SongNote 构造函数显示的消息。

```
using  SnapsLibrary;

class  Ch09_06_ConstructingSongNotes
{
    static  SnapsEngine snaps;

    public struct SongNote
    {
        public int NotePitch;
        public double NoteDuration;

        publicSongNote(int note, double duration)
        {
            NotePitch = note;
            NoteDuration = duration;
            SnapsEngine.DisplayString("Hello from the SongNote constructor");
        }
    }

    public void StartProgram()
    {
```

```
        SongNote note = new SongNote(note: 0, duration: 0.4);
    }
}
```

当运行该程序时，一旦新的 SongNote 值被创建就会显示该消息。注意，一般来讲并不会这么做；构造函数应该只是静静地运行。

代码分析

构造函数有什么特别之处?

问题: 虽然前面我们在对象中也见过很多方法，但 SongNote 结构的构造函数有其特别之处。特别之处是什么呢?

答案: 它没有任何返回值。前面讲过，在考虑方法时，C#强调一个方法需要返回一个值。例如，GetNumber 方法返回一个整数，或者必须使用关键字 void 来显式地表明一个方法不返回任何内容。构造函数看似没有任何关于返回结构类型的信息。这是因为该方法永远不会返回任何内容。构造函数是被自动调用的，就如一个对象正在被创建。当构造函数完成时，对象创建完毕。

构造函数调用中的无效数据

Snaps 框架使用了范围从 0 到 12 的音调编号。超出该范围的音调值不会被播放。然而，有时程序员会试图构建一个包含无效值的 SongNote:

```
SongNote note = new SongNote(pitch: -99, duration: 0.4);
```

该语句创建了一个音调值为-99(该值超出了允许的范围)的 SongNote。即使该音符被播放，也不会正常工作。你可能会疑惑为什么有人会尝试创建此类的音符。其中一个理由是有人在攻击你的系统。“黑客”这个词曾经是一个值得尊敬的术语，描述了一个善于做事的人，现在却意味着有人试图闯入计算机系统。闯入计算机系统的其中一种方法就是使用无效的输入，并查看会发生什么。如果黑客幸运，当向系统输入无效数据后，程序就可能崩溃或者行为错误。

为了解决这个问题，构造函数可以检查用来设置对象的值，并拒绝所发现的无效值。此外，还可以通过抛出一个异常的方式拒绝无效值。

在构造函数中抛出异常

在第 6 章中我们遭遇到了第一个异常，当时我们看到，如果程序尝试访问数组中的一个不存在的条目，系统就会抛出一个异常来阻止该访问。SongNote 对象的构造函数同样也可以创建并抛出一个异常来停止程序，因为继续程序并生成一个无效的 SongNote 值是不明智的。

C#关键字 throw 通常被用来抛出一个 Exception 对象。异常可以给出一个描述错误的信息。

```
throw new Exception("Invalid note pitch value");
```

顾名思义，只有在特殊情况下才应该抛出异常。如果用户输入无效数据，例如年龄值为 1000，那么这并不是异常；更有可能是用户无意识间多按了几次键盘。前面已经学习了如何处理此类错误；可以使用一个循环重复请求值，直到用户输入了有效值为止。然而，如果构造函数检测到了一个无效输入，则需要进行相应的处理。构造函数不允许创建包含无效音调值的SongNote。

```
public  SongNote(int pitch, double duration)
{
    if (pitch < 0 || pitch > 12)                          测试无效音符
        throw new Exception("Invalid pitch value");       如果无效，则抛出异常

    if (duration < 0.1 || duration > 1)                   测试无效持续时间
        throw new Exception("Invalid duration value");    如果无效，则抛出异常

    NotePitch = pitch;                                    设置音调值和持续时间的语句
    NoteDuration = duration;
}
```

该版本的SongNote构造函数拒绝创建带有无效音调编号或者持续时间小于1/10秒或大于1秒的SongNote。如果有人尝试创建一个无效的SongNote，那么现程序就会被一个异常所停止。我将这种技术称为防御性编程(defensive programming)。请尽量确保程序不被扰乱，即使是无效输入。同时，也要努力地确保程序在出现错误时立即停止运行，而不是一段时间后再停止。也就是说，当程序尝试创建一个无效的SongNote时就会运行失败，而不是试图播放该SongNote才失败。本书的后面还会介绍如何捕获和处理异常。

代码分析

异常类型

问题： Exception类型的目的是什么？

答案： Exception类型包含了错误发生时程序状态的描述信息，以及错误本身的描述信息。后面我们将会学习如何捕获这些信息并向用户(以及程序员)提供所发生错误的相关内容。

问题： Exception类型来自哪里？

答案： Exception类型定义在System命名空间中。我们在第3章首次认识了什么是命名空间，当时讲过，所有的Snaps方法都定义在SnapsLibrary命名空间中。如果想要直接访问System命名空间中的类型，程序必须包含一个using指令来告诉编译器在指定的命名空间中查找相关类型。这意味着使用了Snaps和System类型的程序必须包含两个using指令。

```
using SnapsLibrary;
using System;
```

9.1.5　创建一个音乐录音机

前面我们使用了一个数组来保存一组冰淇淋销售数据。接下来使用一个数组保存一段音乐(以SongNote值数组的形式存在)。程序将重复请求用户输入音调和持续时间值，然后使用输入的数据创建新的音符值，最后存储在一个名为tune的数组中。

```
SongNote[] tune = new SongNote[100]; ———— 该音乐包含了多达 100 个音符

int tuneLength = 0; ———— 保存用户所输入的曲子长度

for (int tunePos = 0; tunePos < tune.Length; tunePos = tunePos + 1)
{                                        └———— 循环读取和存储音符

   string command = SnapsEngine.SelectFrom2Buttons("New Note", "Play Tune");
                                         └———— 请求用户做什么
   if (command == "Play Tune")———— 检查是否选择了 Play Tune
   {
      tuneLength = tunePos; ———— 记录用户当前循环的位置
      break;
   }                                     ┌———— 如果到达该语句，则输入了一个
                                         │     新的音符，所以获取音调
   int notePitch = SnapsEngine.ReadInteger("Note Pitch");
   float noteDuration = SnapsEngine.ReadFloat("Note Duration"); — 获取音符的
                                         ┌———— 创建一个新音符      持续时间
   SongNote newNote = new SongNote(pitch: notePitch, duration: noteDuration);

   tune[tunePos] = newNote; ———— 存储新音符
}
```

该循环可以成为一个音乐录音机程序的一部分。用户可以输入所需的音符(不得超过数组的大小)。每次循环时，程序都会询问用户是否想要添加一个新的音符，或者退出循环。如果用户想要输入新的音符，则程序要求输入音符的音调和持续时间值。这些数据都是创建新音符并复制到数组所必须使用的。当用户完成了音乐的输入，可以选择 Play Tune 按钮，此时程序将停止记录音符，并播放已录入的音符。下面所示的代码播放了用户所输入的所有音符。

```
// Play the tune
for (int tunePos = 0; tunePos < tuneLength; tunePos++) ———— 遍历每个音符，
{                                                             直到曲子结束
   SnapsEngine.PlayNote(pitch:tune[tunePos].NotePitch,
      duration:tune[tunePos].NoteDuration); ———— 播放音符
}
Ch09_07_MusicRecorder
```

代码分析

检查音乐录音机

问题：音乐录音机程序如何知道音乐有多长时间呢？

答案：该记录程序使用了一个称为 tunePos 的计数器变量来记录下一个音符在数组中所存储的位置。每次存储循环时，tunePos 的值都会加 1。当用户选择了 Play Tune 命令时，程序在 tuneLength 变量中记录下 tunePos 的值，该值将被用来控制播放曲子的 for 循环。

问题：如果用户向音符记录器中输入了无效的音调或持续时间，会发生什么事情？

答案：音符的构造函数将会抛出一个异常，同时音符录入程序停止运行。对于音乐录音机来说，这并不是一种非常友好的行为。你可以对该程序进行改进，以便在创建音符之前对音调和持续时间值进行检查。

9.1.6　创建预设数组

可以使用音乐录音机程序来输入并播放你所喜欢歌曲的音符，比如“Twinkle，Twinkle Little Star。”然而，你会发现每次想要听相同的歌曲时都需要输入所有的值，这是相当枯燥乏味的。此时，需要为这首歌创建一个预设的音符数组。

在第 7 章，我们学习了如何创建预设数组。冰淇淋销售程序使用了一个预设数组来保存一周中每一天的名称，以便可以将一周中的第几天转换对应的星期名称。同样的，也可以创建一个音符的预设数组，从而将歌曲数据内置到程序中。许多程序都是以这种方法将数据内置到程序中。一个游戏程序可能预设了相关数据用来描述不同的游戏级别；而一个货币兑换程序则可能内置了所使用的不同类型货币的名称。此外，程序还可以创建结构值。下面的代码创建了 SongNote 值的 twinkleTwinkle 数组。

```
SongNote[] twinkleTwinkle = new SongNote[] {  ——— 数组初始化的开始
   newSongNote(pitch:0, duration:0.4), new SongNote(pitch:0, duration:0.4),
   newSongNote(pitch:7, duration:0.4), new SongNote(pitch:7, duration:0.4),
   newSongNote(pitch:9, duration:0.4), new SongNote(pitch:9, duration:0.4),
   newSongNote(pitch:7, duration:0.8), new SongNote(pitch:5, duration:0.4),
   newSongNote(pitch:5, duration:0.4), new SongNote(pitch:4, duration:0.4),
   newSongNote(pitch:4, duration:0.4), new SongNote(pitch:2, duration:0.4),
   new SongNote(pitch:2, duration:0.4), new SongNote(pitch:0, duration:0.8)
};                                    └——— 放入新数组中的音符值
```

然后，可以使用一个循环遍历数组中的每个音符并进行播放。该循环适用于任何长度的数组。

```
foreach(SongNote note in twinkleTwinkle)  ——— 依次获取每个音符
{
   SnapsEngine.PlayNote(pitch:note.NotePitch), duration:note.NoteDuration);
}
              └——— 播放音符
```

代码分析

检查预设音乐

问题：foreach 循环是如何播放预设曲子的？

答案：程序可以使用 foreach 循环来遍历数组中的每个项。每次循环时，变量 note 都被设置为 twinkleTwinkle 数组中的下一个连续项。

问题：如何向曲子中添加额外的音符？

答案：如果在程序文本中添加了额外音符，程序将自动播放它们。

9.2　对象和责任：让 SongNote 播放自己

目前，程序使用了 SongNote 结构作为一种方法将用来描述歌曲中音符的音调和持续时间值集合在一起。然而，如何想要使用 SongNote 结构，则必须知道 SongNote 结构包含了什么内容。换句话说，如果我想要编写一个播放歌曲的程序，则必须知道 Snaps 方法是如何使用 SongNote 结构的 NotePitch 和 NoteDuration 成员来播放音乐的。

如果可以要求 SongNote 值播放自己，那么事情就变得简单了。事实证明，这一点是可以做到的，因为结构可以包含方法。

```
public struct SongNote
{
    public int NotePitch;
    public double NoteDuration;

    public void Play()
    {
        SnapsEngine.PlayNote(pitch:NotePitch, duration: NoteDuration);
    }
}
```

Play 方法是 SongNote 结构的一部分。就像可以访问结构的数据成员一样，程序也可以调用结构所包含的方法：

```
foreach(SongNote note in tune)
{
    note.Play();
}
```

该版本的歌曲回放循环通过调用 SongNote 结构中的 Play 方法来播放每个音符。这意味着其他程序员只需要使用 SongNote 结构来播放音乐，而无须知道这些音符是如何演奏的。这是一项非常强大的功能。

程序员要点

自包含对象是一件非常好的事情

虽然使用了 SongNote 结构的程序员需要指定一个 NotePitch 以及一个 NoteDuration 来创建一个音符，但并不需要知道如何使用 Snaps 框架中的 PlayNote 方法来播放音符。这是因为 SongNote 结构提供了一个负责播放音乐的 Play 方法。这有点像驾驶自动挡和手动挡汽车。在驾驶自动挡汽车时，驾驶员只需要踩下踏板就可以使汽车跑得更快。而在驾驶手动挡汽车时，就必须知道如何选择档位、如何换挡等操作。当为一个复杂的系统设计组成元素时，应该尽可能地将每个元素设计为自包含，并易于使用。

保护结构中存储的值

如你所见，之所以将 SongNote 结构的值设置为公共的，是为了程序可以在音符中存储相关的值。NotePitch 和 NoteDuration 成员声明前面的 public 意味着这些成员对使用了 SongNote 结构的程序来说都是可见的。

```
public struct SongNote
{
   public int NotePitch;
   public double NoteDuration;
}
```

下面的代码演示了如何创建并设置第一个 SongNote 值：

```
SongNote note
note.NotePitch = 0;
note.NoteDuration = 0.4;
```

将值放置到结构的 NotePitch 和 NoteDuration 成员中

首先声明音符，然后设置相关的值。然而，这些值都被标记为 public，意味着程序可以在任何时候更改这些值。对于 SongNote 来说，这并不是一个大问题；因为即使其他的程序员修改了这些值，也只不过是让音乐更加难听而已。然而，假设是为银行编写一个程序，如果程序员可以随意更改某一账户内的金额，那将是非常危险的。

C#语言允许将结构的成员标记为 private。结构的私有成员对于运行在结构之外的代码来说是不可见的：

```
public struct SongNote
{
   private int notePitch;
   private double noteDuration;

   public void Play ()
   {
      SnapsEngine.PlayNote(notePitch, noteDuration);
   }

   public  SongNote(int pitch, double duration)
   {
      notePitch = pitch;
      noteDuration = duration;
   }
}
```

将 notePitch 和 noteDuration 成员标记为私有

该代码可以使用这些成员变量，因为它是 SongNote 结构的一部分

设置音符的初始值

上面所示的代码显示了 SongNote 结构的更安全版本。notePitch 和 noteDuration 值被设置为 private，意味着只有 SongNote 结构内方法中的语句才可以使用这些变量。一旦创建了 SongNote 值，任何程序都不可能更改音符的音调或者持续时间值。

```
SongNote note
note.notePitch = 0;
```

该语句将无法编译，因为 notePitch 现在是私有的

代码分析

公共和私有

问题：仔细对比一下更安全的 SongNote 结构和原始的 SongNote 结构，会发现两者之间略有不同。SongNote 的更安全版本的不同之处是什么呢？

答案：两个数据成员 notePitch 和 noteDuration 现在都使用了小写字母开头的标识符：例如，NotePitch 变为 notePitch。这是程序员经常使用的一种 C#惯例，可以让程序更加容易理解。如果是以大写字母开头的标识符，则表示该成员是公共的，并且可以被运行在结构之外的代码所看见。如果是以小写字母开头的标识符，则是私有的。

问题：是否可以让成员方法变为私有？如果将 SongNote 的 Play 方法变为私有，那么会发生什么事情？这是否是一个好主意？

答案：将方法变为私有是可以的。但这么做的影响是该方法就不能被结构之外的代码所调用。将 Play 方法变为私有是不明智的，因为结构之外的代码都会使用该方法。如果 Play 方法变为私有，那么外部程序将不能调用它，音符也就无法播放出来。

程序员要点

在程序设计时考虑“主动”和“被动”安全

类中被标识为 public 的数据成员可以被视为一个潜在的危险点。这是因为无法对该变量的值进行控制。另一个程序可以随时更改该值。当设计一个大型程序时，应该考虑如何确保程序使用的所有值始终都是有效的。

这是创建高质量软件的一部分。汽车设计者经常会讨论“主动”和“被动”安全。主动安全功能(良好的刹车和转向)可以帮助防止驾驶者陷入危险，而被动安全(安全气囊和安全带)则可以帮助驾驶者在遇到危险的情况下减少受伤。同样，好的软件也应该具备主动和被动元素。私有和公共元素有助于实现主动安全——使程序中的值更加难以被代码中的错误所破坏。比如，不可能破坏一首歌曲中各种音符的相关设置，因为数据成员被设置为私有。而程序中的异常则有助于实现被动安全。如果程序检测到危险正在继续，那么可以抛出一个异常，并以一种可管理的方式运行失败。

9.3　使用 Snaps 创建一个绘图程序

图 9-2 所示的程序看似像一个非常复杂的程序，但我们可以尝试创建该程序。在创建该程序的过程中，将会学习更多关于数据结构的知识。

该程序的用户可以使用手指、鼠标或者笔在屏幕上绘图。程序的第一个版本非常简单。它首先查找笔在什么位置，然后在该位置绘制一个带颜色的点。如果在一个循环中重复这两个操作，就可以创建一个简单的绘图程序。在拥有了基本程序之后，就可以添加更多高级的功能，比如颜色选择。

图 9-2 专家手中的绘图程序

9.3.1 在屏幕上绘制点

在编写程序之前，必须首先弄清楚如何表示使用的绘制位置。在计算机图形学中，绘制的位置值通常以像素表示。一个像素就是所使用设备屏幕上的一个可寻址点。例如，显示屏制造商会指明显示器是 1280 像素×768 像素。数码相机的分辨率也是以像素表示的。屏幕所拥有的像素越多，可以显示的细节也就越多，当然，也会受到屏幕大小的影响。

如图 9-3 所示，对于屏幕上给定的位置，X 值指定了该位置距离左边缘的距离，而 Y 值则指定了距离上边缘的距离。特定位置通常表示为(X,Y)。

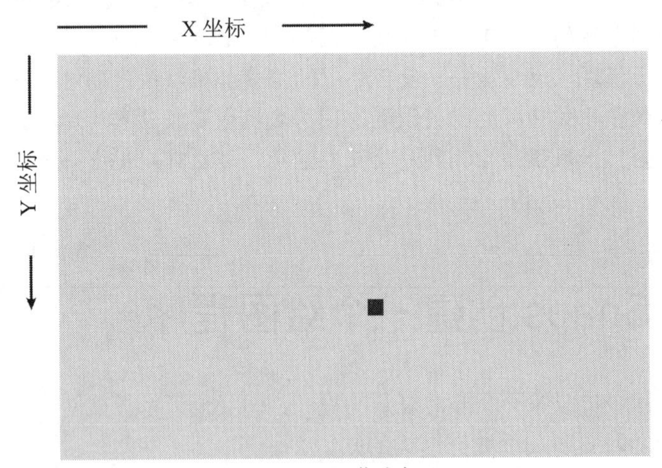

图 9-3 屏幕坐标

代码分析

弄清楚什么是坐标

问题：坐标(0,0)位于屏幕上的什么位置？

答案：该位置有时被称为坐标系统的原点。当在计算机屏幕上进行绘图时，原点通常位于屏幕的左上角。注意，这与你在纸上绘制的大多数图形不同，在纸上所绘制图形的原点位于左下角。

问题：如果增加 Y 的值，位置点在屏幕上如何移动？

答案：该问题非常重要。增加 Y 的值会使位置向屏幕下方移动，而不是向屏幕上方移动，因为屏幕的原点是左上角。

9.3.2　使用 DrawDot Snap 在屏幕上绘制一个点

DrawDot 方法可以让程序在屏幕上绘制出一个点。当调用该方法时，需要为其提供所绘制点的位置和宽度：

```
using SnapsLibrary;

class Ch09_10_DrawADot
{
    public void StartProgram()
    {
        SnapsEngine.DrawDot(x:100, y:200, width:10);
    }
}
```

如果运行该程序，会在屏幕上出现一个 10 像素宽的点。该点距离左边缘 100 像素，距离上边缘 200 像素。如图 9-4 所示，此时点的颜色是非常不起眼的灰色。

图 9-4　绘制一个点

该版本的 DrawDot 方法接受两个用来表示绘制位置(以 X,Y 值的形式表示)的整数。然而，Snaps 框架提供了一种更好的方法来管理屏幕位置：SnapsCoordinate 结构。

9.3.3 SnapsCoordinate 结构

接下来将要创建的绘图程序需要操作屏幕上的位置。Snaps 框架中包含了一种实现该操作的数据结构。事实上，Snaps 框架包含了一组类型，从而可以处理不同的数据类型。这些数据类型都包含在 Snaps Types 源代码中。在 Visual Studio 中使用 Solution Explorer 打开 SnapsCoordinate 源代码，如图 9-5 所示。

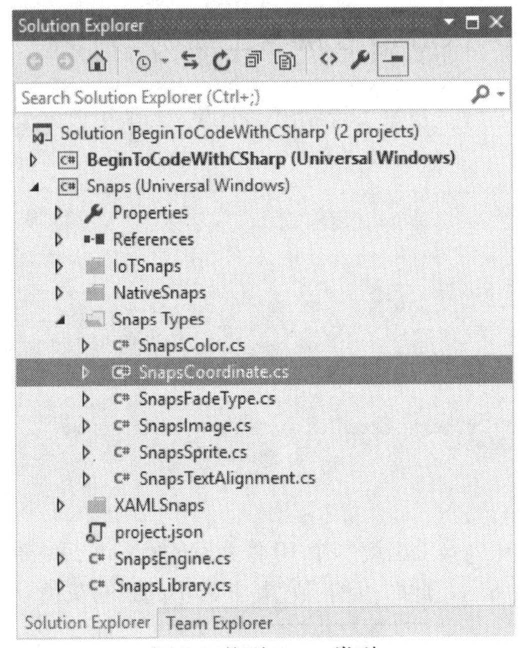

图 9-5　找到 Snaps 类型

看一下该结构的设计：

```
namespace SnapsLibrary
{
    public struct SnapsCoordinate
    {
        public int XValue;
        public int YValue;

        public SnapsCoordinate(int x, int y)
        {
            XValue = x;
            YValue = y;
        }
    }
}
```

坐标保存的数据值

坐标的构造函数

稍后我们会开始创建一个更复杂的程序，到时会介绍更多关于关键字 namespace 的内容。目前先重点介绍 SnapsCoordinate 结构，它包含了两个用来指定屏幕上某一位置的数据成员。此外，它还提供了一个构造函数，可用来创建带有一对特定 X,Y 值的坐标。如果愿意，还可创建自己的结构值：

```
SnapsCoordinate dot = new SnapsCoordinate(x:100,y:200);
SnapsEngine.DrawDot(pos:dot,width:10);
```

第一条语句创建了一个名为 dot 的变量(SnapsCoordinate 类型)。该坐标描述了一个距离左边缘 100 像素、距离上边缘 200 像素的位置。然后使用该坐标在屏幕上绘制了一个 10 像素宽的点。注意，该程序使用了 DrawDot 方法的重载版本。程序可以通过提供某一方法的多个版本来重载该方法，其中每个方法接受一组不同的参数。对于 DrawDot 方法来说，可以通过使用单独的 X 和 Y 值(有时这种方法是非常有用的)或者使用一个 SnapsCoordinate 值(有时这种方法也非常有用)来指定一个位置。

代码分析

方法重载

方法重载背后的主要思想是首先为方法所完成的任务确定一个合理的名称，然后创建以不同方式使用的方法版本。具体使用哪个版本可根据程序的需求来确定。对于 DrawDot 来说，可以调用带有整数或坐标值的方法。然而，重载有时也会导致混乱。请考虑一下下面几个方法：

```
public static void m1 (int x)
{
   SnapsEngine.DisplayString("integer method");
}

public static void m1(float x)
{
   SnapsEngine.DisplayString("floating method");
}

public static void m1(string title, int x)
{
   SnapsEngine.DisplayString("string and int overload");
}
```

所有的方法都被命名为 m1，且带有不同的参数类型。

问题：该代码是否可以正确编译？

答案：可以。编译器会认为它们都是不同的方法，因为它们拥有不同的参数类型。此时名称 m1 被重载。

问题：哪种方法可以被下面的语句所调用？

```
m1(x:3);
```

答案：此时将运行 m1 方法的第一个版本，因为该方法的参数是整数类型。然而，该重载形式可能会产生混乱，因为某些阅读该代码的人可能会认为使用了浮点版本。我建议方法的每一种重载版本都应该拥有不同数量的参数，就像 m1 方法的第三个版本那样。这样在调用时就不会出现混乱。

9.3.4　使用 GetDraggedCoordinate Snap 检测绘制位置

下一步是找出用户在屏幕上绘制的位置。Snaps 库提供了一个方法来完成该工作。可以使用 GetDraggedCoordinate 方法找出用户想要在屏幕的什么位置进行绘制：

```
SnapsCoordinate draggedCoordinate = SnapsEngine.GetDraggedCoordinate();
```

该方法会一直等待，直到用户在屏幕上完成了一次绘制操作。如果用户使用的是触摸屏，那么该方法会等待用户触摸屏幕。如果用户使用的是笔，那么该方法会等待用户在屏幕上移动笔。如果使用的是鼠标，则用户可以单击鼠标左键并移动鼠标，从而在屏幕上进行绘制。

GetDraggedCoordinate 所返回的结果是 SnapsCoordinate 类型的结构变量值。该坐标值与 DrawDot 方法所使用的值完全匹配。这意味着程序可以从用户获取一个位置，然后马上使用 DrawDot 方法在屏幕对应位置上绘制出一个点。

```
                                        ┌──────────────── 获取绘制位置
SnapsCoordinate draggedCoordinate = SnapsEngine.GetDraggedCoordinate();
SnapsEngine.DrawDot(pos: draggedCoordinate,width:10); ──── 绘制一个点
```

这两条语句是绘图程序的核心代码。第一条语句等待用户指明想要绘图的位置，第二条语句则在该位置绘制一个点。这有点类似于等待我的妻子告诉我她要在墙上的什么位置挂一幅画。她会说“离墙两英尺，五英尺高”，然后我就会将画挂在墙上，然后她可以看一看，并且可能会说“实际上，我更喜欢六英尺高。”此时我会调整高度，直到找到满意的位置。

如果想要让用户在屏幕上进行连续绘画，可以将上面的两条语句放到一个循环中。下面所示的小程序使用了一个无限循环，从而让用户使用手指、笔或者鼠标在屏幕上绘图。如果使用鼠标，在绘制过程中必须按住鼠标左按钮。

```
class Ch09_11_SimpleDraw
{
    public void StartProgram()
    {
        while (true)──────────────────────────── 永远重复循环
        {
            napsCoordinate draggedCoordinate =
                SnapsEngine.GetDraggedCoordinate(); ──── 获取拖动的坐标
            SnapsEngine.DrawDot(pos: draggedCoordinate, width: 10); ──┐
        }                                                  在拖动位置绘制一个点
    }
}
```

易错点

用完了点

运行 Ch09_11_SimpleDraw 程序。你会注意到，当在屏幕上绘制一段时间后，程序开始从屏幕上擦除点。那些被擦除的点都是最先绘制的点。这样做的原因是 Snaps 框架的绘图例程是

通过向显示器添加点对象来工作的。显示器的点容量是有限的，在绘制了 3000 个点之后，就会开始擦除旧的点。这完全是我在编写该框架时所做的限制。

9.3.5　使用 SetDrawingColor Snap 设置绘制颜色

到目前为止，都是使用默认的颜色来进行绘制(即沉闷的灰色)。Snaps 库提供了方法 SetDrawingColor 来设置绘制操作所使用的颜色。可以像前面使用 SetBackgroundColor 方法那样使用该方法。同时，需要为该方法提供三个参数：分别用来设置颜色的红、绿、蓝的值。以下语句将绘制颜色设置为红色(请记住，任何颜色的最大值都为 255)：

```
SnapsEngine.SetDrawingColor(red:255, green:0, blue:0);
```

代码分析

颜色和点

```
using SnapsLibrary;

class Ch09_12_MysteryImage
{
    public void StartProgram()
    {
        SnapsEngine.SetBackgroundColor(red: 100, green: 100, blue: 100);
        SnapsCoordinate pos = new SnapsCoordinate(100, 200);
        SnapsEngine.SetDrawingColor(red: 255, green: 255, blue: 255);
        SnapsEngine.DrawDot(pos: pos, width: 100);
        SnapsEngine.SetDrawingColor(red: 0, green: 0, blue: 0);
        SnapsEngine.DrawDot(pos: pos, width: 80);
        SnapsEngine.SetDrawingColor(red: 0, green: 0, blue: 255);
        SnapsEngine.DrawDot(pos: pos, width: 60);
        SnapsEngine.SetDrawingColor(red: 255, green: 0, blue: 0);
        SnapsEngine.DrawDot(pos: pos, width: 40);
        SnapsEngine.SetDrawingColor(red: 255, green: 255, blue: 0);
        SnapsEngine.DrawDot(pos: pos, width: 20);
    }
}
```

问题：上面的语句在屏幕上绘制了一些内容。绘制的内容是什么呢？

答案：首先是屏幕被更改为灰色。然后在屏幕上绘制了一个图像。该图像由一系列的点组成。它们都被绘制在相同的位置，即代码开始时所设置的(100,200)。所绘制的每一个后续的点都比前一个点要小一些，并且显示在其他点的上面。如果你热衷于射箭，就会明白该程序所绘制的内容：一个真正的射箭目标。

问题：如果最后一个绘制而不是第一个绘制白色的圆圈，那么会发生什么事情？

答案：最终我们所看到的是一个大的白点，因为它掩盖了下面所有的圆圈。只需要通过叠加不同颜色的圆，就可以使用该程序代码创建上面所示的图像。

问题：当程序停止时，是否可以阻止 Snaps 选择页面的显示？

答案：可以。当程序完成时，目标的显示被 Snaps 程序菜单所破坏。只需要设置一个 Snaps 控制标志，就可以要求 Snaps 框架不显示该菜单。

```
SnapsEngine.DisplayControMenuAtProgramEnd = false;
```

```
Ch09_13_MysteryImageNoControlMenu
```

该标志通常为 true。如果将其设置为 false，用户就必须使用 Windows 控制来关闭程序，同时也就无法选择另一个 Snaps 程序。

9.3.6　使用 ClearGraphics Snap 清除屏幕

目前，虽然还不能清除屏幕并开始新的绘制，但 Snaps 框架已经提供了一个方法 ClearGraphics 来完成清除工作。可以编写一个绘图程序，当用户单击屏幕的左上角时清除图形。该程序的关键操作是 if 条件。它使用了两个条件，并用&&(AND)逻辑运算符将两个条件组合起来。如果 X 位置离边框的距离小于 10 个像素，同时 Y 位置离顶部的距离小于 10 个像素，就会清除图像(虽然使用 10 个像素看似工作很好，但如果使用的是触摸输入，清除屏幕可能还有点棘手)。如果绘制操作不是在左上角，会执行条件的 else 部分，继续在屏幕上绘制点。

```
using SnapsLibrary;

class Ch09_14_DrawingClear
{
    public void StartProgram()
    {
        while(true)
        {
            SnapsCoordinate drawPos = SnapsEngine.GetDraggedCoordinate();
            if (drawPos.XValue < 10 && drawPos.YValue < 10)
                SnapsEngine.ClearGraphics();
```

获取绘画位置

如果该位置位于屏幕的左上角，则清除图像

```
            else
               SnapsEngine.DrawDot(pos: drawPos, width: 20);
         }
      }
   }
```

否则，绘制点

9.3.7 SnapsColor 结构

目前，图形程序都是通过三个值(分别表示红色、绿色和蓝色的强度值)来使用颜色。然而，如果可以将颜色作为单个值来使用，那么会显得更加有用。因此创建了 SnapsColor 结构，如下所示：

```
namespace SnapsLibrary
{
   public struct SnapsColor
   {
      public byte RedValue;
      public byte GreenValue;
      public byte BlueValue;

      public SnapsColor(byte red, byte green, byte blue)
      {
         RedValue = red;
         GreenValue = green;
         BlueValue = blue;
      }
   }
}
```

SnapsColor 结构包含了三个 byte 值：分别表示所存储颜色的红色、绿色和蓝色值的强度。通过提供不同颜色的数量，可以构建新的值：

```
SnapsColor pink = new SnapsColor(red: 255, green: 192, blue: 203);
```

SnapsColor 结构的构造函数接受红色、蓝色和绿色值，然后将这些值存储在该对象中。

所有的颜色选择方法的重载版本都可以接受一个 Snaps 颜色。比如，下面的语句将绘制颜色设置为粉红：

```
SnapsEngine.SetDrawingColor(pink);
```

9.4 创建枚举类型

当想要设计一种可以保存一组相关值的数据存储时，结构是非常有用的。但有时需要限制变量可以保存的可能值的范围，而不是增加数据存储单元的容量。例如，可以改进绘图程序，让用户使用不同形状的笔进行绘制，甚至可以使用擦除笔进行绘制。解决这个问题的一种方法是将一些整数值映射到可用的不同类型的笔上：

```
int penType;
if(penType == 1)
{
   // round pen
}
if(penType == 2)
{
   // square pen
}
if(penType == 3)
{
   // erase pen
}
```

变量 penType 是一个整数。上面的代码使用了值 1、2 和 3 来分别表示圆笔、方笔和擦笔。每完成一次绘图操作时，程序都可以根据该变量选择合适的动作。虽然这看起来不错，但从编程的角度看是非常危险的，因为程序员可能会将无效值放入该变量中：

```
penType=99;
```

上面所示的语句会破坏程序。其实，我们真正想要创建的是一种仅能存储三个可能值的新数据存储类型。事实证明 C#已经为我们提供了该类型，即枚举类型。

```
enum PenModes————————创建一个枚举 PenModes
{
   RoundPen,  ─┐
   SquarePen,  ├──────可能值的列表
   ErasePen   ─┘
};
```

关键字 enum 后面紧跟着所创建的枚举类型的名称。而该名称后面紧跟着一个代码块，其中包含了该类型可以保存的可能值列表。此时 PenModes 类型只包含了三个条目，但你可以根据需要添加更多的条目。

一旦创建完新类型，就可创建该类型的变量：

```
PenModes penType;
```

变量 penType 可以被设置为 PenModes 类型可用的任何值：

```
penType = PenModes.SquarePen;
```

上面的语句将 penType 值设置为用方形笔进行绘制。可以像使用其他类型一样在 C#程序中使用枚举类型。它们可以被用作方法的参数，或者返回值。但不能使用枚举类型进行算术运算。将 PenMode 值加 1 是没有任何意义的。程序可以通过使用一个条件来测试枚举类型的值。下面的代码测试笔类型是否被设置为方形笔。

```
if(penType == PenModes.SquarePen)
{
   // draw with the square pen
}
```

使用枚举类型的另一个好处是让代码更容易理解。如果程序将 penType 与值 3 进行比较，阅读代码的人就必须事先知道 3 表示擦拭笔。但如果程序将 penType 与 PenModes.ErasePen 进行比较，那么对于阅读代码的人来说，所发生的事情是显而易见的。这是一件非常好的事情！

9.5 使用 switch 结构进行决策

虽然我们的绘图程序可以使用一系列的 if 条件来选择所需的绘制行为，但实际上 C#提供了一种更好的方法来使用枚举类型作出决策。可以在一个 switch 条件中使用枚举值：

```
switch(penType) ──────────────── 指定控制值的 switch 结构开始
{
   case PenModes.RoundPen: ────────── Case 选项
      SnapsEngine.SetDrawingColor(drawColor);
      SnapsEngine.DrawDot(drawPos, 20);
      break; ──────────────────── 因终止 case 而退出

   casePenModes.SquarePen:
      SnapsEngine.SetDrawingColor(drawColor);
      SnapsEngine.DrawBlock(drawPos.XValue, drawPos.YValue, 20,20);
      break;

   casePenModes.ErasePen:
      SnapsEngine.SetDrawingColor(backgroundColor);
      SnapsEngine.DrawBlock(drawPos.XValue, drawPos.YValue, 20, 20);
      break;
}
Ch09_15_DrawEnum
```

上面的代码显示了如何使用 switch。它是绘制程序的一部分，该程序显示了一个调色板，用户可以从其中选择他们想要在屏幕上绘制的颜色。penType 值用作 switch 的控制值，程序将会执行与该控制值相匹配的 case。如果使用的是圆笔，那么程序会设置对应的绘图颜色并绘制一个圆点。如果使用的是方形笔，那么设置对应的绘图颜色并使用 Snaps DrawsBlock 绘制一个块。最后，如果使用的是擦拭笔，那么会将背景设置为对应的绘图颜色，并在屏幕上绘制一个块，该块中的内容将被清除。

虽然可以在特定的 case 中放置所需要的任意语句，但必须确保该 case 中的最后一条语句是关键字 break，该关键字可以终止该 case 中代码的执行。

此外，在 switch 语句中还可以使用字符串和整数数字；只要是可以选择特定选项即可。case 语句也可以拥有一个默认行为，如果没有任何 case 与所选择的值相匹配，就会执行该默认行为。

下面所示的程序将会显示“Invalid Command”消息，因为command变量的值与switch中的任何case都不匹配：

```
intcommand=0;

switch(command)
{
    case1:
        SnapsEngine.DisplayString("Command One");
        break;
    case2:
        SnapsEngine.DisplayString("Command Two");
        break;
    default:
        SnapsEngine.DisplayString("Invalid Command");
        break;
}
```

还可以根据多个元素来选择某一特定的case。下面所示的switch语句根据所输入的命令来选择一种方法。命令字符串“Delete”、“Del”以及“Erase”都会导致调用doDelete方法。

```
string commandName = readCommand();

switch(commandName)
{
    case "Delete":
    case "Del":
    case "Erase":
        doDelete();
        break;

    case "Print":
    case "Pr":
    case "Output":
        doPrint();
        break;
    default:
        doInvalidCommand();
        break;
}
```

程序员要点

case中的代码要尽可能少

不要尝试在一个给定的case中放置大量的代码。上面所示的示例(使用switch来选择某一特定的方法，从而执行适当的操作)是使用switch条件的最佳方法。

9.6 额外 Snaps

可以使用下面介绍的一些 Snaps 创建更有趣的绘图程序。

9.6.1 GetTappedCoordinate

虽然 GetTappedCoordinate 与 GetDraggedCoordinate 相类似，但前者返回的是用户单击的位置，而不是用户拖动屏幕的位置。该位置以一个坐标的形式返回。TapDraw 程序演示了该方法的工作原理，在用户单击的每个位置绘制一个圆点。

```
using SnapsLibrary;

class Ch09_16_TapDraw
{
    public void StartProgram()
    {
        while(true)
        {
            SnapsCoordinate tappedPos = SnapsEngine.GetTappedCoordinate();
            SnapsEngine.DrawDot(tappedPos, 20);
        }
    }
}
```

9.6.2 DrawLine

实际上，DrawLine 方法所完成的操作与我们所期望的一样：绘制一条直线。它接受一个起始位置和一个结束位置，并在两点之间绘制一条直线。下面所示的示例代码绘制了一个 X，其中一个方向为红线，而另一个方向为蓝线。

```
using SnapsLibrary;

class Ch09_17_DrawLineDemo
{
    public void StartProgram()
    {
        SnapsEngine.SetDrawingColor(red: 255, green: 0, blue: 0);
        SnapsEngine.DrawLine(x1: 0, y1: 0, x2: 100, y2: 100);
        SnapsEngine.SetDrawingColor(red: 0, green: 0, blue: 255);
        SnapsEngine.DrawLine(x1: 0, y1: 100, x2: 100, y2: 0);
    }
}
```

DrawLine 方法有两个版本。其中一个版本需要以单独的 X 和 Y 值形式提供起始和结束位置(就像前面所介绍的那样)。而另一个版本则需要以一个坐标的形式提供起始和结束位置，这样，可以让 DrawLine 更加灵活。程序可以根据需要调用最合适的版本。下面所示的程序演示了该方法的工作原理。该程序绘制了从左上角(0,0)到用户在屏幕上单击的位置之间的直线。同时这也是方法重载的另一个示例。方法的名称(此时为 DrawLine)被用来表示多种不同的方法，而每一个方法又接受不同组的参数。

```
using SnapsLibrary;

class Ch09_18_TapLine
{
    public void StartProgram()
    {
        SnapsCoordinate origin = new SnapsCoordinate(x: 0, y: 0);

        SnapsEngine.SetDrawingColor(red: 255, green: 0, blue: 0);
        while(true)
        {
            SnapsCoordinate lineEnd = SnapsEngine.GetTappedCoordinate();
            SnapsEngine.DrawLine(p1: origin, p2: lineEnd);
        }
    }
}
```

9.6.3 GetScreenSize

有时，程序必须在各种不同的设备上运行：桌面 PC、笔记本电脑、移动设备，甚至可能是 Raspberry Pi。所有这些设备都有不同的显示分辨率；即屏幕的宽度和长度是不同的。GetScreenSize 方法返回一个 Snaps 坐标，其中 X 值被设置为屏幕的宽度，而 Y 值被设置为高度。

下面所示的 StartMaker 程序首先获取了屏幕的大小，然后计算出显示屏的中心位置。此时，用户可以通过单击屏幕上的不同地方来绘制一个星。该程序会绘制出一条从屏幕中心到单击位置之间的直线。

```
using SnapsLibrary;

class Ch09_19_StarMaker
{
    public void StartProgram()
    {
        SnapsEngine snaps = new SnapsEngine();

        SnapsCoordinate screenSize = SnapsEngine.GetScreenSize();
        SnapsCoordinate center;
        center.XValue = screenSize.XValue / 2;
        center.YValue = screenSize.YValue / 2;

        SnapsEngine.SetDrawingColor(red: 255, green: 0, blue: 0);
```

```
        while(true)
        {
            SnapsCoordinate lineEnd = SnapsEngine.GetTappedCoordinate();
            SnapsEngine.DrawLine(center, lineEnd);
        }
    }
}
```

9.6.4 PickImage

在第 5 章，我们学习了如何在程序中使用 DisplayImage 来显示图像。而下面所示的程序使用了 PickImage 来选择和显示图像。该程序显示了一个文件选择菜单，以便用户可以选择要显示的图像，然后在屏幕上显示图像。

```
using SnapsLibrary;

class Ch09_20_PickImage
{
    public void StartProgram()
    {
        SnapsEngine.PickImage();
    }
}
```

9.7 所学到的内容

在本章，学习了如何设计和创建可以充当一些数据成员容器的新数据类型。可以像使用 C# 语言中内置的数据类型那样使用这些新的数据类型。程序可以创建这些类型的变量——例如，音乐音符的描述信息——并将这些变量传入方法，同时还可以作为方法调用的结果。结构拥有一个构造函数，可用来创建新的结构并设置结构成员的初始值。

结构中的数据成员可以被单独访问，此外还可将它们设置为 private 或 pubic。公共数据类型可以被结构以外的程序代码所使用。将数据设置为 public 意味着外部程序可以非常容易地访问一个结构的内容，同时也意味着结构不能控制所保存值的内容。此外，程序还可包含结构值数组，并且可以在程序中对数组进行预设。结构本身也可以包含方法，在需要时，可以允许结构值完成某一操作。

可以看到，在各种不同的上下文中可以使用结构获取很好的效果。本章学习了如何在单个对象中存储表示图形坐标、颜色和音乐音符所需的数据。这些结构还可以包含若干方法，从而允许结构对象以一种内聚的方式进行操作。例如，音乐音符结构可以包含让音符自我播放的方法。我们还学习了计算机程序创建图形显示和用户界面的方法，重点介绍了图像对象在屏幕上显示的方法以及程序对用户操作进行响应的方法。

紧接着介绍了如何创建具有有限数量的特定值的新类型，即枚举类型。可以在程序中使用这些类型来减少程序错误，因为这种方法可以确保枚举类型的变量不会被设置为无意义的值。最后，学习了如何使用 C# switch 结构从给定的范围内选择特定选项，switch 可以与枚举类型非常完美地结合使用。

下面列举一些关于本章相关主题的问题。

在程序中使用结构是否会减慢程序运行速度？

在第 8 章学习方法时我们曾经考虑过相似的问题。结构与方法相类似，因为它们可以更加容易地管理复杂数据项。虽然在使用结构时会有一些处理器开销，但我认为相比于编写没有结构数据的程序所花费的精力，这些开销微不足道。

何时应该在结构中使用 private？

如果结构(和对象)对所存储的数据具有完全的控制，那么它们就会工作得非常好。在编写程序时，应该关注程序可能在哪些地方使用无效数据。我们知道，如果一个音乐程序包含了无效的音符信息，那么当尝试播放这些音符时听起来会非常难听，所以可以使音符数据私有，以便音符之外的程序代码不能更改该数据。此外，还可创建一个构造函数，从而不允许创建包含无效信息的音符(或者其他数据)。以上措施都可以确保给定的音符值是完整的，因为系统无法创建一个无效的音符或者破坏一个现有的音符。

结构是否可包含其他结构？

实际上是可以的。这是实现完美设计的基础。一个图形应用程序可能需要一种可以包含点位置坐标以及点颜色的“点”数据结构。该点结构可以包含颜色值和坐标值。这样就可以让程序编写更加容易，因为所使用的对象已经被创建和测试(希望如此)，可以让程序更加可靠。

是否应该将颜色值存储为一个枚举类型？

这是一个好问题。我认为答案是 NO。主要有两点理由。第一点理由，存在太多的可能颜色值，因为有数百万种方法来组合红色、绿色和蓝色的可能值。虽然有一些颜色我们可以认为是特定的：例如，纯红色、绿色、蓝色以及黑色和白色。然而，许多其他的颜色并没有特定的名称。将颜色表示为枚举类型是不明智的。第二点理由，虽然可以将颜色值视为由红色、绿色和蓝色值所组成，但枚举类型只能保存一个值。

是否必须在程序中使用 switch 结构？

虽然 switch 结构非常有用，但也可不使用它而编写出出色的程序。程序员将其称为语法糖(syntactic sugar)。虽然它很有用，但不可能让你完成原本不可能的事情。

第 10 章

类和引用

本章主要内容：

在第 9 章，我们学习了程序员如何创建自定义变量。如果程序需要操作音乐音符、图形坐标或者颜色值，那么可以为这些数据类型创建对应的数据结构，并且可以像使用 C#所提供的内置数据类型那样使用这些结构。

在本章将会扩展所学的知识，学习如何设计类(类的设计是建立在结构设计能力基础之上的)，程序可以通过类使用大型且复杂的数据项。我们将会学习如何使用属性来管理对象中所保存数据的访问，以及如何使用引用来避免在内存中移动数据对象。最后，通过学习如何使用类存储数据来结束本章的内容。

- 创建 Time Tracker
- 结构和类
- 从数组到列表
- 使用 JSON 存储数据
- 使用 XML 获取数据
- 所学到的内容

10.1 创建 Time Tracker

程序通常会越来越大。虽然有时是因为低估了问题的范围(这是不好的消息)而导致这种情况的发生，但也可能是因为客户喜欢你的第一个程序版本并且提出了额外请求(这是好的消息)而导致的。在本章，当然是好消息。你应该时常听取律师朋友的意见，她正在使用第 8 章所创建的小型联系人程序。现在，她要求向程序增加一项功能，可以跟踪花在某一客户身上的时间量，以便使用该信息进行相关统计。此外，她也想知道哪些客户占用了她的大部分时间。

10.1.1 创建一个用来保存联系人信息的结构

最佳的起点是从改进存储个人联系人信息的方式开始。在前面的 Tiny Contacts 程序中，联系人信息被存储在多个不同的字符串中——每个数据项一个字符串。而对于改进后的程序，可以首先设计一种结构来保存联系人信息，然后再存储一个根据该结构所构建对象的集合。

此时我的想法是创建一个名为 Contact 的结构。该结构包含了四个成员值，分别用来保存特定联系人的姓名、地址、电话号码以及所花费的时间。其中，姓名、地址和电话号码项以字符串形式存储，而在联系人身上所花费的分钟数则以整数形式存储。此外，该结构还包含了一个构造函数，程序可以使用该构造函数设置联系人的相关值。注意，当联系人被创建时，MinutesSpent 值被设置为 0。

```
struct Contact
{
    public string ContactName;
    public string ContactAddress;
    public string ContactPhone;
    public int ContactMinutesSpent;

    publicContact(string name, string address, string phone)
    {
        ContactName = name;
        ContactAddress = address;
        ContactPhone = phone;
        ContactMinutesSpent = 0;
    }
}
```

此代码为我们提供了 Contact 结构的模板，当声明 Contact 类型的变量时，程序会使用该模板，如下所示：

```
public static void StartProgram()
{
    Contact rob = new Contact(name: "Rob", address: "Rob's House",
                              phone: "Rob's Phone");

    SnapsEngine.SetTitleString("Contact Structure Demo");

    SnapsEngine.ClearTextDisplay();
    SnapsEngine.AddLineToTextDisplay("Name: " + rob.ContactName);
    SnapsEngine.AddLineToTextDisplay("Address: " + rob.ContactAddress);
    SnapsEngine.AddLineToTextDisplay("Phone: " + rob.ContactPhone);
    SnapsEngine.AddLineToTextDisplay("Minutes: " +
                                     rob.ContactMinutesSpent.ToString());
}
```

该程序创建了一个新的 Contact 值，并使用结构中的构造函数设置了姓名、地址和电话号码属性。这些值最终的显示如图 10-1 所示。

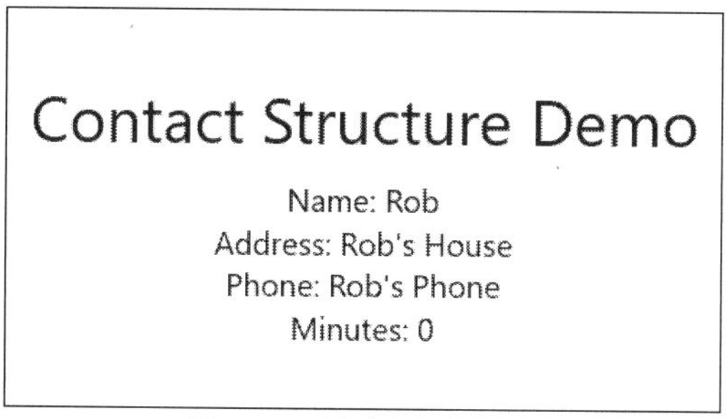

Contact Structure Demo

Name: Rob
Address: Rob's House
Phone: Rob's Phone
Minutes: 0

图 10-1 联系人结构演示

程序员要点

在可以使用的地方尽可能使用结构化数据

现在，你已经掌握了非常多的技能，可以设计结构来表示所需使用的任何类型的数据，从外星人到鸡再到牙刷。坦白地讲：我非常喜欢使用结构设计。当我在购物时，通常会考虑商店每一个库存对象存储了什么数据以及如何管理这些数据。你可能也喜欢这样做；它可以帮助你成为一名更出色的开发者。

10.1.2 当使用对象时用 this 进行引用

当调用 Contact 结构的构造函数时，需要传入一组参数。使用参数可以更加容易地设置新 Contact 结构值的内容。

```
Contact rob = new Contact(name: "Rob", address: "Rob's House",
                          phone: "Rob's Phone");
```

构造函数的参数分别为 name、address 和 phone，这些名称很有意义。然而，这些名称与联系人所存储的成员值的名称(分别为 ContactName、ContactAddress 和 ContactPhone)相类似。这是一种危险，开发人员可能会混淆构造函数参数和对象成员，并创建出不能正常运行的程序。

当对象内运行的代码需要使用该对象的成员变量时，如果可以显式地指定这些变量，那将是非常有用的。事实上，可以通过使用 C#关键字 this 来完成该操作。

```
public Contact(string name, string address, string phone)
{
    this.ContactName = name;
    this.ContactAddress = address;
    this.ContactPhone = phone;
    this.ContactMinutesSpent = 0;
}
```

在上面的代码中，关键字 this 明确指出使用构造函数参数来初始化结构成员。

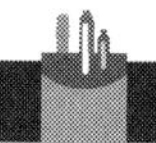

代码分析

被破坏的构造函数

理解 this 工作原理的最好方法是看一下没有正确使用 this 时会发生什么情况。下面所示的

CupCake 结构保存了面包师的蛋糕配方，包括名称、成分和配方。

```
struct CupCake
{
    public string Name;
    public string Ingredients;
    public string Recipe;

    public CupCake(string Name, string Ingredients, string Recipe)
    {
        Name = Name;
        Ingredients = Ingredients;
        Recipe = Recipe;
    }
}
```

问题：上面所示的构造函数应该使用参数值设置所创建 CupCake 值内的数据成员。但遗憾的是，该代码并不正确，无法完成编译。问题出在哪呢？

答案：构造函数的参数与结构内的数据成员同名了。这是完全合法的 C#代码。在 CupCake 构造函数中，标识符 Name 表示方法的参数，而不是 CupCake 的 Name 属性。这种行为被称为隐藏，因为名为 Name 的成员已被具有相同名称的参数所隐藏。

没有什么可以阻止程序员以这种方式“隐藏”成员变量。然而，在上面的构造函数中，这种隐藏所造成的结果是结构的数据成员没有被构造函数正确赋值，这意味着编译器将拒绝编译该代码。只需要使用关键字 this 明确标识对象中的数据成员作为赋值语句的目标就可以解决该问题。

```
struct CupCake
{
    public string Name;
    public string Ingredients;
    public string Recipe;

    public CupCake(string Name, string Ingredients, string Recipe)
    {
        this.Name = Name;
        this.Ingredients = Ingredients;
        this.R ecipe = Recipe;
    }
}

Ch10_02_CupCakeStructureWithThis
```

此时编译器会顺利完成编译。参数值被赋给结构的数据成员，this 的使用删除了所有的歧义。

程序员要点

使用 this 可以让代码更加清晰

当我需要访问某一对象中的一个数据成员时都会尝试使用 this，因为使用 this 可以使代码更加清晰。此外，一些程序员会使用一种命名约定，以便清楚地了解哪些变量是类的成员(一种流行的做法是在成员变量标识符的前面放置字符 m_)。不管你采取哪种做法，只要前后做法保持一致就好。如果你获得了一份程序员的工作，可能会被告知公司在这种情况下会采取特定的惯例，以便代码更容易理解。

10.1.3　管理多个联系人

原始的 Tiny Contacts 管理程序在设备上的特定本地存储中存储了联系人的详细信息。如果只是存储单个条目，那么这种方法是比较适用的，但律师朋友需要将联系人信息作为一个整体来进行处理——例如，希望程序按照在联系人身上所花费的时间对联系人列表进行排序。

前面已经学过，可以使用数组来存储信息集合。所以程序可包含如下所示的联系人数组：

```
Contact[] contacts = new Contact[100];
```

该语句将创建一个“空”联系人结构数组。当 C#创建一个空结构变量时，会将结构中的数字设置为 0，同时将结构中的字符串设置为一个特殊值 null。第 8 章曾经提到过，可以使用值 null 来显式地表示变量不包含值的情况。

```
bool storeContact(Contact contact)
{
   // work through each element in the array using a for loop
   for(int position = 0; position < contacts.Length; position = position+1)
   {
      if (contacts[position].ContactName == null) —— 如果姓名为null，该元素为空……
      {
         contacts[position] = contact; ——————将联系人复制到数组
         return true;
      }
   }
   return false;
}
```

storeContact 方法被赋予了一个准备放入数组的 contact 值。该方法在数组中搜索一个空元素来存储联系人。空元素拥有一个被设置为 null 的 ContactName 成员。当方法找到了 ContactName 成员为 null 的元素时，就会将准备存储的联系人复制到数组中，并返回 Boolean 值 true，这意味着联系人被成功保存。

代码分析

填满数组

问题：当数组完全被填满时会发生什么事情呢？

答案：每当一个联系人被存储到数组中时，该数组元素中的 ContactName 值就不再为 null。如果程序继续添加条目，那么在某个时候数组中就不再有带有空姓名的元素了。此时，搜索空元素的循环将会停止运行，方法会继续执行 for 循环后面的语句，并最终返回值 false，这样，调用该方法的代码就可以检测出保存操作的失败，从而显示一条合适的消息。

```
Contact newContact =
    new Contact(name: name, address: address, phone: phone);
if(StoreContact(newContact))
{
    SnapsEngine.DisplayString("Contact stored");
}
else
{
    SnapsEngine.DisplayString("Storage failed");
}
```

上面所示的代码创建了一个新的联系人并尝试进行存储。如果该联系人被成功存储，那么会显示一条消息。而如果 StoreContact 方法返回 false，代码将显示一条不同的消息“Storage failed。”

问题：如果存储失败，为什么 StoreContact 方法没有抛出异常呢？如果抛出异常，就可以确保在程序用完存储空间的情况下程序员可以进行相应的处理。

答案：这是一个非常好的问题。我在编写 StoreContact 方法时做了一个假设，认为那些想要存储联系人的程序员希望在没有足够空间存储联系人的情况下由自己的程序进行相应的处理。显而易见，很多程序员都会要求这么做，所以我觉得在出现了这种可预见错误的情况下没有必要让程序停止运行。当然，这种做法也存在风险，因为程序员有可能会忽略 StoreContact 的返回值，这意味着用户可能在联系人没有被正确保存的情况下误认为被成功保存了。

10.1.4　创建测试数据

为了测试 Time Tracker，需要一些可进行测试的联系人。虽然可以单独添加这些数据，但这种做法不可取，因为只需要轻松地编写一段代码就能创建这些数据。

```
void makeTestData()
{
    string [] testNames = {
    "Rob", "Mary", "David", "Jenny",
    "Simon", "Kevin", "Helen", "Chris",
    "Amanda", "Sally" };

    // the number of minutes for contacts
    intminutes = 0;

    foreach(string name in testNames)
    {
        Contact newContact = new Contact(name: name,
            address: name + "'s house",
            phone: name + "'s phone");
        newContact.MinutesSpent = minutes;
```

```
        minutes = minutes + 30;
        storeContact(newContact);
    }
}
```

makeTestData 方法创建了 10 个联系人。它遍历姓名数组，并针对每个姓名创建一个联系人信息。首先使用联系人的姓名创建虚假地址和电话数据，然后再将新建的联系人添加到联系人数组中。此外，每个联系人还包含了与之联系的特定分钟数，每一个比前一个多 30 分钟。

程序员要点

可以通过创建良好的测试数据来提高可信度

多年来，我见过很多演示软件。虽然很多人向我展示的系统在设计上都可以处理成千上万的客户，但他们的演示程序只显示了 5 个或者 6 个客户，因为他们“没有时间输入大量的测试数据。”我发现想要完整地展示一个软件是非常困难的。如果一个示范程序包含了数以千计的客户信息，那么会给我留下深刻的印象。通过名和姓的组合可以创造大量的姓名。比如，20 个名和 10 个姓就可以提供 400 个不同姓名的客户。

当开始运行时，程序可以先创建一组测试数据。当然，需要注意的是不要发布带有测试数据的软件。在本书后面，我会介绍一些方法来指示编译器在生成程序时忽略程序源文件的特定部分。

10.1.5 设计 Time Tracker 的用户界面

到目前为止，我们已经学习了如何在 Time Tracker 中存储数据，接下来可以设计用户与系统进行交互的方式。通常，需要与客户一起坐下来，商量新程序运行时应该是个什么样子。Time Tracker 程序需要四个菜单选项。其中两个选项与前面的联系人管理程序相类似，同时还提供了用户可以选择的时间跟踪功能。这些功能可以通过使用主菜单上的两个新按钮来激活，如图 10-2 所示。

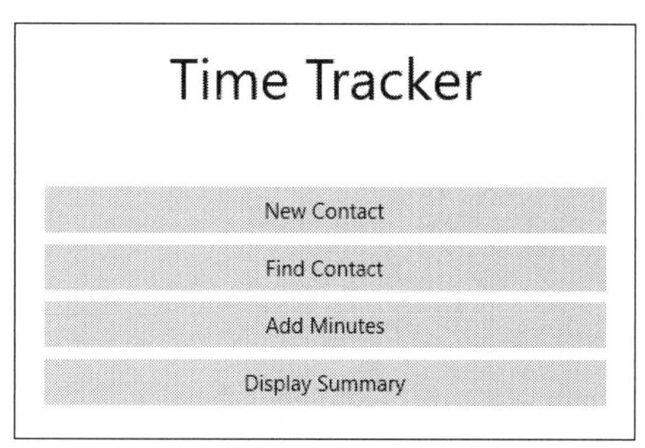

图 10-2　Time Tracker 主菜单

10.1.6 构建 Time Tracker 程序

通过前面的学习，我们已经知道设计一个程序的最好方法是首先创建用户界面，然后再创建每个按钮行为的方法。在开始开发程序时，方法是空的，随着程序的不断开发，会逐步填充这些方法，从而完成不同的操作。对于 Time Tracker 程序来说，需要使用四个方法：newContact、findContact、addMinutes 以及 displaySummary。

```
void newContact()
{
   SnapsEngine.SetTitleString("New Contact");
   SnapsEngine.WaitForButton("Continue");
}
```

上面所示的是 newContact 方法的初始代码。所有其他方法的初始代码与之相同。接下来需要填充这些方法来执行所需的任务。Time Tracker 程序使用了一个 switch 结构，根据用户所选择的命令来选择运行的方法：

```
while(true)
{
   SnapsEngine.SetTitleString("Time Tracker");

   string command = SnapsEngine.SelectFrom4Buttons("New Contact",
      "Find Contact","Add Minutes", "Display Summary");

   switch(command)
   {
      case "New Contact":
         newContact();
         break;

      case "Find Contact":
         findContact();
         break;

      case "Add Minutes":
         addMinutes();
         break;

      case "Display Summary":
         displaySummary();
         break;
   }
}
```

程序员要点

填充空方法是构建系统的好方法

填充空方法是构建软件的好方法。这样，从一开始就拥有了一个可以完成某些操作的程序。虽然此时程序只显示所选功能的名称，但至少可以运行。相比于一次编写数千行代码，然后再通过运行代码来弄明白代码所完成的工作，我更喜欢使用上述方法。一旦拥有了空方法，就可以确定哪些方法需要先实现，然后再依次实现其他方法。

10.1.7　创建新联系人

所需编写的第一个方法用来创建新联系人。前面，我们已经编写了将联系人内容存储到数组中的方法。现在，需要创建一个方法来读取用户信息并进行存储。

```
void newContact()
{
    SnapsEngine.SetTitleString("New Contact");
    string name = SnapsEngine.ReadString("Enter new contact name");
    string address = SnapsEngine.ReadMultiLineString("Enter contact address");
    string phone = SnapsEngine.ReadString("Enter contact phone");

    Contact newContact = new Contact(name: name, address: address, phone: phone);
    if(storeContact(newContact))
    {
        SnapsEngine.DisplayString("Contact stored");
    }
    Else
    {
        SnapsEngine.DisplayString("Storage failed");
    }
}
```

上面所示的是 newContact 方法的完整实现过程。当用户选择创建新联系人的命令时调用该方法。首先要求用户输入联系人的内容信息，然后创建一个新的联系人并将其存入数组。

10.1.8　查找客户详细信息

目前，程序已经拥有了一组可以使用的客户，接下来可以编写查找这些客户详细信息并进行显示的方法：

```
void findContact()
{
    SnapsEngine.SetTitleString("Find Contact");

    string name = SnapsEngine.ReadString("Enter contact name");

    bool foundAContact = false;

    SnapsEngine.ClearTextDisplay();

    foreach(Contact contact in contacts)
    {
        if(contact.ContactName == name)
        {
```

```
            SnapsEngine.AddLineToTextDisplay("Name: " + contact.ContactName);
            SnapsEngine.AddLineToTextDisplay("Address: " +
                contact.ContactAddress);
            SnapsEngine.AddLineToTextDisplay("Phone: " + contact.ContactPhone);
            SnapsEngine.AddLineToTextDisplay("Minutes: " +
                contact.ContactMinutesSpent.ToString());
            foundAContact = true;
            break;
        }
    }

    if(!foundAContact)
        SnapsEngine.AddLineToTextDisplay("Contact not found");

    SnapsEngine.WaitForButton("Continue");
    SnapsEngine.ClearTextDisplay();
}
```

当用户想要查看某一联系人的详细信息时，可以调用findContact方法。程序首先请求输入联系人的姓名，然后遍历联系人数组并找到与该姓名相匹配的联系人。如果找到了相匹配的联系人，则显示详细信息并设置一个标志foundAContact，表明联系人被找到了。在循环完成后，对foundAContact进行检查，如果其值为false(换句话说，没有找到匹配的联系人)，则显示一条相关消息。

易错点

重名

实际上，上面创建的程序中存在一个非常严重的bug。有时创建的新联系人可能与现有联系人同名。相比于最初的联系人，"重复"的联系人将存储在数组的更下游，所以它永远不会被实际找到，因为程序总是先找到最初的联系人。这样就会导致数组元素被浪费了。可以自己思考一下如何修改程序，以便解决该问题。

程序员要点

在定义规范时注意查找问题

当你与你的律师朋友讨论Time Tracker应用程序时，很难保证诸如联系人重名之类的问题会被讨论到。这就要求程序员仔细考虑系统可能出错的地方，并添加额外的行为来处理这些问题。比如，处理重复重名的方法有很多种。可以对姓名进行编号来创建，比如"Rob Miles1"等。当搜索某一联系人时，可以让系统询问"Are you the Rob Miles from Hull?"或者为每个联系人创建一个唯一的联系人编号。为系统中的条目指定一个唯一的名称可以实现更精确地管理，同时还可以处理条目名称可能被更改的情况。

重要的是需要弄清楚律师朋友希望如何处理相关问题。在这种情况下，最糟糕的事情是自认为已经知道客户希望系统做什么。但可以肯定的是，此时的解决方案在出现问题时表现得不会很好。

当然，还必须确保在解决方案失败时系统可以进行相应的处理。虽然为每个联系人指定一个唯一编号是非常好的主意，但是当客户忘记了某一特定联系人的编号时，系统必须提供一种方法来处理这种情况。

10.1.9　向联系人添加分钟数

目前，我们已经知道如何让程序存储和显示联系人详细信息，接下来还需要一种方法来添加律师朋友在特定客户身上所花费的分钟数。如果选择了 Add Minutes 选项，程序首先允许用户选择一个联系人，然后添加一个值，表示为该联系人工作所花费的分钟数。图 10-3 显示了查找到某一联系人后添加分钟数时的屏幕。

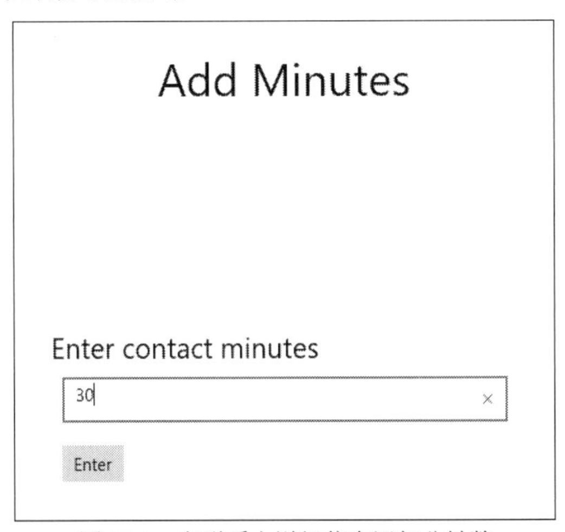

图 10-3　向联系人详细信息添加分钟数

一旦用户添加了客户的分钟数，程序就会显示一个对话框，确定所完成的操作，如图 10-4 所示。

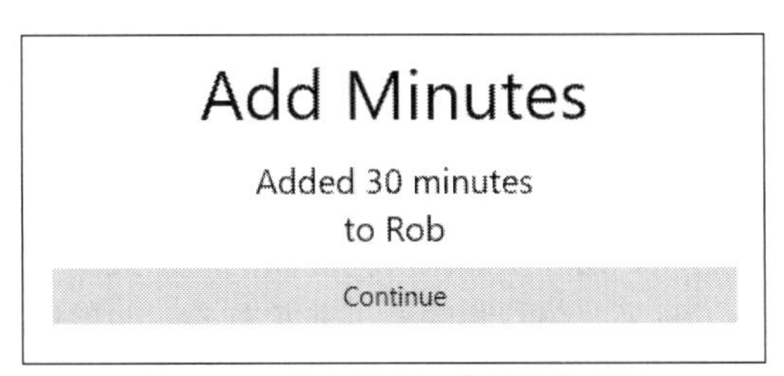

图 10-4　确定所添加分钟数的消息

将来我们可能要重新考虑这个设计，因为客户可能会要求一个选项来查看即将进行的更改，但目前来看这是一个可行的设计。

可以使用一个类似于 findContact 方法的结构来实现上述功能，但此时所显示的是客户的 minutesSpent 值，而不是客户的详细信息。

```
void addMinutes()
{
   SnapsEngine.SetTitleString("Add Minutes");
```

```
    string name = SnapsEngine.ReadString("Enter contact name");
    int minutes = SnapsEngine.ReadInteger("Enter contact minutes");

    bool foundAContact = false;

    SnapsEngine.ClearTextDisplay();

    for(int position = 0; position < contacts.Length; position = position + 1)
    {
        if(contacts[position].ContactName == name)
        {
            SnapsEngine.AddLineToTextDisplay("Added " + minutes +
                " minutes\n" +"to " + name);
            contacts[position].ContactMinutesSpent =
                    contacts[position].ContactMinutesSpent + minutes;
            foundAContact = true;
            break;
        }
    }

    if(!foundAContact)
        SnapsEngine.AddLineToTextDisplay("Contact not found");

    SnapsEngine.WaitForButton("Continue");
    SnapsEngine.ClearTextDisplay();
}
```

addMinutes 方法完成的第一件事是请求联系人的姓名以及所添加的分钟数。然后方法使用一个循环遍历 Contacts 数组，搜索带有所选姓名的联系人。如果找到对应的联系人，则更新其 MinutesSpent 值。如果没有找到，则通过 findContact 方法中所使用的相同标志技术来显示“Contact not found”。注意，如第 7 章所介绍的那样，虽然 foreach 循环可以让程序遍历集合中的条目，但该循环中的代码不允许更改从集合中所提取条目的内容。这意味着 addMinutes 方法必须使用传统的带有计时器的 for 循环来查找所需更新的联系人。本章的剩余部分都会采用相类似的行为，所以更详细地了解采取该行为的原因非常重要，如果你理解了上面所做的解释，那么我就很高兴了。请牢记，如果想要遍历一个数组，并且更改数组中的元素，就必须使用带有计时器变量的 for 循环。

10.1.10　显示摘要

所需添加的最后一个选项是让用户查看与每位联系人花费的时间。Display Summary 菜单选项允许客户查看在每位联系人身上花费的时间。图 10-5 显示了在联系人身上花费时间的摘要。

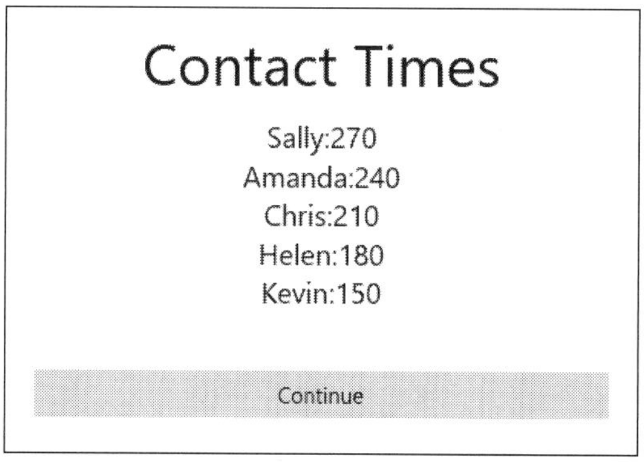

Contact Times

Sally:270
Amanda:240
Chris:210
Helen:180
Kevin:150

Continue

图 10-5 在联系人身上花费的分钟数

最后的 displaySummary 方法提供了上述行为。该方法显示了前五位联系人的姓名以及所花费的时间。实现这种输出的方法非常简单，首先按照分钟数顺序从大到小对 contacts 数据进行排序，然后显示数组的前五个元素。可以通过冒泡排序算法完成排序操作，即对数组中错误顺序的元素进行重复交换：

```
for(int pass = 0; pass < contacts.Length - 1; pass = pass + 1)
{
    for(int i = 0; i < contacts.Length - 1; i = i + 1)
    {
        if(contacts[i].ContactMinutesSpent < contacts[i + 1].
            ContactMinutesSpent)
        {
            // the elements are in the wrong order, need to swap them round
            Contact temp = contacts[i];
            contacts[i] = contacts[i + 1];
            contacts[i + 1] = temp;
        }
    }
}
```

首先使用第 7 章介绍的冒泡排序(你还记得吗，当时是对冰淇淋销售数据进行排序)。虽然这并不是一种效率非常高的排序方法，但却可以让最大值位于数组的顶部。接下来需要做的是显示这些值：

```
SnapsEngine.SetTitleString("Contact Times");

SnapsEngine.ClearTextDisplay();

for(int position = 0; position < 5; position = position + 1)
{
    if(contacts[position].ContactName == null)
        break;
    SnapsEngine.AddLineToTextDisplay(contacts[position].ContactName +
        ":" + contacts[position].ContactMinutesSpent);
```

```
}

SnapsEngine.WaitForButton("Continue");

SnapsEngine.ClearTextDisplay();
```

该代码首先提取数组中的前五个元素，然后添加到一个被显示的结构字符串中。此外，为了确保显示有效的联系人，还对在数组中的空姓名进行了查找。如果找到了空姓名，则放弃显示。

动手实践

修复 Time Tracker 程序中存在的问题

虽然所创建的程序可以正常工作，但并不是非常完美。其主要原因包括以下几点：

- 程序允许用户输入同名的两个联系人。
- 当更新某一联系人所花费的分钟值时，如果用户输入的联系人姓名不在联系人数组中，程序仍然会要求用户输入对应的分钟数，即使添加操作肯定会失败。
- 即使用户输入的分钟数为负数，程序仍然会将其与现有分钟数相加，从而导致该值减少。
- 程序没有为用户提供确认将要执行操作的机会。

以便程序可以更好地工作，需要解决上述问题。此外，还可能需要添加一些命令来清除联系人列表。可以从 Ch10_03_TimeTracker 中找到一个起始版本。

10.2　结构和类

接下来，我们将要学习本章最重要的部分，即结构和类之间的不同之处。结构变量通过值来管理，而类变量通过引用来管理。在第 8 章中我们在方法参数的上下文中学习了值和引用；现在在对象设计的上下文中研究它们。

10.2.1　排序和结构

对 Time Tracker 程序的更新几乎已经完成。当向你的律师朋友演示时，她会感到印象深刻，但又提出了另一个需求。她想要查看以姓名排序的方式显示的客户摘要列表。从编程的角度来看，实现该需求并不困难。可以使用冒泡排序技术来执行排序和比较联系人的名称。然而，在实现之前请仔细思考一下排序对数据的影响。

当对一个包含结构变量值的数组进行排序时，计算机必须完成大量的工作。下面所示的代码交换了 contacts 数组中两个相邻元素的内容。

```
// The elements are in the wrong order, need to swap them round
Contact temp = contacts[i];
contacts[i] = contacts[i + 1];
contacts[i + 1] = temp;
```

每次将一个联系人分配给另一个联系人时，都必须将该联系人的完整内容从内存的一部分移动到另一部分——不管是按照姓名还是按照分钟数对联系人进行排序，都是由程序完成所有的数据移动。

对于 Time Tracker 程序来说，这种移动并不是什么大问题，因为联系人结构非常小且没有多少内容需要排序。但对于那些使用了大量的大数据条目(比如医疗记录或银行账户)的程序来说，这种交换过程就会非常缓慢，从而会产生问题。每次想要对数据进行重新排序时——例如，按照客户姓名而不是按照每个账户的金额进行排序——计算机都必须完成大量的工作。

10.2.2　排序和引用

我们希望实现的是一种可以更有效率地在内存中移动变量值的方法。为了进一步地理解这个问题，我们以太平洋上雅浦岛的货币管理方式为例加以说明。该岛上的货币曾经是以 12 英尺高、几百磅重的石头(每个)为基础。在雅浦货币中，一枚“硬币”的价值直接与那些为了将岩石带到岛上而在艰苦的海上旅行中死去人的数量相关联。石头越大、越难移动，其价值也就越大。

当需要向某人支付这些石头时，实际上并不会将石头捡起来并递给他人，因为这些石头太重了。相反，你会说“山顶上的那块石头现在是你的了。”换句话说，雅浦岛上的人们使用引用来管理那些他们不想四处移动的物体。我们也可以在程序中使用引用。

图 10-6 显示了冒泡排序算法交换数组中的邻近元素直到所有元素都处于正确顺序时所发生的事情。请记住，当程序将数组中的值“冒泡”到正确的位置时需要移动大量的数据。当排序完成时，元素就移动到了正确的位置。

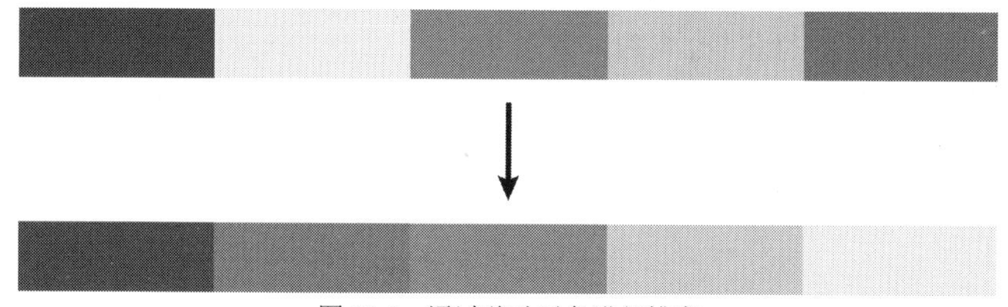

图 10-6　通过移动对象进行排序

图 10-7 显示了如何使用引用对信息进行排序。此时对象本身并没有移动。相反，所使用的是一个引用数组。数组中的每个元素都引用了内存中的一个对象，在排序的过程中，只需要交换引用值本身即可，相比于交换对象，引用值的交换更加容易实现。

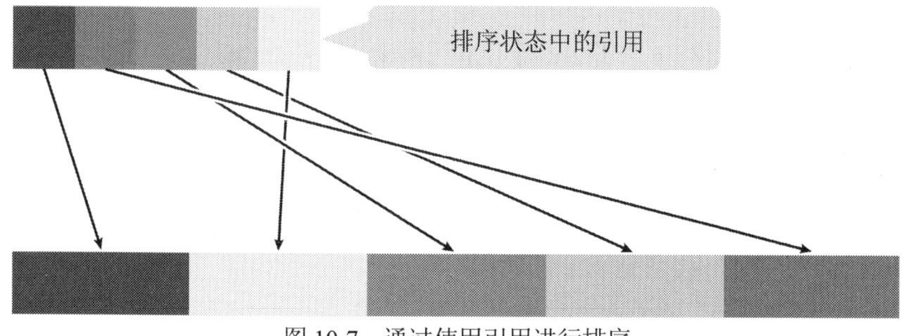

图 10-7　通过使用引用进行排序

当需要使用多个以不同方式进行排序的引用数组时引用就显得更加有用。为了满足联系人应用程序的新需求，必须使用两个列表——按照客户姓名进行排序的列表以及按照所花费时间进行排序的列表。

10.2.3　引用和值类型

理解引用和值类型之间的区别是非常重要的，因为它们之间的区别会对变量的使用方式产生巨大的影响。请考虑以下代码：

```
struct ContactStruct
{
    public string ContactName;
    public string ContactAddress;
    public string ContactPhone;
    public int ContactMinutesSpent;
}
```

上面就是我们使用的 Contact 结构。通过声明该类型的对象，程序就可以创建一个 ContactStruct 类型的变量：

```
ContactStruct structRob;
structRob.ContactName = "Rob";
SnapsEngine.DisplayString(structRob.ContactName);
```

这些语句首先创建了一个名为 structRob 的结构变量，然后将该变量的 ContactName 属性设置为字符串“Rob”。当执行这些语句时，就会完成我们所预期的操作：显示与变量 structRob 相关联的姓名“Rob”。可以以同样的方式使用 ContactStruct 对象的其他数据成员，因为 ContactStruct 结构包含了容纳每个数据成员的空间。

接下来对该程序进行一些小的修改，从而将该联系人结构转换为一个类：

```
class ContactClass
{
    public string ContactName;
    public string ContactAddress;
    public string ContactPhone;
    public int MinutesSpent;
}
```

此时联系人信息被保存在一个类中，而不是结构中。你可能会认为可以像使用 ContactStruct 那样使用 ContactClass：

```
ContactClass classRob;
classRob.Name = "Rob";
```

但是当编译该程序时，会得到以下的错误：

```
Error CS0165: Use of unassigned local variable 'classRob'
```

这是怎么回事呢？为了理解错误的原因，需要知道下面所示的代码行完成了什么操作：

```
ContactClass classRob;
```

该语句声明了一个名为 classRob 的 ContactClass 类型变量。然而，它创建的内容与程序声明结构类型变量所创建的内容是不一样的。当程序执行上述语句时，实际上得到的是一个名为 classRob 的引用。这些引用被允许指向 ContactClass 的实例。可以将一个引用想象为一个行李标签，可以用一条绳索或麻绳将其绑在一个手提箱上。如果拥有了一个标签，就可以顺着绳子找到与标签相连的行李。

但是，当创建了一个引用时，实际上并没有得到该引用所指向的对象。如下面代码所示，此时编译器会显示上面所示的错误，因为该代码行正在尝试找到与 classRob 标签相关联的对象，并将 ContactName 属性设置为“Rob”。但由于该标签目前没有与任何对象相关联(编译器知道这一点)，因此程序不允许运行。此时编译器会说“你试图让程序使用一个没有被设置为指向任何东西的引用。因此，要给你一个‘变量未定义’的错误”。

```
classRob.ContactName = "Rob";
```

解决该问题的方法非常简单，首先创建一个类的实例，然后将标签与之相连。可以使用下面所示的语句完成相关操作：

```
ContactClass classRob;
classRob = new ContactClass();
classRob.Name = "Rob";
```

突出显示的语句创建了一个新的 ContactClass 实例，并且被 classRob 引用所引用。两者之间的关联如图 10-8 所示。

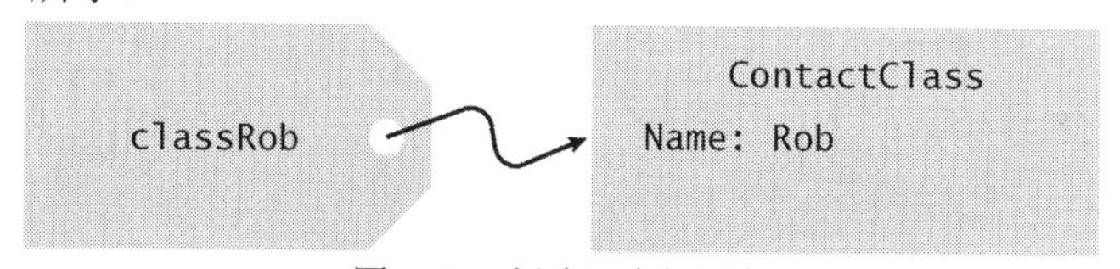

图 10-8 创建一个新对象

前面已经见过关键字 new，我们使用该关键字设置了结构变量(通过调用结构的构造函数)。而此时关键字 new 创建的是一个对象，即一个类的实例。再次重复一遍：

一个对象是一个类的实例。

理解这句话非常重要。

第 3 章曾经讲过，一个类定义提供了一个对象的设计。关键字 new 要求使用类的信息(这些信息就像一个设计图一样)，实际上是在程序的内存中创建一个对象，该对象就是类的实例。

注意，在图 10-8 中，我将该对象命名为 ContactClass，而不是 classRob，因为该对象实例并没有标识符 classRob；该实例只是 classRob 当前所连接的对象。随着程序的运行，一个引用所指向的特定对象是可以改变的。例如，当程序为引用分配一个新值时，这种改变就发生了。

10.2.4 引用和赋值

使用引用来管理对象改变了赋值运算符(程序用来更改变量值的运算符)的行为。请考虑下面的语句：

```
ContactStruct s1;            ——— 创建联系人结构 s1
ContactStruct s2;            ——— 创建联系人结构 s2
s1.ContactName = "Rob";      ——— 将 s1 的姓名设置为 Rob
s2 = s1;                     ——— 将 s2 的值设置为 s1 的值
s2.ContactName = "Jim";      ——— 将 s2 的姓名设置为 Jim
```

可以将这两个变量(s1 和 s2)视为内存中的命名盒子，每个盒子保存了一个特定的值。当执行一次赋值操作时，程序会将值从一个盒子复制到另一个盒子中。这些语句使用了两个联系人结构，一个保存姓名“Rob”，另一个保存姓名“Jim”。

然而，当程序开始使用引用时，情况发生了变化。

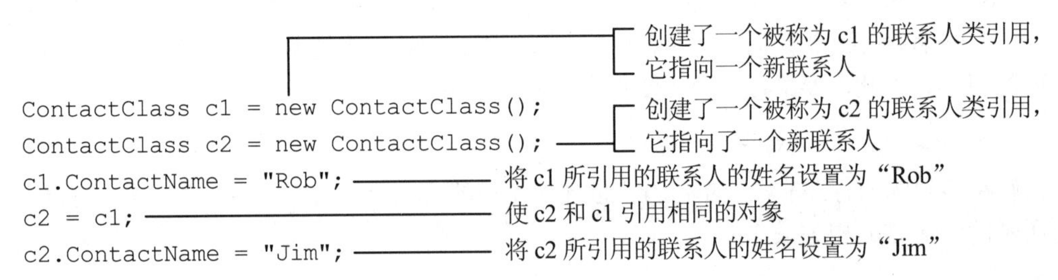
创建了一个被称为 c1 的联系人类引用，
它指向一个新联系人
ContactClass c1 = new ContactClass();
创建了一个被称为 c2 的联系人类引用，
它指向了一个新联系人
ContactClass c2 = new ContactClass();
c1.ContactName = "Rob";
将 c1 所引用的联系人的姓名设置为“Rob”
c2 = c1;
使 c2 和 c1 引用相同的对象
c2.ContactName = "Jim";
将 c2 所引用的联系人的姓名设置为“Jim”

该语句序列实际上就是前面看到的顺序。然而，上述语句使用的是 contactClass 类型变量。在执行完语句后，会看到如图 10-9 所示的排列。现在两个标签都绑定到内存中的同一个对象，而原先分配给 c2 的对象不再与 c2 相关联。此时联系人的姓名为“Jim”，因为最后的赋值覆盖了前面设置的值“Rob”。

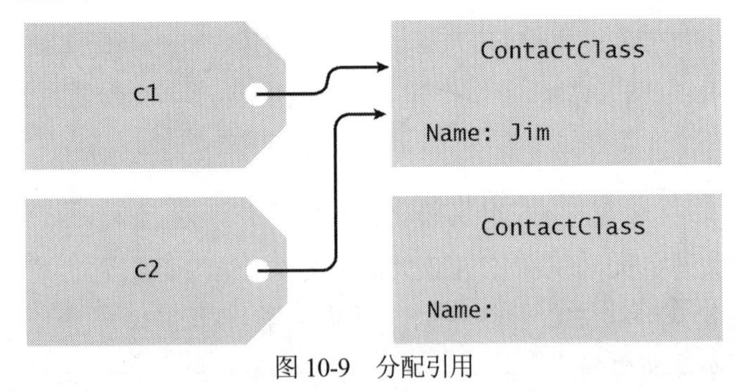
c1
ContactClass
Name: Jim
c2
ContactClass
Name:

图 10-9 分配引用

C#允许将多个引用标签与单个对象相关联。但是当程序运行时会对所发生的事情产生影响。

当使用引用时，必须记住赋值运算符是按照上面介绍的方式工作的。它不是将数据从一个变量移动到另一个变量，而是让两个引用指向内存中相同的对象。如果程序确实需要这么做，例如一个字处理程序中的两个文档可以共享单个字典，那么这种工作方式是很有用的，如果在没有计划使用的情况下使用了这种工作方式，则可能会产生混乱。

程序员要点

引用是棘手的但却是至关重要的

有时使用对象和引用是非常棘手的。由于与单个实例相关联的引用数量是没有限制的，因此需要记住的是，从其他对象的角度来看，更改一个引用所指向的对象可能就是更改了实例。虽然有时这是非常有用的，但就像漫画书中所说的那样“能力越大责任越大”。本章的后面将会进一步介绍如何使用引用。

没有引用的对象

还有一种情况需要考虑，内存中的对象最终没有被引用。如图 10-9 所示，最初分配给 c2 的引用最终“悬空”在内存空间中，没有引用指向它。从使用实例中数据的角度来看，这些数据并不在内存中。

C#语言提供了一种被称为垃圾收集器的特殊过程，其主要工作是找到并处理那些无用的条目。注意，编译器并不会阻止我们编写代码来释放对对象的引用；上述过程是在程序运行时发生的，而不是在编译时发生的。

你应该还记得，当实例的引用超出作用域时，可以得到类似的效果。

```
{
    ContactClass localVar;
    localVar = new ContactClass();
}
```

变量 localVar 对于上述代码来说是本地的。当程序执行离开该代码时，该本地变量就被丢弃。这意味着仅会删除对 ContactClass 的引用，而其他的工作则由垃圾收集器完成。

程序员要点
尽量避免让垃圾收集器工作

虽然有时释放那些不再使用的条目是很有道理的，但必须记住的是，创建和处理对象都会占用处理器时间。当使用对象时，应该考虑正在完成多少次创建和销毁工作。虽然对象会被自动处理，但并不意味着应该滥用该功能。提高程序性能的一种方法是建立一个目前暂不使用对象的“空闲列表”。当程序需要更多的对象时，可以尝试从该列表中获取所需对象，而不是从头创建一个新对象。不需要的对象可以被放置到该空闲列表中，而不是被丢弃。Windows 操作系统本身也利用了这种编程技巧来管理保持系统正常运行所需的大量对象。

代码分析

值类型与引用类型的冲突

考虑到引用易产生混乱的本质，你可能会认为使用引用不是一个好主意。它们为程序添加了你不希望的复杂性。但在传统的电子游戏中，值类型和引用类型可以一起工作来解决编程问题。

值类型

值类型是一种用来保存信息的事物，比如足球运动员的身高、银行中的存款金额、像素颜色或者出生日期等。这些都是用来描述事物的值。一般来说我们不想共享这些对象，并且它们只是表示程序感兴趣的值。

值类型：特殊技能

- 当进行赋值时，值类型的所有内容都被复制到目标对象中。
- 当向一个方法传递一个值类型时，相当于给予了方法该值的副本，所以不要与原来值相混淆。
- 当一个方法返回一个值类型结果时，它返回的只是一个值，用户不要与原来值相混淆。

值类型：缺点

- 在内存中移动值类型是非常困难的。如果需要将一个大型的结构(按照值进行管理的)从内存中的一个位置移动到另一个位置，需要花费大量的精力进行复制。
- 如果想要一个方法可以更改值类型的内容，那么在调用方法时必须将值内容的副本传入方法，然后再将更改后的版本复制到程序中，这个过程是非常缓慢的。

引用类型

引用类型指向某一事物，比如银行账号详细信息。当程序中包含了不希望移动但又希望能够共享的内容时，引用类型是很有用的。尤其是那些只读的内容，例如许多文档要使用的企业标识图像文件，或者用来警告用户的声音文件。此外，引用还可以指向那些不希望在内存中移动的较大的数据对象，例如庞大的客户账户记录。

引用类型：特殊技能

- 只需要更改一个引用就可以让其指向不同对象，该过程非常快速，并且不管所指向对象的大小是多少，都可以以相同的速度完成更改操作。
- 使用指向某一对象的引用作为参数也是非常快速的，因为只是将对象的位置传递给方法。
- 方法可以非常快速地返回大型的对象，因为只需要返回引用即可。
- 程序可以包含多个对象引用列表，从而提供不同的数据视图。比如一个银行账户列表可以按照姓名进行排序，而另一个可以按照账户余额进行排序。

引用类型：缺点

- 程序员需要知道，创建一个引用以及创建该引用所指向的对象是两个不同的步骤。
- 程序员需要理解将一个引用赋值给另一个引用所产生的影响。
- 如果你向其他程序提供一个指向自己对象的引用，就会失去对这个对象上所发生事情的控制。其他程序可以以任何方式更改该对象，从而可能导致自己软件中出现难以诊断的故障。
- 为了有效地使用引用，需要一些机制来整理那些不再被引用指向的对象。在程序运行期间，随着内存被整理，这种垃圾收集机制可以减慢程序的运行速度，或者导致性能不可预测的变化。

引用与值

假设我创建了一个 Space Invader 游戏。首先需要设计一个可包含不同类型数据的对象，我将会通过创建该对象来管理游戏。SpaceAlien 类中哪些新类型应该是值类型，哪些应该是引用类型呢？

```
public class SpaceAlien
```

```
{
    publicCoordinate Position;  // position of the alien on the screen
    publicDamage Damage;        // damage taken by the alien
    publicSound KillSound;      // sound made when alien is killed
    publicImage Image;          // image of the alien
}
```

- Position　每一个外星人在屏幕上都有自己唯一的位置。在外星人之间共享位置值是没有意义的，所以 Position 类型应该是值类型，此时为一个结构。
- Damage　每一个外星人都需要一个Damage值来跟踪多少次被命中以及杀死一个外星人所需的命中次数。该值应该是一个值类型，因为每个外星人都有自己的具体数量的伤害值。
- KillSound　当一个外星人被杀死时应该发出的声音。该声音信息是相当大的数据量。在某些情况下在屏幕上可能会出现 100 个外星人，我并不希望在每个外星人信息中存储该声音信息。这意味着 KillSound 应该是一个引用类型。每个 SpaceAlien 都拥有一个保存该声音的变量，当外星人被杀死时发出该声音。注意，这并不意味着每个外星人都必须有相同的杀死声音，但如果任意两个外星人拥有相同的杀死声音，那么该声音在游戏中应该只存储一次。
- Image　表示外星人的图像。就像声音一样，所有的外星人只需要共享几张图像就可以了，所以它应该也是引用类型。

当 SpaceAlien 战斗以平局结束时，应该存在两个数据成员。

SpaceAlien 本身应该是值类型还是引用类型呢？我认为该游戏将会以多种不同的方式使用这些对象。它可能想要创建一个在游戏期间从游戏中删除的已死亡外星人的名单。还可能想要以不同的攻击波次来组织外星人，这意味着需要将外星人放置到不同的列表中。所以使用引用类型更有意义。引用类型在这场竞争中胜利了！

10.2.5　类和构造函数

与结构一样，类也可以拥有构造函数。

```
class Contact
{
    public string ContactName;
    public string ContactAddress;
    public string ContactPhone;
    public int ContactMinutesSpent;

    publicContact(string name, string address, string phone)
    {
        this.ContactName = name;
        this.ContactAddress = address;
        this.ContactPhone = phone;
        this.ContactMinutesSpent = 0;
```

```
    }
}
```

这个基于类的Contact对象与前面所看到的基于结构的Contact对象拥有相同的构造函数代码。可以使用完全相同的方法生成Contact的一个新实例：

```
Contact rob = new Contact(name: "Rob", address: "Rob's House",
                          phone: "Rob's Phone");
```

一旦提供了构造函数，程序就应该使用该构造函数创建该对象的实例。换句话说，如果编写了下面所示的语句，编译器就会报错：

```
Contact rob = new Contact();
```

此时编译器会强调，如果想要创建一个新的Contact，必须提供与构造函数的参数相匹配的姓名、地址和电话号码参数。

这是C#语言的一个非常强大的功能，通过该功能，程序员可以完全控制创建一个对象的方法以及在创建过程中必须提供哪些信息。在本书的后面将会更加详细地介绍类的构造函数。

10.2.6 类引用的数组

可以像创建任何类型的数组那样创建一个类引用的数组：

```
Contact[] contacts = new Contact[100];
```

如果Contact类型是一个类，那么该语句所创建的数组可以保存100个对Contact对象的引用。注意，当创建单个类引用时并没有创建任何实例，而创建一个包含100个元素的引用数组并没有创建任何对象。数组中的每个引用都被设置为null，意思是引用为空。

如果想要让Time Tracker程序使用类而不是结构，则必须更改storeContact方法，使其查找包含空引用而不是空姓名的数组元素：

```
Contact[] contacts = new Contact[100];

bool storeContact(Contact contact) ———— storeContact的参数现在是一个类的引用
{
    for(int position = 0; position < contacts.Length; position = position + 1)
    {
        if (contacts[position] == null)  ———— 如果引用为null，则表示元素为空
        {
            contacts[position] = contact;
            return true;
        }
    }
    return false;
}
```

注意，虽然该方法看起来与前面用来存储结构的storeContact方法相类似，但两者却存在

一个重要的区别。传入该 storeContact 方法的参数是对正在存储的联系人的引用，因为现在 Contact 是一个类。而给予前一个版本的 storeContact 方法的是以参数形式提供的结构值(即一个副本)。

代码分析

类引用作为方法调用的参数

问题：如果 storeContact 方法更改了参数的值，会发生什么事情呢？

```
bool storeContact(Contact contact)
{
    contact.ContactName = "I'm a chicken";
    return true;
}
```

显然上面给出的 storeContact 方法的实现是不合理的，但问题是：该代码会产生什么样的影响？

答案：在以类作为参数的 storeContact 方法中，可以更改作为参数传递的任何 Contact 对象的姓名，如下所示：

```
Contact rob = new Contact(name: "Rob", address: "Rob's House",
                          phone: "Rob's Phone");
storeContact(rob);
```

在上面的代码中，变量 rob 所引用的联系人的 Name 属性被 storeContact 的调用更改为“I'm a chicken”。而如果 Contact 类型是一个结构，则不会发生这种事情，因为传递给方法调用的是 rob 内容的一个副本。

问题：结构参数和类参数，哪个更快？

答案：当结构用作方法的参数时，方法实际上接收了结构中值的副本。该复制过程会花费时间。而如果是引用，参数的大小更加小，因为只需要告诉方法内存中对象的位置即可。所以将类传递给方法调用要快得多。

10.3　从数组到列表

数组主要适用于存储特定数量的条目。但是当不知道需要在程序中存储多少条目时，数组就显得力不从心了。例如，如果使用一个数组来存储参加 Party 的嘉宾姓名时，随着嘉宾数量的不断增加，该数组将不得不变得越来越大。下面所示的语句创建了一个可以存储 100 个字符串的数组：

```
string[] guestNames = new string[100];
```

只要嘉宾的数量不超过 100，那么程序就可以运行良好，可一旦数量达到 101，此时数组就会耗尽空间，程序也会运行失败。如果想要解决该问题，只能增大数组的上限，使其更加庞大：

```
string[] guestNames = new string[100000];
```

现在，已经拥有了一个可以存储 100 000 名嘉宾的空间。然而，这样做会浪费计算机内存空间，尤其是在程序中使用了大量的数组时更是如此。此时，我们真正需要的是一个自动增加的“弹性”数组。

C#的设计者也想到了这一点，所以他们设计了一个名为 List 的类。一个列表包含了对特定类型对象的引用的集合，并且可以根据需要增加。List 是众多用来帮助程序管理数据集合的 helper 类中的一个。

List 类的全名是 System.Collections.Generic.List。该名称被称为完全限定名称，提供了特定类的唯一名称。完全限定名称是非常有用的，因为它们可以防止产生混乱。如果另一名程序员也创建了一个名为 List 的类(实际上这是很有可能的)，那么该类就不会与系统中的 List 类相混淆，因为它拥有不同的完全限定名称。

当需要在计算机中存储文件时，也可以使用类似的机制。

```
c:\2015\Jan\sales.txt
```

```
c:\2015\Feb\sales.txt
```

虽然这些文件都被称为 sales.txt，但并不会使文件系统产生任何问题，因为它们都被存储在不同的文件夹中。当组织文件时，可以使用计算机路径来指定某一特定的文件。C#语言使用了类似的机制允许程序员识别特定的类。这种机制被称为命名空间。当创建了一个类时，可以将其放置到某一特定的命名空间中，同时一个命名空间可以包含多个类。本书的后面会介绍如何创建命名空间。

虽然可以使用 List 类的完全限定名称，但这样做相当麻烦。相反，可以告诉编译器在某一特定的命名空间中查找它无法在程序中找到的特定类。为此，需要在程序的顶部添加 using 语句。

```
using System.Collections.Generic;
```

事实上，该语句相当于在说“如果无法找到带有特定名称的类，那么请在该名称的前面添加命名空间前缀 System.Collections.Generic，然后再查找一次。”现在，只需要在程序中输入 List，编译器就会自动在 System.Collections.Generic.List 中进行查找。在第 9 章我们学习 System 命名空间中的 Exception 对象时就曾经这么做过。

创建一个 List 的语句与创建一个数组的语句相类似。注意，一个 List 实际上是一个引用列表，所以列表中的所有条目都是通过引用进行管理的。

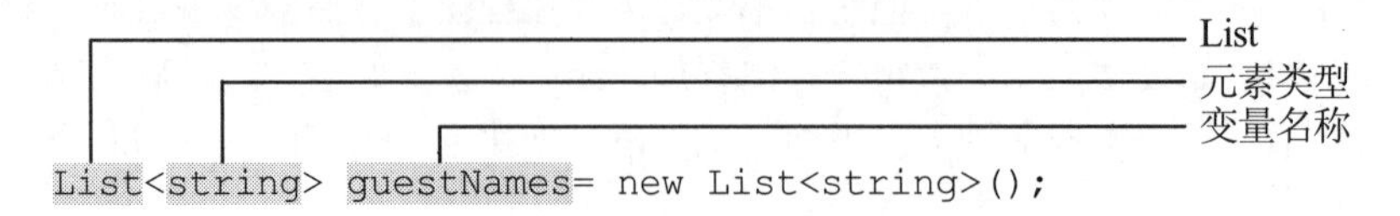

在使用 List 时，要求创建一个特定类型的列表(在上面的示例中，该类型为 string)。可以使用 List 保存任何 C#类型的列表，包括所创建的类和结构。必须在字符<和>之间指定列表的类型。比如，如果想要存储 Time Tracker 中的联系人信息，则需要编写以下语句：

```
List<Contact> contacts = new List<Contact>();
```

该语句与前面的语句实际上是相同的，只是更改了列表的类型。

在创建一个列表时无须指定该列表将要存储的条目数量。你可以在任何时候向列表的尾部添加元素。

```
void storeContact(Contact contact)
{
   contacts.Add(contact);
}
```

上面所示的 storeContact 方法的代码使用了一个 List 来存储联系人信息。该代码突然一下变得非常简单了，不是吗。该方法的原始版本需要返回 true 或 false 来表明联系人信息是否被正确保存。而该版本并不需要返回任何结果，因为存储操作始终会工作。

程序员要点

单行方法仍然是一个非常好的主意

你可能会疑惑，既然只需要一条语句，那么为什么还要创建一个 storeContact 方法呢。程序可以直接使用联系人列表来保存数据项，而无须调用该方法。然而，我认为，单行方法有时也是一个非常好的主意。如果正在阅读本程序的一个人看到了一个名为 storeContact 的方法被调用，那么她就会对所发生的事情有所了解。但如果看到的是 contacts.add，就只会知道正在使用一个名为 contacts 的列表来存储数据，但对所发生的事情却无法完全了解。

此外，像这样使用一个方法也可以带来很大的灵活性。如果想要使用另一种不同的机制来存储联系人信息(比如使用数据库)，那么只需要更改 storeContact 方法即可，其他的代码仍然可以正常运行。

10.3.1　遍历数据列表

程序可以像遍历一个数组那样遍历一个 List。基于 List 的 Time Tracker 应用程序版本使用了与基于数组版本相同的 findContact 方法代码。

通过使用 List 的 Count 属性，程序可以知道列表中包含的元素数量。下面所示的代码片段通过一个字符串告知当前列表中包含的联系人数量。

```
string contactNumbers = "There are " + contacts.Count + " contacts";
```

代码分析

Count 与 Length

如果你记忆力好的话，应该可以回想起，通过调用数组的 Length 属性可以获取数组所包含的元素数量。但如果使用的是列表，则通过 Count 属性获取相同的信息。

问题：C#的设计者为什么要更改属性名，从而使事情变得更加复杂？

答案：我认为这种做法非常聪明，在数组中，元素的数量是不会变化的。所以，当创建数组时，长度是一个固定值。但是当使用列表时，元素的数量可以随时变化。这意味着无法像使用数组那样获取一个固定的大小，而必须在特定的时间计算列表中的元素数量。因为这是两种不同的行为，所以C#的设计者决定使用不同的属性名。

问题：一个全新的List的计数值是多少？

答案：全新列表将返回一个零计数。

10.3.2 列表和索引值

可以使用一个索引值来指定想要使用数组中的哪个元素。同样也可以通过使用一个索引值来访问列表中的元素：

```
Contact startContact = contacts[0];
```

该语句将变量startContact设置为添加到列表的第一个联系人的姓名。如果没有存储任何联系人信息且列表为空，那么该语句会导致程序失败，并抛出“index out of range”异常。回想一下，如果程序使用了一个无效的索引值而导致脱离数组的末尾，也会产生相同的错误。

10.3.3 结构列表

相比于使用数组，列表更加容易。然而，列表也存在几个值得注意的缺点，尤其是使用List保存诸如结构之类的值类型集合时更是如此。因为结构是通过值进行管理的，而List中的条目是通过引用进行管理的，所以C#程序必须完成一些额外的操作，从而将结构值转换为引用类型。而这样做的结果是List中保存的结构值必须是只读的，其内容不能更改。

我的建议是，如果正在使用类，那么优先使用List，但要仔细考虑使用带结构的列表。示例程序Ch10_04_TimeTrackerClass提供了另一个Time Tracker程序版本，其中使用了一个类来保存联系人信息，并且使用一个List保存数据。

10.4 使用JSON存储数据

前面所看到的都是在程序运行时程序变量保存了所需的值。当用户停止运行程序时，所有的变量都会被丢弃。Tiny Contacts应用程序使用了Windows的本地存储来存储构成联系人信息的文本字符串。但Time Tracker需要存储一个对象列表。此时需要一种方法来获取不知道如何保存的数据(联系人列表)并将该数据转换为知道如何保存的数据，比如文本字符串。事实证明，使用来自Newtonsoft的JSON序列化库可以完成上述操作。

序列化是一个获取数据集合并将其转换为数据项序列的过程。该序列可以被存储，或者发送给另一台计算机，最后进行反序列化，从而恢复数据。在Internet上使用的就是这种方法。用来提供天气信息的Snaps方法所使用的数据就是以一个序列化字符串的形式在Internet上传递的。完成序列化的方法有很多种。其中比较流行的两种方法是XML(可扩展标记语言)和JSON(JavaScript对象符号)。在本章，我们将首先学习如何使用JSON。稍后再学习XML。

JSON是在网站和Internet浏览器中所运行的程序之间移动信息常用的一种方法。如果想要了解JSON的工作原理，需要查看所产生的输出。以下语句创建了一个新的Contact实例：

```
Contact rob = new Contact(name: "Rob", address: "Rob's House",
                          phone: "Rob's Phone");
```

如果将该对象转换为JSON，会得到以下字符串：

```
{"ContactName":"Rob","ContactAddress":"Rob's House",
"ContactPhone":"Rob's Phone","ContactMinutesSpent":0}
```

JSON 转换过程创建了一个字符串，其中包含了类中每个成员的值，并通过类成员的名称确定对应的值。大括号({和})标记了对象的开始和结束，而双引号(")则标记了类中每个成员名称的开始和结束以及成为类中数据部分的字符串。注意，ContactMinutesSpent 成员(一个数字)被存储为一个整数值，而不是一个文本字符串。

易错点

数据和特殊字符

你可能会问，如果想要存储的数据包含了双引号或大括号，那么会发生什么事情。JSON的设计者也考虑到了这个问题。如果仔细看下面所示的JSON，会发现在地址字符串("House of Quotes")中引号字符前面使用了一个转义字符(\)。

```
{"ContactName":"Rob",
"ContactAddress":"\"House of Quotes\"",
"ContactPhone":"Rob's Phone","ContactMinutesSpent":0}
```

在编写程序的过程中，如果想要在一个字符串中包含一个双引号，也可以使用相同的技术。通过使用转移字符，可以允许 Time Tracker 的用户使用任何奇怪的字符，并将它们转换成安全的版本。

程序员要点

注意注入攻击的可能性

当诸如此类的特殊字符被注入程序输入中时就会发生所谓的注入攻击。多年来，这些攻击导致了许多的安全漏洞。每当创建使用具有特殊含义的字符的解决方案时，都必须确保当这些字符出现在程序处理的数据中时，该解决方案可以进行正确的处理。

10.4.1　Newtonsoft JSON 库

现在，我们已经知道了 JSON 的工作原理，接下来需要找到一种方法将程序对象转换为 JSON 字符串。实际上，可以通过使用一个类库来完成该转换。其实，在本章我们已经使用了其中一个库。List 类就是作为 C#库的一部分提供的，在 Time Tracker 程序中使用了该类来存储所有的客户信息。

我们使用的用来存储客户信息的 JSON 库是由一名来自 New Zealand 的程序员 James Newton-King 所编写，他编写过一些非常有用的软件并与世界分享，从而获得了很好的声誉。虽然 Visual Studio 提供了一个包含此共享库的工具 NuGet，但 SnapsDemo 解决方案已经包含了 Newtonsoft 库，所以，目前只需要包括该库所处的命名空间即可：

```
using Newtonsoft.Json;
```

为了存储单个联系人，可以使用 JsonConvert 类(Newtonsoft 库的一部分)提供的 SerializeObject 方法：

```
Contact rob = new Contact(name: "Rob", address: "Rob's House",
                          phone: "Rob's Phone");
string json = JsonConvert.SerializeObject(rob);
```

上述语句首先创建了一个对象，然后生成了一个 JSON 字符串。可以在 Windows 计算机上存储该字符串，或者通过网络将其传输给远程计算机。如果想要将一个 JSON 字符串转换回一个对象，则需要逆转上述过程：

数据类型

```
Contact recoveredContact = JsonConvert.DeserializeObject<Contact>(json);
```

输入字符串

DeserializeObject 方法是一个泛型方法，因为它可以针对任何需要进行反序列化的特定对象类型进行工作。在本示例中，我们想要对一个 Contact 对象进行反序列化，所以将该类型添加到方法调用中。上述语句将会通过字符串 json 的内容创建一个 Contact。

可以查看 Ch10_05_JsonDemo 中的示例，尝试一下序列化(甚至可以使用奇怪的姓名和地址进行尝试)。

易错点

无效的 JSON 字符串

你可能会问，如果被反序列化的字符串没有包含有效的 JSON，那么会发生什么事情呢？在这种情况下，DeserializeObject 只会完成一件事情，即抛出一个异常。当然，即使字符串是有效的 JSON，所包含的内容也可能是没有意义的——例如，MinutesSpent 值为-100000。在第 11 章，我们将学习如何确保对象始终有意义。

10.4.2　存储和恢复列表

通过使用 JSON 来存储单个 Contact 条目是非常容易的，但如果是存储联系人列表，则应该怎么做呢？事实证明 JSON 可以从容应对。下面的语句生成了一个名为 json 的字符串，其中包含了列表中的所有联系人。

```
string json = JsonConvert.SerializeObject(contacts);
```

现在看一下一个 JSON 字符串是如何包含多个对象的；这些对象在方括号中被存储为一个逗号分隔的对象列表：

```
[{"ContactName":"Rob","ContactAddress":"Rob's house",
"ContactPhone":"Rob's Phone","ContactMinutesSpent":0},
{"ContactName":"Mary","ContactAddress":"Mary's house",
"ContactPhone":"Mary's Phone","ContactMinutesSpent":30},
```

```
{"ContactName":"David","ContactAddress":"David's house",
"ContactPhone":"David's Phone","ContactMinutesSpent":60},
{"ContactName":"Jenny","ContactAddress":"Jenny's house",
"PhoneContactPhone":"Jenny's Phone","ContactMinutesSpent":90}]
```

当程序想要读取该集合，可以使用与前面相同的方法，只不过此时的目的类型是一个 Contact 对象列表，而不是单个 Contact：

```
contacts = JsonConvert.DeserializeObject<List<Contact>>(json);
```

可以使用 SerializeObject 和 DeserializeObject 方法存储任何对象类型的列表。Time Tracker 程序的保存和加载方法其实是非常简单的：

```
string SAVE_NAME = "TimeTracker.json";  ———— 用来保存数据的名称

List<Contact> contacts = new List<Contact>();

voidstoreAllContacts()
{
    string json = JsonConvert.SerializeObject(contacts); ———— 创建字符串

    SnapsEngine.SaveStringToLocalStorage(itemName: SAVE_NAME,
                                          itemValue: json);
}                                    ———— 在本地存储中保存字符串
```

这就是 storeAllContracts 方法的所有代码。它首先创建一个 JSON 字符串，然后在本地存储中保存该字符串。

```
void  loadAllContacts()
{                                         ———— 从本地存储中获取字符串
    string json = SnapsEngine.FetchStringFromLocalStorage(SAVE_NAME);

    if (json == null) ———— 如果字符串为空，则没有找到任何联系人
    {
        // If we get here, there is no string in local storage
        SnapsEngine.WaitForButton("Created empty Time Tracker store");
        contacts = new List<Contact>();  ———— 创建一个空列表，并告诉用户
    }
    else
    {                                          ———— 从字符串反序列化联系人
        contacts = JsonConvert.DeserializeObject<List<Contact>>(json);
    }
}
```

loadAllContacts 方法稍微有些复杂，因为它需要处理联系人信息不可用的情况。比如，当程序首次运行时就会出现这种信息不可用的情况。此时，方法会创建一个空的列表，并告知用户。

可以通过 Ch10_06_TimeTrackerJson 示例程序研究如何使用这些方法，其中使用了一个JSON 格式的字符串作为一个完整的 Time Tracker 应用程序的存储。

可以使用 JSON 向目前编写的任何应用程序添加数据存储。任何存储为类实例列表的数据都可以使用序列化进行存储和检索。

动手实践

向 Pizza Picker 应用程序添加数据存储

返回到前面编写的 Pizza Picker 应用程序。该程序可以让用户通过单击相匹配的按钮来确定想要的比萨馅料。单击 Show Totals 按钮，则显示每种馅料类型的订单总数。

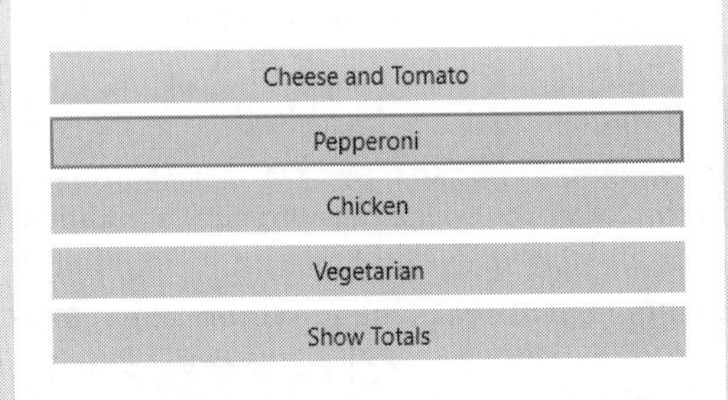

该程序存在一个问题，无法“记住”先前的计数值。如果重新启动程序，每种馅料的计数都会被重置为 0。之所以出现这种情况，是因为在编写该程序时我们没有学习如何存储这些值。现在，可以完善程序。

```
class PizzaDetails
{
    public int CheeseAndTomatoCount=0;
    public int pepperoniCount=0;
    public int chickenCount=0;
    public int vegetarianCount=0;
}
```

可以创建一个名为 PizzaDetails 的类来保存每种馅料类型的值。这些值最初都被设置为 0。当程序启动时，可以从一个 JSON 字符串中加载该类的一个实例。

```
string SAVE_NAME = "pizzaChoice.json"; ———— 用来存储详细信息的名称

PizzaDetails pizzaDetails; ———— 用来保存比萨详细信息的变量

string json = SnapsEngine.FetchStringFromRoamingStorage(SAVE_NAME);

if(json == null) ———— 检查是否找到字符串
{
    // No stored pizza details - make an empty one
```

```
        pizzaDetails = new PizzaDetails(); ———— 创建一个空白的详细信息存储
    }
    else
    {
        // Read the pizza counts from last time
        pizzaDetails = JsonConvert.DeserializeObject<PizzaDetails>(json);
    }
                                                          对详细信息值进行反序列化
```

该语句序列尝试从漫游存储中获取 pizza-choice JSON 字符串。如果没有找到字符串(当程序首次运行时就会出现这种情况)，则创建一个空白的详细信息对象。如果找到了字符串，则根据该字符串恢复比萨数量。

此后，程序就可以存储 pizza-choice 值：

```
json = JsonConvert.SerializeObject(pizzaDetails); ———— 创建 JSON 字符串
SnapsEngine.SaveStringToRoamingStorage(itemName: SAVE_NAME, itemValue: json);
                                        └———— 在漫游存储中保存该字符串
```

Ch10_07_PizzaPicker 提供一个使用了存储的 pizza-picking 程序版本。通过使用该模式可以向许多应用程序添加数据存储。

10.5 使用 XML 获取数据

JSON 是一种将复杂对象转换为简单字符串的非常好的方法。而 XML 是另一种完成此类工作的流行技术。如前所述，XML 是 Extensible Markup Language 的缩写。可以使用 XML 设计一种语言来表示想使用的任何数据。但与 JSON 不同的是(JSON 只是一种表示类内容的轻量级的方法)，可以使用 XML 创建结构化的 XML 文档。文档的设计可以用 XML 模式表示，它包含了文档必须包含的信息。例如，Time Tracker 系统中联系人信息的模式可以表达以下要求：联系人的姓名必须是存在的，但地址可以省略。实际上，万维网(World Wide Web)语言——HTML(超文本标记语言)——就是基于 XML 设计的，如果想要详细学习如何构造和格式化 XML 文档，就需要一整本书来介绍。

可以使用 XML 对从 Internet 下载的大量信息进行编码。许多新闻和博客站点所使用的 XML 模式被称为 RSS(表示 Really Simple Syndication 或者 Rich Site Summary)。许多信息网站都提供了所谓的 RSS feed，实际上它就是可以从中获取 XML 格式数据的 Web 地址。

RSS 模式定义了一个被称为 channel 的对象，其包含了大量的 item。可以将一个 channel 想象为一个条目列表。一个 item 包含了许多成员。item 的其中一个成员是文章的标题，而另一个成员被称为 description。在博客帖子中，description 包含了文章本身。所有的 item 都是字符串。

我的博客公开了一个 RSS feed，你可以在地址 www.robmiles.com/?format=rss 找到。如果在你的浏览器中浏览该 URL，会得到一份包含了大量 XML 的文档。如果想要从我的网站获取该文本，可以使用 Snaps 方法 GetWebPageAsString：

```
string rssText =
   SnapsEngine.GetWebPageAsString("http://www.robmiles.com/?format=rss");
```

该语句创建了一个名为 rssText 的字符串，其中包含来自我的博客的 RSS feed。接下来需要做的是将该 XML 块转换为一个对象，我们可以通过该对象提取和使用 XML 元素。就像转换 JSON 字符串时所使用的 Newtonsoft 库一样，此时需要一个等价的 XML 库。

C#提供了一个名为 LINQ(Language Integrated Query)的功能，它可以为我们完成 XML 转换工作。虽然 LINQ 可以完成许多工作，但目前仅使用它将一个 XML 字符串转换为程序可以使用的 XML 元素。为了更容易地访问 LINQ 类，首先需要添加 LINQ 命名空间：

```
using System.Xml.Linq;
```

现在，程序可以使用一个 LINQ 类来读取 XML 字符串并创建包含文本的 XML 元素：

```
XElement rssElements = XElement.Parse(rssText);
```

该语句首先从我的博客中获得文本，然后将其转换为代表博客结构的 XElement 对象。现在，可以向下浏览元素，并找到博客帖子的标题：

```
string title =
   rssElements.Element("channel").Element("item").Element("title").Value;
```

这个相当复杂的语句通过 channel、item 和 title 元素向下钻取，直到获取 title 元素的值，该值表示一个提供了博客帖子标题的字符串。

```
using SnapsLibrary;
using System.Xml.Linq;

class Ch10_08_RSSReader
{
    public static void StartProgram()
    {
        snaps = new SnapsEngine();
        string rssText = ———————————— 获取 RSS feed 的内容
            SnapsEngine.GetWebPageAsString("http://www.robmiles.com/
                ?format=rss");

    XElement rssElements = XElement.Parse(rssText); ——— 将 RSS feed 转换为
                                                        一个 XElement
    string title =
            rssElements.Element("channel").Element("item").Element("title").
                Value;

        SnapsEngine.SetTitleString("Headline from Rob");
        SnapsEngine.DisplayString(title);
    }
}
```

上面的程序显示了我最新的博客帖子的标题。可以使用该程序获取任何 RSS feed 的标题信息，只需要使用另一个不同的网站替换我的博客网址即可。虽然我并不知道你这么做的具体原因。

如果仔细查看完整的 RSS feed，会发现一个 channel 实际上包含了一系列的条目，而不是单个条目。可以使用一个 foreach 循环遍历这些条目：

```
using SnapsLibrary;
using System.Xml.Linq;

class Ch10_09_RSSTitles
{
   public static void StartProgram()
   {
      snaps = new SnapsEngine();
      stringrssText =
         SnapsEngine.GetWebPageAsString("http://www.robmiles.com/
            ?format=rss");

      XElement rssElements = XElement.Parse(rssText);

      SnapsEngine.SetTitleString("Headlines from Rob");

      SnapsEngine.ClearTextDisplay();

      foreach ( XElement element in
         rssElements.Element("channel").Elements("item"))
      {
         SnapsEngine.AddLineToTextDisplay(element.Element("title").Value);
      }
   }
}
```

获取所有的条目元素

在屏幕上显示每个标题

该程序使用了 channel 的 Elements 属性依次获取每个 item。然后使用了 Snaps 方法 AddLineToTextDisplay(该方法可以非常容易地构建多行显示)。当程序运行时，会显示如图 10-10 所示的标题。

Headlines from Rob

Adventures in 3D Printing #4: Pen Holder
Get get-iplayer
Happy New Year at the C4DI
Adventures in 3D Printing #3: Panic Button
Adventures in 3D Printing #2: Jack
Adventures in 3D Printing #1: Tape Dispenser
Folly Lake Cafe Scones Rock
Star Wars - the Force Awakens
Robot Drawing
Merry Christmas from me and the Robot
Full Moon on Christmas Eve Eve
Taking a look at the Photon
Nice Weather for Pictures - Mostly
Robot Visitor
What use is an old, cheap lens?
Global Game Jam Hull - Registration Site
now Live
Enter FameLab - I have
Making Useful Software is Hard
Tiny Christmas Bash
Fun and Games at the Black Marble Event

图 10-10　通过一个 RSS feed 所获取的博客标题

我的博客主机只显示有限数量的条目。其他的 feed 可能会提供更多的条目。

动手实践

阅读一些 feed

创建以上面方式读取 feed 的程序非常容易。如果仔细研究一下该文档的格式，还可获取相关的描述文本。甚至可以创建一个使用了语音输出的程序，从而每天早上为你读新闻。下面提供了一些 feed：

- http://feeds.bbci.co.uk/news/rss.xml
- http://www.nasa.gov/rss/dyn/breaking_news.rss
- http://www.theguardian.com/world/rss

10.6　所学到的内容

在本章，我们学习了结构(按照值进行管理)和类(按照引用进行管理)之间的区别。了解到，如果使用的是值类型，那么当进行赋值操作时，一个变量中的所有数据都会被复制到另一个对象中。而如果使用的是引用，那么赋值操作会导致两个引用指向同一个对象。

随后，学习了如何使用值类型保存特定对象的特定值——例如，游戏中太空外星人的位置。此外，通过使用引用类型，可以让程序更加容易地使用较大的对象，同时无须在内存中移动这些对象——例如，引用一个包含了某一客户所有银行账户信息的对象，或者引用一个被计算机游戏中多个元素所共享的一张图像。

然后，学习了如何使用 List 类，它是 C#语言提供的一组资源的一部分。相比于数组，列表使用了引用类型，从而提供了更灵活的存储对象的方法。此外，还学习了如何使用 C#命名空间为所创建的对象赋予唯一的名称，而 List 类就是 Collections 命名空间的一部分。

最后，学习了如何使用 JSON 序列化将一个对象列表转换为可以在计算机上存储的文本字符串，以及如何以相同的方式使用 XML 对数据进行编码和传输。

以下是一些你可能需要思考的问题：

可以编写不使用引用的程序吗？

在编写程序时，引用可能是最难理解的内容之一。至少我认为是这样。很多人都会认为“待在自己熟悉的领域”是比较合适的，并且设法使用结构来编写所有的程序。虽然这样做是可以的，但你会发现程序会变得非常难以理解，有时甚至会比想象的更加缓慢和庞大。引用和值类型都有各自的用武之地，需要知道如何以及何时使用它们。可以将一个值看成“关于”对象的某些东西——例如，银行账户里的金额。而一个引用则指向不想移动或者想要共享的某些东西——例如，被用于游戏中不同宇宙飞船的发动机噪音的声音效果。如果在应用程序的设计阶段做出明确的选择，那么你会发现这些内容都是容易理解的。

命名空间是否会对程序文件保存的位置产生影响？

命名空间的含义是“名称有意义的空间”。也就是说，命名空间的结构与文件存储相类似，在文件存储中，每个文件都拥有一个可用来在物理存储系统中确定文件位置的唯一路径。然而，命名空间中的名称并不是物理的，而是逻辑的，因为它只存在于程序员和C#编译器的头脑中。命名空间中的元素可以分布在C#应用程序中的多个文件中。命名空间主要是用来确定如何识别不同事物，而不是准确地表明这些事物在磁盘上存储的位置。当你创建系统时，从物理和逻辑属性开始思考问题是很重要的。虽然每一部电话都具有硬连线到电路中的物理号码，但我们更倾向于将特定电话记作“爸爸的电话”，而不是“012 23432 3983”。为此，电话包含了一个软件层，当需要拨打“爸爸的电话”时，就会查找到对应的物理号码。同样的道理，C#编译器会对所有的C#源文件和库进行搜索，以便通过特定的命名空间找到某个类。而作为程序员，并不需要知道代码的确切位置，只需要使用想要使用条目的逻辑名称即可。

可以通过编写软件让自己更有钱和出名吗？

当然可以。我们都知道比尔·盖茨和马克·扎克伯格，他们都是通过软件开始建立自己的软件帝国，同时也有许多人通过优秀的代码编写技能功成名就。每天数以百万计的公司所使用的系统都来源于那些在家中编写代码并发布软件的“普通”开发人员。让自己出名的其中一种好方法是为一些开源项目做贡献。虽然这样做并不会让你变得非常富裕，但却是锻炼编程技能的好方法。毕竟，你不需要每个人都认识到你的天赋，只要让那些可以给你真正想要的工作的人知道就可以了。

第 11 章

使用对象构建解决方案

本章主要内容：

至此，你已经知道编程是非常有用的，但也是危险的。如果本书的目的是教你如何驾驶汽车，那么现在你应该知道如何进行驾驶、脚踏板是做什么的以及如何启动和停止汽车。但还没有学习道路规则——如何安全驾驶以及如何比其他驾驶人员更经济地驾驶汽车。

在本章，将会学习一些“编码规则”，从而创建更加安全、更加健壮以及更加灵活的解决方案。同时，学习如何使用 C#的相关功能确保程序中所使用对象的完整性，以及一些新的 C#功能，并创建可以操作日期和时间并存储照片的程序。

- 创建完整的对象
- 使用属性来管理对数据的访问
- 管理对象构建过程
- 将图形保存在文件中
- 所学到的内容

11.1 创建完整的对象

诚信是一种宝贵的品质。如果某个人告诉你他欠你 5 美元并且马上过来归还，那么我想你一定会非常敬佩这个人。对于软件对象来说也是同样的道理。程序员更喜欢使用那些包含有效值的对象——而不是突然告诉你银行余额变成 8 388 607 美元。

C#的设计人员也非常重视对象的完整性，他们提供了一些语言功能，可用来确保所创建类和结构具有一定的可靠性。在本节，将会学习如何使用这些功能来创建始终包含有效值的对象。首先向 Time Tracker 应用程序添加一些完整性。

11.1.1 保护对象中保存的数据

对于 Time Tracker 应用程序来说，需要为每个联系人存储四个条目：姓名、地址、电话号码以及律师在联系人身上所花费的分钟数。为了满足这些需求，可以创建一个 Contact 对象，其中针对每个条目包含了一个数据成员。姓名、地址和电话号码元素都以字符串的形式存储。而所花费的分钟数则以整数形式存储，当创建一个新联系人时，该值被设置为0。

每当律师在某一位联系人身上花费了一定的时间，对应的分钟数就应该增加。对于律师来说，随时确保所花费的分钟值保持正确是很重要的。如果分钟数没有被正确记录，就会减少她的收入。所以当运行如下所示的代码时，在程序中会发生什么呢？

```
using SnapsLibrary;

class Ch11_01_PublicMenace
{
    class Contact
    {
        public string ContactName;
        public string ContactAddress;
        public string ContactPhone;
        publicintContactMinutesSpent;

        publicContact(string name, string address, string phone)
        {
            this.ContactName = name;
            this.ContactAddress = address;
            this.ContactPhone = phone;
            this.ContactMinutesSpent = 0;
        }
    }

    public void StartProgram()
    {
        Contact  insecure = new Contact("Rob", "Rob's House", "Rob's Phone");
        insecure.ContactMinutesSpent = -99;
        SnapsEngine.DisplayString("Minutes are " + insecure.MinutesSpent);
    }
}
```

此示例演示了设计中存在的一个危险的缺陷。到目前为止，我们将对象中的所有成员都标记为public。然而，事实上将这些元素标记为public意味着它们的内容可以很容易被设置为无效值。

当运行该示例时，首先创建Contact类的一个实例，然后修改该对象的ContactMinutesSpent成员：

```
Contact  insecure = new Contact("Rob", "Rob's House", "Rob's Phone");
insecure.ContactMinutesSpent = -99;
```

虽然第一条语句成功创建了Rob的联系人条目，但第二条语句却完成了一些非常危险的事情。它将所花费的分钟数设置为-99，这显然是无效的。可问题是解决方案并不“知道”不可能在某人身上花费-99 分钟。正如我们所看到的，程序只是按照我们给它们的指令运行，而不管指令是否有意义。

程序员要点

将常识构建到对象中

你可能会认为我考虑得过多了。毕竟，没有人会愚蠢到尝试将分钟数设置为-99。但遗憾的是，我的经验告诉我经常会有人这么做。如果你是一个开发团队的一部分，那么你所创建的对象可能会被其他的程序员所使用。而一些程序员可能会错误地使用这些对象。之所以会这样，是因为他们不知道对象的工作方式，但如果让他人知道了工作方式，则会受到恶意软件(恶意软件是专门用来查找并利用程序漏洞的代码)的威胁。

我一直坚信防御式编程，这样可以确保在合适的情况下采取相关步骤在对象中内置一些常识。如果正在编写的是一个计算机游戏，那么往往会放松对对象完整性的要求。但对于 Time Tracker 程序却不一样。联系人信息中 ContactMinutesSpent 的任何无效值都可能会对客户的业务产生严重影响，所以，我要确保尽我所能保护这个值的完整性。

C#语言允许将对象的成员标记为 public 或者 private。我们曾经在第 9 章见过这种用法，如果将音符的数据元素标记为 private，就可以保护它们免受不必要的更改。我们知道，public 意味着类之外的代码可以访问该成员。如果将类的成员标记为 private，那么类之外的代码就不再允许访问该成员了。

只需要将方法修饰符更改为 public 或者 private 即可：

```
class Contact
{
    public string contactName;
    public string contactAddress;
    public string contactPhone;
    private intcontactMinutesSpent; —— 标记为 private 的类成员

    publicContact(string name, string address, string phone)
    {
        this.contactName = name;
        this.contactAddress = address;
        this.contactPhone = phone;
        this.contactMinutesSpent = 0;
    }
}
```

一旦类中的一个成员被标记为 private，就只有类中运行的代码才可以使用该成员。

```
Contact secure = new Contact("Rob", "Rob's House", "Rob's Phone");
secure.contactMinutesSpent = -99;
```

如果尝试编译上面两条语句(contactMinutesSpent 值被标记为 private)，则编译器会产生一个错误：

```
'Contact.contactMinutesSpent' is inaccessible due to its protection level
```

该错误可以防止 MinutesSpent 值被运行在 Contact 对象以外的代码更改。作为该对象的创建者，你可以对该数据成员的使用方式和使用时机进行完全的控制。

代码分析

对象内部的保护

问题：为什么 Contact 对象构造函数中的语句可以设置 MinutesSpent，而其他赋值语句则不可以？

```
public Contact(string name, string address, string phone)
{
    this.contactName = name;
    this.contactAddress = address;
    this.contactPhone = phone;
    this.contactMinutesSpent = 0;    ——该语句工作正常
}
...                                  ——在程序的另一个部分中创建 Contact 对象
Contact secure = new Contact("Rob", "Rob's House", "Rob's Phone");
secure.contactMinutesSpent = -99;    ——该语句无法编译
```

答案：这是一个关于上下文的问题。任何一块 C#代码将在特定的上下文中执行。对于在 Contact 对象的构造函数中运行的代码来说，是在对象自身的上下文中运行的，所有代码是值得信赖的，因为在对象内部运行的代码被视为对象的一部分。而第二条语句是运行在不同的上下文中，可能位于 StartProgram 方法中(该方法位于 Contact 类之外)。因为此代码不是在对象的上下文中运行的，所以不允许访问对象的私有成员。

11.1.2　为私有数据提供 Get 和 Set 方法

虽然我们已经对存储在 MinutesSpent 变量中的重要数据进行了保护，但实际上该保护级别太强了。Contact 类之外的任何代码都无法使用存储在该变量中的值。如果想要解决该问题，可以在 Contact 类中创建若干个公共方法，并通过这些方法提供对 MinutesSpent 值的访问。

下面所示的 Contact 类版本包含了两个新的方法，分别称为 GetMinutesSpent 和 SetMinutesSpent。它们负责管理对 MinutesSpent 值的访问。

```
class Contact
{
    public string ContactName;
    public string ContactAddress;
    public string ContactPhone;

    privateintcontactMinutesSpent;

    public int GetMinutesSpent()          ——获取值的方法
    {
        return this.contactMinutesSpent;
```

```
    }

    public void SetMinutesSpent(int newMinutesSpent) ————设置值的方法
    {
        this.contactMinutesSpent = newMinutesSpent;
    }
}
```

下一组语句演示了如何使用这些方法。程序序列首先获取律师花在 Rob 身上的分钟数，并在此基础上加 10，然后再将结果存储到对象中。虽然此时 Contact 对象之外的代码可以在任何时候直接与 contactMinutesSpent 变量进行交互，但都是通过调用对象中所提供的公共方法完成的。

```
Contact moresecure = new Contact("Rob", "Rob's House", "Rob's Phone");
int  robsMinutes = moresecure.GetMinutesSpent(); ————获取值
robsMinutes = robsMinutes + 10; ————在获取的值上添加 10 分钟
moresecure.SetMinutesSpent(robsMinutes); ————设置值
```

然而，目前所编写的 SetMinutesSpent 方法还不能阻止程序设置一个无效的 ContactMinutesSpent 值。它只是将作为参数提供的值复制到 Contact 对象。可以更改该方法，以便完成一些验证操作。

```
public void SetMinutesSpent(int newMinutesSpent)
{
    if(newMinutesSpent> 0)
    // Only set a value that is greater than 0
    this.contactMinutesSpent = newMinutesSpent;
}

Ch11_02_PrivateMinutesSpent
```

该版本的 SetMinutesSpent 方法可以确保 Contact 不会包含值小于 0 的 minutesSpent 值。如果程序尝试设置一个小于 0 的值，则会忽略该值。

代码分析

如果省略 public 和 private，那么会发生什么呢？

问题：程序员没有必要强制将类的成员标记为 public 或 private。如果省略了 public 或 private，那么会发生什么呢？

答案：在 C#中，类成员的默认保护为 private(也就是说，如果没有指定所需的保护级别，那么所获得的保护是 private)。

11.1.3　提供反映对象使用的方法

通过所提供的 get 和 set 方法，程序员可以控制对对象中元素的更改。但对于 Time Tracker

应用程序来说，相比于提供一个 set 行为将一个新值添加到所消耗的分钟值，创建一个允许程序向联系人添加分钟的方法可能更加明智。

```
public class Contact
{
   private int  contactMinutesSpent;

   public int  GetMinutesSpent()
   {
      return  contactMinutesSpent;
   }

   public void AddMinutes(int  timeValue)
   {
      contactMinutesSpent = contactMinutesSpent + timeValue;
   }
}
```

现在，Contact 类的所有用户都可以进行分钟数的添加。你的律师朋友也会非常喜欢这项功能，因为这意味着即使是一个功能欠缺的程序也不可能丢失她在联系人身上所花费的分钟数。

下面所示的语句在 Rob 身上所花费的时间上增加了 30 分钟。这种方法是实现更安全解决方案的基础——此时，更改所花费分钟数的唯一方式是调用该方法完成添加操作：

```
rob.AddMinutes(30);
```

使用类似于这样的方法是一种比较流行的编程模式。对象中的数据(即我们真正关心的值)存在于私有的成员中。这意味着这些数据项不能直接被运行在对象之外的代码所访问。然而，控制数据访问的相关方法被公开，以便可以使用这些方法更改数据以及读取值。程序员通常比较喜欢对用户的各种行为进行适当的控制，而这种设计模式允许他们对程序中更改变量的方式进行控制。

易错点

将无效值提交给方法

虽然 AddMinutes 方法是管理对分钟值的访问的非常好的开始，但它也不是很完美。

问题：下面所示的语句会产生什么样的影响？

```
rob.AddMinutes(-30);
```

答案：该语句会将值-30 加到在 Rob 身上所花费的分钟数上，从而导致分钟值减少了 30(这可能会让 Rob 节约一些钱)。

问题：如何防止这种对分钟值的破坏？

答案：一种方法是修改 AddMinutes 方法，以便只有在所添加的值为正数时才更新 contactMinutesSpent 值。

```
public void AddMinutes(int timeValue)
```

```
{
    if(timeValue> 0)
        contactMinutesSpent = contactMinutesSpent + timeValue;
}
```

该版本的方法包含了一个对参数值进行测试的条件，只有在该值大于 0 时才会添加时间。

程序员要点

需要考虑风险背景下的错误

虽然可以使用 C#的 public 或 private 控制对象中数据成员所发生的事情，但还需要考虑使用它们所产生的更广泛的影响。以这种方法保护数据看起来似乎非常明智，但是请考虑一下如果律师输入了一个非常大的分钟值(可能是因为键盘的问题)时会怎么样呢？如果程序仅旨在防止客户的分钟值被减少，就无法解决此问题

这就是所谓的管理风险。一方面存在用户输入一个无效分钟值的风险，另一方面也存在程序中的代码尝试不正确地设置该值的风险。作为一名开发人员，需要考虑这些事件的影响并采取相应的行动。也就是说需要询问律师朋友“哪次是你开的最长的一次会议？”，然后设置会话大小的上限。同时还需要询问问题“你希望付出多大代价来确保流氓程序不会破坏该数据？”虽然律师可能希望所有数据都受到保护，但同时也希望以最低的成本编写程序。

此外，还必须考虑程序员对其客户的道德责任，虽然这已经超出一本编程图书的讨论范围，但却是在编写程序收取报酬时应该考虑的事情，即使报酬是冰淇淋或蛋糕也是如此。

11.2　使用属性管理数据访问

前面已经介绍过，可以通过创建方法来管理对象访问，从而让工作更加顺利。这种方法可以帮助减少对象包含无效数据的机会。除此之外，还可以使用另一种技术来管理对对象中数据的访问，即通过 C#属性。

当对象中的某一个成员被读取或写入时，属性可以让程序获取相关控制。下面的示例演示了如何使用一个属性来存储联系人的姓名：

```
using SnapsLibrary;

class Ch11_03_PropertyDemo
{
    classContact
    {
        private string contactName;———————— 属性所管理的私有值

        public string ContactName———————— 属性声明的开始
        {
            get———————————————————— get 行为(读取属性)
            {
                SnapsEngine.DisplayString("Getting the value of the name");
                return this.contactName;———— 返回值
```

```
            }

            Set ——————————————————————— set 行为(程序写入属性)
            {
                SnapsEngine.DisplayString("Setting the name to " + value);
                this.contactName = value; ——— 设置由属性管理的私有值
            }
        }
    }

    public void StartProgram()
    {
        SnapsEngine.SetTitleString("Name Property Demo");
        Contact rob = new Contact();
        rob.ContactName = "Robert";———————— 使用 set 行为设置姓名
        SnapsEngine.WaitForButton("Continue");
        string name = rob.ContactName;————— 使用 get 行为读取姓名
        SnapsEngine.WaitForButton("Continue");
    }
}
```

在本示例中，姓名值被存储为一个私有的 string 成员 contactName(注意，该变量的标识符以小写 c 开头)。该变量被存储为 Contact 类的一个成员，因为它是私有的，所以不能够被 Contact 类以外的代码所访问。

姓名通过一个名为 ContactName(以字母 C 开头)的 public 属性对外公开。运行在 Contact 对象之外的程序可以访问该属性，根据程序是为属性赋值还是去读取属性值，将会分别运行 set 或 get 行为。下面所示的两条语句演示了属性的工作原理：

```
Contact rob = new Contact();
rob.ContactName = "Robert";
```

上面所示代码的第一条语句创建了一个 Contact 类的实例。第二条语句将类的 Name 属性设置为"Robert"。当执行该赋值语句时，就会运行 ContactName 属性中的 set 行为：

```
set
{
    SnapsEngine.DisplayString("Setting the name to" + value);
    this.name = value;
}
```

该 set 行为完成了两件事。首先显示一条消息，以便可以查看其工作过程。其次将 name 成员的值设置为所赋予的值。set 行为使用了一个新的 C#关键字 value，表示 set 操作所赋予的值。在本示例程序中，关键字 value 被设置为“Robert”，也就是被赋予的值。可以将关键字 value 看作方法调用中的参数；这个参数是分配给方法的值。此时的 set 行为使用该值设置姓名，同时也可以添加一些验证过程，从而拒绝无效姓名——事实上稍后我们就会完成该过程。

当使用 get 行为时，过程相反：

```
string  name = rob.ContactName;
```

当从一个属性中读取数据时会导致 get 行为的发生。该行为必须返回一个属性类型的值，此时为一个字符串。

```
get
{
    SnapsEngine.DisplayString("Getting the value of the name");
    return this.contactName;
}
```

和set行为一样，在get行为中添加了一条语句来显示一条消息，从而表明当前所发生的事情。虽然在最终的程序中，这些消息并不会显示，但通过运行示例程序可以了解具体的执行过程。

如果此时你有点混乱，那么请记住，添加 Name 属性的目的是让其他的程序可以更容易地获取联系人的 Name 值，同时，还可对姓名的更改方式进行控制。例如，可以修改 set 行为，从而拒绝空字符串的姓名值：

```
set
{
    if(value != "")
    this.contactName = value;
}
```

此时只有在 value 不会空时才会设置姓名；否则姓名值不会被更改。虽然 Contact 类的用户可以非常容易地读取和写入 Name 属性，但对姓名值的更改却受到了控制，从而确保 Contact 类始终保存一个有效的姓名值。

易错点

检测无效的更改

使用属性来保护对象中所保存的值可以防止对这些值进行破坏操作。如果使用上面所示的 Name 属性的 set 行为，就可以确保 Contact 对象的用户无法将联系人的姓名设置为一个空字符串。然而，对象的用户并不会知道进行了错误的操作。所以下面所示的语句仍然会运行而不会出现任何问题。虽然此时并没有正确地设置姓名，但程序会继续运行，也不会出现任何事情。

```
rob.ContactName = "";
```

其实我个人并不喜欢这种行为。我并不希望程序的用户认为自己所执行的操作已经成功了，而实际上并没有成功。此时的问题是 set 属性没有办法指出所给予的值是错误的，它唯一可以做的是抛出一个异常：

```
set
{
    if(value == "")
        throw new Exception("Invalid name: " + value);
    this.name = value;
}
```

上面所示的是一个带有“态度”的 set 行为。如果 set 行为不“喜欢”所提供的姓名值，就会通过抛出一个异常的方式拒绝该值。我们已经在第 9 章学习过 Exception 对象，当时，我们通过抛出一个异常阻止无效音符的创建。而此时可以通过使用一个异常来拒绝无效姓名。抛出一个异常会产生停止程序流的结果；本书的后面将会学习如何捕捉和处理异常，但目前只需要将异常视为在检测到错误操作的情况下防止程序继续运行的一种方法。

使用属性强制执行业务规则

如果从软件创作的艺术角度来看，所创建的系统应该对客户有意义。如果向客户征求关于客户有效姓名组成方式的意见，她可能会说“姓名不能是空字符串。”这些意见是非常有用的，因为它们将是 Name 属性强制执行的内容。

通常将这些意见陈述称为“业务规则”，因为它们是系统必须执行的约束。你与客户合作的任何项目的最重要的部分之一就是走出去并了解相关的业务规则，然后使用这些规则为程序完成的事情建立规范。

一旦了解了业务规则，就可以创建强制执行这些规则的软件。这里使用了一种特定的方法模式做到这一点。该模式首先从一个验证方法开始：

```
static public string ValidateName(string newName)
{
    if(newName == "")
    return"A name cannot be an empty string\n";

    return"";
}
```

该方法的工作基础是“没有消息就是好消息(no news is good news)”。如果它认为输入值是有效的，则返回一个空字符串，如果是一个空姓名，则返回一条错误消息(“A name cannot be an empty string”)。现在，Contact 类的任何用户都可以检查某一姓名值是否有效，而无须生成一个异常。

接下来需要完成的是在 set 行为中使用该验证方法：

```
set
{
    string message = ValidateName(value);
    if(message != "")
        throw new Exception(message);
    name = value;
}
```

如果验证失败，set 行为将会抛出一个异常，其中包含了拒绝的原因。但我认为这个异常永远不会产生，因为一名深思熟虑的开发者会首先使用 ValidateName 方法来确保更改可以顺利进行。下面所示的程序会重复请求姓名值，直到用户输入了有效值为止。当姓名被正确验证时，该循环中止。

```
string errorMessage;
string name;

do ———————————————————————————— 开始循环
{
    name = SnapsEngine.ReadString("Enter new contact name"); ———读取姓名
    errorMessage = Contact.ValidateName(name); ———— 验证姓名
    if(errorMessage != "")
    {
        SnapsEngine.DisplayString(errorMessage); —— 如果姓名不正确，则产生一个错误
        SnapsEngine.WaitForButton("Try again");
        SnapsEngine.DisplayString("");
    }
} while (errorMessage != ""); ———————— 如果存在错误，则重复循环
```

代码分析

为什么 ValidateName 方法是静态的？

虽然你可能并没有发现这个问题，但 ValidateName 方法确实被标记为一个 static 方法。这意味着它虽然是 Contact 类的一个成员，但却不是该类实例的成员。

问题：ValidateName 方法为什么是静态的？

答案：为了理解这种设计选择，首先需要知道 static 的含义是什么。关键字 static 可以让类中的一个成员“始终在那”。此时该成员将成为类的一部分，而不是类实例的一部分。诸如 AddMinutes 之类的方法之所以不能被设置为静态，是因为程序需要调用 AddMinutes 方法向 Contact 类的某一特定实例添加分钟数。然而，ValidateName 行为并不是特定于任何特定 Contact 实例的，如果可以在程序中没有 Contact 实例的情况下使用该方法，那么将非常有用。例如，假设程序可能正在获取构建新 Contact 所需的信息，如果可以在不需要另一个 Contact 实例的情况下完成验证操作，那将是非常有用的。

11.3　管理对象构建过程

前面介绍的模式可以用来确保对对象中数据的更改符合应用程序所需的业务规则。如果律师朋友决定只有姓名中包含四个字母的人才可以被存储，那么只需要更改 ValidateName 方法满足该需求即可。然而，还有一种情况需要考虑验证问题，即构建对象时：

```
Contact badNews = new Contact(name: "", address:"", phone: "");
```

上面所示的语句创建了一个姓名、地址和电话号码都为空的 Contact 值。这是一件不好的事情，它完全打破了所有的业务规则。解决该问题的方法是在构造函数中使用验证行为。

```
public Contact(string name, string address, string phone)
{
    // errorMessage contains the complete error message
```

```
    stringerrorMessage = "";
    // error contains the message produced by each validation
    stringerror;

    // validate the name
    error = ValidateName(name);
    // if the name is invalid, the error string holds the reason
    if(error != "")
       // if we get here, there is an error in the name
       errorMessage = error;

    // validate the address
    error = ValidateAddress(address);
    // if the address is invalid the error string holds the reason
    if(error != "")
       // if we get here, there is an error in the address
       // add it to the error report
       errorMessage = errorMessage + error;

    // validate the phone number
    error = ValidatePhone(phone);
    // if the phone number is invalid, the error string holds the reason
    if(error != "")
       // if we get here, there is an error in the phone number
       // add it to the error report
       errorMessage = errorMessage + error;

    // if the error message is not an empty string something went wrong
    if(errorMessage != "")
       // Abandon construction by throwing an exception
       throw new Exception(errorMessage);

    this.ContactName = name;
    this.ContactAddress = address;
    this.ContactPhone = phone;
    this.contactMinutesSpent = 0;
}
```

当创建类的一个新实例时，就会调用该类的构造函数。在上面的代码中，构造函数针对每个用来创建新联系人的条目都使用了验证方法。如果任何验证方法失败，所生成的验证错误都会被添加到一个复合的错误信息中，该信息将会详细地说明构建过程失败的原因。最终在一个异常中抛出该错误消息，程序可以捕获并使用该消息尝试创建新的联系人。

11.3.1 捕获并处理异常

虽然前面已经讲过抛出异常是一种阻止程序运行的方法，但并没有介绍程序如何处理被抛出的异常。C#语言提供了一个可用来捕获异常的 try/catch 结构。可以在创建新联系人时使用该结构显示合适的消息。

```
static void newContact()
{
   SnapsEngine.SetTitleString("New Contact");

   string name = SnapsEngine.ReadString("Enter new contact name");
   string address = SnapsEngine.ReadMultiLineString("Enter contact address");
   string phone = SnapsEngine.ReadString("Enter contact phone");

   Contact newContact;

   try {  ——————— 可能抛出一个异常的代码在 try 代码块中运行
      newContact = new Contact(name: name, address: address, phone: phone);
      storeContact(newContact);
      storeAllContacts();
      SnapsEngine.DisplayString("Contact stored");
   }
      catch (Exception e)——————— 用来处理异常的代码在 catch 代码块中运行
   {
      SnapsEngine.SetTitleString("Could not create contact");
      SnapsEngine.DisplayString(e.Message); ——————— 使用 Message 属性
                                                    获取产生异常的原因
   }
   SnapsEngine.WaitForButton("Continue");
}
Ch11_04_CatchingExceptions
```

如果用户输入了有效的联系人信息，Contact 类的构造函数将不会抛出异常，程序也就不会执行 catch 代码块中的任何语句，而是直接运行到方法结尾处的 SnapsEngine.WaitForButton 调用。然而，如果传递给构造函数的任何一个值无效，就会抛出异常，从而执行关键字 catch 后面的代码块。

代码分析

联系人为什么不能被保存？

假设团队中的一名程序员非常渴望了解异常如何工作，并仔细研究 newContact 方法的代码。他对下面的代码部分产生了一个特殊的疑问：

```
try
{
   newContact = new Contact(name: name, address: address, phone: phone);
   storeContact(newContact);
   storeAllContacts();
   SnapsEngine.DisplayString("Contact stored");
}
```

他认为该程序是错误的，因为如果传递给构造函数的姓名、地址或者电话号码是无效的，那么构造函数就会抛出一个异常。然而，一旦异常被处理了，程序应该继续执行下面的语句并存储一个无效的联系人。

问题：为什么该程序员是错误的？

答案：一旦抛出一个异常，产生该异常的位置之后的所有语句都会被跳过。此时，程序的执行会转移到 catch 块的第一条语句，当 catch 块完成之后，程序将继续执行 catch 块之后的代码。

在向该程序员解释了异常会阻止 try 块中任何后续语句的执行之后，他又提出了另一个问题，即在添加了新联系人之后所使用的存储方法。

问题：如果 storeContact 或 storeAllContacts 方法抛出了一个异常，会发生什么事情？

答案：如果这两个方法中的任何一个方法抛出一个异常，程序都会进入 catch 块。异常处理程序可以使用异常的 Message 属性，其中包含了一条描述错误位置的消息。例如，如果 storeContact 方法因为某些原因而无法保存联系人，就会生成一个描述相关情况的异常。然后异常处理程序捕获该异常并向用户显示该消息。

```
throw new Exception(message: "Contact could not be saved");
```

此时该程序员会对解释非常满意，但又问了最后一个问题。

问题：异常处理程序如何知道是什么导致了异常？

答案：对于异常处理程序来说是不可能“知道”是什么导致了所捕获的异常。在 newContact 方法中，存在三种可能性会导致抛出一个异常。新联系人的姓名、地址或电话号码无效；无法存储内存中所保存的新联系人；或者无法存储所有的联系人。目前，catch 代码通过显示异常中所包含的消息对相关问题进行了处理。如果想要程序针对不同的异常采取具体行动，则必须将每条语句放在一个 try 块中，并捕获对应语句产生的异常。

11.3.2　创建用户友好的应用程序

目前，联系人创建过程可以确保不会在 Time Tracker 存储中创建无效的联系人。但是当用户无意间输入了无效的联系人姓名时系统并没有给出提示，只有当输入了所有其他数据之后他们才会发现联系人姓名输入错误，显而易见，大多数的用户并不喜欢这种用户体验。他们更喜欢在犯错误时就被告知。为此，可以使用一个循环来反复读取一个值：

```
string errorMessage;
string name;

do
{
    name = SnapsEngine.ReadString("Enter new contact name"); ——— 读取一个新的姓名值
    errorMessage = Contact.ValidateName(name); ——— 验证该姓名
    if(errorMessage != "") ——— 如果姓名无效，则添加错误消息
    {
        SnapsEngine.DisplayString(errorMessage);
        SnapsEngine.WaitForButton("Try again");
```

```
        SnapsEngine. ("");
    }
} while (errorMessage != "");
```
——如果存在错误，循环继续

Ch11_05_TimeTrackerFriend

退出该循环的唯一方法是输入一个有效的姓名。可以使用相同的程序结构来读取有效的地址和电话号码项，然后使用这些值创建新联系人。当然，因为在创建联系人之前需要对这些条目进行验证，所以没有必要处理 Contact 构造函数可能产生的异常——因为永远不会有任何异常产生。我认为这是编写程序的正确方法。你应该在将输入传递给其他方法之前确保输入有效，从而避免引发异常抛出。

程序员要点

程序的友好性通常缺乏不友好因素

一些软件公司声称创建了用户友好的应用程序。但我一直对程序友好性概念有点不理解，因为我不知道他们向软件中添加了什么内容使程序更加友好。在思考了一段时间之后，我得出了一个结论，虽然我不确定是什么使程序更友好，但却知道是什么让程序不友好。所以如果想要让你的程序更加友好，我的建议是从程序中删除那些使程序难以使用的行为。

前面的示例只是一个例子。从编程的角度来看，当创建某事物失败时显示所有错误是一个不错的主意，但从用户的角度来看，他们更愿意看到一条可以确定出错位置的消息。

在开发一个新系统时需要做的一件事是强迫自己使用该系统一段时间，时间越长越好，然后再让你的母亲帮你测试系统。我经常发现，在编写代码时所作的设计决定会让程序在实际应用中难以使用。所以我强迫自己花费一到两个小时来使用新的系统，并尝试捕获和消除所存在的问题。如果可以让其他人使用该程序，那么会得到更好的反馈，因为他们并不知道程序的工作方式，会犯我无法想象的错误。当然，事实证明，我经常会不得不添加更多的代码来解决所存在的问题——就像创建一个新联系人时不得不添加额外的循环一样。然而，这些更改可以为用户带来不同的体验，从而获得更高的评级和更多的销售量。

11.4　将图形保存在文件中

到目前为止，程序所存储的数据都是基于 C#变量。我们以这种方式存储整数、浮点数以及字符串。然而，一张图片是一个更大更复杂的对象，通常存储在文件中。

其他程序可以使用 Snaps 框架所提供的方法将图形保存为一张图片。数码相机就是采用相同的方式将拍摄到的图片以文件的形式存储为图像。所使用的图形文件格式是 PNG(Portable Network Graphics，便携式网络图形)。许多程序都可以使用 PNG 文件。

接下来让我们看一些可用来存储图形的方法。通过使用这些方法，可以开始创建一个绘图日记。

11.4.1　SaveGraphicsImageToFileAsPNG

SaveGraphicsImageToFileAsPNG 方法可以在用户计算机的一个文件中保存当前图形，同时会提示用户确定该文件应该存储的位置。

下面所示的程序首先绘制了一个灰点，然后在主机计算机上保存为图片，同时通过使用一个标准的 File Save 对话框询问用户文件应该保存的位置，如图 11-1 所示，从中可以看到一些测试的结果。

```
using SnapsLibrary;

class Ch11_06_SaveGraphics
{
    public void StartProgram()
    {
        SnapsEngine.DrawDot(x: 100, y: 100, width: 50);
        SnapsEngine.SaveGraphicsImageToFileAsPNG();
    }
}
```

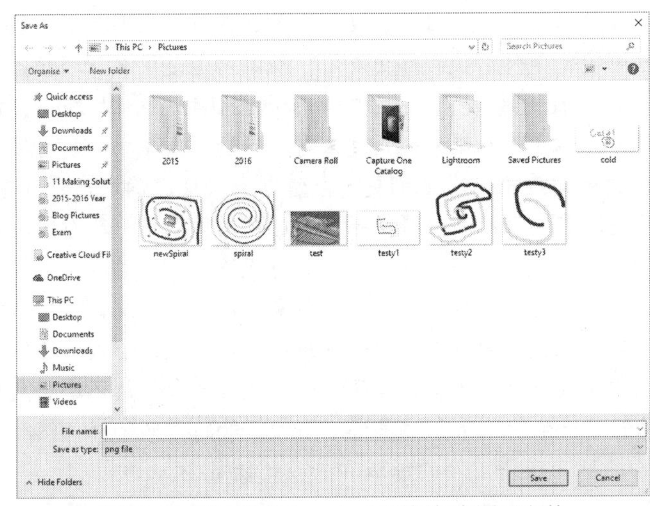

图 11-1　通过使用 Save As 对话框保存图形文件

如果想要保存单个图形，可以使用 SaveGraphicsImageToFileToPNG 方法，但绘图日记背后的设计思想是程序可以自动保存文件，而不需要用户选择目的地。为此，必须调用一个可使用本地存储的方法。

11.4.2　SaveGraphicsImageToLocalStoreAsPNG 方法

就像我们一直编写的程序一样，通用的 Windows 应用程序在主机计算机的文件存储中都有自己的私有空间。虽然一个程序可以在该私有存储区域写入任意多的文件，但该存储区域特定于一个应用程序并且对于设备上的任何其他程序不可见。此外，应用程序不允许直接与计算机任何其他部分中的文件进行交互。

Snaps 库包含了一个可在本地存储的文件中保存当前所显示图形的方法。只需要向 SaveGraphicsImageToLocalStoreAsPNG 方法提供所创建的文件名即可。下面的语句将一个图像保存为名为 test.png 的本地文件。

```
SnapsEngine.SaveGraphicsImageToLocalStoreAsPNG("test.png");
```

```
Ch11_07_SaveGraphicsLocal
```

虽然此时用户无法在计算机的普通文件存储中找到该文件，但这并不是一个问题，因为绘图程序可以访问这些文件并在需要时进行显示。

11.4.3　LoadGraphicsPNGImageFromLocalStore 方法

当Snaps应用程序需要显示一张本地图像的内容时，可以使用LoadGraphicsPNGImageFromLocalStore方法：

```
if(!SnapsEngine.LoadGraphicsPNGImageFromLocalStore("test.png"))   —— 尝试从本地存储中加载一张图像
{
   SnapsEngine.DisplayDialog("Image not found");   —— 如果图像没有找到，则显示一条错误消息
}
```

```
Ch11_08_LoadGraphicsLocal
```

该程序片段打开文件 test.png 中的图像，并将其显示在屏幕上。如果图像没有找到，则方法返回值 false。在本程序中，通过返回值触发了一条错误消息。如果在运行 Ch11_07_SaveGraphicsLocal 之前运行该程序，或者使用了 test.png 以外的其他文件名，都会看到该错误消息。

虽然这些方法为绘图日记程序提供了保存和查看简单图形所需的基本功能，但每一个被保存的图形都需要有一个文件名。使用数据结构 DateTime 来指定唯一文件名是一种很好的方法。该结构提供了许多使用日期和时间的行为。如果将每一张图形与创建该图形的日期和时间联系起来，就可以找到在特定日子创建的图形。

11.4.4　DateTime 结构

许多程序都需要使用日期和时间，所以 C#的设计者创建了一个可表示特定日子和时间的结构。该结构提供了程序可以使用的日、月、年、小时、分钟和秒等属性。

代码分析

结构与类：重复

问题：理解结构和类之间的区别以及应该使用的时机是非常重要的。为什么 DateTime 对象是一个结构而不是一个类？

答案：DateTime 对象应根据其值进行操作，而不是根据引用进行操作。一个给定的 DateTime 值描述了一个唯一的时间点，并且通常作为另一个对象的一个属性——例如，约会的日期和时间或者拍摄照片的日期和时间。我们并不想要通过引用来管理这些值；它们应该成为对象的一部分。C#的设计者将 DateTime 设计成一个结构可以满足该要求。当你创建自己的对象时，需要考虑这些问题。不要将所有对象都设计成一个类，而是应该思考一下值是如何使用的。

DateTime 结构位于 System 命名空间中。当需要使用该结构时，可以使用完全限定名称(System.DateTime)，但更简单的方法是包括一个 using 语句，从而告诉 C#编译器需要使用 System 命名空间：

```
using System;
```

11.4.5 获取当前日期和时间

DateTime 结构提供了一个名为 Now 的静态属性，它以 DateTime 对象返回当前的日期和时间。可以使用该属性创建一个显示数字时钟的 Snaps 程序：

```
using SnapsLibrary;
using System;

class Ch11_09_DigitalClock
{
   public void StartProgram()
   {
      SnapsEngine.SetTitleString("Snaps Clock");

      while(true)
      {
         DateTimecurrentDateAndTime = DateTime.Now;  —— 获取当前的日期和时间
         SnapsEngine.DisplayString(currentDateAndTime.ToString()); ┐
                                                        以一个字符串的形
         SnapsEngine.Delay(1);                          式显示日期和时间
      }            └—— 等待一秒钟
   }
}
```

该程序包含了一个永远不会结束的 while 循环。在该循环中，程序读取日期和时间并在屏幕上显示这些值。其中使用了 ToString 方法将 DateTime 值转换为一个描述所显示日期和时间内容的字符串。

此外，该循环还调用了 Snaps Delay 方法。每次循环时，该调用都会让程序延迟 1 秒钟。如果没有延迟，程序将会非常快地进行循环，从而让计算机快速完成大量的任务(可能会导致计算机“卡住”)。由于时间是每一秒钟更新一次，因此过快地更新时间值是没有任何意义的。通过使用 Delay 方法，该程序可以在更新时间的间隙允许其他程序运行，从而可以让计算机完成更多其他的事情。

11.4.6 渐变日期和时间显示

如果运行上面所示的程序，你会发现，除非另外指定，否则 Snaps DisplayString 方法会渐渐地淡出正在显示的文本。在大多数情况下这种效果是非常好的，因为用户不喜欢显示内容的突然变化。然而，如果想要显示一个滴答时钟，就需要立即显示新的日期和时间，而不需要淡入淡出。为此，可以调用 DisplayString 方法的另一个版本，从而不对文本进行淡入淡出显示：

```
SnapsEngine.DisplayString(message:currentDateAndTime.ToString(),
   alignment: SnapsTextAlignment.center,
   fadeType: SnapsFadeType.nofade,size: 50);
Ch11_10_DigitalClockNoFade
```

上面所示的是 DisplayString 方法的重载版本，它接受另外三个参数，分别指定了文本的对齐方式、要使用的淡入淡出类型以及文本的大小。

如果运行示例程序 Ch11_10_DigitalClockNoFade，会发现秒值以最令人印象深刻的方式滴答显示。如图 11-2 所示，所显示的文本为 50 也是比较合适的。

Snaps Clock
6/23/2016 5:59:30
AM

图 11-2　使用 Snaps 构建的简单数字时钟

11.4.7　使用日期和时间创建文件名称

接下来，使用日期和时间值来创建图形的唯一文件名。每次拍摄一张照片时，数码相机就是这么做的。但遗憾的是，DateTime 结构所提供的 ToString 方法仅返回了时间的字符串描述，其中包含冒号字符，而该字符串是一个非法的文件名。我们可以要求 DateTime 值提供一个表示日期和时间的数字。DateTime 结构提供了一个名为 ToFileTime 的方法，它返回一个由单个值编码的日期信息组成的长整型值。ToFileTime 之所以这样命名，是因为该时间数据的格式与 Windows 操作系统中用来保存时间戳的格式是一样的。该值是如何组成的并不重要；你所需要知道的是，只要将该值转换为一个字符串，就可以使用该字符串作为存储文件的文件名。

```
DateTime fileTime = DateTime.Now;  ——————— 获取当前的日期和时间
string filename = fileTime.ToFileTime().ToString(); —— 创建一个文件名字符串
```

11.4.8　创建 Drawing 类

在创建了一个文件名并保存每个图形之后，接下来需要考虑如何再次获取所保存的文件。一种方法是创建包含给定图形的 DateTime 值的 Drawing 类。该类还可以管理图形的保存和加载。

```
class Drawing
{
   public DateTime date;  ——————— 图形的 DateTime
```

```
private string filename
{
    get
    {
        return date.ToFileTime().ToString();
    }
}
```

Drawing 类中用来获取文件名的属性

```
public void StoreGraphicsNow()
{
    date = DateTime.Now;
    SnapsEngine.SaveGraphicsImageToLocalStoreAsPNG(fileName);
}
```

用来保存图形并设置时间戳的方法

```
public void ShowStoredGraphics()
{
    SnapsEngine.LoadGraphicsPNGImageFromLocalStore(fileName);
}
}
```

在屏幕上显示图片的方法

Drawing 类包含了一个表示图形 DateTime 值的数据成员。此外，还包含了两个公共方法。一个方法保存当前图形，而另一个方法用来在屏幕上显示一个保存的图形。

下面所示的代码创建了一个新的 Drawing，然后使用它存储图形。

```
Drawing record = new Drawing();
record.StoreGraphicsNow();
```

当程序想要显示一个图形时，只需要调用 ShowStoredGraphics 方法即可。

```
record.ShowStoredGraphics();
```

代码分析

查看 Drawing 类

问题：如何使用 Drawing 项存储图片？

答案：可以将每个 Drawing 项看作 Time Tracker 中的一个 Contact。它包含了一个用来识别特定图形的成员。可以在一个 JSON 字符串中存储一个图形列表，并在该 JSON 中查找图形——就像在 Time Tracker 应用程序中存储一个联系人条目列表并进行查找一样。

问题：既然你非常关心对对象中数据的保护，那么为什么没有将 Drawing 类中的 date 成员设置为 private？

答案：如果想要使用 JSON 序列化程序存储 Drawing 值，则必须允许在序列化过程中设置日期和时间值。这意味着数据成员必须被设置为 public，以便在加载时可以设置成员值。如果担心安全问题，则可以使用称为 DrawingJSON 的一个类来管理保存和加载行为，而使用称为 SecureDrawing 的另一个类来保护所保存的数据。

问题：为什么图形的文件名是类的一个属性？如果在每次需要时通过 date 属性创建文件名字符串是否会更快？

答案：有经验的程序员会尽量确保在一个地方完成一项特定的任务。这样做的目的不是为了提升性能，但是当需要更改程序行为时(可能是为了修复某个 bug)，只需要在一个地方进行修改就可以了。

11.4.9 创建图形列表

存储单个图形非常容易，但绘图日记程序需要考虑存储多个图形。为此，可以创建一个 Drawing 值列表。每次保存一个新图形时，都将其添加到该图形列表中。程序可以通过遍历该列表依次找到每个图形。

```
List<Drawing> drawings;
```

上面所示的语句创建了该图形列表。当开始运行程序时，该列表被加载到内存中：

```
void LoadAllDrawings()
{
    string json = SnapsEngine.FetchStringFromLocalStorage(SAVE_NAME);   // 获取 JSON 字符串

    if(json == null)
    {
        // If we get here there is no string in local storage
        SnapsEngine.WaitForButton("Created empty Drawing store");
        drawings = new List<Drawing>();
    }
    // 如果没有字符串，则创建一个空的图形存储，并告知用户
    else
    {
        drawings = JsonConvert.DeserializeObject<List<Drawing>>(json);
    }
    // 根据 JSON 字符串创建图形列表
}
```

LoadAllDrawings 方法加载所有的图形。首次运行该方法时，没有任何图形，所以程序会向用户显示一条消息，并创建一个空列表。

此外，程序还需要一个相应的方法来保存所有图形：

```
string  SAVE_NAME = "MyDrawings.json";

void  StoreAllDrawings()
{
    string json = JsonConvert.SerializeObject(drawings);   // 创建 JSON 字符串……
    SnapsEngine.SaveStringToLocalStorage(itemName: SAVE_NAME, itemValue: json);
}
// 在本地存储中保存该字符串
```

11.4.10　创建绘图日记方法

到目前为止，我们已经创建了存储和加载图形的方法，接下来继续创建保存和显示图形所需的其他方法。

下面所示的StoreDrawing方法创建了一个新的Drawing值，然后使用该值存储图形，最后清除屏幕上的图形，以便进行下一次图形绘制。

```
private void StoreDrawing()
{
    Drawing record = new Drawing();
    record.StoreGraphicsNow();———— 请求新的 Drawing 来存储图形
    drawings.Add(record); ———— 将该 Drawing 值添加到列表中
    StoreAllDrawings(); ————存储图形
    SnapsEngine.ClearGraphics();
}
```

DisplayDrawings方法遍历图形列表，并依次显示每个图形。在每次显示之间会暂停1秒钟。当图形显示完毕后，该方法会清除图形屏幕，准备进行下一次图形绘制。

```
void  DisplayDrawings()
{
    foreach(Drawing d in drawings)
    {
        d.ShowStoredGraphics();
        SnapsEngine.Delay(1);
    }
    SnapsEngine.ClearGraphics();
}
```

DisplayHelp方法的功能顾名思义。它告知用户如何使用程序。其主要思想是用户首先在屏幕上绘制图形，然后当需要执行一条命令时触摸屏幕的左上角。

```
void DisplayHelp()
{
    SnapsEngine.SetTitleString("Drawing Diary");
    SnapsEngine.DisplayString("Touch the top-left corner to display the menu");

    SnapsEngine.Delay(3);

    SnapsEngine.SetTitleString("");

    SnapsEngine.DisplayString("");
}
```

DrawDotsUntilDrawInLeftCorner方法与第9章使用的绘图方法相类似。它等待用户通过单击屏幕或者点击鼠标进行绘制。然后在绘图点绘制一个点。如果用户在屏幕的左上角(角落 50像素以内)进行绘制，则方法返回。

```
void DrawDotsUntilDrawInLeftCorner ()
{
    while(true)
    {
        SnapsCoordinate drawPos = SnapsEngine.GetDraggedCoordinate();   // 获取一个拖动事件
        if (drawPos.XValue< 50 &&drawPos.YValue< 50)   // 如果绘制位置位于左上角，则退出循环
        {
            break;
        }
        SnapsEngine.DrawDot(pos: drawPos, width: 20);   // 绘制一个点
    }
}
```

ProcessCommand 方法从用户接收命令，然后调用所需的方法完成该命令。此时，用户可以选择清除屏幕、将图像存储为图形以及显示所有当前的图形。

```
void ProcessCommand()
{
    string command = SnapsEngine.SelectFrom3Buttons("Clear", "Save", "Play");

    switch(command)
    {
        case "Clear":
            SnapsEngine.ClearGraphics();
            break;
        case "Save":
            StoreDrawing();
            break;
        case "Play":
            DisplayDrawings();
            break;
    }
}
```

现在，已经完成了绘图日记程序。首先加载图形，并设置图形的颜色，然后让用户重复进行绘制并输入命令。最终的程序使用了许多小技巧。我认为这是一种构建代码比较好的方法，可以让程序更容易导航。如果客户要求添加额外的命令，从而选择不同的图形颜色，那么在哪里添加所需代码是显而易见的。每个方法都有一个合理的名字，这样其他程序员就可以非常容易地弄清楚程序的运行原理。

```
public void StartProgram()
{
    LoadAllDrawings();

    SnapsEngine.SetDrawingColor(SnapsColor.Blue);

    DisplayHelp();
```

```
    while(true)
    {
        DrawDotsUntilDrawInLeftCorner();

        ProcessCommand();
    }
}
Ch11_11_DrawingDiary
```

动手实践

创建一个 Mustache Maker Rogues Gallery

现在，你可以使用所学到的知识创建一个胡须编辑程序，首先加载所拍摄的照片并进行注释，然后添加一根胡须或者添加一个完整的胡子。可以使用程序保存图像，并播放“所需”人的照片。如果可以通过你的 Snaps 应用程序使用设备上的相机，那就更好了。事实证明，做到这一点是非常容易的：

```
SnapsEngine.TakePhotograph();
```

TakePhotograph 方法打开 Windows 10 设备上的相机对话框，从而允许进行拍照。当拍到一张照片后，会显示在屏幕上。如果程序执行任何绘图操作，这些操作会添加到图像上，并且在保存图像时一并保存。

我已经在本章的示例代码中放置了 Mustache Maker 程序。可以从示例文件 Ch11_12_MustacheMachine 中找到。你可能会发现该程序与绘图日记程序非常类似。请继续完善绘图日记程序，向其添加“拍照”命令。

11.5 所学到的内容

在本章，我们又向成为一名“专业的”开发人员迈进了坚实的一步。首先学习了如何使用 C#构造函数允许程序管理对对象中元素和行为的访问。通过将数据标记为 private 并提供公共的 get 和 set 方法，可以确保所创建对象的内容在符合业务规则的上下文中始终有效。

随后，学习了 C#属性，它不仅可以让其他对象更容易地访问另一个对象所管理的数据，而且还可以确保对象中所保存数据的完整性。此外，还学习了异常以及在程序运行时处理异常的方法。

最后从头创建了一个完整的新应用程序。在绘图日记程序中，学习了对象中所保存的数据与计算机文件中所保存的数据之间的关系。同时，还介绍了如何将一个复杂的程序分解成一组小且易于理解的方法。

下面是一些你可能感到疑惑的问题：

是否真的需要保护对象中所保存的数据？

这取决于程序的上下文。如果正在编写一个小游戏或者只有自己使用的程序，就无须进行数据保护，可以将程序中的所有内容都公开。然而，如果与其他程序员一起工作，或者所创建的程序将被其他程序员使用，那么我认为就应该重视程序对象的完整性。在我的经验中，如果有人使用你的软件对象做了一些愚蠢的事情，从而导致不好事情的发生，那么应用程序的失败就应该归咎于你的过错。在这种情况下说“这是一件愚蠢的事情”并不能规避你的责任。

属性或者 get 和 set 方法，哪个更好?

我们已经知道，通过将成员数据标记为 private，可以防止对对象中元素进行不受控制的更改。然而，如果这么做了，就需要提供某种方法允许外部世界访问该成员数据；否则，这些数据就没有任何用处了。基本上有两种方法提供这种访问。可以创建数据的 get 或 set 方法，或者隐藏公共数据背后的私有数据。具体使用哪种方法人们有不同的意见。我个人比较喜欢使用 get 和 set 方法，因为 set 方法可以告诉你为什么不“喜欢”所提供的值，而无须抛出异常。不过，有时也喜欢使用方便的属性。

然而，在给定的解决方案中，我更关注的是方法的一致性(使用其中一种方法、属性或者 get 和 set 方法)，而不是考虑每种方法的缺点和优点。

当进行保存时，如何阻止他人更改对象的内容呢?

这是一个非常好的问题。如果在本地存储中存储了 JSON 字符串，那么恶意程序员就可以通过更改 JSON 字符串中的文本来更改联系人记录中的 minutesSpent 值。然而，程序可以使用多种方法阻止这种情况的发生。

第一种方法是当保存数据时使用某种加密。加密是一个固定过程，首先接收数据(比如“Helloworld”)，然后将接收的数据转换为难以理解的另一个数据(比如“lfmmpxpsme”)。实际上，此时的加密并不是一种很安全的加密方法，因为它只是用字母表中的下一个字母替换每一个字母。应该使用其他更好的加密技术，从而使他人更难以破坏数据。当程序读取加密后的数据时，通过逆转加密过程并恢复有效数据，从而解密信息。

另一种防止数据损坏的方法是不执行任何编码，而是当对象的数据被更改时程序能够检测到。如果我们以特定方式合并一个 Contact 对象中的所有值(例如，将所有字符代码和数据值相加，并乘以几个数字)，就可以生成与数据一起存储的检查代码。如果有人更改了 Contact 的内容，程序就会注意到，因为在加载数据时程序会重新计算检查代码，并查看该值是否与存储的值相匹配。

如果你认为这听起来像猫捉老鼠的游戏，那么你是对的。随着网络以及计算机设计师与黑客(黑客不断试图打破和扰乱生活中许多人所依赖的数字系统)之间的战斗日益激烈，这些加密和数据验证游戏正在世界各地不断上演。这是一个非常吸引人且重要的领域，可以得到一些非常有挑战性(且高薪水)的工作。

第 III 部分

创 建 游 戏

创建游戏是提高编程技能的好途径。游戏非常有趣且即时，通过创建游戏可以给他人留下深刻的印象。此外，还提供了一个奇妙的框架，在该框架中可以根据面向对象软件开发的基本原理来创建应用程序。前面已经学习了如何在程序中使用对象，接下来介绍如何实现一些有趣的功能。

第 12 章

使用什么创建游戏

本章主要内容：

自从有了计算机，许多程序员就一直在创建游戏程序。我认为，即使你不打算从事游戏开发行业，也应该尝试编写一些游戏。首先，提升编程能力是需要通过不断实践实现的，通过创建游戏，可以编写大量的代码。但最主要的原因是开发游戏可以让我们使用代码进行“涂鸦”，而无须担心失败。

当创建游戏时，不必担心满足规范或实现“正确”的方式来解决某个问题。只需要编写有趣的内容并检查是否正常工作即可。即使没有按照预期的方式工作，也是非常有趣的。编写游戏可以促使我们尝试编写不同的代码，这个过程是非常有趣的。

在本章，将学习游戏的运行方式，并开始使用构成游戏的软件元素。

- 创建视频游戏
- 所学到的内容

12.1 创建视频游戏

下面将编写一个游戏。为简单起见，该游戏将在一个二维空间中运行——换言之，游戏中的对象是平面的。诸如 Halo 之类的 Xbox One 游戏都提供了玩家可以探索和互动的三维世界。而我们的游戏只允许玩家在一个平面上使用图像。

实际上，从游戏的角度来看，这并不是一个大问题。一些曾经最流行的游戏(比如 Pong、Space Invaders、Angry Birds)也都是二维的。通过本章的学习，可以得到的一个启示是，即使是一个简单的游戏也可以引人注目。

首先开始绘制一些游戏对象，并让它们可以四处移动，同时与其他对象进行交互。然后使用这些对象创建不同形式的游戏。

12.1.1 游戏和游戏引擎

游戏引擎是位于计算机游戏之下的程序代码，提供了使用游戏所需的平台。许多游戏工作室花费数百万美元开发为它们的产品提供基础的游戏引擎。游戏引擎负责绘制玩家所看到的显示，并更新游戏中对象的状态。它一秒钟会完成多次绘制和更新操作，从而为玩家提供了引人入胜的游戏体验。

目前存在许多不同的游戏引擎。针对本章的游戏，将会使用我创建的一个小的游戏引擎，它运行在 Snaps 框架之内。虽然该引擎并不是一个功能强大的引擎，但却可以让你掌握游戏开发的基本原则。只需要将你的游戏从 Snaps 引擎中脱离开来，就可以移植到其他的平台上。在本章的最后，还会就你可能喜欢使用的一些框架提供有用的提示。

Snaps 游戏引擎并不会始终运行。相反，当想要玩游戏时才启动该引擎。当游戏引擎启动时，游戏会全屏(如果需要这么做的话)，并设置可以使用的输入设备。下面所示的是程序启动游戏引擎时所调用的 Snaps 方法：

```
using SnapsLibrary;

public class Ch12_01_EmptyGame
{
   public void StartProgram()
   {
      SnapsEngine.StartGameEngine(fullScreen: false, framesPerSecond: 60);

      while(true)
      {
         SnapsEngine.DrawGamePage();
      }
   }
}
```

启动游戏引擎，在窗口中运行游戏，每秒钟更新屏幕 60 次

绘制游戏显示(目前为空显示)

Ch12_01_EmptyGame

游戏可以在全屏模式或者显示器的一个窗口中显示。StartGameEngine 方法被赋予了一个 Boolean 值以选择要使用的模式。此外，游戏引擎还被赋予了游戏每秒运行的帧数。如果运行 Ch12_01_EmptyGame Snaps 应用程序，在屏幕上不会看到任何内容。稍后我们会向游戏中添加一些对象。

代码分析

每秒帧数

StartGameEngine 方法的第二个参数是游戏每秒应该运行的帧数。

问题：每秒帧数实际上意味着什么？

答案：每秒帧数值指的是每秒钟屏幕应该重绘的次数。游戏通过在固定的时间间隔内重绘整个屏幕的方式工作。屏幕上的图像之所以会移动，是因为每次操作时在不同的位置绘制了它们。如果增加连续重绘之间的时间间隔，屏幕上图像的移动幅度就会比较大，从而产生比较生涩的显示效果。现代游戏通常尝试每秒运行 60 帧，但根据同时在屏幕上显示的条目数量不同，该数字会有所不同。你可以尝试使用不同的值，并得到最佳的显示效果。我发现 60 是一个比较合适的值。

游戏循环

如果查看一下 Ch12_01_EmptyGame 的代码，会发现它包含了一个永远运行的循环，但却没有完成太多操作。

```
while(true)
{
    // Game update logic goes here
    SnapsEngine.DrawGamePage();
}
```

该循环被称为游戏循环。当游戏处于活动状态时，该循环会持续运行。目前，循环只包含了一条语句，即调用了 Snaps 库中的 DrawGamePage 方法。该方法将更新屏幕上所有的条目。如果任何游戏元素更新了位置，那么该方法会在更新的位置上重绘该元素。此外，该方法还管理计时，以便游戏循环始终按照游戏引擎创建时所选择的帧率更新屏幕。目前屏幕上没有任何元素，所以需要加入并显示一些元素。

代码分析

无限循环

对于执行一个程序来说，无限循环并不是一件好事，因为它意味着程序永远不会停止。然而，在我们的游戏程序中却使用了一个无限循环，这可能会引起争论。

问题：什么时候无限循环是一件好事？

答案：无限循环是一个永远循环而无法退出的循环。但对于游戏来说，这种持续更新过程正是我们所需要的。当玩游戏时，我们希望显示持续更新。然而，你不需要担心这个循环会运行得过快从而不必要地占用计算机资源。DrawGamePage 方法会暂停游戏，以便游戏仅以所请求的帧速率更新，在本程序中，帧率为每秒 60 次。

12.1.2　游戏和精灵

可以将游戏显示中的每个元素称为一个精灵(sprite)。一个精灵包含了一张图像以及位置和方向。如果你正在玩太空射击游戏，那么所使用的就是屏幕上的太空飞船、背景图片以及太空中飞行的导弹对应的精灵。我们将首先创建一个非常简单的黄色球精灵。

向游戏添加一个精灵图像

如果想要向 Snaps 应用程序添加一张图像，只需要将 PC 上存储的图像拖放至 Visual Studio 中的 Images 文件夹即可。这样可以在游戏中创建图像的副本。我们曾经在第 3 章完成过类似的操作，当时添加了通过使用 Snaps 方法 DisplayImageFromUrl 所显示的图像。图 12-1 显示了如何通过 Visual Studio 管理 Images 文件夹的图像文件，这些文件将在示例代码中使用。

如果将鼠标悬浮在 Images 文件夹的某一张图像上，Visual Studio 会显示该文件对应的图像缩略图预览。本示例将使用图中所示的圆球，可以使用类似的方法向自己的游戏中添加图像，从而使游戏更加有趣和个性化。

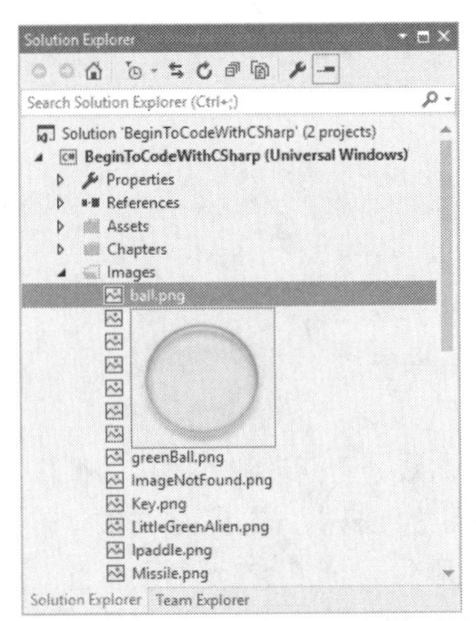

图 12-1 Images 文件夹中的球图像

动手实践

制作自己的游戏图像

可以通过拖放至 Viusal Studio 项目中 Images 文件夹的方式向游戏添加自己的图像。该图像可以是 JPEG、GIF 或者 PNG 文件。我个人比较喜欢 PNG 文件，因为这些文件支持透明图像——换句话说，可以在一张 PNG 图像的部分显示出其后面的另一张图像。当我们开始在游戏中使用圆球时会看到这种效果。虽然圆球图像是一张长方形的图片，但只有圆球的圆形部分才会遮盖下面的图像。圆球图像的其他部分都是透明的。

使用图像可以实现许多有趣的功能。如果你需要一个更好、免费且支持图层和透明度的图像编辑器，那么我建议你使用 Paint.NET，可以从 www.getpaint.net 下载。

程序员要点

精灵和图形不仅仅只是游戏所拥有

如果你在学习的过程中想知道为什么我一直在说创建一个游戏的重点是编写有用的程序，那么建议你继续阅读下面的部分。现代的应用程序包含了许多与游戏元素相类似的行为。我们都是一代伴随着玩游戏长大的计算机用户，所以都希望所使用的系统拥有与自己所玩的游戏相同的漂亮图形和动画。

虽然作为一名程序员，可能并不希望设计这些图形，但仍然需要很好地了解如何使用类似游戏的行为来提高用户体验。当然，这也是一个非常有趣的过程。

Snaps ImageSprite 类

至此，项目中已经拥有了一个图像文件，接下来需要将其附加到一个软件对象，以便在游戏中管理该图像。通过前面的学习，已经知道程序员可以通过创建一个软件对象来表示程序所使用的东西，比如，前面创建并使用了表示音符和通讯录联系人的对象。

本章所创建的游戏需要拥有一个可以在屏幕上显示图像的精灵，所以我创建了一个表示屏幕上图像的 ImageSprite 类。你可以在任何需要时创建一个新的 ImageSprite 实例。

```
ImageSprite ball = new ImageSprite(imageUrl: "ms-appx:///Images/ball.png");
```

ImageSprite类的构造函数接受单个参数，该参数是一个字符串，提供了精灵所显示图像的位置。一旦执行完上述语句，就会创建一个名为ball的引用，它指向一个ImageSprite实例(当需要在游戏中进行绘制时，该实例将会生成圆球图像)。而圆球自身不需要做太多事，只需要添加到游戏引擎中就可以被显示出来。游戏充当了所有精灵的容器，管理如何以及何时在屏幕上进行绘制。

如果想要在游戏中使用来自 Internet 的图像来创建精灵，那么可以使用下面的语句：

```
ImageSprite ball = new ImageSprite(imageURL:
"https://farm9.staticflickr.com/8713/16988005732_7fefe368cc_d.jpg");
```

可以将 ImageSprite 想象为一种图像载体。需要告诉 ImageSprite 在屏幕上的什么位置放置图像。此外，还可以使用它以各种方式缩放和旋转图像。

将 ImageSprite 添加到游戏引擎

游戏引擎保存了当前正在使用的精灵列表。当创建了一个 ImageSprite 时，必须告诉游戏引擎将这个新精灵添加到列表中。

```
SnapsEngine.AddSpriteToGame(ball);
```

该语句将圆球添加到游戏中。现在，当运行游戏循环时，该精灵会被绘制在屏幕上。当游戏不再需要某一特定的 ImageSprite 时(可能是因为玩家从级别 1 上升到级别 2)，可以通过使用 RemoveSpriteFromGame 方法删除该精灵。

下面所示的是最简单的游戏代码：

```
using SnapsLibrary;

public class Ch12_02_BallSprite
{
    public void StartProgram()
    {                                                   // 启动游戏引擎
        SnapsEngine.StartGameEngine(fullScreen: false, framesPerSecond: 60);

        ImageSprite ball = new ImageSprite
            (imageUrl: "ms-appx:///Images/ball.png");   // 创建使用圆球图像的新 ImageSprite
        SnapsEngine.AddSpriteToGame(ball);              // 将 ImageSprite 添加到游戏中

        while(true)
        {
            SnapsEngine.DrawGamePage();
        }
    }
}
```

实际上，这只是一个图像显示程序，因为每次游戏更新时并没有对精灵进行任何操作，所以该程序什么也没有做，只是在屏幕上显示了一个大的圆球。图 12-2 显示了运行

Ch12_02BallSprite 程序时所绘制的圆球。

图 12-2 显示圆球精灵

该圆球图像的大小为 260 像素，对于游戏来说略微大了一点。所以下一步需要找到一种方法得到一个更合适的圆球。

更改 ImageSprite 的大小

在第 11 章曾经讲过，可以使用类包含的属性行为来管理对对象所包含数据的访问。比如，Contact 类拥有一个 Name 属性，从而允许程序对 Contact 值所保存的联系人姓名进行操作。同样，ImageSprite 类也可以通过提供属性允许程序操作精灵显示的宽度和高度。

```
using SnapsLibrary;

public class Ch12_03_SquishyBall
{
    public void StartProgram()
    {
        SnapsEngine.StartGameEngine(fullScreen: false, framesPerSecond: 60);

        ImageSprite squishyBall = new ImageSprite(imageURL:
                                    "ms-appx:///Images/ball.png");
        SnapsEngine.AddSpriteToGame(squishyBall);

        float maxWidth = 500; ———— 最大的圆球宽度
        float minWidth = 100; ———— 最小的圆球宽度
        float currentWidth = 100; ———— 当前的圆球宽度(从 100 开始)
        float widthUpdate = 1; ———— 每次游戏循环时宽度变化量

        while(true)
        {
            currentWidth = currentWidth + widthUpdate; ——按照更新量更新当前宽度
            if (currentWidth>maxWidth)
                widthUpdate = -1;       ——如果圆球的宽度大于最大宽度值，则更改更新值，以便宽度变窄
            if (currentWidth<minWidth)
                widthUpdate = 1;        ——如果圆球的宽度小于最小宽度值，则更改更新值，以便宽度变宽
```

```
            squishyBall.Width = currentWidth;
            SnapsEngine.DrawGamePage();
        }
    }
}
```

将圆球的宽度设置为当前计算的宽度

程序只需要为精灵的 Height 和 Width 属性赋值，就可以设置其高度和宽度。然而，改变精灵的大小不会立即改变其在显示器上所显示的大小；只有当调用 DrawGamePage 方法时显示大小才会更改。当运行上面的程序时，圆球将会变扁，如图 12-3 所示。

图 12-3　更改宽度和高度后圆球变扁了

虽然程序可以将图像缩放至任何高度和宽度，但在缩放一个精灵的过程中需要注意保持高度和宽度的比例，以便显示看起来比较“合理”。如果比例错误(就像前面所做的那样)，那么对象就有可能从一个方向或另一个方向被拉伸。

易错点

当图像出现问题时

当程序更改图像的大小时，Windows 图形系统将会对图像进行缩放，以满足所要求的大小。虽然使图像变小会导致一些细节信息丢失，但图像的质量还是非常不错的。然而，如果使用的是一张非常小的图像，并尝试对其放大，那么会看到放大后的图像看起来非常模糊，此时可能只会看到图片上的点以及其他不完善的地方。可以从图 12-3 所示的拉伸圆球中看到这种情况，其中圆球的边缘已经出现了“阶梯”状，因为组成图像的原始点被扩大，以填充整个空间。

在创建游戏时，我会尽量确保所有的图像都比所需要的图像大，以便进行缩放(通常我会让图像变小)，从而适应屏幕显示。这种方法可以确保屏幕上的条目始终保持最佳显示效果。

动手实践

压缩图像

可以通过改变图像的形状获得很多的乐趣。可以使用该技术扩大一张图像，或者将一张图像缩小到看不见。如果更改更新值的大小，则可以使图像缓慢增长或上下滑动。你可以在自己的图片上尝试一下相关操作。如果将自己的家庭照片“压扁”，会觉得很有趣。至少我曾经这么做过。

对精灵进行缩放操作

前面，我们已经见过错误设置图像的高度和宽度所带来的效果(使图像看起来非常扁)。如果愿意，可以使用这种方法获得滑稽的效果。然而，我们真正想要完成的是缩放一个精灵，同时保持其形状不变。实际上，ImageSprite 提供了完成该操作的方法。只需要设置精灵的高度或宽度，其他尺寸由计算机自动调整，以确保精灵看起来更加合适。

ScaleSpriteWidth 方法可以按照需要设置精灵的宽度，并自动调整其高度，以便精灵的形状保持不变，而不会出现被拉伸的情况。ScaleSpriteHeight 方法针对精灵的高度完成了相同的操作。

```
float maxWidth = 500;
float minWidth = 100;
float currentWidth = 100;
float widthUpdate = 1;

while(true)
{
    currentWidth = currentWidth + widthUpdate;
    if(currentWidth > maxWidth)
        widthUpdate = -1;
    if(currentWidth<minWidth)
        widthUpdate = 1;  ———— 前面示例中使用的“压缩”代码
    scaledCity.ScaleSpriteWidth(currentWidth); ——— 将精灵缩放到计算的宽度
    SnapsEngine.DrawGamePage();
}
```

Ch12_04_ScaledCity

该程序片段在 100 像素和 500 像素之间更改一张城市图片的宽度。如果运行该程序，会看到图片的形状保持不变，宽度和高度的大小看起来比较合适，如图 12-4 所示。

图 12-4 缩放后的城市照片

描述图像高度和宽度之间关系的正式术语是图像的纵横比，即图像高度和宽度的比率。在关于视频显示的讨论中经常会听到这个术语。宽银幕视频通常以 16:9(16 个单位的宽度比 9 个单位的高度)的纵横比显示，然而对于一些较早的显示器以及一些平板电脑，其纵横比为 4:3(4 个单位的宽度比 3 个单位的高度)。对于游戏开发人员来说，其中一项挑战是确保游戏可以在任何大小和形状的显示器上工作。

代码分析

高度和宽度值实际上意味着什么？

我们一直在使用数字指定屏幕对象的尺寸，你可能已经注意到，当数字变大时，屏幕上的对象也变大了。但真正需要考虑的是这些数字意味着什么，它们是如何被使用的。

问题：大小值实际上意味着什么？

答案：位置和大小值以像素指定。在早期的视频游戏中，一个像素完全等于显示器上的单个点。这意味着图 12-3 中所示的缩放圆球图像的宽度等于 400 个点，而高度等于 100 个点。如今，显示器拥有许多多种不同的尺寸和分辨率，再以点的方式工作就显得不明智了。在 Windows 10 显示器上，一个像素大约等于 1/9 英寸，所以前面所示的圆球会比 1 英寸略微大一点，而与正在运行程序的设备上的显示器类型无关。

如果你打算只在一台计算机上运行游戏，那么可以使用适合该计算机上显示器的精灵大小。然而，如果想要游戏供更多的用户使用(可能会通过 Windows Store 下载游戏)，就需要确保玩家可以获得比较好的使用体验，而不管他们使用的什么设备。

虽然对于较大屏幕的计算机来说，大约 1 英寸的圆球是比较合适的，但对于小型的平板电脑或者 Windows Mobile 设备来说就不合适了。解决该问题的方法是让精灵的大小适应运行游戏的计算机。

适应精灵大小

我们的目的是让游戏适应不同的屏幕大小。Snaps 通过相关的属性告诉程序游戏当前正在使用的视口的尺寸。可以把游戏当作是在一个无限大的空间上进行绘制。而视口就是该空间中对玩家可见的部分。视口的左上角位于坐标(0, 0)处，而底部的位置以及左边的边缘位置则取决于视口的宽度。任何在视口中不可见的内容都不会被绘制。

对于一个特定的游戏，我们可能希望圆球是视口宽度的 1/12。下面所示的语句首先使用 GameViewportWidth 属性获取视口的宽度，然后计算出该宽度值的 1/12 作为圆球的宽度。当然，也有对应的高度属性。

根据图像创建精灵
ImageSprite scaledBall = new ImageSprite(imageUrl:
"ms-appx:///Images/ball.png");
SnapsEngine.AddSpriteToGame(scaledBall);
将所创建的精灵添加到游戏中
double ballWidth = SnapsEngine.GameViewportWidth / 20.0;
计算视口宽度的 1/12
scaledBall.ScaleSpriteWidth(ballWidth);
将精灵的宽度设置为该值
Ch12_05_BallSpriteTwentieth

图 12-5 所显示的圆球只有屏幕宽度的 1/12。大多数游戏都是在启动时通过设置游戏对象的大小后开始运行的。

图 12-5 一个更小的球，按比例绘制

代码分析

视口宽度和屏幕尺寸

问题：如果你说我前面已经介绍过屏幕的尺寸，那么你是对的。在第 9 章编写绘图程序时，曾经使用过一个名为 GetScreenSize 的 Snaps 方法，从而确定了屏幕的宽度和高度。该方法返回一个 SnapsCoordinate 值，其中 X 值被设置为屏幕的宽度，而 Y 值被设置为高度。此时为什么有两个获取屏幕尺寸的版本呢？

答案：GetScreenSize 方法返回的是程序在其中运行的窗口的大小。然而，当创建了一个以全屏模式运行的游戏时，游戏将会接管整个屏幕的显示，此时窗口大小值就不正确了。所以有两个获取屏幕尺寸的方法。

使用精灵填充屏幕

如果想要让一张图片填充整个屏幕，可以设置精灵的宽度和高度以匹配屏幕的尺寸。如下所示：

```
scaledBall.Width = SnapsEngine.GameViewportWidth;
scaledBall.Height = SnapsEngine.GameViewportHeight;
```

设置精灵的宽度和高度，以反映视口的尺寸

Ch12_06_BallSpritefullScreen

对于圆球图像来说，填充屏幕将会导致图像的形状被严重拉伸。然而如果想要让背景精灵填充整个屏幕，那么该技术是一个非常好的方法。如果精灵包含的是一个图案(比如草地或混凝土地板)而不是可识别的对象，那么玩家就不会注意到图像被轻微扭曲。

将精灵定位在屏幕上

ImageSprite 类提供了可用来管理屏幕上精灵位置的属性。下面所示的语句将圆球放置在屏幕的左上角：

```
ballSprite.X = 0;
ballSprite.Y = 0;
```

将精灵位置的 X 和 Y 值都设置为 0

此时的 X 和 Y 值给出了精灵左上角的位置。换句话说，如果在 X 和 Y 值为 0 的地方进行绘制，就会将圆球绘制在屏幕的左上角。除非特别指定，否则 ImageSprite 的 X 和 Y 位置在创建时都被设置为 0，这也就是为什么到目前为止所有的精灵都绘制在左上角的原因。

程序可以通过更改 X 和 Y 的值将精灵放置在屏幕的任何位置。和更改精灵的大小一样，只有当 DrawGamePage 方法运行时才会在屏幕上更改精灵的位置。

使精灵移动

我们真正想要实现的是游戏中的元素可以在屏幕上来回移动。为此，需要在游戏循环期间改变精灵的位置。为了理解该过程，请看一下下面所示的代码：

```
while (true)                          永远重复循环
{
    ball.X = 0;
    ball.Y = 0;                       将精灵位置的 X 和 Y 值设置为 0
    SnapsEngine.DrawGamePage();
    SnapsEngine.Delay(0.5);           更新游戏显示，并等待半秒钟
    ball.X = 500;
    ball.Y = 500;                     重新设置 X 和 Y 的位置
    SnapsEngine.DrawGamePage();
    SnapsEngine.Delay(0.5);           更新游戏显示，并等待半秒钟
}
```

Ch12_07_FlickingSprite

当运行该程序时，圆球会在屏幕上两个不同的位置之间来回弹跳。当然，这并不是真正的移动——而只是你的大脑被愚弄了，认为圆球从一个地方移动到另一个地方。如果需要更加频繁地更新精灵，那么移动的每一步就不应该太远，我们需要的是一个平滑的运动。下面的代码演示了该过程的实现：

```
double XBallSpeed = 1;
double YBallSpeed = 1;            设置圆球横向(X 方向)和向下(Y 方向)的速度

while (true)                      永远循环
{
    ball.X = ball.X + XBallSpeed;
    ball.Y = ball.Y + YBallSpeed;       按照速度更新 X 和 Y 的位置
    SnapsEngine.DrawGamePage();         在屏幕上绘制游戏
}
```

Ch12_08_MovingSprite

这是一个经典的游戏循环。循环中的头两条语句更新圆球的位置，然后绘制屏幕，最后重复上述循环。如果运行该程序，会看到圆球平滑地在屏幕上向下移动。上述结构在每个游戏中都可以看到。

圆球之所以稳定地移动，是因为在每次循环中都按照圆球速度值 1 增加像素值。由于 DrawGamePage 方法被告知以每秒 60 次的速度绘制新帧，所以在一秒钟内，圆球在屏幕上稍微移动半英寸以上(请记住，一英寸大约包含了 96 个像素)。如果想要圆球以两倍的速度移动，只需要将 xBallSpeed 和 yBallSpeed 的值更改为 2 即可。

代码分析

精灵移动

上面的代码值得仔细研究，同时还会产生一些有趣的问题。

问题：为什么当Y值增加时精灵向屏幕下方运动？

答案：在计算机图形中，显示的原点(即坐标为(0, 0)的点)通常位于屏幕的左上角。这可能与硬件显示是从屏幕顶部映射到内存的方式有关，但我必须承认具体原因我也不太确定。针对该问题，我认为答案是“因为它确实是这么做的”，而我们只能从屏幕左上角出发。

问题：如果程序尝试在屏幕区域之外绘制图像，那么会发生什么事情呢？

答案：Windows管理系统并不关心程序是否尝试在屏幕以外的地方绘制内容。可以将屏幕视为一个位于正在显示对象的无限大区域之上的视口。Windows只会绘制通过该视口可见的对象部分，其他部分则被裁剪掉。使ImageSprite“消失”的一种方法是将其移出可视区域，但更有效的方法是使用Hide方法，它可以完全阻止精灵被绘制。

问题：如果将某一个速度值设置为0，那么会发生什么事情呢？

答案：程序通过两个值来表示圆球运动的方向：在屏幕上横向移动的距离以及向下移动的距离。如果将某个值设置为0，那么这意味着在该方向上没有任何移动。例如，如果将YBallSpeed值设置为0，那么圆球将只会水平移动，而不会垂直移动。如果两个值都为0，那么圆球就是静止的。

问题：如果将某一个速度值设置为负数，那么会发生什么事情呢？

答案：负速度是完全正确的；它会使圆球反方向运动。在X轴上，负速度会向左侧移动，而在Y轴上，负速度则是向上移动。

创建一个弹跳精灵

虽然现在精灵可以移动了，但该移动没有任何用处。此时圆球只会沿着视口移动，然后从底部消失。而我们所希望实现的是圆球可以从视口的底部、顶部和两侧反弹。

当圆球试图离开屏幕的底部时，游戏必须更改圆球的方向，使其向上运动。而当圆球试图离开屏幕的顶部时，游戏应该使其向下运动。此外，游戏还必须通过完成类似的测试确保圆球不会离开左右边缘。可以将弹跳圆球的算法表示如下：

“如果圆球到达视口的底部，应该向上弹起。如果圆球到达视口的顶部，应该向下弹起。如果到达视口的左边缘，应该向右弹起，如果到达视口的右边缘，应该向左弹起。”

当圆球弹起时，必须更改其运动方向。程序必须探测圆球何时移动到视口之外，然后再做出合适的方向更改。ImageSprite类所提供的Bottom属性给出了精灵底部的Y坐标。一旦该值超过了视口的高度，圆球就必须更改运动的方向，向上弹起。下面所示的代码使球从屏幕底部弹起：

```
if(ball.Bottom > SnapsEngine.GameViewportHeight) ——运动精灵的底部是否超过视口？
{
    // ball is going off the bottom edge
    if(YBallSpeed > 0)  ————— 如果超出了底部并且仍然在向下移动，则需要倒转方向
    {
        // ball is moving down the screen
```

```
        // because the speed is positive
        // make it bounce back into the viewport
        // make the speed negative
        YBallSpeed = -YBallSpeed;
    }
}
```

运算符“-”取反变量中的值

```
Ch12_09_BouncingSprite
```

同样，Top 属性给出了精灵顶部的 Y 坐标。如果 Top 值小于 0，则圆球必须向下反弹。下面所完成的第二个测试是圆球向下反弹。

```
if(ball.Top < 0)
{
    // ball is going off the top edge
    if(YBallSpeed < 0)
    {
        // ball is moving up the screen
        // because the speed is negative
        // make it bounce back into the viewport
        // make the speed positive
        YBallSpeed = -YBallSpeed;
    }
}
```

此外，Left 和 Right 属性给出了 ImageSprite 左边缘和右边缘的 X 坐标。

Ch12_09_BoundingSprite 中的示例代码包含了圆球从四个边缘移开的相关测试。现在，圆球可以在屏幕四周不断反弹了。接下来需要一个可以击打圆球的拍子。而这是下一章要完成的工作。

动手实践

让一些图片在屏幕四周反弹

到目前为止，我们已经知道如何对图像进行缩放以及如何在屏幕上进行定位，接下来可以使用图像完成一些有趣的操作。可以通过在视口周围移动来缓慢地平移精灵，或者通过更改精灵的大小来进行缩放操作。或者还可以让你的兄弟或者朋友的脸部照片在屏幕四周反弹。如果组合多张这样的图像，将会是非常有趣的事情。

程序员要点

有时，非常简单的行为也需要编写大量的代码

弹跳看起来是一个非常简单的行为。毕竟，如果一个橡胶球可以做到，那么对于计算机程序来说会有多难呢？然而，就如你所看到的，我们实际上需要完成大量的工作才能让弹跳的行为正确完成，所以对于我们的游戏来说重复测试圆球的位置并在需要时更新速度方向并不是什么问题。

12.2　所学到的内容

在本章，我们学习了计算机游戏的基础知识，什么是游戏以及游戏是如何实际运行的。可以看到，游戏的工作过程是通过重复更新组成游戏环境的对象，然后在新的位置重绘这些对象。知道了精灵是所创建的二维游戏的基本元素，实际上精灵就是一个可以由游戏进行定位和缩放的图像的容器。通过更改精灵的大小和位置，可以给玩家以运动的感觉。Snaps 库提供了一个游戏引擎以及一个可用来管理精灵的 ImageSprite 类。

此外，还学习了计算机显示器坐标系统的工作原理，以屏幕左上角为原点(X 和 Y 的值都为 0 的点)。你现在已经知道，Windows 显示器上的尺寸都是用像素表示的，一英寸大约包含 96 个像素。这样，如果需要在不同的设备上运行游戏，就会产生问题，所以我们还学习了可用来缩放 ImageSprites 的 Snaps 方法，以便保持精灵的正确形状。

最后，我们发现，使用图像并让图像在屏幕四周移动是一件非常有趣的事情。

关于游戏的开发，你可能会对以下的问题产生疑惑。

真的需要一台功能强大的计算机来运行这些游戏吗？

以我的经验看，不需要。Snaps 游戏引擎已经在大多数功能强大的计算机以及七英寸的平板电脑上进行了测试。不管在什么平台上，该引擎都可以很好地工作。关键需要考虑的是任何时候屏幕上精灵的数量。该系统可以应付最多 500 个精灵，这对于我们所要编写的大多数游戏来说足够了。唯一与 Snaps 游戏引擎竞争的设备是 Raspberry PI 设备。虽然这些游戏可以在 Raspberry PI 上运行，但更新却非常缓慢。这是因为在编写代码时，在 Raspberry Pi 上运行的 Windows 10 的嵌入式版本并不支持提供良好更新速度所需的图形加速功能。

是否所有的游戏引擎都像 Snaps 游戏引擎那样工作？

Snaps 引擎已经被大大简化了，它实际上是运行在支持通用 Windows 应用程序的图形环境之上的。它所完成的很多工作都得益于许多工程师的贡献。大多数的游戏引擎更加紧密地与底层硬件相耦合，这意味着可以提供了更多、更好的性能。

该游戏开发看起来非常有趣，那么我到哪里可以找到一个合适的游戏引擎呢？

我个人比较喜欢使用被称为 MonoGame 的 C#引擎来编写游戏。该引擎易于学习和使用，充分利用了 C#语言，同时可以为 Windows 10、Android 以及 Apple iOS 编写游戏。如果你掌握了本书所介绍的方法，那么强烈建议你使用自己喜欢的搜索引擎查找一下 MonoGame。

第 13 章

创建游戏

本章主要内容：

在本章，我们将编写第一个正式游戏，具备游戏开始、游戏进行和游戏结束等功能。将学习游戏如何从玩家获取输入信息，并使用这些信息控制游戏中的对象。此外，还将学习游戏如何检测屏幕上的对象交互以及如何使用这些交互生成游戏。游戏并不仅仅只是包含图像，因此还会介绍游戏如何生成声音输出并向玩家显示文本消息。本章最后会创建一个完整的游戏，并学习如何通过使用随机性(计算机游戏生产者经常使用的功能之一)向游戏添加更多的趣味性。在学习的过程中，我一直会强调应该仔细研究示例代码，并使用这些代码创建自己的作品，不管是动画消息还是自己的游戏。计算机是你可以使用的最富有创造性的设备之一，而我认为游戏是探索计算机这种创造潜力的最佳方法之一。

- 创建一个玩家控制的球拍
- 向游戏添加声音
- 在游戏中显示文本
- 所学到的内容

13.1 创建一个玩家控制的球拍

在第 12 章，我们创建了一个可以在屏幕四周弹跳的圆球精灵。接下来，将会添加可用来与圆球进行交互的玩家控制。此时，将会创建一个用来击打圆球的紫色球拍(你可以从 BeginToCodeWithCSharp 项目中的 Images 文件夹中找到该精灵对应的图像 paddle.png。此外，也可以添加自己的图像)。

下面所示的语句将球拍精灵加载到游戏中，并进行相关的设置。其大小被设置为视口宽度的 1/10，而球拍的底部被放置在离屏幕底部 10 个像素的位置。图 13-1 显示了球拍的位置。

将球拍的图像加载到精灵中

```
ImageSprite paddle = new ImageSprite(imageUrl: "ms-appx:///Images/paddle.png");
SnapsEngine.AddSpriteToGame(paddle);
```

将精灵添加到游戏中

```
double paddleWidth = SnapsEngine.GameViewportWidth / 10.0;
paddle.ScaleSpriteWidth(paddleWidth);
paddle.Bottom = SnapsEngine.GameViewportHeight - 10;
paddle.CenterX = SnapsEngine.GameViewportWidth / 2;
```

计算并设置球拍的宽度

确定球拍的位置

Ch13_01_SpriteAndPaddle

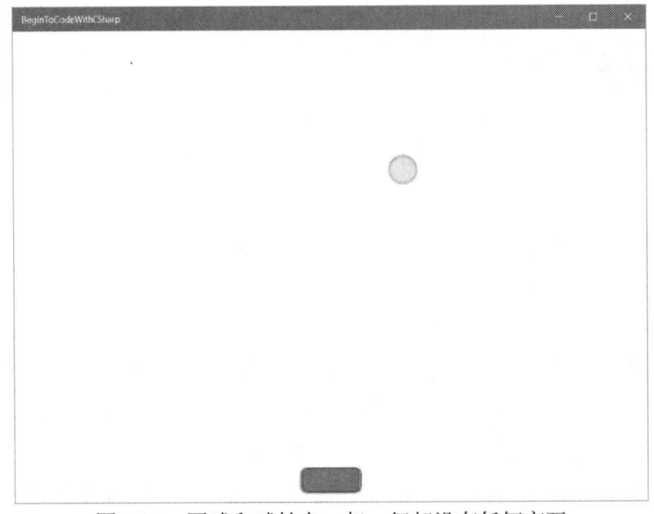

图 13-1 圆球和球拍在一起，但却没有任何交互

如果在第 12 章所编写的弹跳圆球程序中添加上面的语句，就会看到在屏幕上显示出圆球和球拍。接下来需要允许玩家移动该球拍。事实证明这实现起来非常容易。

Snaps 游戏手柄

Snaps 框架提供了可用来获取“游戏手柄”(该手柄由 Snaps 游戏引擎所控制)状态的方法。为了控制游戏，玩家可以以各种方式使用 Snaps 游戏手柄，比如键盘、触摸屏、鼠标，甚至是 Xbox One 或 Xbox 360 控制器。

Snaps 游戏手柄可以检测五种行为：左、右、上、下和开火。其中四种方向行为映射到键盘上的箭头键，而开火行为则映射到空格键。如果你正在使用一个控制器，那么方向行为映射到 d-pad，而开火行为映射到按钮 A。

当游戏运行时，还会在屏幕上显示一个可供鼠标和触摸屏使用的游戏手柄，如图 13-2 所示。如果想要激活面板，只需要将鼠标指针放到想要激活的面板上，或者在触摸屏上触摸对应的面板即可。

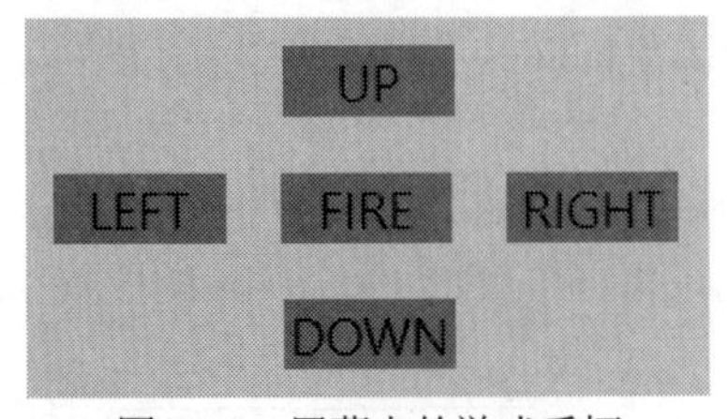

图 13-2 屏幕上的游戏手柄

游戏可以读取 Snaps 游戏手柄的设置并适当地更新游戏中的对象。例如，XPaddleSpeed 变

量保存了玩家移动球拍时球拍所移动的速度。下面所示的语句将其设置为 15，从而比圆球的速度快(此时圆球的速度为 10)。这样设置是比较公平的，因为可以给玩家机会来捕捉到圆球。该速度越接近圆球的速度，玩家就必须更加熟练地操作手柄。

```
double XPaddleSpeed = 15;
```

当然，如果让球拍的移动速度慢于圆球的速度，那么游戏就不可玩了，因为玩家永远不可能捕捉到圆球。对于玩家来说这是一个非常令人讨厌的游戏，但也可能是有趣的尝试。

游戏程序可以通过使用五个方法来检查玩家是否触发了某个特定的游戏手柄行为，这五个方法分别是 GetRightGamepad、GetLeftGamepad、GetUpGamePad、GetDownGamePad 和 GetFireGamepad。只要相应的行为被选择了，对应的方法就会返回 true。注意，与键盘敲击和鼠标单击不同的是(它们主要是检测事件)，这些方法主要是检测水平——换句话说，它们并不检测键盘上的键何时被按下，而是让游戏检查按键是被按下或是弹起。

```
if (SnapsEngine.GetRightGamepad())
{
    paddle.X = paddle.X + XPaddleSpeed;
}
```

如果右边的面板被选择，则向右移动球拍

```
if (SnapsEngine.GetLeftGamepad())
{
    paddle.X = paddle.X - XPaddleSpeed;
}
```

如果左边的面板被选择，则向左移动球拍

```
Ch13_02_SpriteAndMovingPaddle
```

上面的代码演示了程序如何读取 Snaps 游戏手柄并更新球拍的位置。如果 GetGightGamePad 方法返回 true，那么程序将按照球拍的速度值向右移动球拍。如果 GetLeftGamePad 方法返回 true，那么程序将按照球拍的速度值向左移动球拍。请记住，增加 X 坐标的值会将对象向视口的右边移动。以上就是允许玩家左右移动球拍所需的所有代码。

代码分析

球拍的运动

问题：当测试只执行一次时，为什么球拍会持续运动？

答案：仔细查看上面的语句，会发现对球拍运动的测试在程序中只完成了一次，但是请记住，上述代码是包含在游戏循环中的，一秒钟会被重复执行多次。这意味着，当玩家选择一个方向时球拍就会开始运行，而到玩家放手时就停止运动，这样就提供了一个非常现实且可感知的控制。

问题：如何让球拍在屏幕上上下移动？

答案：可以使用相同的技术允许玩家在屏幕上移动球拍。游戏可以使用 GetUpGamepad 和 GetDownGamepad 方法来检测玩家何时选择了 Up 或 Down。随后更新球拍的 Y 位置，从而反映所做的更改。

问题：如果玩家同时选择了向左和向右运动，那么会发生什么事情？

答案：你可以尝试一下，球拍向左运动是因为选择了 Left，而向右运动是因为选择了 Right。如果同时选择 Left 和 Right，则会导致球拍根本不动，这就是可能发生的事情。

问题：球拍应该移动多快？

答案：你可以通过实验找到合适的运动速度。我的选择是球拍以每次更新 15 个像素的速度移动，因为游戏中圆球的速度是每次更新 10 个像素。这样就可以给玩家带来优势，因为如果玩家可以以足够快的速度移动球拍，就可以捕捉到圆球。在游戏设计中有一个非常流行的技巧，就是在游戏过程中增加游戏对象的速度。当玩家得到了某一特定分数之后，可以将圆球的速度增加到 12，同时将球拍的速度增加到 16。这样就可以加快游戏的节奏，并对玩家的技能提出了更多的要求。游戏公司通常在发布一款游戏之前使用一些"测试者"进行游戏测试，从而确保这种类似的进阶级数不会减弱游戏的可玩性。如果想要出售一款游戏，那么最好的方法是召集尽可能多的朋友，以确保游戏具有更高的可玩性。

停止球拍在屏幕上运动

此时，你可能会非常高兴地看到可以左右移动球拍来追逐圆球，虽然目前两个对象之间还无法进行交互。然而，你可能已经发现游戏中存在的一个缺陷，即可以非常容易地让球拍移出视口的边缘。如果一直按住 Left 箭头键，那么球拍会向左侧边缘移动，然后消失了。之所以会发生这种情况是因为程序中没有相关的代码来阻止球拍移出屏幕的边缘。幸运的是，可以通过向游戏循环中添加一些代码来解决该问题：

```
if(paddle.Left < 0)
{
    // Trying to move off the left edge - pull the paddle back
    paddle.Left = 0;
}

if(paddle.Right > SnapsEngine.GameViewportWidth)
{
    // Trying to move off the right edge - pull the paddle back
    paddle.Right = SnapsEngine.GameViewportWidth;
}
```

Ch13_03_SpriteAndPaddleClamped

在游戏更新了球拍的位置之后，就会执行上面的两个条件。当球拍的位置超过视口的边缘时，这两个条件通过重设球拍的位置来确保球拍永远不会离开视口。这是视频游戏中经常采用的一种做法，称为 clamping。一个值被限制在特定范围内，不允许超出范围。

使用球拍击打圆球

目前，圆球和球拍之间还无法进行交互；圆球会穿过球拍。接下来需要完成的是提供一种行为，当两个对象相交时，圆球会从球拍上弹起。ImageSprite 类提供了一个可用来检查一个精灵是否与另一个特定精灵交互的方法：

```
if (paddle.IntersectsWith(ball)) ———— 测试圆球和球拍是否相交
{
```

```
    if(YBallSpeed > 0) ——————— 进行测试以确保只有圆球在屏幕上往下移动时才弹起
    {
        // ball is going down, make it bounce off the paddle
        // and go up
        YBallSpeed = -YBallSpeed; ——— 反方向
    }
}
```

Ch13_04_HittingTheBall

当圆球和球拍相交时，游戏会反转 Y 速度的方向，从而导致圆球似乎从球拍上弹起。现在，游戏的玩家可以使用球拍“击打”圆球了。但如果玩了一段时间，你会发现有时圆球似乎是击中了球拍，而这种情况是不应该出现的。图 13-3 显示了所发生的情况。

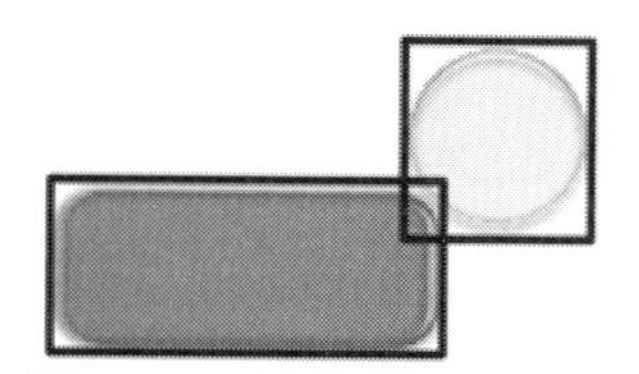

图 13-3 圆球和球拍的边界框

上面代码中所示的 IntersectsWith 方法根据对象的宽度和长度在对象周围绘制了一个框。如果两个框相交了，该方法就返回 true。而从图 13-3 中可以看出，球拍和圆球实际上并没有接触，但两个框却相交了，所以圆球从球拍上弹起(即使圆球不应该弹起)。一些游戏使用以下方法解决了该问题：通过测试交叉区域(由圆球和球拍所共享的小矩形)，从而查看两者中是否有任何像素重叠。如果重叠，则表示精灵间发生碰撞。

还有一些游戏使用其他方法解决了该问题，即使所有的精灵矩形化，以便它们看起来真地发生碰撞。

程序员要点

游戏是欺骗的好地方

编写游戏是一件非常有趣的事情，因为你可以控制整个游戏世界。但是在这种情况下会出现一些问题，比如圆球和球拍在不应该发生碰撞时发生了碰撞。可以通过编写一些额外的代码解决该问题，比如通过检查像素是否重叠，或者更改圆球和球拍的形状使其成为矩形。还可以继续使用矩形来检测精灵之间的碰撞，但此时可以让矩形更小一点，以便圆球可以多运动一段距离后才与球拍发生碰撞。

此时，我们将会忽略这个问题，并希望当进行快速操作时，玩家会沉浸于游戏之中而不会注意到该问题。其实游戏充满了许多类似的小欺骗。关键问题是这种折中方法是否会妨碍用户的游戏体验。

13.2 向游戏添加声音

好的声音效果可以为游戏带来更美妙的使用体验。Snaps 游戏引擎包含了一个特殊的声音效果方法，可用来在游戏期间播放声音。

```
if(paddle.IntersectsWith(ball))
{
    if(YBallSpeed > 0)
    {
        // ball is going down, make it bounce off the bat
        // and go up
        YBallSpeed = -YBallSpeed;

        // Play a sound
        SnapsEngine.PlayGameSoundEffect("ding");  —— 当玩家击打圆球时播放一个声音
    }
}
```

Ch13_05_HittingTheBallWithSound

请记住，也可以向游戏中添加自己的声音。请回忆一下向程序添加声音的过程(回忆一下第5章的内容，当时我们首次使用了PlaySoundEffect方法)。

代码分析

游戏和声音

问题：为什么游戏需要一个特殊的声音效果方法？

答案：之所以为游戏创建一个特殊的声音效果方法，是因为游戏可能会试图一次播放大量的声音。在这种情况下，可能会对程序使用内存的方法产生不良的影响，同时，随着程序运行内存被回收，游戏可能会出现“结结巴巴”的现象。PlayGameSoundEffect方法通过重复使用声音，限制了游戏可以使用的声道数量，虽然这意味着一些声音可能无法播放完毕，但却可以确保游戏流畅。

动手实践

让游戏运行起来

现在，你可以使用自己喜欢的图像来创建自己的游戏。可以在屏幕上移动一个足球。添加一些向上和向下的运动，以便玩家可以追逐屏幕上的对象。可以使用游戏收盘控制更改ImageSprite的绘制位置，以便玩家可以平移图片，或者更改图像大小，从而进行缩放操作。

13.3 在游戏中显示文本

任何游戏都需要显示文本消息。Snaps框架提供了一种可用来显示文本的特殊类型的精灵。

```
TextBlockSprite tinyTextSprite = new TextBlockSprite(   —— 创建一个新的TextBlockSprite
    text: "Hello. I'm Tiny Text in the default font",  ┐
    fontSize: 20,                                       ├— 指定所显示的文本以及文本大小和颜色
    color: SnapsColor.Blue);                            ┘
```

```
SnapsEngine.AddSpriteToGame(tinyTextSprite); ——————将该精灵添加到游戏中
```

任何可以使用 ImageSprite 的地方都可以使用 TextBlockSprite。文本精灵和图像精灵之间的主要区别在于其大小的设置方法不同。对于一个图像精灵来说，可以设置其宽度和高度值，而对于 TextBlockSprite 来说，则必须在创建精灵时使用 FontSize 设置。FontSize 值以像素为单位表示字体的高度。此时的高度意味着最高字符的顶部(比如 A 的顶部)与最低字符的底部(比如 g 的底部)之间的距离。我通常使用试错法获得正确的字体大小。

如果没有指定字体家族，则将会使用默认的字体 Segoe UI 进行文本绘制。我个人比较喜欢这种字体，但如果你喜欢其他不同的字体，则可添加一个 FontFamily 字符串，该字符串提供了所需字体家族名称。如下所示，giantTextSprite 使用了 Impact 字体家族，并且字体大小为 200 像素。

```
TextBlockSprite giantTextSprite = new TextBlockSprite(
   text: "I'm Giant",
   fontSize: 200, fontFamily: "Impact",
   color: SnapsColor.Red);
SnapsEngine.AddSpriteToGame(giantTextSprite);
```

下面所示的程序在视口显示了两个文本块。如图 13-4 所示。

图 13-4　显示两种大小和位置的文本

```
usingSnapsLibrary;

public class Ch12_13_DisplayingText
{

   public void StartProgram()
   {
      SnapsEngine.StartGameEngine(fullScreen: false, framesPerSecond: 60);
```

```
        TextBlockSprite tinyTextSprite = new TextBlockSprite(
            text: "Hello. I'm Tiny Text in the default font",
            fontSize: 20, color: SnapsColor.Blue);
        SnapsEngine.AddSpriteToGame(tinyTextSprite);

        TextBlockSpritegiantTextSprite = new TextBlockSprite(
            text: "I'm Giant",
            fontSize: 200, fontFamily: "Impact",
            color: SnapsColor.Red);
        SnapsEngine.AddSpriteToGame(giantTextSprite);

        while(true)
        {
            tinyTextSprite.Top = 10;
            tinyTextSprite.CenterX = SnapsEngine.GameViewportWidth / 2.0;

            GiantTextSprite.Bottom = SnapsEngine.GameViewportHeight - 10;
            GiantTextSprite.CenterX = SnapsEngine.GameViewportWidth / 2.0;

            SnapsEngine.DrawGamePage();
        }
    }
}
```

Ch13_06_DisplayingText

程序可以在任何时候更改 TextBlockSprite 的内容。所显示的文本将会在下一次显示更新时变化。虽然更改文本内容可能会导致精灵宽度和高度发生变化，但可以轻松地居中文本或将其放置在显示器的左侧或右侧。下面所示的语句将 tinyTextSprite 的中心位置设置为显示器的中心位置。

```
tinyTextSprite.CenterX = SnapsEngine.GameViewportWidth / 2.0;
```

为了顺利实现该定位操作，必须在游戏循环中执行上面的代码，以便当文本精灵的宽度或高度发生变化时更新文本位置。

旋转文本

如果想要在屏幕上显示逐渐上升的文本，想要让文本以某一角度显示，或者在屏幕上显示旋转的消息，那么可以设置 TextBlockSprite 的 RotationAngle 属性来实现，其中角度以度为单位：

```
GiantTextSprite.RotationAngle = 90;
```

上面的语句顺时针旋转了 GiantTextSprite 90°。可以在游戏循环中更新精灵的旋转角度，从而实现一些有趣的显示效果。

```
using SnapsLibrary;
```

```
public class Ch13_07_HypnoticText
{
    public void StartProgram()
    {
        SnapsEngine.StartGameEngine(fullScreen: false, framesPerSecond: 60);

        TextBlockSprite hypnoticTextSprite = new TextBlockSprite(
            text: "You are feeling sleepy",
            fontSize: 20, color: SnapsColor.Red);
        SnapsEngine.AddSpriteToGame(hypnoticTextSprite);

        double maxTextSize = 500;        ——文本大小的最大值和最小值
        double minTextSize = 10;
        double textSizeUpdate = 0.2;     ——文本大小更改的速率
        double textSize = minTextSize;   ——获取当前的文本大小

        while(true)
        {                                                          将文本置于视口的中心
            hypnoticTextSprite.CenterX = SnapsEngine.GameViewportWidth / 2.0;
            hypnoticTextSprite.CenterY = SnapsEngine.GameViewportHeight / 2.0;
                hypnoticTextSprite.RotationAngle =
hypnoticTextSprite.RotationAngle + 1;    ——顺时针旋转文本1°
            hypnoticTextSprite.FontSize = textSize;    ——将字体的大小设置为当前计算的值

            textSize = textSize + textSizeUpdate;    ——更新字体大小
            if (textSize > maxTextSize || textSize < minTextSize)  ——检查最大和最小限制值
            {
                // reverse the direction of the size update
                textSizeUpdate = -textSizeUpdate;
            }

            SnapsEngine.DrawGamePage();
        }
    }
}
```

ch13_07_HypnoticText

上面所示的程序与前一章看到的圆球程序(Ch12_03_SquishyBall)是类似的。但该程序显示了一条旋转的催眠消息(在屏幕放大和缩小)，而不是来回挤压圆球。这种旋转的效果是通过每次游戏更新时更改文本的字体大小实现的。运行一下程序，查看这些效果。

动手实践

显示一些有趣的消息

通过这个催眠文本显示程序，可以学到更多有趣的内容。更改文本大小的速度是很有趣的，可以尝试同时显示两条消息，并且以不同的速度更改其大小。玩家可以使用游戏手柄更改消息运行的速度或者选择不同的消息。

你可能已经想到，程序可以像使用 ImageSprite 那样在屏幕上移动 TextBlockSprite，当然也可以旋转 ImageSprites。如果愿意，可以使用单词替换圆球和球拍。此外，为了赋予文本一些更真实的效果，还可以通过绘制相同消息的多个颜色版本并一个一个叠在一起，从而产生阴影的效果。我将在下一节中为我们的第一个完整游戏的标题演示这种效果。

易错点

缺少字体可能会让游戏看起来非常难看

让一个游戏与众不同的最好方法是以一种有趣的字体显示游戏消息。但不要错误地认为所有人的计算机都使用了与你相同的字体。当安装诸如 Microsoft Office 和 Adobe Photoshop 之类的程序时，都会添加一些额外的字体。而游戏的一些玩家可能并没有安装这些程序，所以他们也就没有这些字体。实际上，如果尝试使用计算机上不可用的字体，程序并不会运行失败，但游戏看起来会显得非常难看。本书所有的示例都使用了 Windows 10 提供的字体。

创建一个完整的游戏

现在，你已经知道创建一个简单的基于精灵的游戏所需完成的所有工作了。接下来，让我们将这些元素组合在一起，创建一个可玩的游戏。该游戏是一个简单的“Keep-Up”游戏，在该游戏中，玩家必须尽可能多地让圆球从球拍上弹起来。玩家每次弹起圆球时得一分。然而，如果错过了圆球，并且圆球碰到了屏幕的底部，就会失去一次生命。如果玩家失去了三次生命，游戏就结束了。

为了让游戏更具有可玩性，还可以在每次玩家得到一定分数时将圆球在屏幕上上移，从而给玩家更少的时间做出反应。该游戏可以作为编写其他游戏的模板。可以从 Ch13_08_KeepUpGame 文件中找到完整的游戏示例代码。图 13-5 显示了一名特别熟练的玩家(当然这个玩家就是我)玩该游戏时的游戏截图。

图 13-5　正在玩的 Keep-Up！游戏

下面所示的是一个完整的游戏程序。为了便于理解，我将代码都分解成不同的方法。游戏循环位于程序的中间，并且会一直继续下去，直到玩家失去所有的生命为止。虽然每个方法在游戏工作中都起到了不同的作用，但它们都使用了你已经看到过的行为。当游戏结束时，玩家所得的分数会显示 10 秒钟，然后游戏重新开始。

```
public void StartProgram()
{
    setupGame();

    while(true)
    {
        waitForGameStart();
        resetGame();
        while(true)
        {
            positionMessages();
            updateBall();
            updateGamepad();
            updateScoreDisplay();
            SnapsEngine.DrawGamePage();

            // If we have no lives left, we break out of the game loop
            // and end the game.
            if(lives == 0)
                break;
        }

        // When we get here, the game is over
        displayGameOver();

        SnapsEngine.Delay(10);
    }
}
```

Ch13_08_KeepUpGame

动手实践

玩一下游戏

对于一本介绍编程的书来说，鼓励读者玩游戏似乎看起来非常奇怪，但我却认为这是一个好主意。我想要让你知道的是即使简单的游戏规则也可以创建引人注目的游戏，特别是与你的几个朋友一起玩时更是如此。挑战“打高分”以及避免听到失去生命时所播放的讨厌音乐都可以使游戏拥有一些乐趣。

目前针对这类游戏仍然具有一定的市场，尤其是当这些游戏有点“傻”时。让游戏“变傻”的一个方法是对游戏进行一些修改，所以建议你接下来做的事是更改图像和消息，并添加一个背景图片。

向 Keep Up！游戏添加一些随机性

目前，Keep Up！游戏是可预测的。当开始游戏时，圆球和球拍通常都在相同的位置，即视口的左上角。如果有一些变化，那么会让游戏更加有趣，一种方法是每次游戏开始时将圆球放在不同的位置。为了实现该功能，需要获取一个用来定位圆球的随机数，为此，我们需要详细了解如何在游戏中添加随机数。

前面在使用 Snaps ThrowDice 方法(该方法返回 1~16 之间的一个值)时曾经考虑过随机性。现在，可以查看 ThrowDice 方法的工作原理，以便使用相同的技术来生成所需的随机数。

如下是来自 Snaps 库的 ThrowDice 方法代码。可以从 Snaps 项目的 NativeSnaps 文件中找到该方法。

```
usingSystem;

namespace SnapsLibrary
{
    public static partial class SnapsEngine    —— SnapsEngine 类保存了所有的 Snaps 方法
    {
        static Random rand = new Random();    —— Snaps 随机数发生器

        public static int ThrowDice()
        {
            return rand.Next(1, 7);    —— Next 方法返回给定范围内的一个值
        }
    }
}
```

ThrowDice 方法使用了 System 命名空间中的一个名为 Random 的类。该类提供了可以返回随机数的各种方法以供程序使用。其中，ThrowDice 方法使用了该类的 Next 方法。需要向 Next 方法提供两个数字——最小值和排他的最大值。这意味着 ThrowDice 的用户最小可以得到 1，但可以得到的最大数字是 6，因为此时的排他的最大值为 7。

ThrowDice 使用的 Next 方法可以用来生成任何范围内的一个整数，只需要指定所需的起始和结束值即可，但是请记住，结束值是排他的，所以永远无法得到该值。

代码分析

仔细查看 ThrowDice

关于 Snaps 框架存在一些有趣的问题。

问题： SnapsEngine 类为什么被标记为一个 partial 类？

答案： 到目前为止，我们都是将所有类作为程序文件中的单个实体来进行编写的。然而，C#允许将一个类的内容分散到多个源文件中。如果这么做了，那么类的每个元素都必须被标记为 partial，从而告诉编译器需要将所有单独的元素组装成一个类。

虽然组成 partial 类的各个部分不会对类的工作方式产生任何影响，但却可以让程序员更加容易地在一个大型的程序中找到所需的内容。他们只需要查看少量的文件就可以找到 ThrowDice 方法，而不需要在大量的文件中进行查找。对于诸如 SnapsEngine 类(该类提供了所有的 Snaps 行为)这样的大类来说，这样做是非常好的主意。

随机数生成

虽然你可能并不会这么想，但计算机其实并不擅长真正的随机行为。一般来说，可以从一个值(该值被称为种子)开始，然后对该数应用一些巧妙的计算，从而计算出序列中的下一个数字。通过重复该过程，可以依次提供连续的随机数。因此 Next 方法被如此命名是比较合理的，因为它提供了由随机数发生器所产生的随机数序列中的下一个数字。该技术被称为伪随机数发生器，因为所获得的数字看似是随机的，但实际上是完全可预测的——只要知道种子值以及所使用的计算方法。

此时，你可能会自问“既然计算机不能生成真正的随机数，那么随机数发生器是如何获得第一个种子值的？”答案非常简单，它使用了计算机的系统时钟，该时钟每秒会更新多次。程序首先从时钟读取时间，然后使用该值作为随机数发生器的种子值。玩家每次运行程序时，都会获取不同的随机数序列。

此外，程序也可以设置一个特定值作为随机数发生器的种子，如下所示：

```
Random repeatable = new Random(1);
```

该语句会导致每次运行程序时随机数发生器都生成完全相同的值序列。这是一个非常有用的方法。如上面代码所示，如果使用了种子值 1，那么我就会知道第一次掷出骰子后会产生值 2。

一些计算机游戏使用了一种被称为过程生成的技术。例如，无须让游戏记住哪些部分的草地是绿色的，哪些是棕色的，只需要使用一个固定的随机数序列即可，这样，每次程序运行时地面看起来都是一样的，但需要存储的数据量却是最少的。此外，对于那些每次游戏时以相同的方式重复行为的游戏人物，我也会使用该技术进行创建。如果使用一个固定的种子实现随机定位，就意味着每次游戏时圆球的起始位置会遵循相同的序列。这可能是一件好事，因为它可以鼓励玩家练习游戏并学习该序列。

生成一个随机的圆球起始位置

Keep Up！游戏包含了一个名为 resetGame 的方法，它可以为新游戏完成所有设置。

```
public void resetGame()          // 重置游戏，为下一位玩家做准备
{
    Lives = 3;                   // 为玩家提供三条生命，并将分数设置为 0
    score = 0;
    XBallSpeed = 10;             // 设置圆球的位置和速度
    YBallSpeed = 10;
    ball.Top = 0;
    ball.Left = 0;
    paddle.Bottom = SnapsEngine.GameViewportHeight - 10;   // 定位球拍，并设置其初始速度
    paddle.CenterX = SnapsEngine.GameViewportWidth / 2;
    XPaddleSpeed = 15;
}
```

目前，该方法将圆球的左边缘设置为 0，以便在游戏开始时圆球位于屏幕的左角。但我们可以使用一个随机数生成器来使用一个不可预测的起始位置。

```
Random ballPosition = new Random(1);
```

上面所示的就是圆球位置的随机发生器。此时我提供了一个固定的种子，以便每次游戏开始时初始圆球位置序列都是相同的。在 resetGame 方法中，可以使用该随机发生器计算每次游戏开始时的新起始位置。

计算可用屏幕的宽度
NextDouble 方法生成 0 和 1 之间的一个随机值
将圆球的左边缘设置为计算的位置

```
double availableWidth = SnapsEngine.GameViewportWidth - ball.Width;
double randomStartPosition = ballPosition.NextDouble() * availableWidth;

ball.Left = randomStartPosition;

Ch13_09_RandomStartKeepUpGame
```

此时，我们并不想将圆球放置在屏幕的边缘，所以位置的可能范围实际上是屏幕的宽度减去圆球的宽度。一旦有了可用的宽度，就可以将该值乘以 0 到 1 之间的一个随机数(该过程由 NextDouble 方法所提供)，从而计算出一个随机宽度，这样也就确定了圆球的一个起始位置。

游戏中还有很多地方可以使用随机数。比如，可以在每次游戏时为球拍设置不同的起始位置，或者为球拍和圆球的速度添加一些随机性。

动手实践

创建 Keep Up！游戏的“混搭”版本

你可以使用 Keep Up！游戏作为你自己游戏的起点：可以更改游戏使用的图像，并添加一张背景图片；可以更改圆球和球拍的交互方式，以便玩家可以根据圆球击中球拍的不同部分而采取从一个方向或者另一个方向击球；可以添加需要玩家避开的第二个圆球，如果球拍碰到该圆球，则游戏失败；可以在玩家达到一个特定的分数后让第二个圆球出现；可以随着游戏的进行逐渐缩小球拍，或者逐渐扩大球拍，并且当球拍触碰到屏幕的边缘时玩家失去一条生命；可以更改球拍和圆球的速度，以便随着游戏的进行球拍移动得越来越慢，等等。可以仔细查看 Keep Up！代码，并找到得到一个令人印象深刻的分数的秘密(就像图 13-5 所示的那样)。你可以完成许多事情来创建自己的游戏。

请记住，可以在自己的程序中使用其他的 Snaps 方法，比如当游戏结束时可以让游戏念出关于游戏状态的相关消息，甚至可以在当天晚些时候运行得更慢(或改变屏幕颜色)。

13.4　所学到的内容

在本章，我们学习了如何使用程序创建游戏以及如何通过简单的游戏行为创建一些有趣的和有竞争力的游戏。学习了如何让用户向游戏输入数据，以及如何使用用户输入控制游戏环境中某一物体的位置。认识到了“夹紧”的重要性，它可确保对象保持在特定的边界内以及如果通过检测当两个对象相交的时机来实现对象之间的交互。现在，你可以添加声音到游戏，从而使游戏更加充满趣味性。

此外，还介绍了如何创建和显示文本消息以及如何将它们作为游戏对象本身来使用。研究了计算机生成随机数的方法，以及如何在程序中使用这些随机数为游戏玩家创建随机或可预测的体验。

下面是关于游戏开发的一些问题。

本章所介绍的内容就是关于游戏的所有知识吗？

绝对不是。为了提供演示示例，本章中所看到的文本操作都是在与游戏无关的情况下提供的。可以使用相关技术在任何程序中显示动画消息。目前，用户都期望在用户界面中看到动画行为，而你在本章所学到的内容提供了理解计算机程序如何操纵图形环境中对象所需的基础知识。如果想要使用 XAML(可扩展应用程序标记语言)创建用户界面，那么可以基于本章所学到的内容进行构建，第 16 章将会介绍相关内容。

游戏看起来总是要非常美观吗？

毫无疑问，漂亮的外观可以让玩家玩得更加愉快。但不可否认的事实是，仅仅依靠视觉效果是不能让游戏充满乐趣的。第一款计算机游戏只是用了最少的图形元素，但却有数百万人在玩。许多计算机游戏包含了大量精美的图形化创作，但却没有人喜欢玩，因为这些游戏没有太多的乐趣。

如何创建一款伟大的游戏？

我的建议是先完成一些基础工作，然后再进行修改。通常是让人们试玩游戏的一个工作版本，然后仔细听取他们的意见。不需要等到游戏的所有 15 个级别都创建完毕后再让人们去玩，而是可以在完成前三个级别后让一些人先试玩，然后根据他们的意见修改游戏的后续内容。不要只是听取朋友和家人的意见。他们可能会说很喜欢这款游戏，因为他们都爱你。只有当你最大的竞争对手都承认你的游戏非常好玩时，你才是真正的赢家。继续努力吧！

第 14 章

游戏和对象的层次结构

本章主要内容：

在前面几章中，我们的重点已经从“如何告诉计算机做事情”改变为“如何管理复杂性”。首先考虑了程序可以完成的行为，然后介绍了如何使用数据集合以及创建有助于将数据封装成有意义对象的结构和类。在本章，将会通过构建一个新游戏来扩展所学到的面向对象技术。虽然本章所学到的技术可应用的范围不局限于游戏，但通过游戏可以更好地研究这些技术。

我们将首先学习继承，该技术可以避免创建类中重复的代码元素。然后研究如何通过一个协作对象集合创建复杂的游戏。

- 游戏和对象：Space Rockets in Space
- 设计类的层次结构
- 所学到的内容

14.1 游戏和对象：Space Rockets in Space

在本节，将开始创建一个新类型的太空射击游戏——Space Rockets in Space。我们将在背景中包含一个移动的星空、火箭、不同类型的进攻外星人以及其他类型的物体。这听起来似乎需要完成许多工作，但从中将会学习到一些新的编程技能。

前面已经讲过，可以使用对象来管理大型、复杂的软件项目。由于本节所创建的游戏比较大且复杂，因此使用对象可以让工作变得更加容易。

至此，我们还没有在游戏程序中使用过对象。在第 12 章创建的 Keep Up！游戏中，两个游戏元素(圆球和球拍)都是作为一个不同的变量集合来进行管理的。如下所示，圆球是通过 ImageSprite 进行管理的，并通过 X 和 Y 速度值控制圆球的运行：

```
public ImageSprite sprite;
public double xSpeed, ySpeed;
```

如果想要在屏幕上放置 20 个圆球，那么程序就必须存储 20 个图像精灵以及 20 对速度值。即使是使用精灵元素列表，这些详细信息也是难以管理的。相反，通过创建一个包含这些条目的类(此时被称为MovingSprite)，可以将它们保存在一起。MovingSprite类包含了需要绘制的图像(spriteValue)以及X和Y速度值(xSpeedValue和ySpeedValue)。可以将MovingSprite看作一个用来在视口周围移动ImageSprite的容器。可用来表示外星人、火箭甚至流星——游戏中任何可以移动的精灵都可以用该类来表示。

```
public class MovingSprite
{
    public ImageSpritespriteValue;
    public double xSpeedValue, ySpeedValue;

    public MovingSprite(ImageSprite sprite, double xSpeed, double ySpeed)    // 该精灵的构造函数
    {
        spriteValue = sprite;      // 将精灵设置为此精灵的图像
        xSpeedValue = xSpeed;      // 设置精灵的X和Y速度
        ySpeedValue = ySpeed;
    }

    public void Update()    // 更新精灵，使其移动
    {
        spriteValue.X = spriteValue.X + xSpeedValue;   // 通过增加速度值来
        spriteValue.Y = spriteValue.Y + ySpeedValue;   // 更新精灵的X和Y位置
    }
}
```

MovingSprite类包含了两个方法。第一个方法是构造函数，当创建一个新的MovingSprite时调用该方法。可以使用该方法来设置MovingSprite。第二个方法是Update方法，每次游戏更新时在游戏循环中调用该方法。它可以在屏幕四周移动精灵。如上面的代码所示，当调用Update方法时，会将速度值加到图像的位置值中，从而使其运动。

程序员要点

有时不必担心安全问题

前面曾经讲过，当创建包含了重要信息的类时，需要思考一下类所保存数据的安全问题。可以使用私有数据元素和公共方法来控制对数据的访问，从而确保数据始终是有效的。然而，对于一个游戏来说，我认为可以使游戏类中的元素公开。这样就可以更快地编写代码，同时使对象更容易使用。

无论何时创建一个应用程序，都需要考虑代码的上下文。如果只是为客户编写一个简单的太空游戏，就没有必要为了确保游戏中所有类的安全而花费时间添加get和set行为，以及添加针对游戏对象所有更改的审核日志。然而，如果编写的是用来管理银行账户的系统，那么你会发现客户会非常乐意为这些安全功能而付费。

14.1.1　构建一个可以移动的星星精灵

本节创建的第一个精灵是游戏背景中包含的一颗星星。星星并不参与游戏过程；它们只是为了让游戏更加好看，且给玩家一种他们驾驶的火箭正在太空中飞行的感觉。

接下来首先创建一个用来显示单个星星的 MovingSprite，然后让该精灵在屏幕上移动，最后学习如何创建星星略过玩家的场景。图 14-1 显示了将要使用的星星图像。该图像会被缩小，以便它们在屏幕上看起来非常小。同时，它的背景是部分透明的，以便黑色的背景可以通过星星图像显示出来。

图 14-1　用来作为游戏背景的星星图像

MovingSprite 类的构造函数设置了对象的内容。当创建一个 MovingSprite 时，程序必须分别提供构成显示的 ImageSprite、屏幕上精灵的起始位置以及精灵在各个方向上移动的速度。

下面的语句创建了一个 ImageSprite。它的宽度被缩小为显示器宽度的 1/50，并被添加到游戏中，以便在视口上显示。该程序并没有设置新 ImageSprite 的 X 和 Y 值，所以它们被默认设置为 0(坐标 0，0)，这意味着星星被放置在屏幕的左上角。

获取星星的 ImageSprite

```
ImageSprite starImage = new ImageSprite(imageUrl: "ms-appx:///Images/star.png");
SnapsEngine.AddSpriteToGame(starImage);
starImage.ScaleSpriteWidth(SnapsEngine.GameViewportWidth / 50);
```

为了视口而缩放星星

下面的语句创建了被称为 star 的 MovingSprite。

构建一个移动的精灵

```
MovingSprite star = new MovingSprite(sprite: starImage, xSpeed: 0, ySpeed: 1);
```

此时，ySpeed 值(即垂直速度)被设置为 1，这意味着每次调用 Update 方法时，精灵会沿着视口向下移动一个像素。记住，精灵之所以向屏幕下方运行，是因为视口的左上角就是 Y 值为 0 的地方，增加 Y 值意味着沿着视口向下移动对象。而 xSpeed 值也被设置为 0，以便星星不会移动到视口的外面。目前，星星会直接下降到屏幕。

更新 MovingSprite

当游戏更新时，MovingSprite 类的更新方法控制精灵所发生的事情。当游戏运行时，会定期调用 Update 方法。

```
public void Update(SnapsEnginesnaps)
{
   sprite.X = sprite.X + speedX;
   sprite.Y = sprite.Y + speedY;
}
```

对于 MovingSprite 来说，Update 方法通过使用相应的速度来更新 X 和 Y 位置，从而移动精灵，这样就可以按照所设置的速度值在各个方向上进行移动。下面所示的程序演示了 MovingSprite 使用的方法。如果运行该程序，会看到一个星星沿着视口向下移动，并消失在底部。

```
public void StartProgram()
{
    SnapsEngine.SetBackgroundColor(SnapsColor.Black);

    SnapsEngine.StartGameEngine(fullScreen: false, framesPerSecond: 60);   // 启动游戏引擎

    ImageSprite  starImage = new ImageSprite(imageUrl:
                         "ms-appx:///Images/star.png");
    SnapsEngine.AddSpriteToGame(starImage);
    starImage.ScaleSpriteWidth(SnapsEngine.GameViewportWidth / 50);
    MovingSprite  star = new MovingSprite(sprite: starImage, xSpeed: 0, ySpeed: 1);
                                  // 创建一个每次更新移动 1 个像素的 MovingSprite
    while(true)
    {
        star.Update();                  // 更新星星
        SnapsEngine.DrawGamePage();     // 绘制游戏页面
    }
}
```

Ch14_01_MovingSprite

MovingSprite 本身并不是很有趣，但它却充当了屏幕中所有移动对象的基础。MovingSprite 对象可以在任何方向上移动；只需要设置相应的速度值，它就可以移动。但可以看到，运动了一段时候后，MovingSprite 对象会移出视口并且消失。为了解决该问题，可以以 MovingSprite 的功能为基础创建其他的类。

根据 MovingSprite 创建 FallingSprite

我们希望在游戏的过程中看到一个移动的星空。随着游戏的进行，星星应该在屏幕上不断地下落，从而给人一种星星飞过视口的感觉。当一颗星星移出屏幕的底部时，应该将其重新放回到屏幕的顶部，以便再次通过屏幕。通过使用该技巧，可以让火箭看起来正在通过一片星空，而实际上我们只是让固定数量的星星重复通过屏幕而已。

接下来将要创建 FallingSprite 类。此时将会使用一种被称为继承的编程技术，即根据现有的类型(父类)创建一个新的对象类型(子类)。子对象继承了父对象的所有行为和属性，并且可以根据需要添加新的行为以及自定义现有的行为。该过程称为扩展父类。

程序员要点

继承可以让事情变得不那么抽象

理解上面所完成的工作是非常重要的。首先，我们从一个“可移动精灵”的相对抽象概念开始，然后创建可在游戏中扮演特定角色的更加具体的精灵版本。下落精灵是一个可从屏幕上掉下来的特殊移动精灵。火箭精灵(稍后创建)则是玩家可以在屏幕上转向的特殊移动精灵。而

外星人精灵是可以追击玩家的移动精灵，等等。

继承技术的工作原理非常简单，首先创建一个相对抽象的父类，然后创建包含符合使用上下文的特定行为的子类。例如，在商业活动中，如果需要创建用来实现银行系统的相关类，那么可以首先创建一个名为 Account 的类，该类保存了银行账户所有的一般详细信息(比如账户持有人的姓名和地址，以及账户的余额值)。然后再创建包含针对特殊目的的额外数据和行为的子类，比如支票账户、信用卡账户和抵押账户等。所有这些账户都使用了父类的核心行为。如果在管理账户持有人地址的代码中发现一个 bug，那么只需要在父类 Account 中进行修改，所有使用该行为的子类问题也都解决了。

如果你对前面介绍的一些术语和解释感到疑惑，那么可以想一下我们这么做的原因。我们希望在一个父类中实现共享的行为，然后在每个子类中提供一组满足特定目的的行为。

上面介绍的是如何让一个类成为另一个类的“孩子”。此时，子类是 FallingSprite，而父类是 MovingSprite。FallingSprite 可以完成 MovingSprite 可以完成的所有操作，此外 FallingSprite 还添加了额外的功能，比如当星星从底部消失时使其返回到屏幕的顶部。也就是说，子类 FallingSprite 类扩展了父类 MovingSprite。

```
public class FallingSprite : MovingSprite    ——— 冒号后面紧跟要扩展的类的名称
{
}
```

但遗憾的是，当尝试进行编译时，此时所创建的类型将产生一个错误：

```
Error CS7036 There is no argument given that corresponds to the required
             formal parameter 'sprite' of MovingSprite.MovingSprite
             (ImageSprite, double, double)'
```

虽然该错误消息并没有让问题变得非常清楚，但问题肯定是关于对象构造的。因为 FallingSprite 对象是基于 MovingSprite 对象的，所以构造一个 FallingSprite 的过程必须首先包含构造一个 MovingSprite。这意味着 FallingSprite 类必须拥有一个用来构造一个 MovingSprite 的构造函数，而为了构建一个 MovingSprite，需要提供一个 ImageSprite 以及精灵的移动速度。

如果你对上述过程感到疑惑，可以从烘焙一个蛋糕的过程来进行思考。可以将父类看作一个蛋糕，而将子类看作放在蛋糕之上的奶油。我们不能只用奶油；而必须先拥有一个可以放置奶油的蛋糕。同理，构建一个 FallingSprite 必须首先构建一个 MovingSprite。为此，需要编写一个在创建 FallingSprite 的过程中调用父类构造函数 MovingSprite 的构造函数。

需要向 FallingSprite 的构造函数提供创建 FallingSprite 所需的信息，同时还会使用这些信息构建 MovingSprite 对象。MovingSprite 对象需要知道所移动的 ImageSprite 以及运行的 X 和 Y 速度。而 FallingSprite 对象则需要知道正在被移动的 ImageSprite 以及正在从屏幕上落下的精灵的速度。这些信息都将通过 FallingSprite 对象的构造函数提供。

下面所示的 FallingSprite 类允许程序正确编译。其中包含了一个调用父类构造函数的构造函数。

```
public class FallingSprite: MovingSprite
{                                                                  下落精灵的
   public FallingSprite(ImageSprite  sprite, double ySpeed) :  ——— 构造函数
```

```
            base(sprite: sprite, xSpeed: 0, ySpeed: ySpeed)
    {
    }
}
```

关键字 base 表明调用父类的构造函数

C#将一个类的父类称为基类，并且提供了一个可用来访问父类构造函数的关键字 base。也就是上面烘焙蛋糕的类比中制作蛋糕的方法。程序就是通过 FallingSprite 类的内容来“为蛋糕添加奶油”。

代码分析

关键字 base 和构造函数

问题：在此之间，我们并没有使用过关键字 base，所以值得思考一些关于该关键字的问题。当程序运行到关键字 base 处时发生了什么事情？

答案：当程序运行到 base 部分时，会运行父类的构造函数。此时，由于 FallingSprite 继承了 MovingSprite，因此将运行 MovingSprite 的构造函数，并设置相关的内容。

问题：在调用 base(sprite: sprite, xSpeed: 0,ySpeed: ySpeed)时，其中的参数含义是什么？

答案：在调用基类构造函数方法(该方法所创建的 MovingSprite 将作为 FallingSprite 的基类)时，需要提供所需的 sprite 和 ySpeed 值。因为基类和父构造函数拥有相同名称的参数，所以看起来是将这些值传入自己，但实际上这些值是被传入父构造函数。

问题：为什么传入基类构造函数的 xSpeed 值被设置为 0？

答案：一个下落的精灵是沿着屏幕向下落的，所以没有向左或者向右的运动(这些运动由 xSpeed 提供)。FallingSprite 的构造函数告诉基类(MovingSprite)的构造函数 xSpeed 值为 0。

任何可使用 MovingSprite 的地方都可以使用 FallingSprite。这一点很好理解，因为 FallingSprite 继承了父类的能力。它除了包含 X 和 Y 速度值外，也包含了更新精灵状态时所调用的 Update 方法。

FallingSprite 的构造函数必须将精灵放置在屏幕上某处的随机起始位置。为此，必须为正在创建精灵选择距离左边缘和底部的随机值。每个新的精灵都被放置在屏幕上的不同位置，以便在游戏开始时随机产生一个星空。

```
public class FallingSprite: MovingSprite
{
    static  Random spriteRand = new Random();
    public FallingSprite(ImageSpritesprite, double ySpeed) :
          base(sprite: sprite, xSpeed: 0, ySpeed: ySpeed)
    {
        spriteValue.Left = (SnapsEngine.GameViewportWidth -
                             spriteValue.Width) * spriteRand.NextDouble();
        spriteValue.Bottom = SnapsEngine.GameViewportHeight *
                              spriteRand.NextDouble();
    }
}
```

FallingSprite 构造函数参数

设置精灵的速度和位置

代码分析

FallingSprite 构造函数体

问题： spriteRand 变量的作用是什么？

答案： 当构建精灵时，spriteRand 变量被用来获取精灵在屏幕上的一个随机位置。当更新精灵时(即当精灵消失后再次出现时)，会再次使用该随机数发生器。

此时使用的技术与在 Keep Up！游戏中使用的技术是类似的，在 Keep Up！游戏中，每次游戏开始时都将圆球放置在屏幕顶部不同的 X 位置。它也使用了一个随机数发生器生成精灵的随机 X 位置。

问题： spriteRand 变量为什么是静态的？

答案： 请记住，静态意味着“是类的一部分，而不是实例的一部分。”换句话说，对于整个 FallingSprite 类来说，仅使用了一个 spriteRand 值。实际上这样做是很有意义的，不必为每个精灵创建自己的随机数发生器。所有精灵都共享相同的随机数发生器。

自定义 FallingSprite 行为

至此，FallingSprite 类已经拥有了所有所需的信息，接下来可以为下落精灵创建一个更为具体(更少的抽象)的 Update 方法。该过程被称为重写父类中的方法。

新的 Update 方法将不仅仅是在屏幕的周围移动精灵；还会拾取精灵，并在精灵到达屏幕底部时将其放回到顶部。该 Update 方法将使用 Snaps 库提供的 GameViewportWidth 和 GameViewportHeight 值。C#允许子类中重写的方法调用父类中被重写的方法(即仅移动精灵的 Update 版本)，所以新的 Update 方法将使用该技术。

```
public override void Update()        // 重写父类中的方法
{
    base.Update();                   // 调用父类中的 Update 方法来移动星星

    if(spriteValue.Top>SnapsEngine.GameViewportHeight)
    {
        spriteValue.Left = (SnapsEngine.GameViewportWidth - spriteValue.Width) *
                            spriteRand.NextDouble();   // 如果精灵移出屏幕，则将其放置在随机的 X 位置
        spriteValue.Bottom = 0;      // 将精灵移到屏幕的顶部
    }
}
```

代码分析

检查 Update 方法

问题： base.Update()方法调用完成了哪些操作？

答案： 调用被重写的方法通常是很有用的。此时，FallingSprite 中的 Update 方法首先调用 MovingSprite 中的 Update 方法，从而更新精灵的位置，然后再添加自己的行为。

问题： 为什么 Update 方法检查精灵的顶部值是否大于视口的高度值？

答案： 精灵的 Top 属性就是精灵顶线的 Y 坐标。随着沿着屏幕向下移动，Y 坐标的值不断

增加。当精灵的顶部值大于视口的高度值时，意味着精灵已经超出了视口的底部。此时精灵不再可见，应该被再次放置到屏幕的顶部。

问题： 为什么在将精灵重新放置到屏幕顶部时，Update 方法将精灵的底部设置为 0？

答案： 这是因为屏幕顶部的 Y 坐标为 0。我们希望的是星星从屏幕的边缘进入视图，然后再向视图下方运行，也就是说，精灵必须被放置在屏幕顶部的上方。

14.1.2　允许方法被重写

为了让重写顺利完成，需要对父类 MovingSprite 进行一些小的修改。必须将 MovingSprite 类中的 Update 方法修改为一个虚方法。

```
public virtual void Update()          将方法标记为 virtual
{
    spriteValue.X = spriteValue.X + xSpeedValue;
    spriteValue.Y = spriteValue.Y + ySpeedValue;          FallingSprite 中重写的行为
}
```

只需要在方法声明的前面添加关键字 virtual，子类中的方法就可以重写该方法，从而提供一个不同的版本。在该游戏中，不仅需要让精灵移动，还需要让精灵按照特定的方式移动，所以子类中创建的 Update 行为实现了这种形式的运动。

代码分析

虚方法

继承似乎带来了很多新的术语和一些问题。

问题： 当一个方法被标记为虚方法时，会发生什么事情？

答案： 对于使用该方法的用户来说，方法的行为方式没有任何变化，工作过程是完全相同的。但是当程序运行并调用该方法时，差异就出现了。如果系统知道正在调用的是一个虚方法，那么在运行该方法之前会检查是否有其他方法重写了该虚方法。

问题： 为什么不能将所有方法都标记为虚方法，以获得最大的灵活性？

答案： 可以将所有方法都标记为虚方法，以便它们可以随时被子方法所重写。但为什么不能这么做，存在几点原因。首先，需要花费更多的时间来调用一个虚方法，因为系统必须检查是否存在任何重写。其次，也是更重要的原因，一些方法可能并不希望子类可以重写。例如，应该确保 Bank 类中的一些方法不能被子类中的方法所重写，尤其是那些涉及存款和取款的方法。同时，程序员也不要将自己的行为添加到这些非常重要的方法之中。

如果运行 Ch14_02_SingleFallingStar 中的示例程序，将会看到单个星星沿着屏幕向下坠落。当到达屏幕的底部时，该星星会被重新放置到屏幕的顶部。

14.1.3　创建一个移动的星空

你的朋友、家人以及其他潜在的客户并不会对这么一个只有单个星星沿着屏幕移动的游戏留下深刻的印象。他们希望看到至少 100 颗移动星星，这样才更像一个星空。事实证明，做到这一点非常容易。只需要创建 100 个下落的星星，并将它们放到一个列表中即可：

```
List<MovingSprite> sprites = new List<MovingSprite>(); ——保存多个精灵的列表

for (inti = 0; i < 100; i++)———————— 循环创建 100 个精灵
{
    ImageSpritestarImage = new ImageSprite(
                              imageURL: "ms-appx:///Images/star.png");
    SnapsEngine.AddSpriteToGame(starImage);
    starImage.ScaleSpriteWidth(SnapsEngine.GameViewportWidth / 75);
    FallingSprite star = new FallingSprite(sprite: starImage,ySpeed: 15);
    sprites.Add(star);
}                                  └——— 创建一个下落的星星，
                                        并添加到列表中
```

一旦创建了移动精灵的列表，就可以在游戏循环中添加动画效果。

```
while(true)
{
    foreach(MovingSprite  sprite in sprites) ———— 遍历列表中的每个精灵
    {
        sprite.Update();———————————— 更新列表中的每个精灵
    }
    SnapsEngine.DrawGamePage();
}

Ch14_03_Starfield
```

代码分析

移动精灵列表

问题：为什么使用 MovingSprites 列表，而不是 FallingSprites 列表？

答案：如果理解了这个问题的答案，那么也就会很好地理解类层次结构和对象。我们知道，子类可以完成父类所可以完成的所有操作，因为它继承了父类的行为和属性。这意味着对 MovingSprite 的引用也可以指向 FallingSprite，因为它们都可以像 MovingSprite 那样行为。但是当调用 FallingSprite 上的 Updae 方法时，将会执行 FallingSprite 类中的 Update 方法，而不是 MovingSprite 的 Update 方法。

接下来，我们还会创建可以飞行的火箭精灵以及追逐玩家的外星人精灵。它们都基于 MovingSprite 类，所以也都可以被添加到精灵列表中，并在游戏循环中更新，但都有自己特定的 Update 行为。

问题：处理 200 个下落的星星需要添加多少代码？

答案：不需要编写代码。只需要将 for 循环中的值 100 更改为 200。这样就可以循环 200 次而创建 200 个星星。

动手实践

粒子效果带来的乐趣

移动星空是我们看到的第一个"粒子效果"，是指由许多具有特定生命周期和行为的小粒子组成的游戏元素。可以将每个星星看作是一个在屏幕顶部创建，然后落到底部，最后重新在顶部创建的粒子。许多计算机游戏都使用粒子效果来生成诸如火花、烟雾以及大火等事物。粒子是由一个重复运行的特定行为所创建的。如果愿意，甚至可以创建自己的移动星空。

此外，还可以尝试所谓的"视差效果"。简单地讲，当我们正在移动时，那些靠我们更近的物体看起来比那些更远的物体移动得更快。可以使用视差效果创建一个带有不同大小星星的星空，其中大的星星运动得更快。这样就可以提供三维空间中的实际运动效果。

14.1.4 基于 MovingSprite 创建火箭

图 14-2 显示了前面创建的星空下的火箭精灵。

图 14-2 火箭飞过星空

玩家可以使用 RocketSprite 对象来控制游戏。在 Keep Up！游戏中，玩家可以控制一个球拍左右移动，而对于火箭来说，玩家可以在屏幕上移动火箭。图 14-2 显示了所期望的效果。当火箭飞过星空时，玩家可以使用游戏手柄控制火箭。

可以按照创建下落精灵的相同顺序创建一个火箭。首先确定火箭需要知道哪些信息。事实上，创建一个火箭只需要知道运动的 X 和 Y 速度就可以了。

```
public class RocketSprite: MovingSprite
{
    public RocketSprite(ImageSprite sprite
        double xSpeed, double ySpeed ) :
            base(sprite:sprite,xSpeed:xSpeed, ySpeed:ySpeed)
    {
    }


}
```

基类构造函数创建了 RocketSprite 所基于的 MovingSprite

虽然该模型与下落星星使用的模型相类似，但由于火箭可以上下左右移动，因此需要提供每个方向上的速度值。

```
public override void Update()          —————— RocketSprite 的 Update 方法
{
    if(snapsValue.GetUpGamepad())
    spriteValue.Y = spriteValue.Y - ySpeedValue;

    if(snapsValue.GetDownGamepad())
        spriteValue.Y = spriteValue.Y + ySpeedValue;
    if(spriteValue.Top < 0)
        spriteValue.Top = 0;

    if(spriteValue.Bottom > SnapsEngine.GameViewportHeight)
        spriteValue.Bottom = SnapsEngine.GameViewportHeight;
}
```

火箭的 Update 方法与 Keep Up！游戏中球拍的 Update 方法的工作方式是相同的。它使用了 Snaps 框架所提供的游戏手柄方法来确定哪个按键被按下，然后相应地更新火箭精灵的位置。此外，它还使用了视口的宽度和高度来“夹住”火箭的位置，从而防止其移动到视口外面。请注意，上面所示的代码仅显示了 Y 行为。对于火箭的 X 位置也可以重复上述相同行为。

代码分析

不必使用基类方法

问题：在 RocketSprite 类的 Update 方法中没有调用 base.Update()。这是否是一个错误？为什么 RocketSprite 没有使用 MovingSprite 中的 Update 方法？

答案：MovingSprite 表示一个可移动的精灵，但却是一个通用的类。而 RocketSprite 更加具体，因为火箭的移动受到玩家输入的控制；该精灵不会一直移动。对于那些需要一直移动的精灵来说，可以使用 MovingSprite 中的 Update 方法，然后再添加自己的行为。然而，RocketSprite 只有在玩家选择了游戏手柄上的相关方向时才会移动，所以它不能使用 MovingSprite 的 Update 方法所提供的“一直”移动功能。

一旦创建了 RocketSprite，接下来需要完成的是将火箭添加到游戏中。下面所示的语句序列与添加移动星星所使用的序列是相同的。程序必须创建 ImageSprite，并将其添加到游戏中，然后将火箭设置为符合屏幕合理比例的大小并放置到合适的位置，最后使用该 ImageSprite 创建 RocketSprite 实例。

```
ImageSprite rocketImage = new ImageSprite(
                          imageUrl: "ms-appx:///Images/SpaceRocket.png");
SnapsEngine.AddSpriteToGame(rocketImage);
rocketImage.ScaleSpriteWidth(SnapsEngine.GameViewportWidth / 15);
rocketImage.CenterX = SnapsEngine.GameViewportWidth / 2.0;
rocketImage.CenterY = SnapsEngine.GameViewportHeight / 2.0;
```

```
RocketSprite rocket = new RocketSprite(sprite: rocketImage,
                                        xSpeed: 10, ySpeed: 10);
sprites.Add(rocket);

Ch14_04_FlyingRocket
```

14.1.5 添加一些外星人

此时，你年轻的兄弟认为应该添加多个外星人精灵，并且游戏中必须有不同性格的外星人。他已经想好了六种外星人的设计思想，并且正在努力设计出更多的外星人。他认为他可以帮助游戏开发，但你却不这么认为。

程序员要点

太多的想法会让你后退，而不是前进

我曾经花费了大量的时间帮助人们编写游戏，并从中得到了一条最重要的教训，就是对于一名初学的游戏开发者来说，过多的想法并不总是好的。当我和游戏开发团队的人聊天时，经常会有这样的谈话:

我:“游戏的进展如何？”

开发团队:“非常好，谢谢。我们已经开了一个会，提出了关于游戏的六个新的想法。我们会在游戏中添加带有激光眼的兔子、会飞的猴子以及致命奶酪。游戏将会更加完美。”

我:“目前游戏实际完成了多少？”

开发团队:“哦，还没有开始，但我们会在整理好设计思路后马上开始。”

在那一刻，我认为该团队应该先动起来。编写游戏(当然也包括其他类型的应用程序)的最重要的一件事是先完成一些工作。这样，就有了可以向他人演示并进行讨论的程序。如果在持续的开发过程中不断向游戏添加新的事物，就会让你所尝试攀登的高峰越来越高。而与之相反的是，如果长时间来什么工作也没有做，那么总有一天你会感到厌烦，从而放弃游戏开发，并开始准备下一个游戏的想法。

添加功能和行为并不总是能让一个应用程序越来越好。世界上一些最流行的游戏在设计上是非常简单的。不管怎样，只要玩家愿意花时间玩某一个版本的游戏，那么他就不会在意游戏中是否缺少了本打算添加的激光眼兔子、会飞的猴子等。无论如何都应该有想法，并且要尽可能写下来，可一旦拥有了一个想法，我的建议是尽快实现，并在日后添加新的想法。

由于我们需要不同种类的外星人，因此可以考虑使用类层次结构。通过与你年轻兄弟的讨论，你会发现，他所设计的所有外星人都有一个目标(即尝试摧毁火箭)，并且要么活着，要么死亡。如果此时添加一组新的外星人精灵类，那么针对每种外星人种类都需要重复添加目标和状态值。而且，还需要在游戏中针对每种外星人种类使用单独的列表。比较好的设计是创建一个 AlientSprite 类型，它保存了所有外星人所需要的信息和行为:

```
public class AlienSprite: MovingSprite
{
    public bool AlienAlive = true;        ——— 当AlientSprite仍然存活时，该标志被设置为true
    public RocketSprite rocketValue;      ——— AlientSprite所追逐的火箭
```

```
    public AlienSprite(ImageSprite sprite, double xSpeed,
            double ySpeed,RocketSprite target) :  ———— AlientSprite 的构造函数
        base(sprite: sprite, xSpeed: xSpeed, ySpeed: ySpeed)
    {
        rocketValue = target;  ———— 记住正在追逐的火箭
    }

    public override void Update() ———— 重写 MovingSprite 类的 Update 方法
    {
        // don't do anything if the alien is dead
        if(!AlienAlive)
            return;

        // Update the position of the sprite
        base.Update(); ———— 如果仍然存活，更新位置
    }
}
```

现在，所有外星人种类都可以扩展 AlientSprite，并添加任何所需的额外元素。如果日后发现了其他所有外星人都共享的信息，那么只需要将这些信息添加到 AlientSprite 类即可，此时所有子类都可以使用这些信息。例如，你可能会决定当每个外星人被杀死时应该获得一定点数，那么可以将该属性添加到 AlientSprite 类中，这样，任何基于 AlientSprite 的类也都拥有了该值。

程序员要点

添加中间类型是一个很好的主意

当设计类型时，你会发现需要设计诸如 AlientSprite 之类的中间类型。例如，在一个文档管理系统中，可以创建一个通过中间 Letter 类(保存收件人的姓名地址、发送日期等)扩展的父 Document 类。而在 Letter 类之下，可以创建 Order、Receipt、Statement 以及其他系统可能需要使用的信件类型。

添加一个追逐的外星人

将要创建的第一个外星人与火箭相类似。当玩家选择了一个运动方向时火箭才会移动，而外星人是一直在运行，并且通过使用类似的算法确定运动的方向，如下所示：

- 如果火箭在上面，加速。
- 如果火箭在下面，减速。
- 如果火箭在右边，左加速。
- 如果火箭在左边，右加速。

如果你不知道加速度是什么意思，以及加速度和速度之间的区别，那么让我们看一些简单的物理例子。

外星人的速度是指每次游戏循环时外星人所移动的距离。每次游戏更新时，都会把这个速度值加到外星人的位置值，从而更新其位置。随着时间的推移，速度改变距离。如果你以每小时 60 英里的速度驾驶汽车一小时，就会行驶 60 英里。

加速度是指速度变化的速率。如果踩下汽车的加速器，那么随着时间的推移，汽车的速度会不断增加(即速度随着时间变化)。有时，我们会说汽车以每小时 5 英里的速度行驶，并且每

10 秒钟加速一次，这就相当于 12 秒内从每秒 0 英里加速到每秒 60 英里。

可以将一个加速度值加到外星人的速度值，使其向着目标的方向移动。你可以认为在火箭的方向“按下加速器”。但有趣的是，加速使得玩家可以成功地躲避外星人。

在游戏循环过程中，当需要更新时，游戏将使用这些加速值以及火箭的位置。同时还可以使用一个摩擦值来减慢外星人的速度。每次循环时，可以将外星人的速度乘以这个摩擦值(小于 1)，从而减慢其运动速度。最终的 Update 方法如下所示。

```
public override void Update()
{
    if(AlienAlive)
    {
        if (targetValue.spriteValue.CenterX > spriteValue.CenterX)
            xSpeedValue = xSpeedValue + xAccelerationValue;
        else
            xSpeedValue = xSpeedValue - xAccelerationValue;

        xSpeedValue = xSpeedValue * frictionValue;
        spriteValue.X = spriteValue.X + xSpeedValue;

        if(targetValue.spriteValue.CenterY > spriteValue.CenterY)
            ySpeedValue = ySpeedValue + yAccelerationValue;
        else
            ySpeedValue = ySpeedValue - yAccelerationValue;

        ySpeedValue = ySpeedValue * frictionValue;
        spriteValue.Y = spriteValue.Y + ySpeedValue;
    }
}
```

目标是否在追逐外星人的右侧

如果目标在右侧，则向右加速

如果目标在左侧，则向左加速

通过摩擦值降低速度

根据速度更新位置

每次游戏循环更新火箭精灵时，外星人通过向火箭移动的方向加速的方式追逐火箭。不同的加速度值和摩擦值会对精灵的行为产生显著的影响。例如，可以创建一个缓慢向玩家靠近或者快速发起攻击的外星人。添加这些新种类的外星人并不需要完成太多的编程工作；只需要设置不同的加速度值和摩擦值即可。你可以多花些时间调整各种追逐精灵的行为，并添加到游戏中。当创建每个外星人时，需要提供加速度值和摩擦值，以便控制它在目标后面移动的速度。这些值将存储在用来控制外星人行为的外星人类中。

下面所示的是ChasingAlien实例的构造函数，它存储了一种特定的外星人要使用的加速度值。

```
public double xAccelerationValue;
public double yAccelerationValue;
public double frictionValue;

public ChasingAlien(ImageSprite sprite, RocketSprite rocket,
    double xAcceleration, double yAcceleration, double friction, int score) :
        base(sprite: sprite, xSpeed: 0, ySpeed: 0, target: rocket, score: score)
{
```

调用 AlienSprit 的构造函数，将初始速度设置为 0

```
    xAccelerationValue = xAcceleration;
    yAccelerationValue = yAcceleration;
    frictionValue = friction;
}
```

存储 X 和 Y 方向的加速度以及摩擦值

请注意，该构造函数还将父对象 MovingSprite 的速度设置为 0。这么做是因为当 ChasingAlien 被“唤醒”时并不会运动。

程序员要点

在游戏中使用尽可能多的物理和人工智能

追逐外星人的 Update 方法只是游戏中一个微小的“物理引擎”。虽然真正的物理学家可能会对我们所做的物理过程的简化感到深深的不安，但该代码却可以工作，并且工作得非常好。此时，没有必要使用更加精确的物理模型，因为我们所做的目的只是为了创建一款好玩的游戏。由此可以得到一条重要的教训：尽量从简单的事情开始，只要它能够工作和停止。

此外，这也是我们第一次在游戏中使用人工智能(AI)。游戏中的 AI 没有什么特别之处。它只不过是让玩家认为游戏比较聪明的代码。如果你玩该游戏，就会真的认为在外星人中有一个小飞行员，他正在操作飞船朝你飞过来。你甚至可以先让对手头朝向你，然后在最后一分钟躲开他，从而捉弄对手。没有必要让外星人完成那些复杂的行为，因为完成最简单的行为就可以给予玩家非常好的体验。

下面所示的代码演示了一个追逐外星人的构造过程。其中外星人加速度值和摩擦值都来自于我所做的一些测试。我认为这些值最合适。此时追逐精灵就像愤怒的黄蜂一样追逐火箭。

```
ChasingAlien  chaser = new ChasingAlien(sprite: chasingAlienImage,
    target: rocket,
    xAcceleration: 0.3, yAcceleration: 0.3,
    friction: 0.99, score: 100);

Ch14_05_ChasingAlien
```

动手实践

游戏中的物理学

如果仔细查看上面的追逐外星人代码，会看到所使用的加速度值和摩擦值分别为 0.3 和 0.99。你会发现更改这些值是非常有趣的(但刚开始时这些值不要太大)，可以看看外星人在追逐玩家时行为发生了哪些变化。例如，如果增大加速度值，那么外星人将会更积极地进行追逐。如果想要创建一些真正有趣的游戏，可以添加两个玩家需要躲避的外星人，并且为这两个外星人提供不同的物理设置，以便让他们的行为不同。

另一种有趣的玩法是让一个外星人追逐另一个外星人。我控制的追逐外星人追逐一个火箭，而你可以控制另一个外星人追逐我的外星人。如果向游戏添加了一些此类外星人，就会创建一条外星人“蛇”。如果再让第一个外星人追逐玩家，就可以开发一些非常有趣的行为。

添加一个目标精灵

当你的朋友开始玩游戏时，他们喜欢躲避追逐的精灵，但同时还希望在躲避讨厌的追逐精灵时还有一些精灵作为玩家可以射击的目标。可以使用下面所示的模式向游戏添加这些新元素。

(1) 创建一个扩展了父类的新对象。

(2) 确定精灵完成自己的行为需要知道哪些信息。

(3) 创建新精灵类型的构造函数，并接收和存储所需的信息。

(4) 确定精灵更新时需要完成哪些行为。

(5) 在新精灵类型的 Update 方法中添加这些行为。

(6) 创建精灵，并且在游戏开始时将其添加到游戏的精灵列表中。

下面所示的只是一个示例。LineAlien 在屏幕上最大和最小位置之间左右缓慢移动：

```
public class LineAlien: AlienSprite
{
    public double xMaxValue, xMinValue;

    public LineAlien(ImageSprite sprite, double xSpeed, double ySpeed,
                     RocketSprite target, double xMax, double xMin) :
        base(sprite: sprite, xSpeed: xSpeed, ySpeed: ySpeed, target: target)
    {
        xMinValue = xMin;
        xMaxValue = xMax;
    }

    public override void Update()
    {
        base.Update();

        if(AlienAlive)
        {
            if (spriteValue.X>xMaxValue)
            {
                spriteValue.X = xMaxValue;
                xSpeedValue = -xSpeedValue;
            }
            if(spriteValue.X<xMinValue)
            {
                spriteValue.X = xMinValue;
                xSpeedValue = -xSpeedValue;
            }
        }
    }
}
```

外星人移动的位置范围

当构建 LineAlien 时，提供最大和最小值

重写 AlienSprite 的 Update 方法

检查位置并设置运动

上述代码的精妙之处在于代码量非常少。唯一需要从头创建的部分是 Update 方法。其他任何内容都是从等级较高的类中提取出来的。

虽然单个 LineAlien 本身并没有令人印象深刻，但通过使用一个 for 循环可以在屏幕上创建一行此类外星人，如下面代码所示。图 14-3 显示了游戏运行时的一行外星人。它们可以左右移

动，这种移动方式也是许多视频游戏经常采用的。

```
int noOfAliens = 10; ———— 更改外星人数量的值

double alienWidth = SnapsEngine.GameViewportWidth / (noOfAliens * 2);
double alienSpacing = (SnapsEngine.GameViewportWidth - alienWidth) / noOfAliens;
double alienX = 0;                                    计算外星人精灵
double alienY = 100;                                  的宽度和间距
for(int i = 0; i < noOfAliens; i = i + 1)
{
    ImageSpritealienImage =
        new ImageSprite(imageURL: "ms-appx:///Images/greenAlien.png");
    SnapsEngine.AddSpriteToGame(alienImage);
    alienImage.ScaleSpriteWidth(alienWidth);
    alienImage.CenterX = alienX;
    alienImage.Top = alienY;
    double xMin = alienX;
    double xMax = alienX + alienSpacing;
    LineAlien alien = new LineAlien(sprite: alienImage, xSpeed: 2, ySpeed: 0,
        target: rocket, xMax: xMax, xMin: xMin); ———— 使用计算的值构建外星人
    sprites.Add(alien);
    alienX = alienX + alienSpacing; ———— 移动行中的下一个外星人
}
```

Ch14_06_ChasingAndTargetAliens

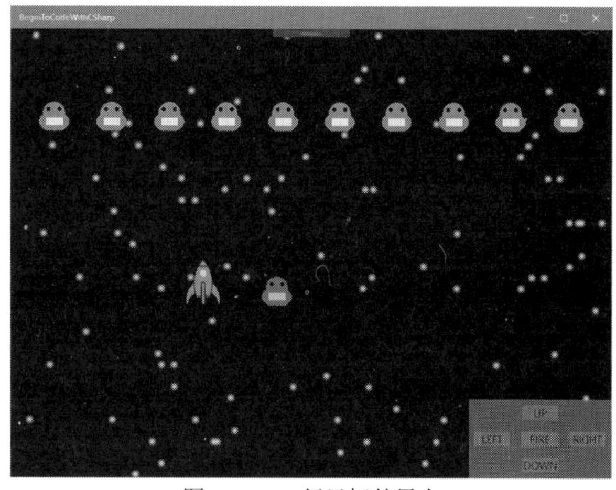

图 14-3　一行目标外星人

14.2　设计类层次结构

向游戏中添加诸如 LineAlien 之类的类是面向对象设计的基础。随着程序的开发，可以重复使用和自定义现有的程序元素。然而，在开始构建类之前最好能够设计一下。图 14-4 显示了

我们一直在创建的游戏的设计。

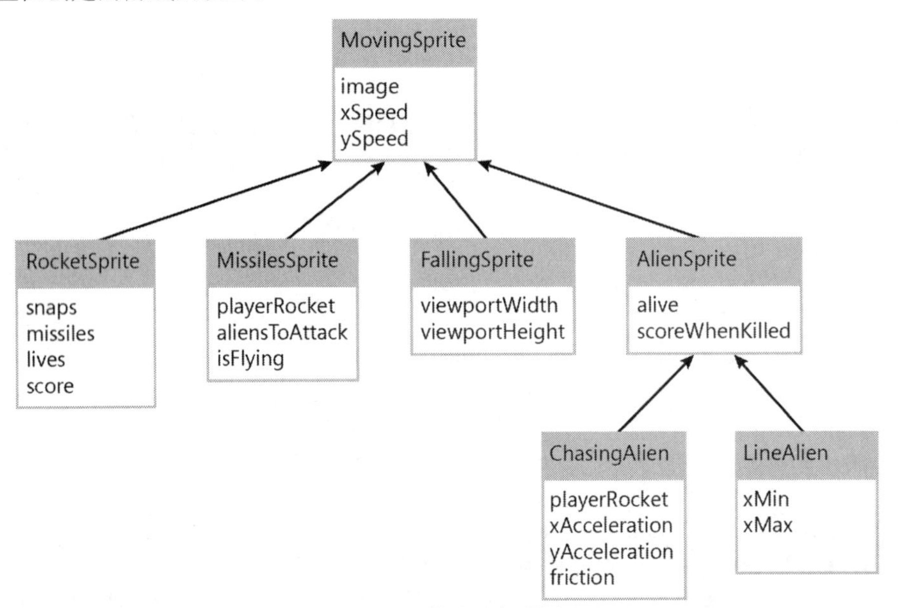

图 14-4　游戏对象类图

该图被称为类图。它显示了一种游戏中对象的家庭树。父类位于图的顶部，而子类位于父类之下。MovingSprite 类是所有游戏对象的父类。它保存了精灵的图像和位置。该类下面的所有类都建立在这些条目之上，并且还添加了所需的额外数据。

代码分析

查看类图

问题：哪一个类具有最弱的能力？

答案：前面我们已经考虑过这个问题。图中顶部的类是能力最弱的类，虽然这有点违反我们的直觉，因为大多数用来显示组织结构的图表都将能力最强的人(国王或者老板)放在顶部，而能力最弱的人则放在底部。然而，这种越往图表下方走能力越大的表示方式意味着具有最广泛范围行为的类都在底部。

问题：导弹如何知道可以攻击哪些人？

答案：当思考程序的工作方式以及系统中的对象如何获取足够的信息来完成各自的工作时，这些图表是非常有用的。导弹包含了一个它可以杀死的所有外星人精灵的列表，每次更新时，都会检查该精灵列表，查看是否击中了任何精灵。如果击中了某个精灵，就会调用该精灵上的 Kill 方法将其杀死，并找出它有多少得分。然后将该分数加到发射该导弹的火箭分数上。

问题：为什么 RocketSprite 包含了一个导弹列表？

答案：随着游戏的开发，你会被要求添加允许玩家拥有多枚导弹的“威力加强”元素。这意味着 RocketSprite 必须包含一个导弹列表，而不是一枚导弹。

问题：如何处理不同类型的导弹？

答案：事实证明，回答该问题并不难。就像创建了一个 AlienSprite 作为所有外星人基础一样，我们可以创建一个 MissileSprite 作为所有导弹的基础。

图 14-5 是到目前为止所开发游戏的屏幕截图。在屏幕上有两个种类的外星人——讨厌的紫色追逐外星人以及一行只会来回移动的绿色外星人。此外，在屏幕的顶部还有一枚玩家发射的蓝色导弹(未击中目标)。你可以用这个游戏制作任何喜欢的太空射手游戏。

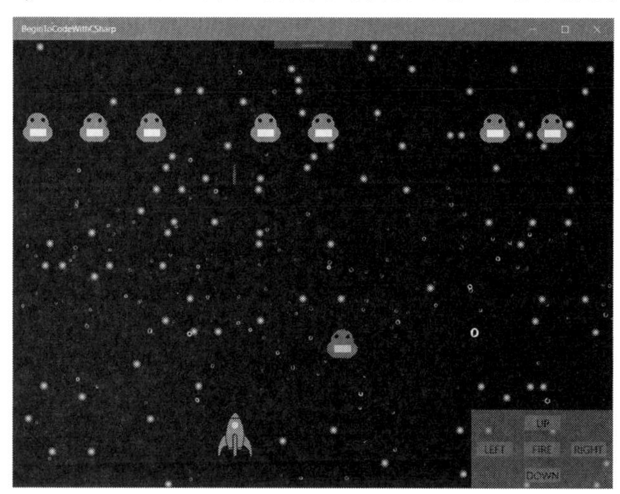

图 14-5　Space Rockets in Space

动手实践

创建自己的游戏

既然你已经知道向游戏中添加新游戏对象是非常简单的，就可以非常容易地添加带有不同行为的精灵。可以创建一个仅当玩家靠近时才追逐玩家的精灵，或者当玩家离得足够近时才被唤醒并开始追逐玩家的精灵。可以创建在游戏过程中逐渐改变大小的精灵，从而慢慢地占据屏幕，并随着时间的推移变得更加难以躲避。可以创建一个远离玩家的胆小精灵。此时，可以更改游戏的工作方法，游戏的目的由玩家躲避精灵改为捕捉精灵。可以创建在视口边缘弹跳的追逐精灵，或者可以从一边“瞬移”到另一边的精灵。可以向精灵添加随机性，以便它们在有时追逐玩家，而有时不追逐玩家。总之，有很多不同类型的行为等待去研究。

14.3　所学到的内容

在本章，学习了如何创建可以支撑游戏中所有元素的相关对象。首先创建一个父对象，其包含了所有游戏对象都需要的基本元素，然后再创建扩展父对象并提供更加具体(更少抽象)行为的子对象。通过这种方法，可以减少创建新类型的游戏对象所需编写的代码量——只需要关注父对象和子对象之间的不同点就可以了。

在这种类型的类层次结构中，扩展了父对象的子对象实际上是基于父实例，在构建子类的过程中必须创建该父实例。此外，父类中被标记为 virtual 的方法可以在子类中被重写。子类可以提供该方法的一个版本，该版本更加符合子类角色且行为更加具体。如果需要，子类还可以通过使用关键字 base 使用父类中的该方法。

在游戏中，我们使用 MovingSprite 作为游戏中所有运行的精灵的父类。在该父类下面分别是 FallingSprite、RocketSprite 以及许多其他类型的运动精灵。游戏操纵各种精灵，就好像它们都是 MovingSprites，而并不知道每个精灵都有自己自定义的行为。当游戏调用精灵类中的 Update 方法时更新精灵的状态。Update 方法是一个 virtual 方法，可以被子类重写，从而提供与对应精灵类型相关的行为。这样，游戏开发人员就能够创建多种不同类型的游戏对象，而每种对象都拥有区别于其他对象的行为。

下面是一些类的设计的相关问题。

在开始编写代码之前，是否必须设计所有的类层次结构？

不一定。但通常应该完成一个初始设计，因为这样可以迫使你仔细思考解决方案中的元素如何组合在一起，但随着程序的开发，将会进一步了解如何构建程序。在大多数情况下，如果在项目生命周期内发现了新的情况，就有必要向工作系统添加新类。这种设计一个最大的好处时可以非常容易地向设计插入新元素。

是否始终需要一个类层次结构？

如果程序需要操作大量相关的条目，就需要一个类层次结构。例如，如果正在创建一个工具来收集来自犯罪现场的证据，那么创建基于父类 Evidence 的类层次结构是很有帮助的，其中父类保存了收集证据的日期、时间和位置。在父类下面可以包含若干子类，可以包含图像、声音、收集样品的详细信息等。此时，就创建了一个系统可以收集的证据类型家族。随着技术的发展，还会发现需要管理的不同类型的证据。这些证据可以随着系统的开发逐步添加。

然而，如果你的程序涉及一些基本上保持不变的东西，并且也不会有不同类型的条目，就不需要类层次结构。例如，如果编写一个打牌的程序，就只有一种牌的类型。每张牌将具有一组表示其颜色、花色和值的属性，并且这些属性不需要扩展，因为程序不需要处理任何新类型的牌。

使用类层次结构是否会使设计更糟糕？

当然有可能。在设计过程中可能会存在一些错误。第一个错误是设计一个太宽的类层次结构。这意味着以诸如 Car、SportsCar、PeopleCarrier、PickupTruck 之类的类结束。这种宽度会让设计变得非常困难。例如，运动型多功能车(SUV)来自 SportCar 还是 PeopleCarrier 类？此时，需要在 Car 对象中包含一个 CarType 属性才可以。但有时可能需要一个名为 Truck 的类，并且卡车与汽车存在不同之处。当思考设计时，需要考虑类的行为是否需要针对特定类型有所不同。如果需要，则可以考虑创建一个新类；如果不需要——比如只是存储类特定实例的内容——就可以在类中添加一个包含相关内容的属性。

另一个错误是设计一个太深的类层次结构。你可能会创建大量的可能会用到的子类。比如，设计了 Car、TwoWheelDriveCar、FourWheelDriveCar、TwoWheelDriveConvertable、FourWheelDriveConvertable、TwoWheelDriveSportsCar等。这样，当运行程序时运行会非常缓慢，因为程序将会花费大量的时间在层次结构中查找被重写的方法。我一般在自己的类设计中不会超过三级或者四级。

最后一个错误是在类层次结构中放置不应该放置的内容。你可能考虑添加一种新类型的车 HiredCar，该类包含租赁汽车人的姓名和地址，而所租汽车的相关信息则存储在 Car 类中。然而，这些条目破坏了层次结构，因为它向一些不应该存在的类条目中添加了数据。如果想要管理汽车租赁业务，则应该使用 Hire 对象，其中包含对所租赁 Car 对象的引用以及租赁汽车的 Customer 对象的引用。而 Car 类应该保存与汽车直接相关联的信息。

第 15 章

游戏和软件组件

本章主要内容：

在开始学习编程时，我曾经说过“任何可以组织一场 Party 的人都可以编写程序”。你可能也已经发现，编程实际上就是一种组织活动，这也就是为什么好的组织者往往可以成为一名好的程序员。在第 14 章，我们学习了如何创建相关对象的家庭树，从而更容易地组织复杂的应用程序。一个新的对象只需要提供不同于它所扩展的类的行为即可，而无须从头创建。这是许多大型应用程序所遵循的基本原则。

在本章，将会进一步学习如何在程序中使用对象，并将它们看作可组合在一起构成一个解决方案的组件。学习对象如何通过彼此间发送消息来实现通信，以及对象如何保持自己的状态。随后开始考虑如何创建可用作复杂设计基础的模板对象以及如何通过使用软件接口将对象转换为可重用和灵活的程序元素。最后创建一个完全可玩的空间射击游戏！

- 游戏和对象
- 所学到的内容

15.1 游戏和对象

Space Rockets in Space 的图形元素是一个很好的开始。该游戏拥有玩家可以控制的对象(火箭)以及攻击外星人。但如果想要开发一个完整的游戏，需要让玩家可以射杀外星人、失去生命以及得分。

前面，我们已经创建了一组表示屏幕上游戏精灵的对象，如图 15-1 所示。现在，需要让这些对象一起工作，从而创建一个完整的游戏体验。首先，需要添加当外星人追上火箭时所产生的后果。在游戏中，每当火箭被外星人击中时，火箭就失去一条生命。当火箭失去所有的生命时，游戏结束。为此，第一步是弄清楚外星人和火箭是如何相互作用的。

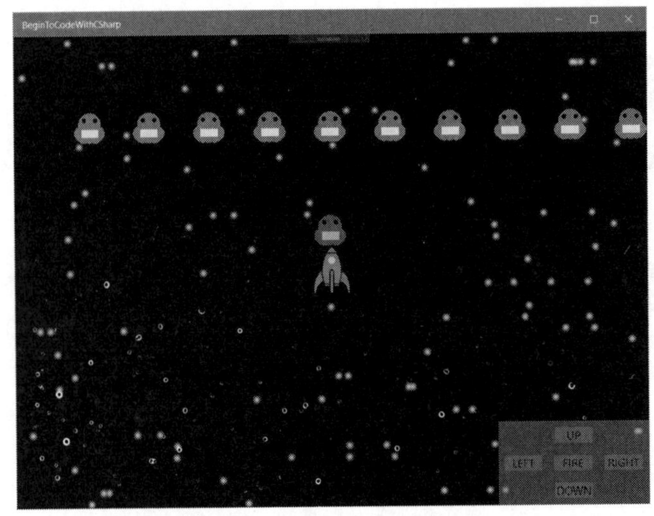

图 15-1　Space Rockets in Space

15.1.1　创建协同操作的对象

从视频游戏的角度来看，当火箭被外星人击中时必须"受伤"。而从编程的角度来看，可以将这个过程看作一个外星人精灵向火箭精灵发送一条消息"我击中你了。"然后由火箭精灵来确定会产生什么效果。

当我开始学习编程时，对一个对象向另一个对象发送消息的具体含义非常疑惑。但事实证明该过程是非常简单的。

- RocketSprite 类包含一个名为 TakeDamage 的方法。
- AlienSprite 类将调用该方法。

因此，可以将"消息传递"归结为对象之间的一个约定，在一个对象中包含一个接收消息的方法，而另一个对象则调用该方法，从而发送消息。其实程序一直在使用消息。当单击鼠标时，处于活动状态的程序会接收到一条表示鼠标已被单击的消息。在本书接下来的部分中，我们将会编写 WPF(Windows Presentation Foundation)应用程序，到时将详细介绍这种消息机制。

程序员要点

消息传递很重要

确定系统中对象的交互方式是设计过程中一个非常重要的部分。你可能会认为，没有必要发送消息：外星人精灵只需要减少用来计算火箭所拥有生命数量的变量值即可。然而，"发送一条消息"应该更好。消息的发送者需要调用方法来传递消息，但发送者并不需要知道接收者实际如何处理该消息。

此外，一个方法调用可以触发其他对象中的一个动作——例如，火箭可以启动爆炸动画、更改其图像，以表明已被损坏，甚至可以向游戏发送另一条消息，以便告知游戏火箭被摧毁了。

如果仔细思考一下，会发现这个机制实际上让程序员变成一名"电工"。一旦创建了自己的对象，就可以通过从一个对象传递到另一个对象的消息将两者"连接起来"。

在下面的程序代码中，可以看到 AlienSprite 的 Update 方法将会检测外星人是否击中火箭。

该方法包含了一些检查外星人和火箭是否相交的语句，其中使用了第 13 章学过的 IntersectsWith 方法。在我们编写 Keep Up！游戏时，曾经使用 IntersectsWith 来检查球拍是否与圆球相碰撞。而在本章的游戏中，则是检查火箭是否与外星人相碰撞。

```
public class AlienSprite: MovingSprite
{
    // If false, the alien has no effect on gameplay
    publicbool AlienAlive = true;

    // The rocket that the alien is chasing
    public RocketSpriterocketTarget;

    public AlienSprite(ImageSpritesprite, double xSpeed, double ySpeed,
                        RocketSprite target) :
    base(sprite: sprite, xSpeed: xSpeed, ySpeed: ySpeed)
    {
        rocketTarget = target;
    }

    // Called to tell the alien that is has been killed
    public void Kill()
    {
        // If we are already dead, we don't need to do anything
        if(AlienAlive)
        {
            // If we get here, we must kill ourselves
            // Set the flag to indicate we are dead
            AlienAlive = false;
            // Hide the sprite for this alien
            spriteValue.Hide();
        }
    }

    public override void Update()
    {
        // Don't do anything if the alien is dead
        if(!AlienAlive)
            return;

        // Update the position of the sprite
        base.Update();

        // See if the alien and rocket target sprites intersect
        if(spriteValue.IntersectsWith(rocketTarget.spriteValue))
        {
            // If we get here, the alien has hit the rocket
            // Kill ourselves
```

```
            Kill();
            // Tell the target that it must take damage
            rocketTarget.TakeDamage();
            return;
        }
    }
}
```

Ch15_01_TakeDamage

如果 IntersectsWith 方法返回 true，则意味着外星人击中了火箭。如果击中了，那么外星人需要完成一些事情。首先，它要调用一个名为 Kill 的方法将自己从游戏中删除。然后再调用 RocketSprite 上的 TakeDamage 方法，从而确定对火箭造成的损害。

下面的代码演示了 TakeDamage 方法(RocketSprite 类的一部分)的第一个版本。当火箭遭到损害时，Lives 计数器减 1，同时播放一个声音效果。

```
public class RocketSprite: MovingSprite
{
    ....
    public int LivesLeft = 3; ———————— 剩余生命的计数器

    public void TakeDamage () ———————— 当对象造成损害时调用
    {
        LivesLeft = LivesLeft - 1; ———— 减少 LiveLeft 计数器
        snapsValue.PlayGameSoundEffect('ding');
    }
}
```

Ch15_01_TakeDamage

如果运行 Ch15_01_TakeDamage，会发现每当火箭与一个外星人发生碰撞时，该外星人就消失了(同时还会听到“叮”的一声)。如果在程序运行期间通过断点查看一下程序的运行状况，会看到每次碰撞发生时 Lives 计数器(即火箭中变量 Lives 的值)都会减少。该版本的方法并没有结束游戏，主要是因为目前我们还不知道游戏应该如何结束。而这恰恰也是后面将要学习的内容。

程序员要点

可以将程序中的每个对象看作一个人

如果你正在组织一场非常大的 Party，最好可以在门口安排几个人进行验票。你可以对他们说“如果你不认识的人被发现没有票，那么打电话给我，并告诉我他是谁。我会告诉你们是否可以让他进来。”从编程的角度来看，可以创建这么一个类：首先接收消息“这里有一个人没有票，”然后是知道如何做——“打电话给 Rob，询问他是否可以进来。”

当开始考虑更加活跃的对象时，比如游戏中的精灵以及其他元素，可以将这些对象看作是相互协作使游戏正常工作的人。当程序运行时，每个人都会被发送消息(比如“更新自己”)，也可以生成其他消息(“我刚刚对你造成了伤害”)。

这个原则建立在我们对计算机程序的理解基础之上，即“获取一些内容，完成相关操作，然后发送其他内容”。现在，可以将一个大型的系统看作是一个组件的集合，这些组件通过接收和发送消息结合在一起。

你可以把自己放在每个人的“脑袋”里，并把它们看成是使程序工作的独立组件，从而有助于了解程序需要做什么。

把游戏变成对象

现在，可以将所有游戏元素都想象为可以接收消息、完成操作并生成其他消息的条目。这个思想可以应用于更大的对象，甚至包括所编写的游戏。目前，所有的游戏都在 StartProgram 方法中启动，而该方法则在 Snaps 程序开始运行时被调用。在该方法中，首先创建了所有的游戏元素，然后运行游戏。然而，如果想要向游戏自身发送消息(比如告诉游戏自身游戏已经结束了)，就需要创建一个游戏对象。该游戏对象包含了游戏所使用的所有精灵，并且提供了可用来开始运行游戏的方法。

```
public void  StartProgram()
{
   SpaceRocketsInSpaceGame  game = new SpaceRocketsInSpaceGame();

   game.PlayGame();
}
```

Ch15_02_gameClass

上面的代码显示了 StartProgram 方法的工作过程。当 Snaps 程序开始运行时调用该方法。此时，我们使用了一个新类：SpaceRocketsInSpaceGame。当该程序运行时，首先创建该类的一个实例，然后调用该实例上的 PlayGame 方法。你可以认为这是向游戏发送开始游戏的消息。PlayGame 创建了所有的精灵，并启动运行游戏循环——换句话说，该方法完成了以前使用 StartProgram 方法所完成的工作。

这种设计的一大优点在于可以创建一个允许玩家通过游戏菜单进行选择的游戏。StartProgram 方法可以显示该菜单，然后创建所选择游戏的实例。

如果运行示例 Ch15_02_GameClass，会看到游戏的工作方式没有任何不同，但此时的程序却是以类的形式表示的结构化的程序。

告诉游戏何时游戏结束

当 RocketSprite 失去了最后一条生命时，游戏就必须结束。实际上，火箭并不知道何时结束游戏，但这样是合理的。事实上，它也不应该知道游戏何时结束。唯一应该知道何时结束游戏的对象是游戏自身。RocketSprite 必须生成一条消息，告诉游戏现在游戏结束了。为了保证 RocketSprite 可以顺利传递该消息，该类必须拥有一个指向游戏的引用。

火箭的构造函数如下所示：

```
public class RocketSprite: MovingSprite
{
   SpaceRocketsInSpaceGame activeGame;
```

```
    ....
    public RocketSprite(ImageSprite sprite,           RocketSprite 构造函数
                        SpaceRocketsInSpaceGame game,  —对包含火箭的游戏的引用
                        double xSpeed, double ySpeed) :
                        base(sprite, xSpeed, ySpeed)
    {
        activeGame = game;                        存储对当前游戏的引用
    }
}
```

当创建火箭时，需要提供对 Snaps 游戏引擎的引用，以便可以播放声音。此外，还要提供对包含火箭的游戏的引用。当游戏结束时，必须通知该游戏对象。

下面所示的是 RocketSprite 类的 TakeDamage 方法。

```
public class RocketSprite: MovingSprite
{
    ....

    SpaceRocketsInSpaceGame activeGame;

    int  LivesLeft = 3;

    public void TakeDamage()
    {
        LivesLeft = LivesLeft - 1;
        snapsValue.PlayGameSoundEffect('ding');
        if (LivesLeft == 0)                    如果没有生命了，游戏结束
        {
            activeGame.EndCurrentGame();       告诉游戏，游戏结束了
        }
    }
}
```

只要火箭遭受了损害，TakeDamage 方法就会被调用。该方法会减少火箭目前拥有的生命数量，如果没有生命了，则通过调用游戏的 EndCurrentGame 方法告诉游戏，游戏结束了。

下面所示的是游戏中 RocketSprite 的实际构造函数。

```
rocket = new RocketSprite(sprite: rocketImage, snaps: snaps, game: this,
                         xSpeed: 10,ySpeed: 10);
                                                   对当前处于活动状态游戏的引用
```

当游戏开始时，上面的语句是从 SpaceRocketsInSpaceGame 类中调用的。该语句构建了玩家控制的火箭。在构建时，需要向其提供当前游戏的引用，以便在游戏结束时可以告知游戏。

前面我们也曾经见过 this 引用。它是对代码当前正在执行的对象的引用。上面的语句是在 SpaceRocketsInSpaceGame 类实例的一个方法中运行，所以 this 的值是对游戏类的一个引用。而这恰恰也是 RocketSprite 所需要的内容，因此当调用构造函数来创建 RocketSprite 时将引用“this”

传递给 RocketSprite。

代码分析

this 是什么意思？

问题： 在对 RocketSprite 构造函数的调用过程中，关键字 this 的意思是什么？

答案： 所有这些谈论的对象、消息中，this 可能是最令人困惑的。解决该困惑的最好方法是记住我们正在尝试做什么。目前我们正在创建一个包含火箭和外星人的游戏。如果外星人与火箭相碰撞，那么火箭就必须遭受损伤。如果火箭被摧毁了，那么游戏应该结束。所以，外星人需要一个方法来告诉火箭它正在对其造成损伤，而火箭则需要一种方法告诉游戏，游戏结束了。就好像我需要知道你的电话号码，以便可以打电话给你请你出来喝咖啡。

对于程序来说，我们需要的是对象引用，而不是电话号码。火箭需要游戏的引用，以便可以告诉游戏，游戏结束了。在人类语境中，编程关键字 this 就好比是我的电话号码。如果我想要你知道如何联系我，就必须向你告之我的电话号码。对于在某个对象内部运行的方法而言，引用 this 指的就是对该对象的引用。所以，一个方法可以将 this 传递给另一个对象，以便为该对象提供对自身的引用。

停止游戏运行

现在，需要一种方法能够向游戏传递消息，从而告知游戏结束了。此外，还需要一种接收到该消息后停止游戏的方法。

```
public class SpaceRocketsInSpaceGame  ——— 包含整个游戏的类
{
    ....

    bool gameRunning = true;  ———————— 当游戏处于活动状态时，该标志被设置为 true

    public void EndCurrentGame() ———————— 调用该方法，结束当前游戏
    {
        gameRunning = false;  ———————— 当运行该方法时，将标志设置为 false
    }
}
```

游戏包含了一个名为 gameRunning 的标志，当游戏正在运行时，该标志为 true。当调用 EndCurrentGame 停止游戏时，将标志设置为 false。任何时候都可以通过 EndCurrentGame 方法来终止游戏。

下面的代码显示了游戏中的 PlayGame 方法。该方法首先设置游戏，然后在 gameRunning 值被设置为 true 的情况下重复更新游戏对象。一旦 gameRunning 值变为 false，则结束 while 循环，游戏结束。

```
public class SpaceRocketsInSpaceGame
{

    ....
```

```
    public void PlayGame()
    {
        setupGame();                     设置游戏对象的方法

        while(gameRunning)
        {
            foreach(MovingSprite sprite in sprites)     遍历游戏中的精灵
                sprite.Update();
            SnapsEngine.DrawGamePage();
        }
    }
}
```

Ch15_03_gameOver

如果运行游戏，会发现，一旦火箭与外星人发生了三次碰撞，游戏就会结束。接下来需要创建一个可以重复玩的游戏，以便玩家尝试获取更高的得分。为此，需要让游戏对象处于不同的状态。

15.1.2 对象和状态

每个人都有自己喜欢的状态。我比较喜欢坐在计算机前编写程序，但我也会有其他的状态——例如，吃饭、睡觉以及不可避免的工作。允许软件对象拥有一个状态通常是非常有用的。前面已经看到，Space Shooter 中的外星人拥有状态(死亡或者存活)。接下来需要做的是将状态管理的思想融入游戏中。

我已经为游戏设计了一个标题屏幕，如图 15-2 所示。我对屏幕中的指令 Press SPACE to play 感到特别满意。在玩家按下 Space bar(或者 Fire 按钮)开始游戏之前，该屏幕应该一直显示。然后，游戏应该持续运行，直到火箭被摧毁为止，此时屏幕上将会显示 Game Over 几秒钟，随后游戏返回到标题屏幕。

图 15-2 Space Rockets in Space 的标题屏幕

换言之，游戏必须拥有三种不同的状态：

(1) 标题屏幕

(2) 玩游戏

(3) 游戏结束屏幕

对状态进行处理的最好方法是在管理游戏的 SpaceRocketsInSpaceGame 对象中包含一个保存游戏当前状态的数据成员(类中的一个变量)。然而，在创建该变量之前，必须决定使用什么类型的变量会比较合适。此时最理想的是创建一个只包含三种可能值的变量类型，每种游戏状态对应一个值。可以使用 C#的枚举类型(请参阅第 9 章)来定义一种可包含游戏不同状态的类型。

```
public class SpaceRocketsInSpaceGame
{
    ....
    enum GameStates
    {
        TitleScreen,
        GameActive,
        GameOver
    }

    GameStates state;
}
```

可以指定特定值的枚举类型

保存游戏状态的变量

这些语句显示了如何创建和使用一个名为 GameStates 的枚举类型。该类型的变量可以有三个值，每个值表示一种状态。需要在 SpaceRocketsInSpaceGame 类中创建该类型，以便表示游戏的状态。当游戏运行时，其具体行为根据游戏的当前状态来确定。

```
while(true)
{
    switch (state)
    {
        case GameStates.TitleScreen:
            UpdateTitle();
            break;
        case GameStates.GameActive:
            UpdateGame();
            break;
        case GameStates.GameOver:
            UpdateGameOver();
            break;
    }
    SnapsEngine.DrawGamePage();
}
```

根据游戏的状态确定所要完成的操作

代码分析

添加更多的游戏状态

一个程序中的所有对象都可以拥有某些类型的状态。

问题：如何向游戏添加状态“High Score Display”？

答案：该游戏代码实际上是一个构建基于状态的游戏的很好的模板。此时，添加一个新状态非常简单，首先向 enum 添加一个表示新状态的值以及一个用来在该状态下更新游戏的新方法，然后在 switch 语句中添加 case 语句，以便当游戏处于该状态时调用新方法。

问题：如何向游戏添加一个额外的游戏级别？

答案：诸如 Space Rockets in Space 的游戏通常有不同的游戏级别，每一个级别带有不同的背景屏幕以及不同类型的攻击外星人。你可能会认为只需要向游戏中添加更多的状态就可以添加更多的级别(例如，可以定义被称为 LevelActive、Level2Active……的状态)。然而，这并不是一种好的代码结构。更好的方法是添加一个表示游戏级别数的属性 LevelNumber，以及一个处理该属性的 UpdateGame 方法。换句话说，每个被调用来管理各自状态的方法实际上就是微型的状态机。

程序员要点

消息和状态相辅相成

一个对象的状态决定了它如何响应接收到的消息。一些消息会导致对象状态的变化，而一些消息在某些状态下可以忽略。例如，如果游戏并不处于 GameActive 状态，就可以忽略任何接收到的 EndCurrentGame 消息，因为两者之间并不相关。当设计一个由协同操作的对象所组成的解决方案时，需要设计对象可拥有的状态以及导致对象从一种状态转换为另一种状态的消息。

返回到前面列举的“Party 看门人”的例子，此时可以对看门人说“只要参加 Party 的人数达到 50 人，就举起 Party Full 的牌子，并阻止新到的人进入。”在这种情况下，看门人的状态应该从“accepting arrivals”转换为“party full”，从而以不同的方式对“新到的人”做出响应。

在新版本的 Space Rockets in Space 游戏的主循环中针对每种可能的游戏状态都调用了特定的更新方法。

```
public void UpdateTitle()
{
    if (SnapsEngine.GetFireGamepad())
    {
        StartNewGame();
    }
}
```

上面所示的是用来更新标题屏幕的方法。它首先检查 Fire 按钮(等同于键盘上的 Space 键)是否被按下。如果该按钮被按下，UpdateTitle 将会调用一个方法来启动游戏。此时，StartNewGame 方法会重新设置所有游戏对象，然后启动运行游戏。但此时存在一个问题：我们并不知道如何重新设置所有游戏对象。

易错点

有时你可能会“失明”

此时使用“失明”一词意味着发生了你没有看到的事情——就像我的一个朋友那样，他在两个单独的硬盘上制作了所有文件的两个副本，从而确保一个硬盘损坏了而不会丢失任何数据。遗憾的是，当计算机被盗时(两块硬盘都在该计算机中)，这种做法对他并没有太多的帮助。

在软件项目中也可能会出现“失明”的情况，尤其是当突然发现程序要完成一组额外的操作时。在我创建应用程序时也多次发生过这种情况，之所以会出现该问题，是因为在开始创建应用程序之前没有设计好解决方案。

如果在玩游戏时发生了什么事情，就需要一个可以重新开始游戏的方法。也就是说，游戏对象必须能够重新设置自己。该行为是必须添加到游戏中的，否则就无法创建一个严格意义上的游戏。

你可能会认为，只要考虑好了所有事情，就不会再遇到上面“失明”的情况。但遗憾的是，情况并非总是如此。有时可能会遇到以下情况：客户忘记告诉我们程序需要完成的一些工作，或者一段时间之后我发现所使用的硬件实际上并不是足够快。

每当我遇到了这些情况，都会对发生的事情做仔细的记录，以便在我的下一个项目避免此类问题的出现。然而，即使是现在，我仍然会时不时地处理那些我没有预料到的事情。事实证明，良好的规划并不能完全避免项目的所有风险，就像一个仔细计划的生日 party，如果过生日的女孩在活动前一天染上麻疹，就可能会陷入混乱。而你需要做的是确保对所有可以预料的事件都做好了计划，并且做好准备响应任何可能发生的事情。

游戏重置行为和抽象类

前面已经发现了一个在设计过程中无法解决的问题：当游戏结束并且想要开始新游戏时会发生什么事情？我们并不希望在每次开始一个新游戏时都重新创建所有的精灵对象，因为这个过程是非常缓慢的。真正需要的是告诉每个精灵将自己重置到起始位置。虽然我们可能并不知道游戏对象需要做什么——例如，外星人精灵死后会重新复活——但是知道每个对象必须做什么。

为了更加容易地处理这种情况，需要使用 C#的另一个功能：抽象方法。一个抽象方法就是一个意图声明。它表明了需要一种行为，但却没有完全告知该行为应该做什么。在程序中，可以以标记为 abstract 的“空”方法的形式表示抽象方法：

```
abstract public class MovingSprite ———— MovingSprite 类现在包含了一个抽象方法
{
   public ImageSprite spriteValue;
   public double xSpeedValue, ySpeedValue;

   public MovingSprite(ImageSprite sprite, double xSpeed, double ySpeed)
   {
      spriteValue = sprite;
      xSpeedValue = xSpeed;
      ySpeedValue = ySpeed;
   }

   public virtual void Update()
   {
      spriteValue.X = spriteValue.X + xSpeedValue;
      spriteValue.Y = spriteValue.Y + ySpeedValue;
   }
```

```
    public abstract void Reset();          定义了一个名为 Reset 的抽象方法
}
```

如果该抽象方法所在的类位于类层次结构的顶端，那么也就是说“对于那些扩展了MovingSprite类的类来说，如果想要创建该类的实例，就必须提供一个Reset方法。”抽象方式是一个很好的设计工具，因为它允许我们思考所需的操作，而又无须准确描述如何执行这些操作。

例如，假设你正在编写一个用来管理不同类型银行账户的系统。你知道银行管理了许多不同的账户——支票账户、信用卡账户、储蓄账户等。解决该问题的一个明智的方法是创建一个类层次结构，其中类Account位于顶端，而更具体的类(CheckingAccount、SavingAccount等)则位于该类的下面，从而提供更加具体的操作。每种账户必须拥有一些基本的操作，比如支付和提取资金，检查余额等。虽然这些操作是每种账户都需要的，但每种账户都以自己的方式完成这些操作。此时，所需要做的是定义一个需求，即这些操作方法必须被提供，但无须明确地说明如何执行。为此，可以为所有的希望子类提供的方法定义抽象方法。这样，既可以迫使所有子类提供所需的操作，又无须指定这些操作如何工作。

代码分析

抽象方法和类

问题：Update方法是虚函数，而Reset方法是抽象函数。两者之间有什么区别？

答案：当创建MovingSprite类时，就已经确定了那些扩展了MovingSprite类的类需要建立Update行为才能让精灵动起来。创建一个virtual方法意味着该方法可以被子类中的方法所重写。在前面创建的许多类中我们都这么做过。RocketSprite重写Update方法，从而允许玩家控制火箭，而ChaserAlien类重写了Update方法，从而让精灵始终向着玩家移动。

抽象函数则不同。它的意思类似于“你需要按照自己的方式实现相关操作。虽然我并不确切地知道你如何实现该操作，但我知道你肯定需要实现该操作。”在游戏上下文中，抽象Reset方法的声明表示每个精灵都需要某些类型的重置操作。

问题：此时MovingSprite类为什么是抽象的？

答案：MovingSprite类之所以是抽象的，是因为系统不能再创建该类的一个实例了。如果创建了该类的一个实例并尝试使用其Reset方法，那么编译器就不知道该做什么了。

问题：如果一个类被标记为抽象，那么意味着什么？

答案：抽象意味着程序不再需要实际创建该类型的类。现在，该类将作为其他类的模板，这些类将扩展抽象类并提供抽象元素的实现过程。

问题：为什么不创建一个可以被重写的虚拟Reset方法？

答案：Update方法在sprite中运行，从而在游戏中更新精灵。之所以将Update方法标记为虚方法，是为了能够在其他类中自定义该方法，从而扩展MovingSprite类。然而，对于一个类来说，并不总是需要重写父类中的方法。换句话说，并不需要强制一个类提供一个Update方法。然而，如果将一个方法标记为抽象方法，就意味着子类必须提供Reset方法的实现过程，也就是说，强迫对象的开发人员添加该方法。我非常希望人们不要忘记Reset方法，所以我强迫他们记住它。

在对象中定义 Reset 行为

如果向 MovingSprite 类中添加了一个抽象的 Reset 方法，就会产生破坏整个程序的效果。此时，编译器会抱怨游戏中的任何精灵类都没有 Reset 方法，所以程序不能再编译了。目前没有别的办法，只能深呼一口气(还可以喝一杯浓咖啡)，然后查看所有的类，并添加所需的 Reset 行为。对于某些对象来说，还需要更改构造函数，以便在创建该对象时可以保存精灵的原始位置。这样，Reset 方法就可以使用该原始位置将精灵放回原来屏幕上相同的位置。

程序员要点

一点点的设计努力可以取代大量的编程工作

如果你在开始阶段就意识到游戏需要能够重置所有的对象，就可以节省大量的重复劳动。当我开始一个项目时，首先会绘制一个类似于图 14-4 所示的表格，然后遍历可以想到的所有情况，并特别仔细地从头到尾考虑程序。我的意思是思考程序可能被使用的方式，从用户使用程序完成的第一件事到程序的生命周期中可能被使用的所有方式。如果在游戏开发的开始阶段就这么做了，就会发现当游戏结束并重新开始时需要发生一些重置操作。

实现这种设计的最好方法是与客户一起坐下来，并向其提出类似于“在游戏结束时应该发生什么事情呢？”之类的问题。

下面所示的代码显示了 RocketSprite 类的 Reset 行为。当该精灵被创建时，构造方法存储了精灵的原始 X 和 Y 值。然后当重置精灵时，Reset 方法将火箭重新移动到起始位置，并将生命值和得分值设置为原始值。

```
double originalXSpeed, originalYSpeed;      ─┐
                                              ├─ 存储火箭的原始
double originalX, originalY;                ─┘   速度和原始位置

publicint LivesLeft, Score;

public override void Reset() ──────── Reset 方法为新游戏重置火箭
{
    xSpeed = originalXSpeed;
    ySpeed = originalYSpeed;
    spriteValue.X = originalX;
    spriteValue.Y = originalY;
    LivesLeft = 3;
    Score = 0;
}

public RocketSprite(ImageSprite sprite, SnapsEngine snaps, double xSpeed,
                    double ySpeed) : ──────── RocketSprite 构造函数
    base(sprite, xSpeed, ySpeed)
{
    originalXSpeed = xSpeed;
    originalYSpeed = ySpeed;
    originalX = sprite.X;
    originalY = sprite.Y; ──────── 当火箭重置时存储原始火箭位置
```

```
    snapsValue = snaps;
}
```

当游戏需要重置所有精灵时，只需要完成以下操作即可：

```
public void ResetGame ()
{
    gameScore = 0;
    foreach (MovingSprite sprite in sprites)      遍历所有的精灵
    {                                             并重置它们
        sprite.Reset();
    }
}
```

Ch15_04_CompleteGame

请记住，变量 sprites 保存了一个游戏使用的所有精灵列表。上面所示的循环实际上与每个精灵的 Update 方法中所使用的循环是相同的。然而，此时使用的是 Reset 行为。在每个对象上调用的 Reset 方法是适合于特定类型的重置方法。即使向游戏添加了多个新的精灵，上述代码仍然可以运行，因为所添加的精灵也被要求提供可以使用的一个 Reset 行为。

示例游戏 Ch15_04_CompleteGame 是一个相对完整的游戏，每当游戏结束时都会使用重置行为。此外，它还显示了得分和生命数量(借鉴了 Keep It Up!游戏)，并且当外星人被摧毁时重置它们。

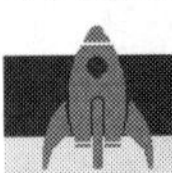

动手实践

创建你自己的完整游戏

可以以 Ch15_04_CompleteGame 示例代码为基础创建任何你喜欢的基于精灵的游戏。可以修改精灵的行为或者更改相关的外观。可以向游戏添加声音，或者使其完全无声。还可以更改游戏的工作方式，以便在被愤怒的黄蜂追逐的过程中捕获落下的雨滴，等等。

15.1.3 接口和组件

在 Space Rockets in Space 游戏中，所有的精灵都是基于 MovingSprite 类型的，而屏幕上的所有对象都被保存在一个精灵列表中。

```
List<MovingSprite> sprites = new List<MovingSprite>();
```

该列表包含了对所有星星、外星人、火箭以及导弹的引用，这是因为 MovingSprite 是所有这些对象类型的父对象，一个 MovingSprite 引用可以指向这些对象中的任何一个。每当向游戏中添加一个新的精灵类型时，该类型就是 MovingSprite 类的一个子类，只需要将其添加到该列表中即可。然后，当想要更新游戏时，通过遍历精灵列表中的所有对象实现对所有精灵的更新：

```
foreach(MovingSprite sprite in sprites)
    sprite.Update();
```

虽然这种处理过程非常好，但如果可以在游戏中使用其他的组件，那程序就更加灵活了。例如，假设一名开发人员创建了一组可用来操作游戏背景图像的游戏对象，而我们希望在游戏中使用这些对象。在理想的情况下，这些背景都应该基于 MovingSprite 类，但事实是背景设计人员可能会设计自己不同的类。她可能会设计一组如图 15-3 所示的类。

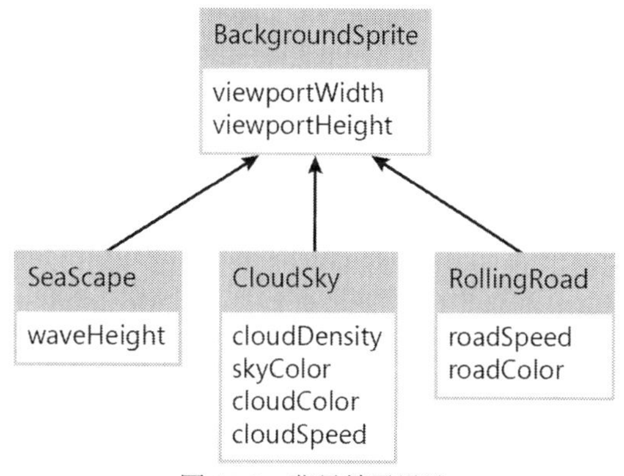

图 15-3　背景精灵设计

在使用这些背景时会出现一个问题，这些类的父类是 BackgroundSprite，它们与游戏中所使用的类(这些类都基于 MovingSprite 类)完全不同。不能简单地将它们添加到游戏的精灵列表中，因为它们不适合 MovingSprite。

添加抽象

之所以会出现上面的问题，是因为虽然 MovingSprite 和 BackgroundSprite 都是精灵，但它们不以任何方式相关联。解决该问题的方法是创建一个 BackgroundSprite 和 MovingSprite 都扩展的新父类。然后程序可以根据该类型来操纵游戏对象。换句话说，游戏中的一切都是 GameSprite，它既可以是 MovingSprite，也可以是 BackgroundSprite。图 15-4 显示了该工作原理。

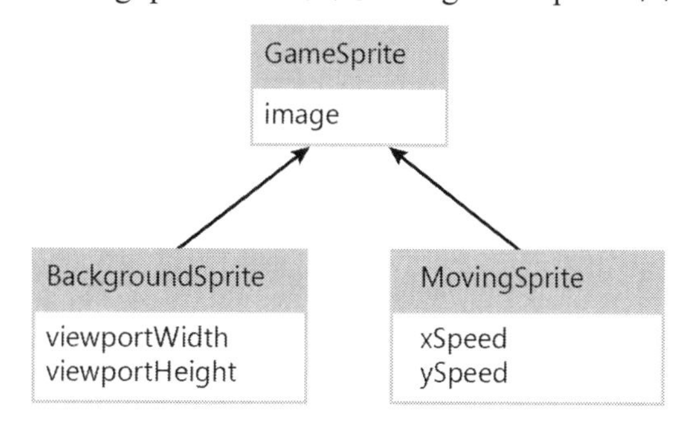

图 15-4　组合的类图

GameSprite 类保存了所显示的图像，而 MovingSprite 和 BackgroundSprite 类为该类的子类。下面所示的是这三个类的代码编写方式。

```
class GameSprite ————————所有精灵的父类
{
    ImageSprite image;
}
```

```
class BackgroundSprite : GameSprite ———— BackgroundSprite 层次结构的根
{

}

class MovingSprite : GameSprite ———— MovingSprite 层次结构的根
{
    double xSpeed;
    double ySpeed;
}
```

GameSprite 将负责保存每个精灵所需要的图像，而 MovingSprite 则保存速度值等。此时，游戏将包含一个 GameSprite 对象的列表：

```
List<GameSprite> sprites = new List<GameSprite>();
```

可问题在于如果已经有了现有的类，那么实现上述的方法将会花费大量的时间。而很多类不大可能拥有太多的共同点。此时，需要一种方法，既可以使用这些对象的能力，程序又不需要关心所使用对象的特定类型。C#以接口的形式提供了这种方法。

易错点

确保最抽象的类足够抽象

程序员可以使用抽象作为解决问题的方法。例如，如果我正在创建一个应用程序来管理一个服装店，那么在开始阶段可以会与店主仅讨论关于服装的相关问题，而无须具体讨论连衣裙、裤子、衬衫、袜子和领带等。随后，一旦弄清楚了系统需要哪些与服装条目相关的内容，就可以创建满足不同服装类型特定需求的子类。例如，连衣裙可以有大小值，而一条裤子可以有腰部尺寸和腿部尺寸。然而，在设计这些类时需要确保最顶层的类要足够抽象。

如果服装店还售卖手提包和钱包(这完全是有可能的)，那么这些对象就不适合服装类层次结构。此时应该做的是创建一个更加抽象的类，可以将其称为 Stock，其保存了库存商品的所有信息(例如价格、库存水平、供应商)，然后再创建描述不同类型库存的子类。这样可以让程序更加"面向未来"，因为如果该店转行卖珠宝之类的商品，那么只需要添加另一个子类即可。

前面针对游戏精灵所做的设计缺乏抽象性，因为一个游戏可能还需要包含一些不能移动的精灵。实际上，从一开始就应该让 GameSprite 作为所有精灵的父类。当为层次结构的最顶层类选择名称和能力时，需要确保它足够抽象。

接口

接口是一个令人困惑的词。它会让人们立即想到带有鼠标、键盘和大屏幕显示器的台式电脑。但在 C#程序中，类可以使用接口来表示它能够做的事情。当我想到接口时，会将接口定义为电源插座和插头之间的连接。接口定义了电源插座可以提供的电压、插头引脚的形状和大小以及每个引脚的用途。

接口规范并没有说明插座中的电能是如何产生的，也没有说明插头的连接方式。电源插座可以由核电站或电池供电的逆变器驱动，而插头可以连接到一个水壶或一台平面电视。连接的每一侧都有一个完全由接口定义的另一侧的视图。它们并不知道或者说并不关心实际是由什么供电或者什么在使用电。

软件对象与之相类似。我们希望单个游戏可以使用多个精灵对象，而不需要关心这些对象是什么类型的。为此可以首先确定类中需要什么行为，然后在 C#接口中表达这些行为。对于我们的游戏来说，希望游戏中的精灵能够完成两件事：每个精灵必须能够更新自己(必须包含一个 Update 方法)，每个精灵必须能够为新游戏而重置自己(比如包含一个 Reset 方法)。

只要一个对象可以完成这两件事情，那么我们并不在乎它是什么：只需要在游戏中使用它即可。可以以 C#接口的形式表示这两种能力：

```
interface IGameSprite ———————— 接口的名称
{
    void  Reset();
    void Update(); ———————————— 接口中的方法
}
```

该代码创建了一个名为 IGameSprite 的接口，并指定了游戏中所有精灵类必须实现的两个方法。任何包含了 Update 和 Reset 方法的类都通过在声明时将接口名称添加到类名称，从而告诉编译器实现了该接口：

```
abstract public class MovingSprite: IGameSprite  ——— 基于该类的对象将包含
{                                                     IGameSprite 中的方法
}
```

上述声明告诉编译器，MovingSprite 类(及其任何子类)都实现了 IGameSprite 接口。也就是说，该层次结构中的对象必须包含一个 Reset 和一个 Update 方法，否则程序无法创建类的实例。任何想要像 IGameSprite 一样处理的类都可以实现该接口。此外，程序还可以创建 IGameSprite 类型的引用，该引用可以指向任何实现了该接口的类。

```
List<IGameSprite> sprites = new List<IGameSprite>();
```

现在，游戏对象列表变成了一个 IGameSprite 对象(也就是说可以进行更新和重置的对象)列表。当程序运行时，不管对象是什么，程序都会执行对象上的这两个操作。此时，背景程序员需要做的只是向各自的背景绘制类中添加一个 Reset 和一个 Update 方法，从而告诉编译器这些类实现了 IGameSprite 接口，可以与系统中的类一起使用。接口定义了完全不同的对象之间进行交互的方式。

接口允许根据对象可以做什么而不是它们是什么的方式来看待对象，从而给程序设计带来更大的灵活性。通过使用接口，可以指定组件之间如何相互交互，并可以更轻松地将一个组件换成另一个组件，而无须担心系统会出什么问题。

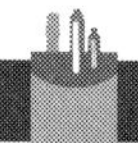

代码分析

接口

问题：一个接口列表意味着什么？

答案：现在的精灵列表(包含了对程序中所有精灵的引用)已经变成了一个 IGameSprite 接口列表。这看起来似乎有点混乱，因为接口并不是一个具体的“事物”，而只是一个行为集合。然而这也正是我们想要的。它有点类似于一群都是消防队员的人，这些人可以是教师、作家、艺术家以及美容师，但只要他们实现了“消防队员”接口(即完成基本的到达现场、救人、扑灭大火等行为)就行，我们并不关心他们实际是做什么的。记住，接口提供了一种基于它可以做什么而不是它实际上是什么的方式来引用对象。

问题：如果所创建的一个接口引用指向一个没有实现该接口的对象，会发生什么？

答案：首先返回到前面列举的消防队员的示例，试想一下，如果你要求那些不是消防队员的人去扑灭大火，会发生什么事情，该问题的答案是 C#编译器会仔细识别哪些类实现了哪些接口，并进行相关的检查，从而确保当尝试使用一个接口引用时，引用的对象实际上提供了所需的行为。

问题：一个类可以实现多个接口吗？

答案：当然可以。就像一名美容师可以是一名消防队员，也可以是一名变戏法者一样。对象实现的每个接口都提供了该对象不同的“视图”。

问题：为什么接口名称以字母 I 开头？

答案：这是 C#程序中的约定，接口的名称通常以 I 开头，以便于程序员可以更容易地区别类和接口。接口与类是完全不同的。一个接口并不实际告诉计算机如何做某件事，而是给出了计算机必须完成的事件列表。

程序员要点

接口和抽象类是比较深奥的知识，但是值得学习

由于你是刚开始学习编程，因此会发现抽象类和接口比较难以完全理解。你可以先从那些根据变量内容进行简单决策的程序开始学习。然后开始将数据转换成对象，这样可以更容易地管理相关的数据。最后学习根据其他对象(类层次结构)、模板对象(抽象类)以及基于对象的组件来创建对象。

这些都是高级编程和软件设计主题。你不需要马上完全理解这些内容。虽然不使用类层次结构也可以创建出非常棒的程序，但如果是设计由大量不同的部分组成的大型和复杂的解决方案，那么我强烈建议再回看本书中相关的章节，学习游戏中融入不同元素的方法。

15.2　所学到的内容

在本章，我们完成了对 C#中面向对象功能的探索，并使用游戏 Space Rockets in Space 作为示例。首先学习了程序中一个对象如何向另一个对象发送消息以及如何通过一个相互协作的对象集合构建复杂的程序。一个消息实际上只是一个具有一致意义的方法调用，并且对象可以发送消息以响应它接收的消息。此外，还学习了如何为对象提供状态，可以根据对象的状态对传入的消息进行相应的处理。

有时，设计过程需要确定不同对象的共同需求，从而以适合于每个特定对象的方式提供一组特定的行为。可以使用 C#的抽象类来创建“模板”，这些模板指定了对特定行为的抽象要求，但没有明确指定这些行为应该如何工作。

接口进一步提取了抽象类的思想。抽象类可以让我们通过设计模板来指定类层次结构中所有对象必须实现的行为。而与之不同的是，接口指定了一组任何类都可以实现的行为。类可以实现接口，然后再根据能力进行管理。简单地说，抽象类让我们根据它们是什么来管理对象，而接口则是根据它们可以干什么来管理对象。

编程实际上就是对组织能力的一种训练，可以将非常复杂的系统分解成一组完成特定任务的对象。事实证明，程序设计工作有大量的事情需要做，你可以先将键盘放一放，首先绘制一些图表来显示解决方案的每个元素需要做的事情。

下面是一些关于软件组件方面的问题。

对象和组件之间有什么不同之处？

我们最先是使用对象将一些相关联的数据值集合在一起，以使它们更易于管理。我们创建了对象来表示曲调中的音符、地址簿中的联系人以及相似的事务。前面曾经讲过，如果想要对象更加有用，还可以为它们提供相应的行为，比如一个音符可以演奏自己，或者联系人对象可以确保不会保存一个缺少姓名的联系人信息。当不同对象开始协同工作，从而确保一个系统正常运行时，就涉及了组件的概念。在前面创建的视频游戏中，外星人精灵向火箭精灵发送一条消息，从而导致其受损伤，如果火箭被摧毁，游戏就结束了，此时火箭需要向游戏发送一条消息。一旦开始考虑对象的能力(而不是对象是什么)，就是在讨论软件组件了。

使用对象是否会让程序运行更加缓慢？

是的，但没有关系。计算的基本原则之一就是使用多种方法来编写程序。每个使用对象构造的程序都可以写成一个巨大的方法。虽然这会让程序难以理解，同时一旦出现问题也很难进行修复，但却比基于对象的解决方案要运行得快。但从构建、测试能力以及易于修改的方面来看，基于对象的解决方案无疑是非常好的，也是编写大型程序的最佳选择。

我是否需要知道所有关于对象的知识？

我从事编程工作已经有很长一段时间了。在编程生涯开始的头几年，我并没有使用对象，原因很简单，当时对象的概念还没有出现。然而，我慢慢发现倾向于以“对象”的方式构建程序，使用子程序库和数据来创建自己的对象。虽然我已经使用对象很长一段时间了，但仍然不认为我的知识是完整的。学习编程过程中最美好的一件事就是只要你在编程就一直在学习。虽然本部分的相关注释可以在你编写大型应用程序时提供一些参考信息，但如果可以自己动手编写更多的代码，并且养成看别人所写代码的习惯，那么将会学到更多的知识。

在第 IV 部分中，我们将会学习新的编程技能，以及如何使用这些技能来制作完全成熟的通用应用程序。此外，还会学习现代应用程序的构建方式以及一些软件工程方面的内容。

第 IV 部分

创建应用程序

在第Ⅳ部分，我们将向成为一名成熟的开发人员的道路上迈开另一大步。在学完本部分内容后，将创建可以对外出售的程序。请记住，示例程序与“真正的”程序之间唯一的区别是后者是需要付钱才能获取的。

接下来，我们将远离 Snaps 框架，该框架隐藏了 Windows 10 程序开发过程中的一些复杂性。但并不是说完全抛弃 Snaps。你将会学习 Snaps 元素的工作原理以及如何在所编写的程序中使用这些原理。此外，还会学习如何设计用户界面，以及程序如何处理外部事件。

第 16 章

使用对象创建用户界面

本章主要内容：

用户界面是一个程序的窗口。一个诱人的橱窗展示可以诱使客人进入一家商店购买商品，同样的道理，一个设计良好的用户界面也可以激励用户使用某一款软件。在本章，我们将首先学习现代应用程序的用户界面是如何创建的，以及如何使用软件元素来表示与用户进行的交互。然后学习如何与这些软件元素进行交互以及这些元素如何对用户所完成的操作做出响应。在学习过程中，会使用到一个名为 XAML(Extensible Application Markup Language，可扩展应用程序标记语言)的新语言，该语言主要用来描述用户界面的设计。最后学习如何通过 Visual Studio 使用 XAML 为用户构建良好的使用体验。

- 创建一个加法机
- 创建一个新应用程序
- 所学到的内容

16.1 创建一个加法机

在第 6 章我们已经成功创建了谈话时间辅助程序，接下来你的律师朋友又要求你开发一个加法机程序，以便可以用来练习加法以及其他用途。他想要的内容如图 16-1 所示。用户在两个输入框中输入数字，然后按下 Equals 按钮，并查看结果。

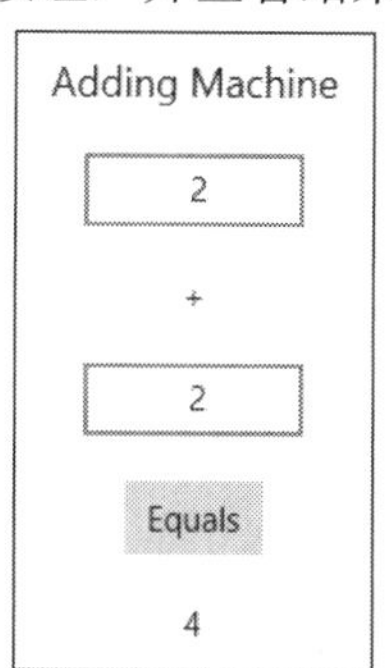

图 16-1　加法机辅助程序

虽然这是一个简单的 Windows 程序，但实际上超出了使用 Snaps 库可以完成的工作。到目前为止我们所编写的程序都使用了来自 Snaps 库的行为与用户进行交互。虽然 Snaps 工作良好，但并不是非常灵活。为了创建加法机辅助程序，需要学习如何创建图形用户界面(Graphical User Interface，GUI)。

16.1.1　使用 XAML 创建一个图形用户界面

用户界面是当用户使用程序时对所看到内容的一个时髦名称。它包括用户完成工作所需的按钮、文本字段、标签和图片等。程序员的工作首先是创建前端界面，然后将对应的行为放在屏幕显示的后面，从而允许用户驱动程序并得到他们想要的东西。

本节并不会大量介绍如何使用 C#进行编程，而主要是介绍如何使用 XAML 创建用户界面，XAML 由微软设计，其目的是更容易地创建一个美观的应用程序。可以使用 XAML 描述所显示的内容，并由 C#提供相关的行为。也可以使用其他的编程语言创建使用了基于 XAML 用户界面的程序，比如 Viusal Basic。为了理解该过程，需要学习一些关于标记语言工作原理的知识，但这些知识是非常有用的，因为许多现代的用户系统都是以类似的方式工作的。

XAML 允许使用其规则创建可以描述任何内容的结构。英语与该语言相类似。英语中有字母和标点符号。可以使用规则(语法)来描述如何构建单词和句子，同时可以使用不同类型的单词——描述事物的名词以及描述行为的动词。当出现了新的事物时，我们可以创造出一整组单词来描述它。比如，当计算机被发明时，一些人就提出了单词 Computer，同时出现了启动、系统崩溃、太慢、删除所有的工作之类的短语。

基于 XML 的语言是可扩展的，因为可以创造出符合语言规则的新单词和短语，并使用这些新结构来描述我们喜欢的事物。之所以被称为标记语言，是因为它们可以被用来描述页面上条目的排列。单词标记最初是用在印刷中，比如可以说“以一个非常大的字体打印名字 Rob Miles”。最流行的标记语言是 HTML(Hypertext Markup Language，超文本标记语言)，被用在 World Wide Web 上描述页面的格式。而程序员经常使用 XML 创建自己的数据存储格式。XAML 采用了可扩展标记语言的规则，并使用这些规则创建了一种可用来描述页面上所显示组件的语言。

查看文本框的 XAML 描述：

```
<TextBox Name="firstNumberTextBox" Width="100" Margin="4" TextAlignment=
"Center"></TextBox>
```

可以看到，XAML 的设计者创建了符合需求的有意义的单词。可以为 TextBox 元素提供一个名称，同时它还可以指定特定的宽度和边距，以及框中文本的对齐方式等。

XAML 和页面设计

当使用 Visual Studio 创建一个全新的通用 Windows 应用程序时，首先需要创建一个包含一些元素的页面。随着向页面添加越来越多的元素，文件也会随着元素描述的增加而增大。一些元素可以独立存在，比如文本框。而另一些元素则作为一个容器来使用。这意味着它们可以包含其他的元素。当想要对一个页面进行布局时，容器是非常有用的。例如，StackPanel 元素可以以堆叠排列的方式保存一组其他元素。XAML 文件还可以包含可应用于页面条目的动画和转换的描述，从而创建更令人印象深刻的用户界面。

我们并不会在 XAML 的布局方面花费太多的时间；可以说，通过使用该语言，可以为程序创建令人印象深刻的前端界面。但事实证明，许多程序员(包括我在内)并不擅长设计吸引人的用户界面(虽然可能你可以)。在现实生活中，一家公司通常会聘请负责创造出艺术化前端的平面设计师。而程序员的任务是在这些显示元素后面放置代码，从而完成所需的工作。

XAML 就是针对这个问题而开发的。它将屏幕显示设计和后台代码进行了强制分离。这样，程序员就可以非常容易地创建一个初始的用户界面，随后再由专业设计师进行修改，从而变成一个更加吸引人的界面。此外，程序员也有可能先获取一个完整的用户界面设计，然后再将行为与每个显示组件相关联。

描述 XAML 元素

首先，通过加法机程序的创建学习如何使用 XAML 设计一个应用程序。查看图 16-1，了解用户界面是个什么样子。该界面由六个组件构成：

(1) 标题 Adding Machine。此文本块略大于文本的其余部分，以便突出显示。

(2) 顶部的文本框，用户可以在文本框中输入一个数字。

(3) 保存字符+的文本项。

(4) 底部的文本框，用户可以在文本框中输入第二个数字。

(5) 用来完成加法运行的一个按钮。

(6) 一个结果文本框，当按下按钮时，显示计算结果。此时，该文本框为空，因为还没有完成任何算术计算。

在 XAML 术语中，屏幕上的每个条目都被称为 UIElement(或者用户界面元素)。从现在开始，我会将这些条目称为元素。每个元素在屏幕上都有特定的位置、标题的特定尺寸以及其他属性。例如，通过更新描述页面的 XAML，可以更改文本框中的文本颜色，而不管该文本是左对齐、右对齐或是居中对齐。下面显示了加法机程序中用来描述显示的 XAML：

```
<StackPanel>
  <TextBlock Text="Adding Machine" TextAlignment="Center" Margin="8"
     FontSize="16"></TextBlock>
  <TextBox Name="firstNumberTextBox" Width="100" Margin="8" TextAlignment="Center">
     </TextBox>
  <TextBlock Text="+" TextAlignment="Center" Margin="8"></TextBlock>
  <TextBox Name="secondNumberTextBox" Width="100" Margin="8"
     TextAlignment="Center"></TextBox>
  <Button Content="Equals" Name="equalsButton" HorizontalAlignment="Center"
     Margin="8"></Button>
  <TextBlock Name="resultTextBlock" Text="" TextAlignment="Center" Margin="8">
     </TextBlock>
</StackPanel>
```

代码分析

研究 XAML

如果你仔细查看，可以将图 16-1 中所示的每个元素映射到该 XAML 文件中的项。但有一些元素应该更详细地思考一下。

问题：StackPanel 元素执行什么操作？

答案：StackPanel 非常简单，但非常有用。StackPanel 能够让我们以堆叠的方式排列一系列显示元素——这意味着不需要单独为屏幕上的每个元素定义位置。默认的排列方式是在垂直方向上将项堆叠到屏幕上，当然，也可以在水平方向上堆叠项。可以将一个 StackPanel 放到另一个 StackPanel 里面(实际上这是非常有用的)，从而组成一叠行。元素的嵌套是 XAML 文件中一个反复出现的主题。

问题：TextBox 与 TextBlock 之间有什么区别？

答案：TextBox 是一个用户可输入文本的显示元素。两个用来相加的数字被分别输入到名为 firstNumberTextBox 和 secondNumberTextBox 的 TextBox 中。而 TextBlock 只是一个被显示的文本块。可以使用 TextBlock 告诉用户一些事情。此时，使用 TextBlock 显示了应用程序的标题、加号(+)以及计算的实际结果。用户不能与 TextBlock 的内容进行交互。

问题：为了检查你是否理解了 TextBlock 的工作方式，请问 resultTextBlock 中当前显示的文本是什么？

答案：想要回答这个问题，可以先浏览一下 XAML，并找到名为 resultTextBlock 的 TextBlock，然后查看该 TextBlock 的 Text 属性。事实证明，当程序启动时，Text 属性被设置为""或者一个空字符串。

程序员要点

尽可能使用自动布局

当我开始在屏幕上以绝对位置定位元素时，总是感到非常烦恼。只要你也是这么做，就需要知道正在使用屏幕的大小以及元素的尺寸。现代计算机通常都使用范围不同的屏幕尺寸，用户也可以更改屏幕上文本的大小，从而进行放大显示。同时，用户还可以将屏幕的方向从横向更改为纵向。如果在屏幕上固定了元素的位置，那么对于某一特定的设备来说会工作得非常好，但在其他设备上则会非常难看。出于这样的原因，应该使用诸如 StackPanel 之类的自动布局功能，从而实现自动定位元素。这样也会大大降低程序出现显示问题的可能性。

16.1.2 XAML 元素和软件对象

从编程的角度来看，屏幕上的每个 XAML 元素实际上就是程序中的一个软件对象。通过前面的学习，你已经知道对象是表示想要使用的东西的比较好的方法。而事实证明，对象也非常适合于表示其他事情——比如显示器上的项。如果思考一下，会发现，屏幕上显示文本的方框也有相关的属性，比如位置、文本颜色、文本等。

当编译一个使用了 XAML 用户界面的程序时，系统还会对 XAML 描述进行“编译”，从而创建一组 C#对象，每个对象表示一个用户界面元素。在加法机辅助程序中，共有三种不同类型的元素：

- TextBox 允许用户向程序输入文本。
- TextBlock 仅用来传递信息的文本块。
- Button 通过单击可以触发程序中的事件

程序可以像操作 C#对象那样操作这些元素，虽然它们被定义在一个 XAML 源文件中。之所以可以这样，是因为当生成程序时，XAML 系统会创建与 XAML 源文件中所描述元素相匹配的对象。

根据名称管理元素

当在程序中使用用户界面元素时，需要一种方法来指向这些元素。如果查看描述加法机程序的 XAML，会发现一些元素拥有一个名称属性：

```
<TextBox Name="firstNumberTextBox" Width="100" Margin="4" TextAlignment=
   "Center"></TextBox>
```

此时，我将该文本框命名为 firstNumberTextBox。(你可能永远猜不到第二个文本框叫什么。)注意，在该上下文中，元素的名称事实上就是在加法机程序中所定义的 TextBox 变量的名称。换句话说，在程序中包含了下面所示的语句：

```
TextBox firstNumberTextBox;
```

该声明都是在构建程序时由 Visual Studio 创建的，所以你不需要担心该语句在什么位置。只需要记住这就是程序的工作方式。

代码分析

XAML 元素名称

问题：为什么不是所有的显示元素都拥有名称？

答案：我们只需要为那些需要与程序进行交互的元素命名。为包含字符+的 TextBlock 命名是没有意义的，因为当程序运行时用户不需要与之进行交互——它只是保存了需要向用户显示的内容。当然，如果以后需要对该 TextBlock 元素进行一些修改(也许是为了使用户能够选择一个能够执行减法的程序版本)，就需要为其命名。

元素的属性

TextBlock 的属性可以在声明它的 XAML 中设置。也可以在程序运行时由程序进行更改。所有属性都可以在声明中设置，然后由程序进行更改。

下面所示的 XAML 描述了显示相加结果的屏幕的一部分：

```
<TextBlock Name="resultTextBlock" Text="" TextAlignment="Center" Margin="4">
   </TextBlock>
```

注意，Text 属性目前被设置为一个空字符串。当谈到页面上 XAML 元素的“属性”时，实际上是在谈论实现 TextBlock 的类中的属性值。换句话说，程序可以包含如下所示的语句：

```
resultTextBlock.Text = "0";
```

该语句使文本 0 出现在显示屏上的 resultTextBlock 中。实际上导致运行在 resultTextBlcok 对象中的 Set 属性赋值，从而将 TextBlock 的文本设置为所需值。换句话说，不管是在 XAML 或者 C#程序中对 TextBlock 的 Text 属性进行设置，都会得到相同的结果。

使用 XAML 进行页面设计

事实证明，XAML是非常有用的。一旦掌握了描述组件所需的信息，就可以使用XAML非常快速地向页面添加元素，并通过编辑XAML文件的文本移动这些元素，而无须将文本框或者其他元素在屏幕上来回拖动。我发现，当需要在屏幕上放置大量类似的元素时，XAML是特别有用的。Visual Studio知道用来描述每个类型元素的语法，并在操作过程中提供了IntelliSense支持。

如果你了解更多XAML规范，则会发现通过设置元素的图形属性可以使元素透明以及设置其背景图像，甚至可以添加动画效果。但这些内容已经超出了编程的范畴，而进入了图形设计的领域——祝你好运。

到目前为止，你已经知道，屏幕上的项事实上就是软件对象的图形化实现，接下来需要学习如何控制这些对象并让它们在程序中完成有用的事情。为此，需要添加一些完成加法计算的代码。但首先构建程序本身。

动手实践

构建第一个通用 Windows 应用程序

接下来，我们将构建第一个通用 Windows 应用程序。到目前为止，我们已经在 Snaps 环境中构建了多个程序。现在将要创建一个全新的、完全空的应用程序。每一名应用程序开发人员想要构建一个新的程序时都要采取相同的步骤。

16.2　创建一个新应用程序

首先，启动 Visual Studio 2015。一旦 Visual Studio 运行，单击 File 选项卡，并移动到 New，然后单击 Project，如图 16-2 所示，打开 New Project 对话框。

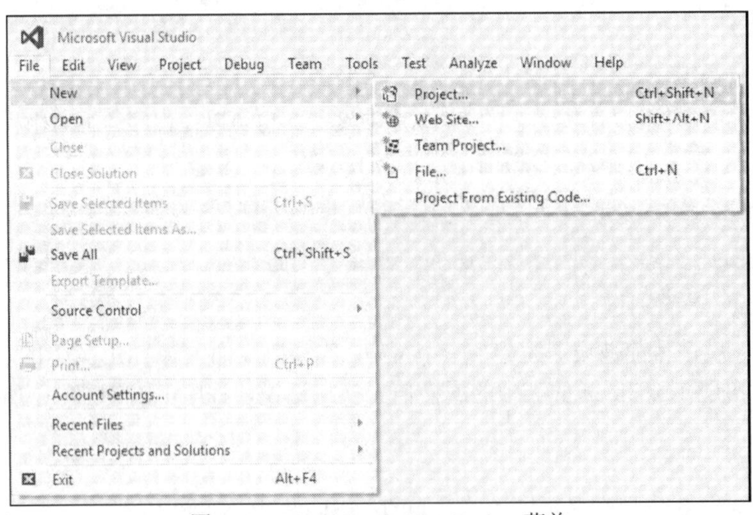

图 16-2　Visual Studio New Project 菜单

可以创建的项目类型有多种。此时需要选择 Blank App(Universal Windows)。在图 16-3 的左边，可以看到如何导航到 Templates | Visual C# | Windows | Universal，从而找到该项目模板。

在解决方案创建的过程中，你可能会被询问希望应用程序使用哪个版本的 Windows，如图 16-4 所示。此时可以单击 OK 按钮，从而选择默认版本。

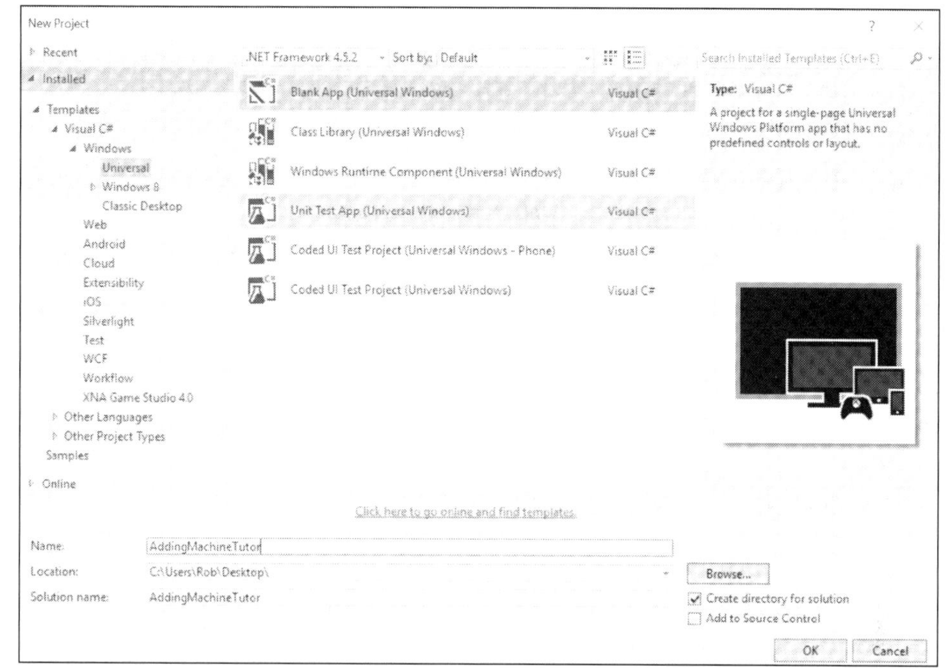

图 16-3　命名新的 AddingMachineTutor 项目

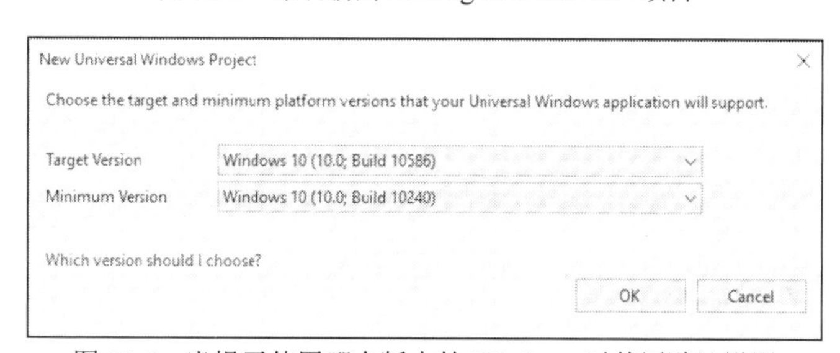

图 16-4　当提示使用哪个版本的 Windows 时使用默认设置

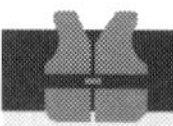

易错点

没有看到 Universal Windows Application 模板

如果你没有在 New Project 对话框中找到任何 Universal Windows 模板，则表示所使用的 Visual Studio 版本是错误的，必须使用 Visual Studio 2015。如果使用的是 Visual Studio 2015，但仍然没有看到该项目类型，那么请确保安装了针对 Visual Studio 2015 的 Universal Tools。虽然这些工具通常是作为 Visual Studio 2015 安装的一部分而被安装的，但也有可能你使用的是不包含这些工具的旧版本。请查看一些在线说明(第 1 章列出的一些链接)，其中介绍了如何解决这个问题。

一旦找到了所需的项目类型，那么可以为该项目输入一个名称(此时的项目名称为 AddingMachineTutor)，然后单击 OK 按钮。在默认情况下，Visual Studio 将会在 Documents 文件夹的一个子文件夹中创建新解决方案。如果想要更改解决方案的创建位置，可以单击 Browse 按钮，并导航到计算机上的一个不同位置，然后单击 OK 按钮。

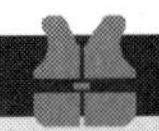

易错点

选择错误的模板是不可避免的

虽然承认这一点有点尴尬，但在过去我曾经在项目开始时选择了错误的模板。有时甚至会在向至少200名学生做演示时选择了错误的模板。这给我带来了很多困惑，但却给他们带来很多乐趣，所以我建议你仔细检查自己是否选择了正确的模板，除非你想要看起来和我一样“愚蠢”。

16.2.1　创建一个空程序

在单击了OK按钮之后，Visual Studio 2015将继续工作并创建一个新的空项目。图16-5显示了Visual Studio创建一个新应用程序之后显示的内容。

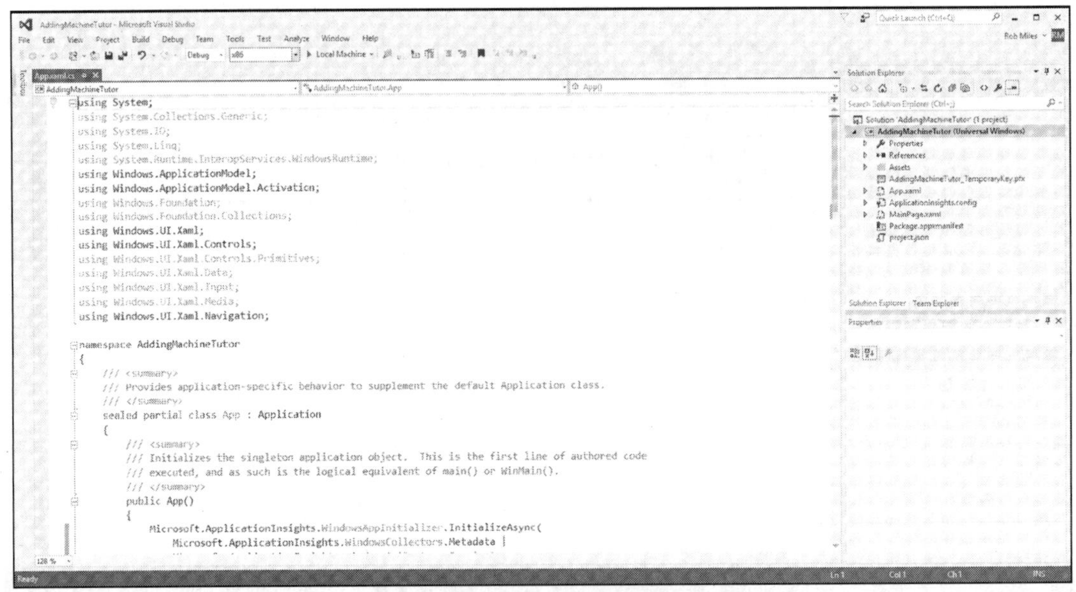

图16-5　一个空的Universal Windows Application

该图看起来有点混乱。实际上，Visual Studio正在显示程序中名为App.xaml.cs的文件内容。这是一个非常重要的文件——它是程序开始运行时获取控制的应用程序的一部分，但目前可以先不管它。如果需要进行任何更改，可以随时重新打开它。单击文件名旁边的X，关闭App.xaml.cs文件的视图，如图16-6所示。

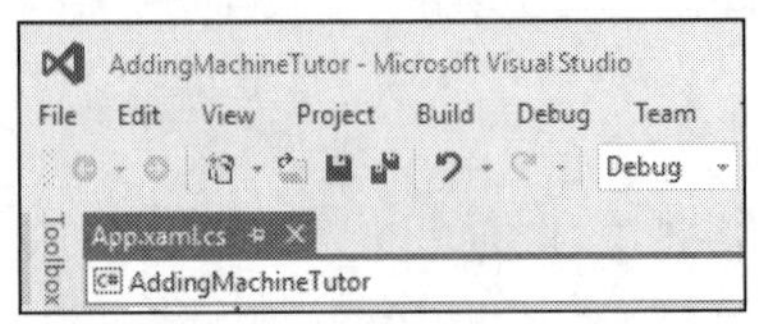

图16-6　关闭一个窗口

可以像运行Snaps应用程序那样运行这个空应用程序。单击顶部控件行的运行按钮(绿色箭头，并确保该按钮旁边的文本显示为 Local Machine。)当单击了运行按钮时，程序会首先进行编译，然后加载到内存中，最后运行，图 16-7 显示了运行结果。

图 16-7 运行一个空程序

该空程序看起来与我们所期望的相类似，此时，你可能会对应用程序窗口左上角的两个数字感到好奇。这些数字是性能计数器，告诉我们应用程序对主机的要求以及显示器正在更新的速率。目前它们并不是非常重要，所以可以暂时忽略。

请记住，虽然只是创建了一个空程序，但该程序已经拥有了许多功能。可以在屏幕上拖放窗口、更改窗口大小、窗口最大化和最小化以及关闭应用程序。甚至可以将该解决方案提交到 Windows Store 进行售卖，虽然该程序不大可能被批准销售，因为它目前什么事情也没有做。

代码分析

停止 Windows 应用程序

问题：如何停止一个 Windows 应用程序？

答案：在我们目前编写的程序中，都是在程序启动时调用了来自 Snaps 的 StartProgram 方法，当该方法结束时，程序也就停止运行了。然而，Windows 10 应用程序并不是像这样工作。程序将会一直“运行”，直到用户将其关闭或者关闭计算机为止。

当然，Windows 10 应用程序并不像我们以前的程序一样真正运行，因为大多数时候它都处于休眠状态，直到用户实际做了某件事。我们创建的加法机程序将会花费大部分时间等待用户输入一些数字或者单击按钮触发计算行为。

如果想要在用户关闭程序时进行相关的控制(比如保存一些数据)，那么可以将一个方法连接到用户关闭应用程序时所发生的事件上。

16.2.2　使用 XAML 创建用户界面

接下来是向用户界面添加一些元素，也就是向描述页面的 XAML 文件中添加一些内容。描述应用程序主页面的 XAML 被保存在名为 MainPage.xaml 的文件中。首先，停止应用程序运行(如果程序正在运行)，然后双击 Solution Explorer 中的 MainPage.xaml 文件，将其打开，如图 16-8 所示。

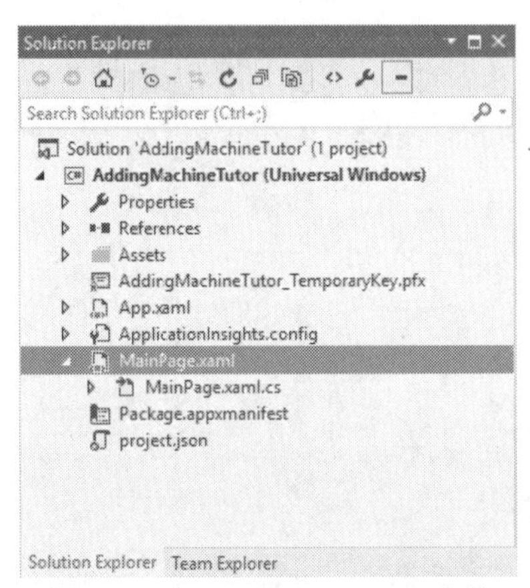

图 16-8　打开 MainPage.xaml 文件

可以在编辑视图中显示打开的文件，从而查看定义设计的 XAML 语句以及对页面外观的预览，如图 16-9 所示。

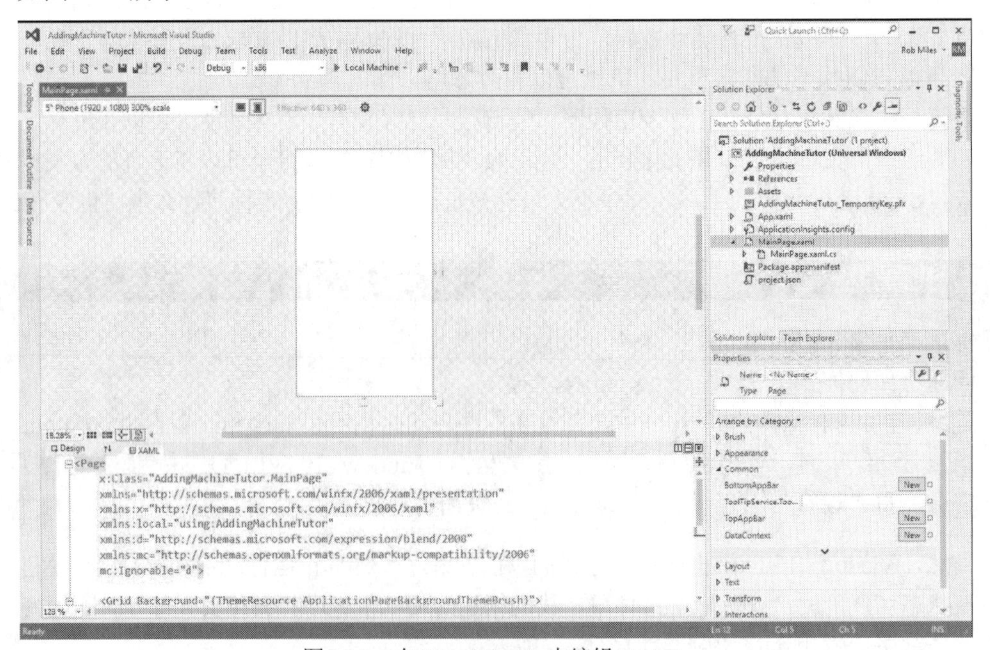

图 16-9　在 Visual Studio 中编辑 XAML

该编辑视图被分为两个区域。顶部的区域可以预览用户看到的界面。而底部的区域则显示了描述页面元素的 XAML 语句。我们将从编辑 XAML 文件开始学习。

在 XAML 文件的最底部是 Grid 元素，它包含了在屏幕上显示的元素。可从图 16-9 底部看到 Grid 描述的第一行。只需要向 Grid 添加 XAML 语句，就可以向屏幕添加对应的元素。

```
<Grid Background="{ThemeResource ApplicationPageBackgroundThemeBrush}">
  <StackPanel>
    <TextBox Name="firstNumberTextBox" Width="100" Margin="8"
      TextAlignment="Center"></TextBox>
    </StackPanel>
</Grid>
```

上面所示的是屏幕上第一个 TextBox 的定义。如果再次运行应用程序，会看到该 TextBox 显示在应用程序的顶部，如图 16-10 所示。

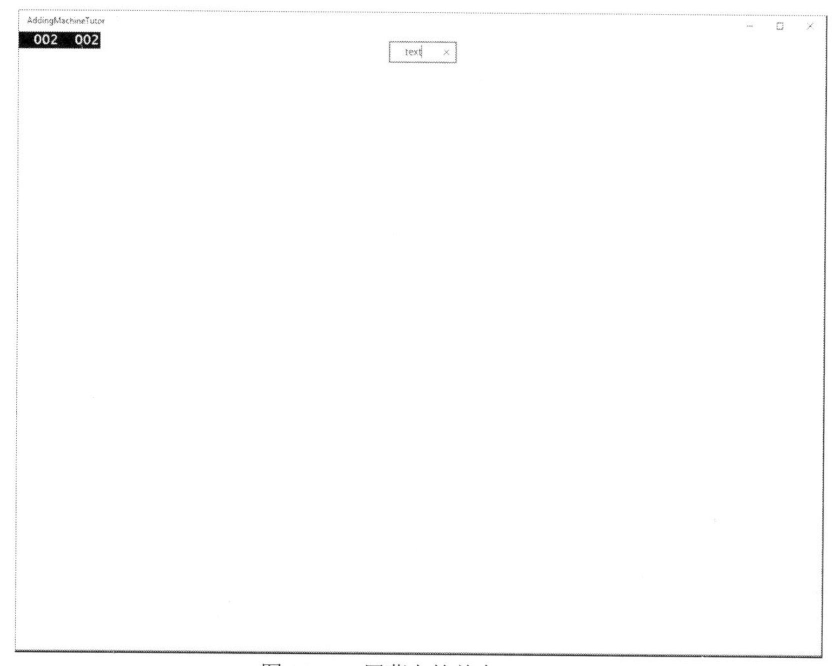

图 16-10　屏幕上的单个 TextBox

可以输入文本 TextBox。所输入的文本在 TextBox 上居中显示，因为 TextBox 的 TextAlignment 属性被设置为 Center。现在，可以向屏幕添加其他元素。

```
<StackPanel>
    <TextBlock Text="Adding Machine" TextAlignment="Center" Margin="8"
       FontSize="16"></TextBlock>
    <TextBox Name="firstNumberTextBox" Width="100" Margin="8"
       TextAlignment="Center"></TextBox>
    <TextBlock Text="+" TextAlignment="Center" Margin="8"></TextBlock>
    <TextBox Name="secondNumberTextBox" Width="100" Margin="8"
       TextAlignment="Center"></TextBox>
    <Button Content="Equals" Name="equalsButton" HorizontalAlignment="Center"
       Margin="8"></Button>
    <TextBlock Name="resultTextBlock" Text="" TextAlignment="Center" Margin="8">
```

```
        </TextBlock>
    </StackPanel>
```

这些 XAML 语句定义了加法机程序所显示的元素。该 XAML 看起来有点像一个程序，但实际上两者存在很大的区别。XAML 表示的是程序使用的显示元素的声明。Visual Studio 将会遍历该文件，并在编译程序时创建对应的显示元素。如果在 MainPage.xaml 中输入上述文本，那么可以在预览窗口中看到这些元素。如果运行程序，会看到屏幕上显示了所期望的元素，如图 16-11 所示。

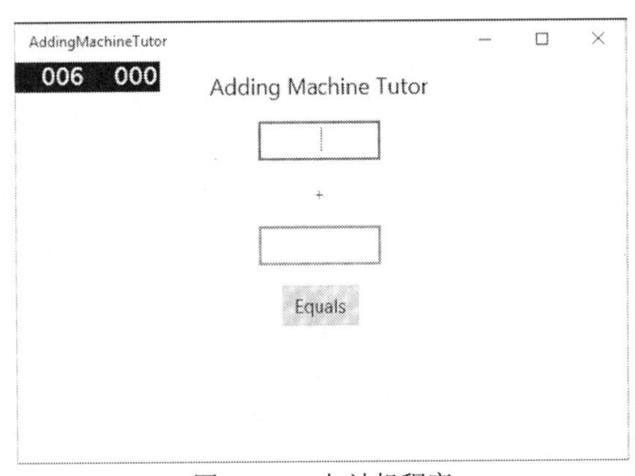

图 16-11　加法机程序

如果想要更改窗口的大小，可以通过拖动程序窗口一角来实现，但你会发现，元素始终停留在窗口中心。如果窗口大小发生变化，Windows 会自动更新布局。这种设计的一大优点是可以在任何设备上正确显示，不管是 84 英寸的 Surface Hub 屏幕，还是小得多的 Windows Phone。

代码分析

在 XAML 显示中定位元素

我曾经建议过你使用故事板来设计程序应该是什么样子，而 XAML 提供了一个使用故事板进行设计的好方法。然而，在设计过程中，需要知道如何在 XAML 中指定尺寸。

问题：在 XAML 设计中如何测量事物?

答案：该问题很简单，但答案却很复杂。在过去，很容易在显示器上表示尺寸。只需要以像素为单位测量所有事物即可。像素是“图片元素”的缩写，表示显示器上的单个可寻址点。尺寸 100 意味着屏幕上的 100 个实际点。这种方法曾经非常好用，因为当时的显示器分辨率都比较低，也没有太多不同的尺寸。此外，当时一个程序只能在一个平台上工作。

如今，显示器的尺寸有很多种，从微型平板电脑到巨大的壁挂屏幕。更糟糕的是，显示器本身所包含的像素数量也存在很大差别。一些设备使用了每英寸带有数百个像素的 LCD 面板；而另一些设备则使用了低得多的分辨率。使用像素来测量一切不再适用了。

通用 Windows 应用程序中使用的尺寸可以让程序在不同的屏幕上正常显示。当我们考虑游戏中精灵的大小时，会发现为了适应底层硬件，XAML 中使用的“像素”值被 Windows 缩小了，所以在显示器上一英寸等于 96 个像素。而此时的情况稍微有点复杂。像素值(也被称为有效像素)在缩放过程中考虑到了观看距离、显示器尺寸以及显示器分辨率等因素，以便界面看得更加“真实”。这意味着根据目标设备的不同，被指定为 100 个像素宽的元素可能会使用 150、

175 或 200 个物理像素进行绘制。

除了有效像素之外，Windows 10 还提供了一个名为自适应用户界面的功能，借助于该功能，可以为不同的显示器尺寸创建替代设计。其主要思想是，当程序运行时，程序自动根据所使用的显示器选择合适的设计。在一个较大的屏幕上，用户将会看到多个面板，而在一个较小的屏幕上，则使用单个面板设计，并且用户可以在不同面板之间进行切换。

问题：firstNumberTextBox 之所以在屏幕中央，是否是因为将其 TextAlignment 设置为“Center”？

答案：不是。TextAlignment 属性指的是 TextBox 中的文本对齐方式。将该属性设置为 Center 意味着当用户在 TextBox 中输入文本时，输入光标将会出现在输入框的中央。事实证明，除非另有设置，否则 XAML 中的元素都是居中显示。然而，可以向元素添加一个属性，使其以不同的方式进行定位。例如，如果向 firstNumberTextBox 元素添加 HorizontalAlignment="Left"，那么会将该元素移到屏幕的左边缘。每个元素都拥有大量的属性可以进行设置。可以通过使用 XAML 的 IntelliSense 功能找到这些属性，该功能提供了相关属性以及可能的值。

16.2.3　预览 XAML 屏幕显示尺寸

如果查看 Visual Studio 预览屏幕中所显示的页面以及应用程序运行时所显示的页面，会发现两个页面拥有完全不同的形状和尺寸。在 Visual Studio 预览窗口中，TextBox 看起来更大。Visual Studio 提供了不同尺寸的预览环境。如果打开 XAML 编辑器左上角的组合框，会看到这些环境。图 16-12 显示了 Visual Studio 预设的设备类型。

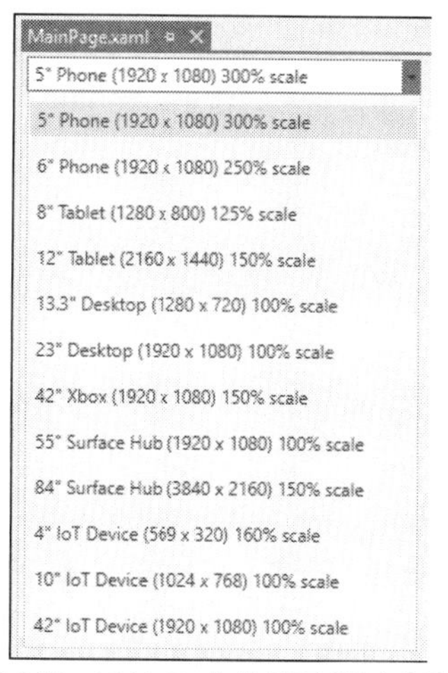

图 16-12　XAML 中的显示器尺寸选项

我个人比较喜欢编写在 84 英寸的 Surface Hub 上显示的程序，或者在 Xbox One 上运行的程序。如果你已经为应用程序指定了特定的设备，那么可以从上述选项中进行选择，以便编辑器的预览中反映所需的设备。

注意，该列表右侧是一些关于预览窗口的有用信息。如图 16-13 所示，可以从中了解所选择预览页面屏幕设置上可用的有效像素数量。这意味着如果创建了一个宽度为 360 像素的 TextBox，那么它将会扩展到整个屏幕。

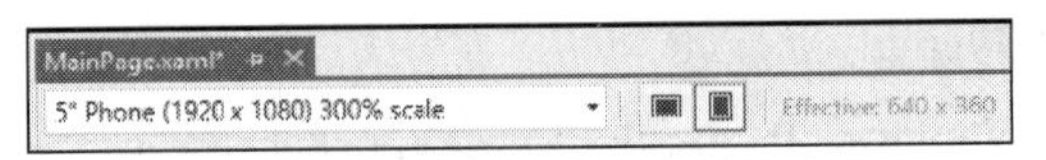

图 16-13　XAML 中的有效尺寸

程序员要点

设计用户界面以获得最大的灵活性

虽然关于尺寸和设计的相关内容已经超出了一本编程书的讨论范围，但我认为有一个重点需要记住——尽量不要使用固定尺寸和位置。虽然可以使用 Visual Studio 中的设计器精确地在屏幕上放置项，但我认为面对如今拥有多种不同设备格式的情况下，这种设计是非常糟糕的。如果使用了太多固定值来定义屏幕上的项，那么显示起来将会非常不灵活。比如，你可能会遇到一位非常生气的用户，因为他抱怨当在特定的平板电脑上使用程序时无法看到 Submit 按钮。在前面的示例中，我使用了 StackPanel 容器来布局一些简单的项，我建议你也这么做。

16.2.4　添加程序行为

虽然可以使用 XAML 创建丰富且有趣的用户界面，但这些条目实际上并不会完成任何操作。为了完成某些任务，需要运行一些程序代码。当 Visual Studio 创建了用来描述显示器上所显示页面的 XAML 文件时，同时还会创建一个对应的 C#程序文件(被称为代码隐藏文件)。可以在该文件中添加代码，从而让应用程序工作起来。特定 XAML 页面的 C#程序文件位于 Solution Explorer 中该页面的条目之下。如果想要打开该程序文件，可以单击页面名称左侧的箭头，然后双击源文件名称，如图 16-14 所示。

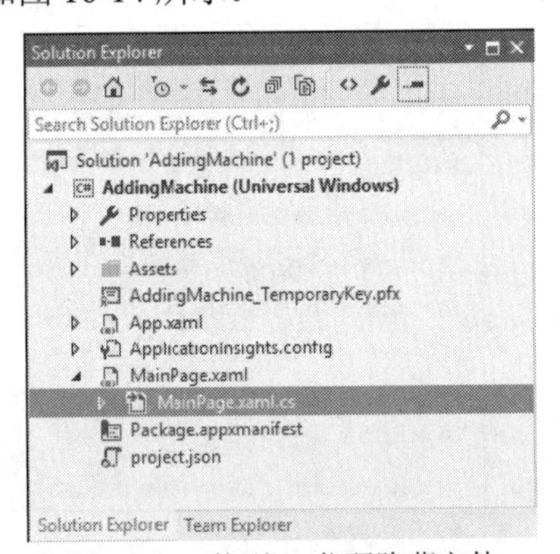

图 16-14　找到 C#代码隐藏文件

如果仔细查看 MainPage.xaml.cs 文件，会发现它似乎没有包含太多的代码：

```
using System;
usingSystem.Collections.Generic;
using System.IO;
usingSystem.Linq;
usingSystem.Runtime.InteropServices.WindowsRuntime;
usingWindows.Foundation;
usingWindows.Foundation.Collections;
usingWindows.UI.Xaml;
```

```
using Windows.UI.Xaml.Controls;
using Windows.UI.Xaml.Controls.Primitives;
using Windows.UI.Xaml.Data;
using Windows.UI.Xaml.Input;
using Windows.UI.Xaml.Media;
using Windows.UI.Xaml.Navigation; ——————包含 XAML 对象的命名空间

// The Blank Page item template is documented at http://go.microsoft.com/
fwlink/?LinkId=402352&clcid=0x409

namespace AddingMachineTutor——————————包含应用程序的命名空间
{
    /// <summary>
    /// An empty page that can be used on its own or navigated to within a Frame.
    /// </summary>
    public sealed partial class MainPage : Page  ————Page 是 MainPage 类的父类
    {
        public MainPage()——————————————————MainPage 的构造函数
        {
            this.InitializeComponent(); ——————————该方法调用设置页面
        }
    }
}
```

大多数使用了上述 using 语句的文件都允许程序直接使用 XAML 类而无须提供每个类的完整名称。例如，可以直接输入 Button，而无须输入 Windows.UI.Xaml.Controls.Button，因为文件已经包含了语句 using Windows.UI.Xaml.Controls。

代码分析

查看 MainPage 类

虽然 MainPage 类与其他类看起来有点相似，但也有一些新内容。

问题：命名空间意味着什么？

答案：命名空间可以给应用程序中的项目赋予唯一名称。前面已经看到，通过使用 C#关键字 using，可以告诉 C#编译器搜索程序中所使用项目的命名空间。程序中的 namespace 语句显示了一个命名空间的创建方式。该语句的效果是 MainPage 类的完整名称为 AddingMachineTutor.MainPage。Visual Studio 将创建的应用程序名称用作程序中所有类的一个封闭命名空间。

问题：为什么 MainPage 的类定义如此复杂？

答案：创建类是非常简单的。只需要输入关键字 class，然后紧跟着该类的名称。就像 Contact 类声明一样：

```
class Contact
```

但如果查看 MainPage 类的声明，会看到许多额外的文本：

```
public sealed partial class MainPage : Page
```

值得注意的第一个地方是声明结尾处的:Page。它告诉 C#编译器，MainPage 类是 Page 类的扩展。前面在为 Space Rockets in Space 游戏创建一组精灵类时也曾经这么做过，通过扩展一个父类型创建了不同类型的精灵。此时，通过扩展父 Page 类，创建了一个新的 XAML 页面类型。Page 类是作为用于创建通用 Windows 应用程序的资源集的一部分而提供的。

问题：sealed 的含义是什么？

答案：前面已介绍过，通过扩展父类可以创建新类。然而，一个标记为 sealed 的类却不能以这种方法进行扩展。任何人都无须扩展 MainPage 类，所以将其标记为 sealed，使其无法被扩展。

问题：partial 的含义是什么？

答案：在前面学习如何创建 Snaps 行为时曾经见过关键字 partial。关键字 partial 告诉编译器，该类可能还有其他的部分(分别存储在单独的源文件中)。换句话说，该文件保存了 MainPage 类的部分内容。局部类可以让浏览大类(该类被分散到多个较短的文件中，而不是存储在一个较大的文件中)变得更加容易。当构建程序时，C#代码隐藏文件的内容与根据 XAML 页面描述所产生的 C#代码组合在一起，从而生成一个表示屏幕上页面的 C#对象。

该程序中唯一的方法是 MainPage 类的构造函数。如你所知，当创建类的实例时会调用类的构造函数。而所有的构造函数都会调用方法 InitializeComponent。如果查看 InitializeComponent 的代码，会发现该代码实际创建了显示元素的实例。此外，方法中的代码是 Visual Studio 根据描述页面的 XAML 而自动创建的。记住，要保留该方法的调用，同时也不要更改方法本身的内容，因为这么做可能会破坏程序。至此，我们已经深入到 XAML 的内部。之所以要介绍这些内容，是为了让你明白 XAML 其实没有那么神秘。值得庆幸的是，我们并不需要担心显示对象是如何创建和显示的；只需要使用高级工具或者在 XAML 中编写语句来设计和构建显示。

16.2.5　计算结果

目前程序看起来已经非常漂亮了，但实际上它什么事情也没有做。接下来需要创建一些代码来完成所需的计算并显示结果。如下所示：

```
private void displayResult()          ——显示结果所调用的方法
{
    float v1 = float.Parse(firstNumberTextBox.Text);
    float v2 = float.Parse(secondNumberTextBox.Text);   ——获取进行加法所需的值

    float result = v1 + v2;

    resultTextBlock.Text = result.ToString();   ——计算结果并显示出来
}
```

TextBox 显示元素公开了一个名为 Text 的属性，可以从该属性读取数据，或者向其写入数据。通过设置 Text 属性的值，可以更改屏幕上 TextBox 中的文本。而读取 Text 属性可以让程序获取输入到 TextBox 的任何值。

该文本是作为一个字符串提供的，如果程序是要完成一些计算操作，就必须将字符串转换为一个数字值。前面我们曾经学过方法 Parse。该方法接收一个字符串，并转换为该字符串所描述的数字。每种数字类型(int、float、double 等)都包含一个接收字符串并返回对应数字的 Parse 行为。本章创建的加法机程序需要使用浮点数字，所以 Parse 方法对每个输入框中的文本进行解析，然后通过相加计算出结果。

最后，ToString 方法将计算出来的数字转换为一个字符串，然后将 resultTextBlock 的文本设置为该字符串，从而显示出结果。ToString 是 Parse 的相反过程(如果你喜欢，也可以将其称为“反解析”)。它提供了描述对象内容的文本。对于 float 类型来说，该文本描述了 float 值。

现在，我们已经编写可算出答案的代码。最后只需要找到一种方法在用户单击 Equals 按钮时运行该代码即可。

16.2.6　事件和程序

在第 15 章，我们学习了程序是由可相互发送消息的组件所组成。当一个外星人与火箭发生碰撞时，该外星人会向火箭发送一条消息，似乎在说“现在你必须产生损伤。”这个发送操作是通过调用火箭的 TakeDamage 方法完成的。事件是一种消息形式。当你和电脑进行交谈时，人们对事件和信息之间的区别存在不同的看法。我的观点是，事件是程序中组件可以订阅的一种消息。

如果你感到疑惑，那么请想一下我们试图解决的问题。我们希望当屏幕上的按钮被单击时程序将相加的结果显示出来。按钮是一个可以生成事件(此时，生成了“我被单击了”事件)的显示元素，而程序应该可以接收到这些事件。为响应事件而运行的方法称为事件处理程序。从 C#的角度来看，这些方法没有什么特别之处。时间处理程序与“普通”的方法之间存在的重要区别是只有当发生一个事件时才会调用事件处理程序。

事实证明，将一个按钮与一个事件处理程序关联起来是非常容易的，Visual Studio 为我们完成了大部分工作。首先请返回到 Visual Studio 中的 XAML 图形编辑器，并选择按钮元素(使用鼠标单击按钮即可)，如图 16-15 所示。选中按钮后，可以在屏幕上移动按钮或更改其大小，但我们想做的是编辑按钮属性并添加 Click 事件的事件处理程序——换句话说，指定一个每次按钮被单击时所运行的方法。

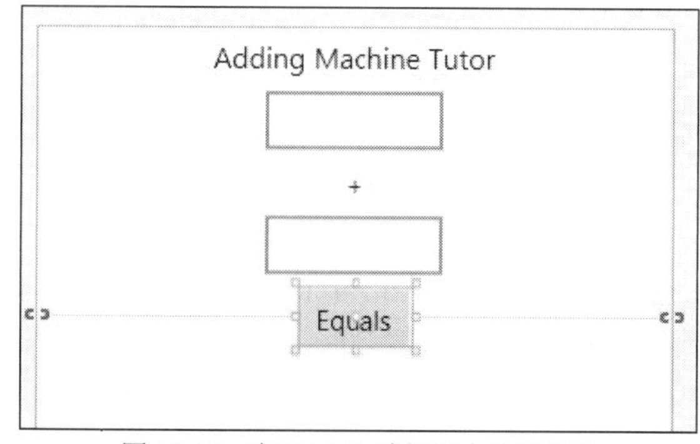

图 16-15　在 XAML 编辑器中选择按钮

Visual Studio 提供了一个 Properties 面板，通过该面板可以更改屏幕上每个对象的外观和行为。该面板实际上就位于 Visual Studio 窗口的右下角。一旦在 XAML 编辑器上选择了按钮，就会使其成为 Properties 面板中的选定项。也就是说，Properties 面板显示了正确的属性，因为顶部 Name 框所显示的值是“equalsButton”，而 Type 为“Button”。图 16-16 显示了 equalsButton 项的属性。

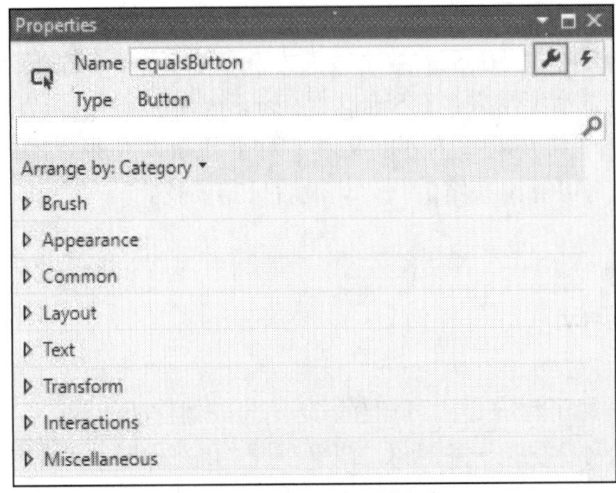

图 16-16　按钮属性

属性是按照类别进行组织的。可以使用这些属性更改按钮的外观，但如果想要管理按钮可以生成的事件，则需要单击 Properties 面板右上角的闪电图标，从而显示按钮可以生成的事件，如图 16-17 所示。

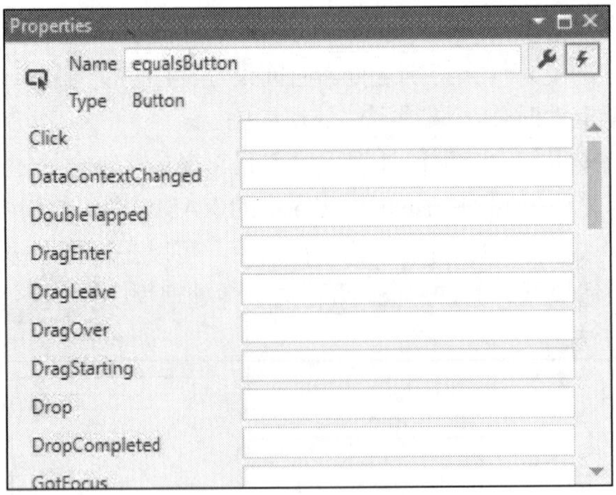

Properties
Name equalsButton
Type Button
Click
DataContextChanged
DoubleTapped
DragEnter
DragLeave
DragOver
DragStarting
Drop
DropCompleted
GotFocus

图 16-17　按钮事件的列表

如果愿意，可以将一个事件处理程序与每一个事件相关联，但我们现在并没有时间这么做。此时需要关联的是 Properties 面板顶部的 Click 事件。只需要在 Click 旁边的空文本框中双击就可以将一个事件处理程序与 Click 事件关联起来。当双击后，可以看到方法名称，如图 16-18 所示。

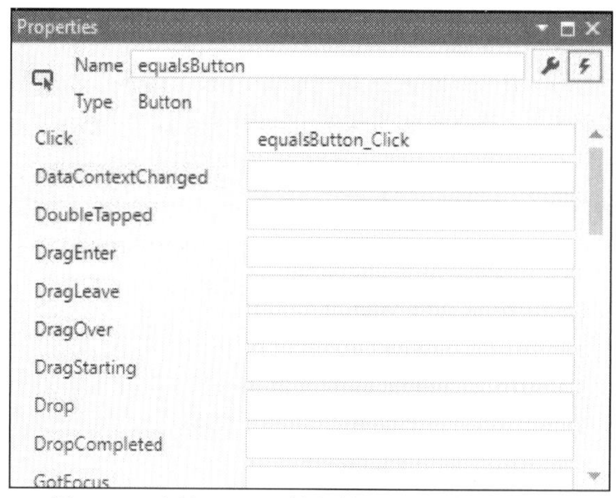

图 16-18　添加 Equals 按钮的 Click 事件处理程序

此时，还会发生另外两件事情。首先，Visual Studio 向 Equals 按钮的 XAML 中添加了该事件处理程序的描述信息：

```
<Button Content="Equals" Name="equalsButton" HorizontalAlignment="Center"
Margin="4" Click="equalsButton_Click" ></Button>
```

其次，Visual Studio 向页面的后台代码添加了一个空的事件处理程序：

```
private void equalsButton_Click(object sender, RoutedEventArgs e)
{
}
```

当编译程序时，XAML 中所描述的事件会与事件处理程序方法关联起来，以便当按钮被单击时运行该事件处理程序。为了让计时器顺利工作，需要让事件处理程序调用执行计算的方法。

```
private void equalsButton_Click(object sender, RoutedEventArgs e)
{
    displayResult();
}
```

```
Demo 16-01 AddingMachineTutor
```

当用户单击 Equals 按钮时，将会运行 equalsButton_Click 方法，并调用 displayResult 方法，显示结果。

代码分析

事件处理程序方法

虽然事件处理程序方法是自动提供的，但也有一些事情需要考虑。

问题：事件处理程序方法的参数是什么？

答案：事件处理程序方法有两个参数。第一个参数名为 sender，是对显示器上实际产生该事件的对象的引用。在加法机程序中，该引用指向用户单击的 equalsButton 对象。第二个参数 e

提供了所发生事件的详细信息。在按钮单击事件中，并没有包含太多的信息，但如果事件是由其他行为产生的(例如指针移动)，那么该参数就可以提供诸如事件发生时指针位置等详细信息。

问题：我们编写的程序什么时候调用事件处理程序方法？

答案：事件处理程序方法并不会被我们编写的程序所调用。一旦用户单击了按钮，就会自动调用事件处理程序方法，所以程序并不会实际调用该方法。这与我们前面使用的模式有所不同。大多数时间加法机程序并不做任何事情；而只是等待用户执行某一操作。

问题：如果事件处理程序方法需要花费很长时间才能完成，会发生什么事情呢？

答案：尽可能快地完成一个事件处理程序是非常重要的。只要事件处理程序一直在运行，那么用户界面的其余部分就无法完成任何操作。当一个应用程序变得没有响应时，我们都体验过这种糟糕的失去控制的感觉。没有响应的原因通常是因为应用程序中的某一个事件处理程序方法被卡住了。

处理错误

前面创建的解决方案是可行的，并且提供了一个可运行的加法机。然而，它并不是一个用户友好的程序。例如，用户可以向数字文本框中输入图 16-19 所示的文本。

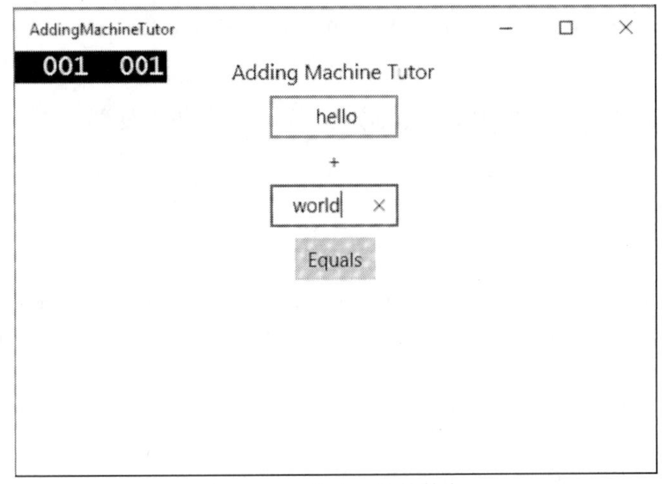

图 16-19　输入无效的数字

我们已经知道，这种输入会导致在使用 Parse 方法时产生错误，并迅速抛出一个异常，然后停止程序。此外，需要捕获该异常并进行相应的处理(具体过程参阅第 11 章)。在加法机程序中，处理这种错误类型的最好方法是显示一条消息：

```
private void displayResult()
{
    try
    {
        float v1 = float.Parse(firstNumberTextBox.Text);
        float v2 = float.Parse(secondNumberTextBox.Text);

        float result = v1 + v2;
        resultTextBlock.Text = result.ToString();
    }
```

```
    catch
    {
        resultTextBlock.Text = "Invalid number";
    }
}
```

Demo 16-02 AddingMachineTutorErrors

如果在 try 块中调用任何一个 Parse 方法抛出了异常，那么程序都会转到执行 catch 块，从而在 resultTextBlock 中显示消息“Invalid number”，如图 16-20 所示。

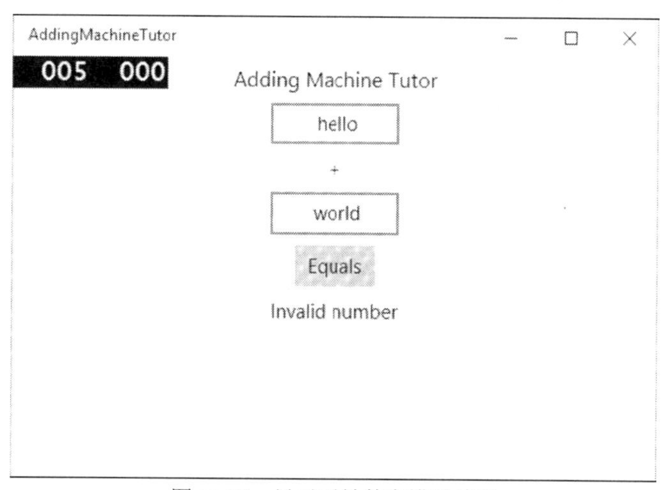

图 16-20　显示无效数字错误消息

16.2.7　使用 TextBox 属性改进用户界面

加法机程序的错误处理并不是非常完美。当程序捕获到错误时，并不会实际告诉用户哪个值是错误的。如果想要改进用户界面，可以使用 TextBox 的一些属性。需要改进的地方非常多。首先是当 TextBox 中输入无效条目时更改其背景，使其显示为红色，如图 16-21 所示。

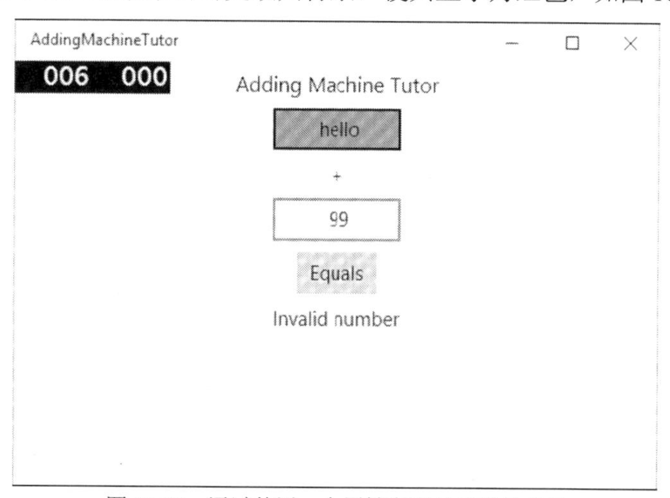

图 16-21　通过使用一个属性突出显示无效条目

如果输入条目是无效的，那么 TextBox 会显示为红色。在 XAML 的世界中，屏幕上的元素都是使用画笔对象绘制的。目前存在许多不同的画笔类；事实上，XAML Brush 是一个基于类的设计很好的例子。Brush 是可以绘制图案或图像的不同种类画笔的父类。此时，需要使用的画笔是 SolidColorBrush。可以使用该类创建带有特定颜色的画笔：

```
Brush errorBrush = new SolidColorBrush(Colors.Red);
```

该语句创建了一个名为 errorBrush 的 Brush 引用，它被设置为一个纯红色画笔。现在，可以使用该画笔设置 TextBox 的背景：

```
firstNumberTextBox.Background = errorBrush;
```

该语句将 firstNumberTextBox 的背景设置为红色，从而表示检测到一个错误。虽然设置颜色值似乎比较麻烦，但实际上这样做可以带来极大的灵活性。可以创建一个表示错误的图像，然后使用该图像作为 TextBox 的背景。

当 Parse 方法抛出一个异常时，可以设置文本框的背景颜色。还有一种方法是将文本转换为一个数字，从而不使用异常来指示已发生的错误。TryParse 方法会尝试解析字符串，如果尝试失败，则返回 false。通过下面的语句了解一下如何使用该方法：

```
                                             ┌添加了“out”意味着该方法
                                             │必须在该参数中放一个值
float v1;                                    │
if (float.TryParse(firstNumberTextBox.Text, out v1) == false)
{
    firstNumberTextBox.Background = errorBrush; ——如果 TryParse 失败，将 TextBlock
                                                  的背景设置为红色
}
```

如果输入的文本不是一个有效的数字，那么上述代码就会将 TextBox 的背景设置为红色。

```
Brush errorBrush = new SolidColorBrush(Colors.Red);

private void displayResult()
{
    float v1;
    float v2;
    bool validValues = true;  ——————该标志表明所有输入值是否有效

                                                            尝试解析
    if (float.TryParse(firstNumberTextBox.Text, out v1)==false) ——第一个值
    {
        validValues = false;————如果解析失败，设置该标志，从而表明该输入无效
        firstNumberTextBox.Background = errorBrush;
    }

    if (float.TryParse(secondNumberTextBox.Text, out v2)==false) ——对第二个值重
    {                                                               复上述过程
        validValues = false;
        secondNumberTextBox.Background = errorBrush;
    }
```

```
    if (validValues)
    {
        float result = v1 + v2;
        resultTextBlock.Text = result.ToString();
    }
    else
    {
        resultTextBlock.Text = "Invalid number";
    }
}
```

Demo 16-03 AddingMachineTutorFaultyErrorDisplay

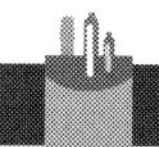

代码分析

displayResult 中存在的缺点

displayResult 方法看起来应该工作很好，但遗憾的是它存在一个严重的 bug。

问题：displayResult 的错误在哪里？

答案：当你第一次使用 displayResult 时，该方法的错误并不是非常明显。如果只是对程序进行一次测试，那么你会发现如果输入的是有效信息，那么程序会显示正确的结果。但如果再运行一次程序并输入无效值，对应的 TextBox 会变为红色，表示存在一个错误。然而，如果在尝试输入一些无效值之后再输入一些有效值，会发现背景仍然为红色。这个错误并不是特别令人惊讶，因为程序中没有任何代码重新设置那些由于无效输入而使背景变为红色的文本框的背景。

问题：如何解决背景色问题？

答案：解决该问题的方法非常简单，只要 TextBox 中的值是有效的，就将其背景色恢复到通常的颜色。此时必须格外小心，因为不能确保所有的用户都使用白色作为文本的背景。一些人喜欢在自己的 PC 上使用花哨的配色方案。但该问题也很好解决，可以首先读取和存储 TextBox 的原始背景色，然后当输入值有效时使用原来的颜色“刷”回来就可以了。下面的程序可以在页面的构造函数中提取 TextBox 的背景色，然后使用该颜色设置有效条目的背景色。

```
Brush errorBrush = new SolidColorBrush(Colors.Red);

Brush correctBrush;―――――――――――――― 用来表示“correct”的画刷

public MainPage()
{
    this.InitializeComponent();

    correctBrush = firstNumberTextBox.Background;   ――― 将原始的背景色复
}                                                        制到 correctBrush 中

private void displayResult()
```

```
{
    float v1;
    float v2;
    bool validValues = true;

    if (float.TryParse(firstNumberTextBox.Text, out v1) == false)
    {
        validValues = false;
        firstNumberTextBox.Background = errorBrush;
    }
    else
        firstNumberTextBox.Background = correctBrush;

    if (float.TryParse(secondNumberTextBox.Text, out v2) == false)
    {
        validValues = false;
        secondNumberTextBox.Background = errorBrush;
    }
    else——————如果值有效，则运行该代码
        secondNumberTextBox.Background = correctBrush; ——设置背景色，从而表示输入值是正确的

    if (validValues)
    {
        float result = v1 + v2;
        resultTextBlock.Text = result.ToString();
    }
    else
    {
        resultTextBlock.Text = "Invalid number";
    }
}
```

Demo 16-04 AddingMachineTutorFixedErrorDisplay

动手实践

创建一些不同的辅助程序

可以使用加法机的模式创建完成减法、乘法和除法的程序，甚至可以创建一个“怪物程序”，在不同的屏幕区域进行这些计算，或者创建一个包含两个数字并显示其总和、乘积和差额的程序版本。

16.3 所学到的内容

在本章，我们脱离了 Snaps 环境，并创建了第一个 Windows 10 通用应用程序。学习了如何

使用 XAML 描述应用程序页面上元素的排列和属性以及如何使用 Visual Studio 编辑和预览 XAML 设计。你会发现，XAML 文件中描述的元素被表示为位于用户界面后面的 C#程序文件中的对象。程序可以通过写入元素的属性来更新显示元素，也可以通过读取元素来获取显示的相关信息。主要学习了三个 XAML 元素：显示文本的 TextBlock、用户可输入原始文本的 TextBox 以及可用来触发事件的 Button 元素。

Button 元素拥有可用来运行 C#方法以响应用户操作的事件。与以前的程序不同的是(在以前的程序中，当程序运行时就开始运行我们编写的代码)，XAML 应用程序生成了与显示器上元素所生成的事件相绑定的 C#代码。描述一个按钮的 XAML 包含了一个 Click 属性，该属性确定了当单击按钮时运行的 C#方法。同时，学习了如何创建以这种方法工作的程序以及如何生成输出以响应用户操作。

最后，介绍了一些简单的错误处理方法以及如何创建用户友好的界面。

关于基于 XAML 的用户界面可能存在以下几个问题。

我们所创建的程序与专业的程序之间有何区别？

我们所创建的程序使用了与专业程序相同的技术和显示元素。就像本书前面所说的那样，两者之间唯一的区别在于有没有对外销售程序。本章创建的程序使用 XAML 设计程序，同时代码中的方法响应了 XAML 显示元素所生成的事件，从这一点看，这些程序与那些大型的程序是完全相同的。

可以创建自己的元素并放置在屏幕上吗？

当然可以。虽然学习如何创建自己的元素已经超出了本书的讨论范围，但由于屏幕上的所有元素都是根据一个类层次结构构建的，因此意味着可以扩展这些元素，添加自己的行为。此外，还可以创建包含有许多控件元素的自定义控件，然后再由 Visual Studio 操作使用。

如何真正创建外观好看的用户界面？

到目前为止，我们创建的 XAML 都是非常实用的。虽然可以完成所需的工作，但并不美观。如果想要创建更美观的用户界面，可以使用一种称为 Blend 的工具(它是作为 Visual Studio 安装的一部分而被提供的)。Blend 提供了一个以设计师为中心的用户界面设计视图。可以使用 Blend 创建应用于组件的图形效果和动画，以及创建应用于用户界面设计元素的显示模板。但需要记住的是，最终的输出仍然是一个文本文件，其中包含了显示元素的 XAML 描述。XAML 针对元素的显示方式提供了非常好的控制界面，而 Blend 则提供了一个完成设计工作的好地方。如果想要研究一下 Blend(这是一个非常复杂的程序)，可以右击 Solution Explorer 中的任何一个 XAML 文件，并选择 Design in Blend。

第 17 章

应用程序和对象

本章主要内容：

在第 16 章，我们创建了一个非常简单的加法机程序，演示了应用程序如何与用户进行交流。学习了如何使用对象表示用户界面上的元素以及程序如何通过更改对象属性更新向用户显示的信息。

在本章，将继续学习如何在一个结构良好的应用程序中实现用户界面和对象之间的交互。此外，还会向通用应用程序中添加有趣的图片和声音，并学习如何通过使用 ComboBox 元素允许用户进行选择。

- 创建一个计算测验程序
- 支持多个测验程序
- 所学到的内容

17.1 创建一个计算测验程序

如果只是想要完成计算操作并查看结果，那么第 16 章创建的加法机是一个非常好的程序。但如果想要练习如何进行加法操作，那么该程序就不适合了。更好的实践程序是显示一个问题，然后要求用户给一个答案，最后简要说明所给的答案是否正确。

作为起点，我们可以使用诸如图 17-1 所示的应用程序设计。需要回答的问题出现在顶部，然后紧接着是用户可以输入答案的文本框，以及用来确认答案的 Check Answer 按钮(当按下该按钮时，程序会简要说明答案是否正确)。用户还可以按下 Next Question，显示下一个问题。

该程序看起来与上一章创建的加法机程序相类似，所以看上去应该很容易编写。只需要更改页面按钮背后的程序工作方式即可。

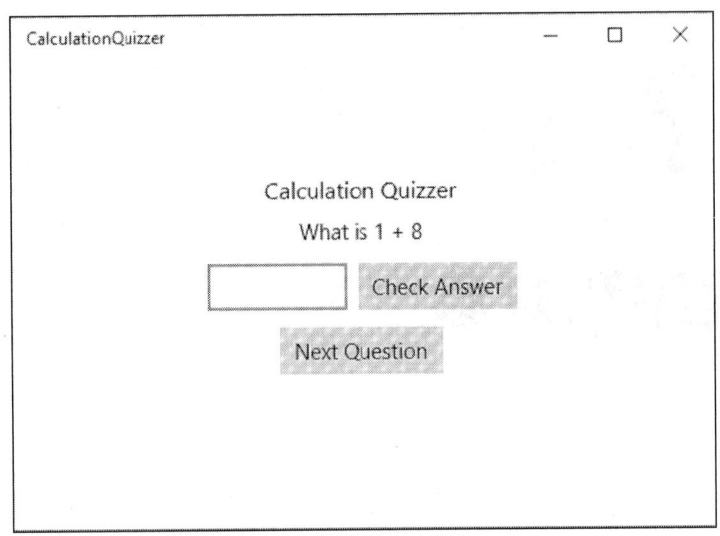

图 17-1　计算测验程序

17.1.1　对象和用户显示

在 Time Tracker 应用程序中，我们使用了一个 Contact 对象来保存每个联系人相关的信息。例如，Contact 对象保存了联系人的姓名。但 Contact 类并不包含任何实际在屏幕上显示该对象所需的代码。所构建的程序会严格区分用来管理业务信息(比如联系人姓名)的对象和用来执行输入和输出的对象。这些类似于 Contact 对象的对象被称为业务对象，因为这些对象的任务是保存业务信息，而不是与用户进行交互。

对于计算测验程序来说，可以将“测验”行为看作是一种业务对象形式，应该将其与程序中用来驱动显示的部分区分开来。显示器要求测验对象“提供一个问题”，然后当用户输入一个答案后，显示器又要求测验对象回答“该答案是否正确？”。测验程序以这种方式工作有两点好处：更易于测试以及更加灵活。

可测试性

如果让测验行为成为显示页面的一部分，就无法自动地对其进行测试。我比较喜欢那些能够进行自我测试的程序，而对于那些必须坐在计算机前面、输入一些内容、按下按钮并查看返回结果是否正确的程序则非常讨厌。虽然对于本章简单的计算测验程序来说并不需要完成太多的测试，但如果是创建一个更加复杂的应用程序，例如为银行开发程序，那么手动执行数千次交易来查看程序是否工作正常是不现实的。此时所希望的是不通过屏幕就可以检查银行余额、支付现金，然后再检查余额是否正确。如果银行账户事务由显示页面以外的一个对象执行，那么测试相关功能就比较方便了，因为可以编写一些代码来模拟完成大量的银行交易并检查结果是否正确。

同样地，如果已经知道加法测验对象应该做什么，就可以请求该对象提出一个问题，然后对用户给出的答案进行评估，从而确定答案是否正确。所有这些都是可以自动完成的。

灵活性

在用户使用了前面创建的程序一段时间之后，他们认为使用该程序可以非常容易地练习加法运算，所以还想要一个可以测验减法和乘法的程序。随后，可能又想再次扩展该程序，从而覆盖诸如历史之类的科目。如果测试行为内置于显示之中，就必须为每种测验类型创建一个新的显示。如果测验和显示是独立的对象，就可以交换使用不同的测验对象，而用户界面设计可以保持不变。可以充分利用 C#接口以及第 15 章介绍的机制来创建多个新的测验类型，并将它们插入到应用程序即可。甚至可以创建一个常识性知识测验，所使用的问题来自不同的测验对象。

17.1.2　创建一个测验对象

当测验程序启动时，显示页面首先创建一个测验对象，然后使用该对象向用户显示问题和答案。可以将测验对象与显示页面之间的关系看作当进行测验时向显示页面发送消息。此时显示页面需要完成三件事：

- 需要获取页面中作为问题部分而显示的文本。
- 需要对用户输入的答案进行检查。
- 需要转到下一个问题。

这些动作与页面上的按钮大致对应，如图 17-2 所示。

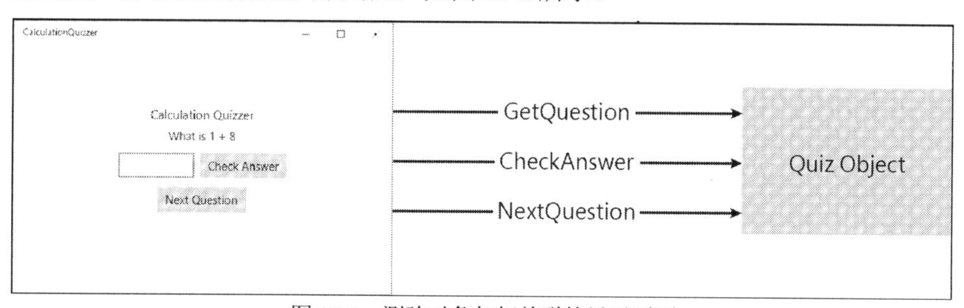

图 17-2　测验对象与相关联的显示页面

可以在一个 C#接口中表示这些动作：

```
/// <summary>
/// An object that can be used to generate
/// and test quiz questions
/// </summary>
interface IQuizObject
{
    /// <summary>
    /// Gets the text for a question
    /// </summary>
    /// <returns>the question text</returns>
    string GetQuestion();

    /// <summary>
    /// Checks to see if an answer is correct
    /// </summary>
    /// <param name="answer">answer to be tested</param>
```

```
    /// <returns>true if the answer is correct</returns>
    bool CheckAnswer(string answer);

    /// <summary>
    /// Moves onto the next question
    /// </summary>
    void NextQuestion();
}
```

前面几章我们已经学过接口。一个类可以实现该接口，然后就拥有了相关的能力。换句话说，只需要创建一个类并提供该接口中确定的三个方法，就可以通过类型 IQuizObject 的引用来引用该类。

专业注释

在本书的前面曾经讨论过是什么让一个程序“更加专业”。我认为区分专业程序的一个因素是源代码中注释的水平和质量。可以看到 IQuizObject 接口中注释的内容要远远多于 C#语句。注释本身是类似于 XML 的格式(在第 8 章 8.3 节“向方法中添加智能感应注释”中介绍过该格式)。请回忆一下，所设计的注释是由 Visual Studio 读取的，并用来在编辑程序时提供弹出的智能感应信息。

在图 17-3 中，正在使用 Visual Studio 代码编辑器创建一个名为 FakeWrongQuiz 的新类，该类实现了 IQuizObject 接口。当将鼠标放到接口的名称上时，会显示一个弹出窗口，其中包括了在接口注释中添加的关于接口的相关信息。

```
class FakeWrongQuiz : IQuizObject
{                         interface CalculationQuizzer.IQuizObject
                          An object that can be used to generate and test quiz questions
    public bool CheckAnswe
    {
        return false;
    }
```

图 17-3　智能感应帮助是使程序更加专业的一部分

如果程序员可以使用这些信息，可以更加容易地创建和使用其他人开发的对象。请记住，Visual Studio 已为我们创建了注释模板；只需要通过 Visual Studio 编辑器在方法或类的上面输入三个斜杠(///)即可。当向方法添加注释时，可以提供方法的概述、每个参数的描述以及方法返回值的描述。当我看到一个程序包含诸如此类信息的注释时，就会认为这是一个“专业”作品。

创建一个虚假对象

下面代码所示的类 FakeWrongQuiz 提供了接口 IQuizObject 中定义的所有方法，但并没有完成太多事情。问题始终是相同的字符串，而答案也始终是错误的。

```
class FakeWrongQuiz : IQuizObject———————— 实现 IQuizObject 对象
{
   public bool CheckAnswer(string answer)
```

```
    {
        return false;  ——————— 始终返回 false
    }

    public string GetQuestion()
    {                                                    ——— 始终返回
        return "The answer to this question is always wrong";  相同的问题
    }

    public void NextQuestion() ——————— 没有下一个问题，所以该方法什么也不做
    {
    }
}
```

虽然该类看起来并没有什么用，但实际上并非如此。程序员可以使用该类测试开发的用户界面。在完成真正的测验对象之前，可以先把这个虚假测验做好，这样，显示页面和测验对象可以同时开发。比如你的一个朋友团队创建测验对象，而你则负责构建用户界面。当编写完所有代码时，可以将相关类组合在一起，从而拥有一个可运行的程序。图 17-4 显示了所使用的“虚假错误”测验。

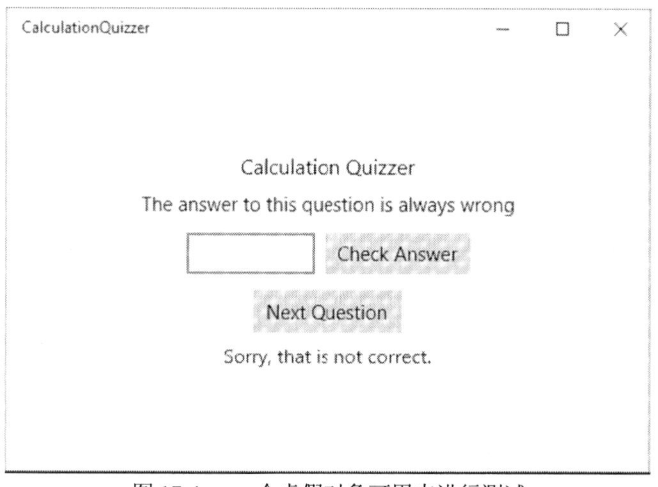

图 17-4　一个虚假对象可用来进行测试

此外，还可以创建一个“虚假正确”测验对象，以便当用户输入正确答案时对程序的行为进行测试。

创建一个额外的测验对象

额外的测验对象需要使用两个随机数生成一个问题。这些随机数由一个随机数发生器(该对象的一个成员)提供。

```
/// <summary>
/// A quiz object that implements an addition quiz
/// </summary>
class AdditionQuizObject : IQuizObject
```

```
{
    /// <summary>
    /// Random number generator used by the quiz
    /// </summary>
    private Random rand = new Random();

    /// <summary>
    /// Current question being asked by the object, as a string
    /// </summary>
    private string currentQuestion;

    /// <summary>
    /// Answer value, which is an integer
    /// </summary>
    private int currentAnswer;

    public string GetQuestion()
    {
        //Just return the current question
        return currentQuestion;
    }

    public bool CheckAnswer(string answer)
    {

        int answerValue;

        // Convert the parameter into a number
        if (int.TryParse(answer, out answerValue))
        {
            // If the number conversion succeeds
            // check against the answer
            if (answerValue == currentAnswer)
                // return true if the answer is correct
                return true;
            }
            // Either the answer was wrong or the user did
            // not enter a number.Return false
            return false;
    }

    public void NextQuestion()
    {
        // Generate two numbers in the range 0 to 9
        int firstNum = rand.Next(0, 10);
        int secondNum = rand.Next(0, 10);
```

```
        // Store the question string
        currentQuestion = "What is " + firstNum + " + " + secondNum;

        // Store the correct answer
        currentAnswer = firstNum + secondNum;
    }

    public AdditionQuizObject()
    {
        // When the object is created, set up
        // the first question
        NextQuestion();
    }
}
```

代码分析

查看 AdditionQuizObject

问题：为什么 CheckAnswer 方法检查的是一个字符串，而不是一个数字？

答案：测验对象中的CheckAnswer方法主要是用来将用户给出的答案与正确答案进行比较。如果所提供的答案与正确答案不匹配，那么该方法返回 false，表示答案错误。虽然该对象实现了一个使用数字的数学测验，但 CheckAnswer 方法却是检查一个字符串，而不是一个数字。然而，这并不是一个错误。这意味着所创建的测验不仅可以接收数字作为答案，还可以接收一个文本(例如，美国第一任总统的姓氏)作为答案。虽然这样做可能会略微增加加法测验对象的工作量，因为该测验对象必须将被检查的文本转换为一个数字，但却可以让测验变得更加灵活。

问题：是否有什么方法可以防止一名狡猾的程序员偷窥测验的结果？

答案：当然有。问题文本以及所有重要的答案都被设计为 AdditionQuizObject 类中的私有数据成员。只有在该类中运行的方法才可以访问这些成员，这意味着其他程序员无法从测验对象中读取答案。这是保护对象中数据的一种非常好的方法。

问题：如何让加法问题变得更加困难？

答案：一种方法是扩展程序所生成数字的范围。该范围是由 NextQuestion 使用的随机数控制的。目前使用了 0～9 范围内的值，如果想要问题更加难，可以扩展该范围(甚至可以从一个负数开始)。

17.1.3 创建测验显示页面

测验显示页面在 XAML 中描述。可以使用 StackPanel 容器在屏幕上堆叠元素。此外，还可使用一个水平的 StackPanel，以便让用户输入的答案与 Check Answer 按钮在屏幕的同一行显示。

```
<StackPanel VerticalAlignment="Center">
   <TextBlock Text="Calculation Quizzer" TextAlignment="Center" Margin="4"
      FontSize="16"></TextBlock>
   <TextBlock Name="questionTextBlock" Text="" TextAlignment=
      "Center" Margin="4"></TextBlock>
   <StackPanel Orientation="Horizontal" HorizontalAlignment=
      "Center" Margin="4">
      <TextBox Name="answerTextBox" Width="100" Margin="4"
       TextAlignment="Center"></TextBox>
      <Button Content="Check Answer" Name="checkAnswerButton"
       HorizontalAlignment="Center Margin="4"
       Click="checkAnswerButton_Click" ></Button>
   </StackPanel>
   <Button Content="Next Question" Name="getNextQuestionButton"
    HorizontalAlignment="Center"Margin="4"
    Click="getNextQuestionButton_Click" ></Button>
   <TextBlock Name="resultTextBlock" Text="" TextAlignment=
    "Center" Margin="4"></TextBlock>
</StackPanel>
```

该XAML页面类的构造函数中对测验进行了相关的设置，然后提供了屏幕上两个按钮的事件处理程序：

```
public sealed partial class MainPage : Page
{
   IQuizObject activeQuiz;        ———— 显示页面正在使用的测验

   public MainPage()              ———— 构造函数
   {
      this.InitializeComponent();
                                  ———— 创建活动的测验对象
      activeQuiz = new FakeWrongQuiz();
      questionTextBlock.Text = activeQuiz.GetQuestion();
   }                              ———— 将问题放入文本块中

                                  ———— 当对答案进行检查时运行该方法
   private void checkAnswerButton_Click(object sender, RoutedEventArgs e)
   {
      if (activeQuiz.CheckAnswer(answerTextBox.Text))  ———— 检查所输入的答案是否正确
      {
         resultTextBlock.Text = "Correct! Well done.";
      }
      else
      {
         resultTextBlock.Text = "Sorry, that is not correct.";
      }
   }
```

```
    private void getNextQuestionButton_Click(object sender, RoutedEventArgs e)
    {
        activeQuiz.NextQuestion();
        questionTextBlock.Text = activeQuiz.GetQuestion();
        answerTextBox.Text = "";
        resultTextBlock.Text = "";
    }
}
```

转到下一个问题

将文本设置为下一个问题

Demo 17-01 Simple Quiz

代码分析

完整程序

虽然上述代码相对简洁，但仍然非常有趣。

问题：程序使用的是哪种测验？

答案：变量 activeQuiz 表示目前活动的测验。当程序开始运行时，该变量被设置为 FakeWrongQuiz 的一个实例。

问题：如何让 activeQuiz 变为一个加法测验？

答案：只需要将 activeQuiz 设置为引用 AdditionQuiz 的一个实例即可。

17.1.4　添加声音和图片

虽然该测验程序工作良好，但显示效果却过于单调。可以在程序启动时添加一些声音，还可以显示一些图片。

添加声音

接下来添加声音。前面，我们使用过 Snaps 库播放声音，但现在将学习如何向 Windows 10 通用应用程序中添加声音效果。XAML 显示元素的范围并不限于那些可以显示图像的元素，还包括可播放声音甚至视频的元素。

下面所示的 XAML 创建了一个名为 soundMediaElement 的媒体元素。可以在程序中使用该元素播放声音。该元素可被放在屏幕的任何位置，因为它仅提供声音输出。此外，还可以使用 MediaElement 类型来播放视频，但本程序并不需要这么做。

```
<MediaElement Name="soundMediaElement"></MediaElement>
```

可以像向 Snaps 程序添加声音那样向 Windows 10 应用程序添加声音。首先需要将 WAV 声音文件拖至项目的资产中，如图 17-5 所示。

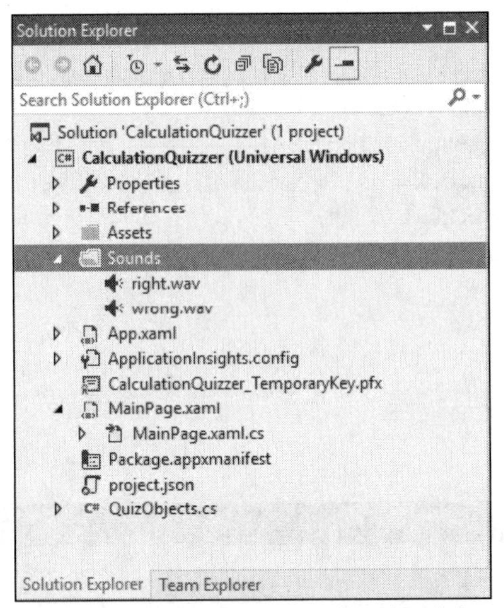

图 17-5 将声音项添加到计算测验程序中

现在，已经拥有了声音项以及实际播放该声音的 XAML 元素。接下来需要创建播放声音的C#代码。

```
private void checkAnswerButton_Click(object sender, RoutedEventArgs e)
{
    if (activeQuiz.CheckAnswer(answerTextBox.Text))
    {
        resultTextBlock.Text = "Correct! Well done.";
        Uri soundsouce = new Uri("ms-appx:///Sounds/right.wav");
        soundMediaElement.Source = soundsouce;
        soundMediaElement.Play();
    }
    else
    {
        resultTextBlock.Text = "Sorry, that is not correct.";
        Uri soundsouce = new Uri("ms-appx:///Sounds/wrong.wav");
        soundMediaElement.Source = soundsouce;
        soundMediaElement.Play();
    }
}
```

创建 Uri，设置声音源以及播放媒体元素

针对错误的答案使用不同的声音

理解声音工作原理的关键是理解 Uri(或者统一资源标识符)的使用。该元素引用了一个特定资源。一个程序可以使用多种不同的资源，包括声音、图像和文件。这些资源可以位于本地计算机上，可以由应用程序自身保存或者通过网络连接获取。统一资源标识符是创建引用 XAML 元素所使用资源的一种方法。Uri 由一个指定资源位置的字符串所创建。如果在资源位置字符串中使用了前缀“ms-appx://”，则意味着该资源存储在应用程序内部。

在图 17-5 中，可以看到声音被放到了项目的名为 Sounds 的文件夹中，所以在资源路径中必须包括该文件夹。

一旦拥有了提供资源地址的 Uri，就可以将 soundMediaElement 的 Source 属性设置为该地址。一些 XAML 元素使用了一个 Sound 属性来指定从什么地方获取相关内容。此时，Source 属性被设置为由 MediaElement 播放项目的 Uri。最后一条语句调用了 Play 方法，从而让 MediaElement 播放所指定的媒体项目。此时，可以听到正确的声音效果。如果想更改播放的声音，只需要更改源元素即可。

添加图像

通过使用 Image 元素可以向 XAML 页面添加图像。虽然只是向用户界面添加一张图片，但我更愿意在整个应用程序的后面添加一个背景，以便页面看起来如图 17-6 所示。

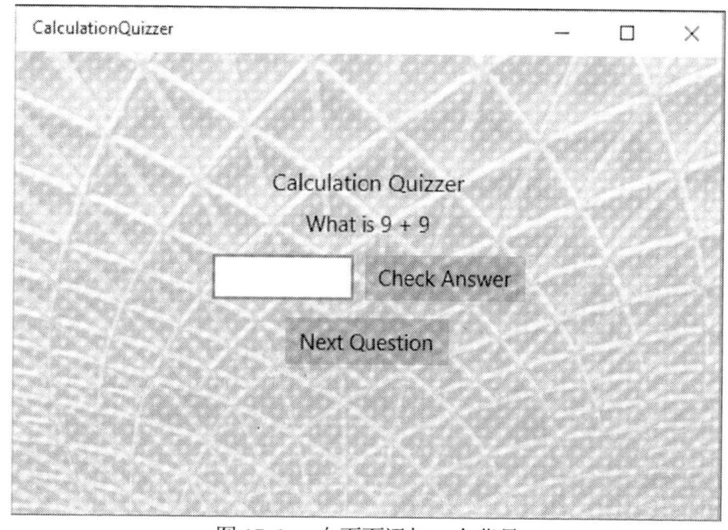

图 17-6　向页面添加一个背景

该背景应该填满整个屏幕。通过在 XAML 中使用 Grid 显示元素可以实现该效果。可以使用 Grid 显示元素来布局屏幕元素。虽然 Grid 的使用相比于 StackPanel 稍微麻烦一点，但却可以更多地控制屏幕显示中的哪些部分分配给哪个元素。

当创建新 XAML 项目时，屏幕显示就是由仅包含一个单元的网格所构成，而该网格形成了整个屏幕。网格中的所有项都按照被放置到网格内的先后顺序进行绘制。所以，如果创建了一个 Image 项，并将其扩大到整个屏幕，就可以提供一个相当不错的背景。实际上在 XAML 设计中我经常这么做。下面的代码演示了如何向页面添加背景图像。

```
<Grid Background="{ThemeResource ApplicationPageBackgroundThemeBrush}">
  <Image Source="ms-appx:///Images/kingscross.jpg"
    Opacity="0.3"
    Stretch="Fill">
  </Image>
  <StackPanel Vertical Alignment="Center">  ———— StackPanel 组成了应用程序的显示
  </StackPanel>
</Grid>
```

```
Demo 17-03 Simple Quiz with Background
```

Opacity 值(取值范围 0~1)是非常有用的，因为它可以控制图像显示的透明度。如果在控件的前面放置一张图像，就很难透过图像看到这些控件了。该值越小，图像就越暗。如果将 Opacity 值设置为 1，则是一个实心图像，而如果该值为 0，则该图像完全透明。根据我的测试发现该值取 0.3 比较合适。此时图像可见，同时仍然可以看到控件。

动手实践

创建一个给人印象深刻的测验

可以使用图像和声音创建一个非常有趣的测验显示。可以在程序中或者通过 XAML 更改 Image 的源，以便在用户输入错误答案时更改程序背景。此外，还可以把图像依次叠起来放置，并使用透明度设置将这些图像融合在一起。可以尝试创建一个令人印象深刻的测验程序版本，或者使用这些技术改进你编写的其他程序。

17.2　支持多个测验

正如我们所预料的，人们现在想要一个支持不同类型测验的程序。首先可以创建一个测验程序来练习其他三种算术活动：减法、乘法和除法。

创建测验类

你可能会认为扩展 AdditionQuizObject 类从而创建可完成其他三种计算的新类是一个非常好的主意，但我并不是这么认为。你应该扩展一个类，然后重写父类中的方法，从而创建一个更加具体的子类，而不是一个完全不同的类。

例如，在银行应用程序中，可以通过扩展 Account 类来创建 CheckingAccount，然后再通过扩展 CheckingAccount 创建 CheckingAccountWithOverdraft。这些类都完成相同的基础操作；只不过子类服务于不同的场合。然而，通过扩展一个加法对象来创建一个减法对象却是错误的，因为子类所完成的操作与父类完全不同，并没有提供父类更具体的实现版本。我们真正需要做的是创建一个更加抽象的 CalculationQuizObject 类，然后对该类进行扩展，从而创建不同类型的计算测验。图 17-7 显示了该测验层次结构的设计。

程序员要点

你可能在开始时无法做出最好的设计

就 C#而言，编译器并不关心类的实际意义以及设计是否完美。同时程序的用户也不会关心这些事情。只要测验可以顺利进行，那么他们就很高兴了。目前针对心态曲线存在一个论点“只要想出了你认为可以正常工作的设计，就可以停止设计并开始构建程序。至少这样客户会得到一些东西”。

我的经验是可以花费大量的时间寻找解决方案的完美设计，然后再开始创建程序。这是一种非常好的方法。在很多领域都是如此，原型可用来测试想法，并确定生成过程。程序员经常会使用一种被称为“重构”的技术，即在开发过程中改变了程序中类的排列。Visual Studio 的更高级版本提供了功能强大的工具来帮助程序员完成重构过程。

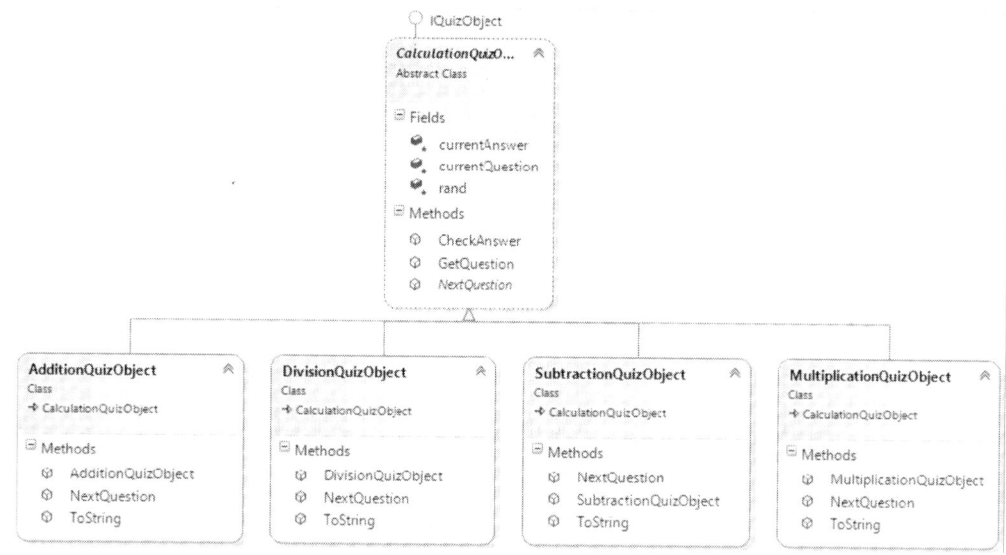

图 17-7　测验类层次结构

虽然在构建软件的过程中改进软件的设计并没有什么不妥，但对于我来说，更重要的是在开始构建程序之前就应该尽量确保所提出的设计可行。前面我们已经讨论过盲目开发非常痛苦，最好确保这种事情不会发生在你身上。

每一个子类中唯一不同的方法是 NextQuestion，该方法设置了问题文本并计算出答案。下面所示的是来自 MultiplicationQuizObject 类的 NextQuestion 方法。它重写了 CalculationQuizObject 类中的抽象方法，从而提供了关于乘法问题的相关行为。

```
public override void NextQuestion()
{
    int firstNum = rand.Next(0, 10);
    int secondNum = rand.Next(0, 10);
    currentQuestion = "What is " + firstNum + " * " + secondNum;
    currentAnswer = firstNum * secondNum;
}
```

图 17-7 所示的类图实际上是由 Visual Studio 2015 根据所创建的程序生成的。图 17-8 显示了生成过程：右击 Solution Explorer 中的任意源文件，然后选择 View Class Diagram，此时 Visual Studio 将绘制一个显示类之间相互关系的图表。可以在自己的解决方案中使用类似的图表创建新类。

使用 Combox 选择测验类型

到目前为止，我们已经拥有了一组计算测验类，接下来需要向用户提供一种选择不同问题类型的方法。可以使用一个名为 Combox 的 XAML 控件允许用户选择测验类型。图 17-9 显示了程序运行时界面的样子。

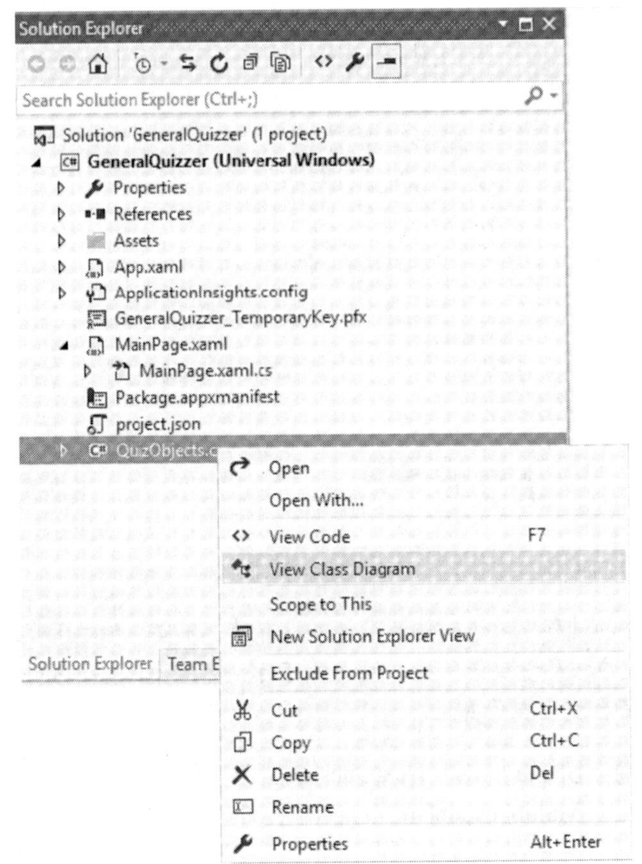

图 17-8　使用相关选项查看类图

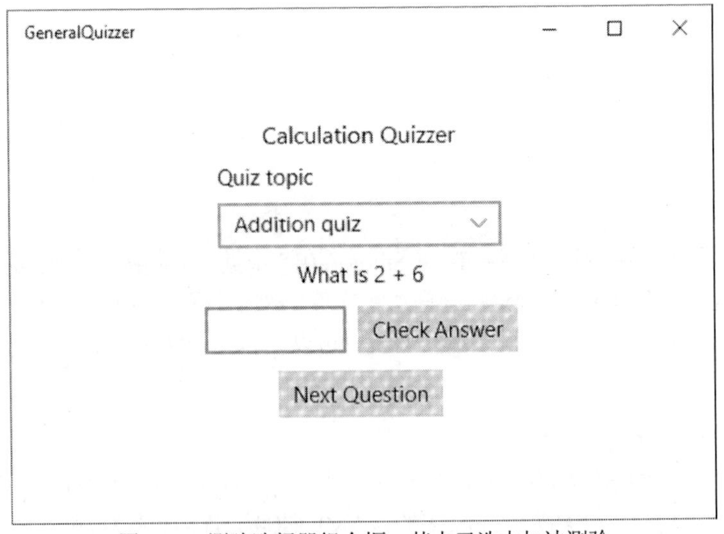

图 17-9　测验选择器组合框，其中已选中加法测验

如果用户想要更改不同的测验，可以打开组合框并选中新的测验类型即可。图 17-10 显示了打开组合框时看到的选项。

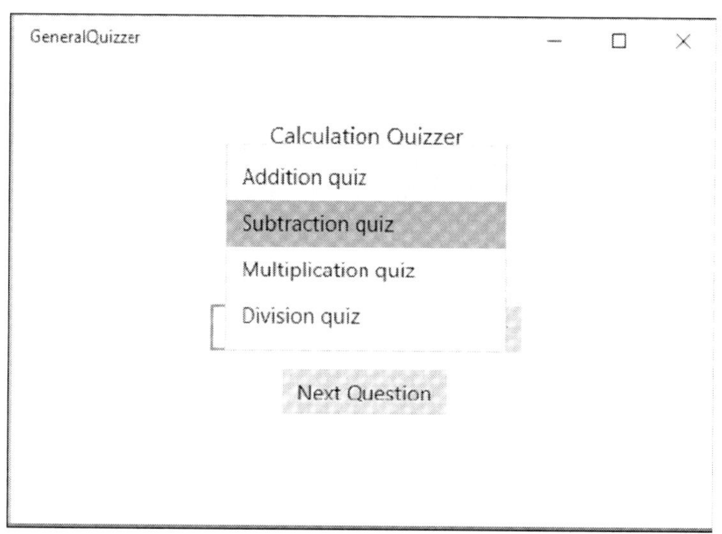

图 17-10　用户使用组合框选择测验类型

用户会非常喜欢这种选择选项的方式，因为他们在许多其他程序中也见过这种选择方式。接下来，需要将组合框添加到程序中。下面所示的 XAML 描述了 ComboBox，并且在程序中通过名称 quizTopicCombox 引用该 ComboBox。

```
<ComboBox Header="Quiz topic" ————————— 给组合框一个测验标题
   Name="quizTopicComboBox"
   Width="200" Margin="4"
   HorizontalAlignment="Center"
   SelectionChanged="quizTopicComboBox_SelectionChanged"> —— 当更改选择时
</ComboBox>                                                  所触发的事件
```

现在，使用用户可以选择的相关选项设置 ComboBox。

```
public MainPage()
{
   this.InitializeComponent();

   quizTopicComboBox.Items.Add(new AdditionQuizObject());
   quizTopicComboBox.Items.Add(new SubtractionQuizObject());
   quizTopicComboBox.Items.Add(new MultiplicationQuizObject());
   quizTopicComboBox.Items.Add(new DivisionQuizObject()); —— 向组合框添
                                                              加测验对象
   quizTopicComboBox.SelectedIndex = 0; ——————— 选中初始的测验对象
}
```

ComboBox 保存了一个 Items 集合，并且让用户从该集合中选择一个项。程序可以向该集合中添加用户可以选择的项。对于 GeneralQuizzer 应用程序而言，项就是不同的测验对象。当程序启动时，需要将每种测验类型添加到 quizTopicComboBox 中。完成该操作的最好位置是页面的构造函数。ComboBox 中的 Items 的工作方式与前面介绍的 List 集合完全相同。可以向该列表添加项，而这些项都由 ComboBox 管理。

在设置了 quizTopicComboBox 中的项之后，还需要确保在程序运行时选择了其中一个项。程序可以通过设置 quizTopicComboBox 的 SelectedIndex 属性完成选择操作。在上面所示的代码中，将 quizTopicComboBox 的 SelectedIndex 属性值设置为第一个元素(即索引值为 0 的元素)。该操作的效果与用户打开屏幕上的 quizTopicComboBox 并选择选项列表中第一个项的效果是相同的。此外，该操作还会触发 quizTopicComboBox 的 SelectionChanged 事件。

```
IQuizObject activeQuiz;  ———— 当前活动的测验

private void quizTopicComboBox_SelectionChanged(object sender,
SelectionChangedEventArgs e)
{
    activeQuiz = (IQuizObject) quizTopicComboBox.SelectedItem;  ← 获取选择的项；并使用该项设置 ActiveQuiz 的值
    setupNextQuestion();  ———— 获取该测验的下一个问题
}
```

代码分析

选择更改事件

前面，我们并没有使用过 ComboBox，因此需要考虑一些有趣的问题。

问题：什么时候运行 SelectionChanged 方法？

答案：该问题的答案既简单又复杂。在程序运行的过程中，当用户更改了 ComboBox 的选择时运行该方法。同时，如果程序中的任何代码更改了 ComboBox 的选择，也会运行该方法。当程序启动并且需要选择一个初始测验类型时，使用这种机制会取得良好的效果。但也会产生一个问题(我就经常遇到此类问题)，当 SelectionChanged 事件处理程序更改了 ComboBox 中的选项时，会触发另一个 SelectionChanged 事件。这样最终会导致一个无穷序列的更改，从而锁定计算机。

问题：项的名称来自哪里？

答案：在程序运行的屏幕截图中，可以看到 ComboBox 显示了每种测验类型的名称，并运行用户选择所需的测验类型。但这些名称来自哪里呢？答案是 ComboBox 使用 ToString 行为获取表示所选项的文本。前面我们曾介绍过 ToString；通过该行为可以请求任何对象提供一个描述对象内容的字符串。例如，在 MultiplicationQuizObject 中，定义了下面所示的 ToString 方法。

```
public override string ToString()
{
    return "Multiplication quiz";
}
```

问题：如何使用来自 ComboBox 的项设置活动测验？

答案：ComboBox 类可以被用来选择任何类型的项。它主要是通过存储一个用户可选择的对象列表实现该功能。对于 quizTopicComboBox 来说，列表中的项是所有实现了 IQuizObject 接口的对象(即用来进行测验的对象)。然而，ComboBox 的项列表必须是一个对象列表，这意味着程序必须将所选的项(即对一个对象的引用)转换为对一个可用于测验的 IQuizObject 的引用。当告之编译器将一种类型转换为另一种类型时，实际上就已经完成了类似的转换。在被转换值前面的括号中给出想要使用的类型。

```
activeQuiz = (IQuizObject) quizTopicComboBox.SelectedItem;
```

动手实践

创建一个计时的一般知识测验程序

现在，你已经创建了一个完整的测验程序。可以创建一组用来处理不同科目的不同测验对象，然后允许用户选择这些对象。甚至可以允许用户在一定秒数内回答问题。测验程序可以在问题显示后开始记录时间，然后当用户单击回答按钮时检查所用时间，回答问题的时间越短，得分就越高。完成时间记录功能可能需要两个 DateTime 值相减，然后生成一个程序可用来确定时间间隔大小的 TimeSpan 值。

17.3　所学到的内容

在本章，我们学习了为面向对象的解决方案创建用户界面的正确方法。知道了用户界面应该是一个非常薄的代码层，通过向对象传递消息来提供程序的行为。使用这种方式可以带来许多好处。首先可以更加容易地对实现应用程序的对象进行测试，因为可以编写模拟用户行为的程序并检查对象的响应是否正确。还可以创建在系统开发时用于测试系统的用户界面或业务对象的“虚假”版本。其次，可以同时开发用户界面和业务行为。此外，C#接口机制也是非常有用的，因为它可以用来设置用于传递消息的方法调用性质。

在创建一个不同的数值测验对象(除了实际问题的生产过程不同外，这些对象共享了所有其他的行为)集合过程中，还学习了类层次结构的另一种用途。在用户界面方面，学习了如何通过 MediaElement 和 Image 元素添加图像和声音，以及学习了如何通过一个组合框从一个选项范围内进行选择。

问题：interface 这个词的使用为什么如此混乱？

这是一个非常现实的问题。只要提到 interface，就必须注意该词的实际意思是什么。用户界面(user interface)是元素的集合，它构成了用户与程序交互时的用户体验。而 C#的接口(interface)是一组类可以实现的行为。虽然很多人都知道在这两种情况下如何使用该单词，但遗憾的是，很多情况下同一个词最终在两种情况下都被使用了。

业务对象必须与用户界面进行交互吗？

不一定。但创建可与用户界面进行交互的对象是非常有用的。一旦定义了可用来请求对象执行相关操作的通道，就可以以各种方式使用这些通道。可以通过来自网络连接的消息或伪装成坐在键盘前用户的程序访问对象。

第 18 章

高级应用程序

本章主要内容：

自从前面使用Snaps框架创建煮蛋定时器和Party播放器以来，你已经走了很长一段的路了。现在，程序可以输入数据、使用数据完成相关操作以及输出更多数据。通过前面的学习，我们知道对象可以接收消息、进行操作并传递消息到另一个对象。编程无非是尝试找出一个问题的解决方案，并组织好该解决方案，以便测试、构建、部署和维护。

本章将为你的应用程序开发提供更大的推动力。我们将基于第 17 章创建的计算测验程序进行构建，并学习如何将对象的数据绑定到显示元素。此外，还将学习如何创建为系统提供数据视图的对象。这些内容功能强大但却相对棘手。如果你对某些内容感到疑惑，请记住执行每个动作的目的，并仔细阅读每章的“代码分析”部分。本章内容虽然比较难学，但是如果你想要成功获得一份开发程序的工作，那么这些知识是很有帮助的。首先，学习一些可提高程序编写速度的 C#功能。

- 加快 C#代码编写速度
- 创建一个 Windows 10 联系人编辑器
- 软件设计和 Time Tracker
- 所学到的内容

18.1 提高 C#代码编写速度

接下来介绍一些可用来更容易、更快速编写 C#代码的技巧。虽然没有必要在程序中使用这些技巧，但它们确实很有用，并且在其他人编写的程序中会经常看到。

使语句更加简短

可以使用不同的运算符使语句更加简短。到目前为止，我们已经学过表达式中所出现并使用两个操作数的运算符。如下面示例所示：

```
age = age + 1;
```

此时的运算符是加号(+)，操作数为变量 age 和值 1。该语句的目的是将 1 加到变量 age 上。然而，无论是从键入的内容看，还是从计算机运行程序时实际完成的事情看，这都是一种冗长的表达方式。C#允许以更简洁的方式编写该操作，如下所示：

```
age++;
```

你可以以更简洁的方法表达该操作，而编译器也可以生成更有效的代码，因为它知道此时应该将 1 加到一个特定的变量上。双加号(++)被称为一元运算符，因为它只需要一个操作数。该运算符可以导致操作数的值增加 1。当然，也存在减少(递减)变量的运算符。

另一个简写示例是向一个变量添加一个特定值。当开发一个游戏时，可能需要实现因为摧毁不同的外星人而获得不同的得分。可以编写以下代码：

```
totalScore = totalScore + alienValue;
```

该代码非常正确，但却相当冗长。C#提供了一些额外的运算符来简短语句：

```
totalScore += alienValue;
```

运算符+=结合了加法和赋值功能，所以 totalScore 的值会加上 alienValue 值。表 18-1 显示了一些其他的简写运算符。

表 18-1　简写运算符

运算符	效果
a += b	a 的值由 a+b 所替换
a -= b	a 的值由 a-b 所替换
a /= b	a 的值由 a/b 所替换
a *= b	a 的值由 a*b 所替换

上面所示的也都是组合运算符。相关内容留给你自己去学习，可以搜索“msdn C# 运算符”，学习它们。

语句和值

在 C#中，任何语句都有一个可以在程序中使用的值。例如，下面所示的语句将值 0 赋给变量 score。

```
score = 0;
```

可以在视频游戏开始时使用该语句，从而将得分设置为 0。然而，该语句自身也有一个值 0，所以，如果愿意，可以写成如下代码：

```
hits = score = 0;
```

该语句将变量 hits 的值设置为语句 score=0 的结果。换句话说，变量 hits 也被设置为 0。如果想要完成此类操作(我承认我很少这么做)，那么我建议使用圆括号(如下所示)，以便更清楚地表明所发生的事情。

```
hits = (score = 0);
```

在测试中使用一元运算符的结果

当考虑使用诸如++之类的运算符时，你可能会不明确是在相加之前还是在相加之后得到语句值。根据所希望的效果，C#提供一种方法来获取这两种值。通过更改++的位置来确定是在相加之前还是在相加之后获取语句值。

i++　意味着“在相加之前获取语句值”

++i 意味着“在相加之后获取语句值”

比如，下面所示的代码将 j 设置为 3。

```
int i = 2, j ;
j = ++i ;
```

其他特殊的运算符(比如+ =等)，都是在运算符执行完毕之后返回值。

程序员要点

始终力求简洁

不要得意忘形。事实上你很有可能会编写出如下所示的代码:

```
height = width = speed = count = size = 0 ;
```

我这么写并不意味着你应该这么做。如今，在我编写程序时，首先考虑的是程序是否易于理解。我认为我并不是为计算机负责，而是应该为下一个准备阅读我的代码的人负责。上面所示的代码难以理解，所以不管这样写有多高效，我都不会这样做。

18.2　创建一个 Windows 10 联系人编辑器

接下来让我们返回到第 10 章构建的联系人应用程序。此时，你的用户在对比过其他的应用程序之后认为你的程序还是非常好的，但仍然有一些需要改进的地方。首先，需要更改的是查找所需联系人的方法。目前，必须先输入联系人姓名，程序才会进行查找。

图 18-1 显示了程序的工作方式。当单击 Enter 按钮时，程序搜索带有该姓名的联系人。

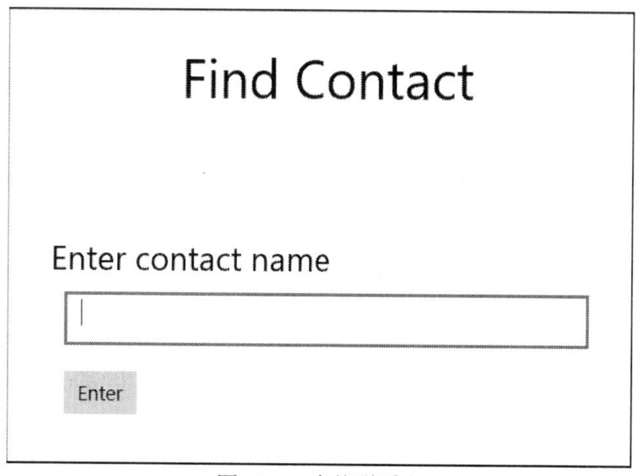

图 18-1　查找联系人

该过程工作正常，事实上用户也一直在使用该功能。但现在她希望该查找功能更易于使用。她想要的是可以从一个列表中选择联系人姓名，如图 18-2 所示。首先输入一个搜索字符串，并单击 Search 按钮，然后程序显示所有姓名中包含搜索字符串的联系人，以便可以从中选择所需的联系人。在图中示例中，输入 r 并单击 Search 按钮，随后列表显示所有姓名中包含字母 r 的联系人。

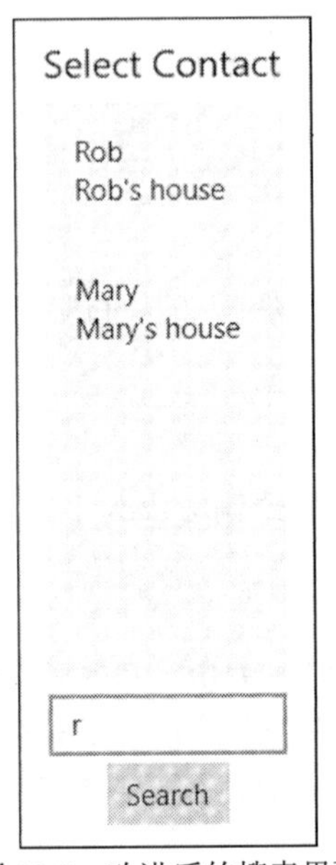

图 18-2 改进后的搜索界面

构建该搜索界面似乎非常有趣，还可以练习我们所学到的 XAML 技能，所以让我们试一试。

动手实践

亲自创建一个数据管理应用程序

现在是时候开始自己的全功能、数据驱动的应用程序了。接下来将用一定的篇幅介绍如何创建一个专业级别的 Windows 10 联系人管理应用程序。你可以使用与之完全相同的技术构建使用任何类型数据的应用程序。

18.2.1 存储联系人详细信息

为了在应用程序中存储联系人详细信息，我们使用了一个名为 Contact 的类。该类保存了姓名、地址、电话号码以及与指定联系人的联系分钟数。这些数据都被包含在 Contact 类的成员中。虽然可以采用前几章定义类时所使用的模式，但此时对“老式”的类设计方法做出一个修改。

在新版本的 Contact 类中，所有数据成员都以公共属性的形式保存。我们在第 10 章曾经使用过属性，当时讲过使用属性是控制程序与对象数据进行交互的一种好方法。但只要看一下下面所示的 Contact 类，你就会对属性有一个重新的认识。该类目前仅包含单个成员，即联系人的 Name 属性。稍后会给出包含所有数据属性的完整类。

```
public class Contact
{
   // Private string holding the name value
   private string name;

   // Public name string
   public string Name
   {
      // Get the name value
      get
      {
         // Return the value of the name
         return name;
      }

      // Set the name value
      Set ———————————————— 当对属性进行写入操作时运行该代码
      {
         // Set the private name to the incoming value
         name = value;
      }
   }
}
```

一旦写好了类，就可以在程序中使用该类，如下所示：

```
Contact rob = new Contact();
rob.Name = "Rob";
```

这两条语句创建了一个新的 Contact，然后将联系人的姓名设置为“Rob”。当对 Name 属性进行赋值操作时，将会运行类中的 set 行为，从而将姓名值设置为“Rob”。这是新设计中非常重要的一个方面，这意味着当对象中的数据发生变化时，对象中的代码可以获取对数据的控制。另一个重要方面是数据对象可以基于它们所公开的属性与显示系统进行交互。

在 C#中，如果想要让一个值成为一个属性，则可以编写更简短的属性定义。这些属性被称为自动实现属性，因为编译器会自动创建属性背后的私有变量。

```
public class Contact
{
   public string Name { get; set; }
}
```

该代码将 Contact 类的 Name 成员创建为一个属性，并提供了 get 和 set 行为。然而，如果想要在使用该属性时实际获得对数据的控制，则必须将该属性扩展到之前看到的完整版本。下面显示了新 Time Tracker 应用程序中所使用的完整 Contact 类，其中所有的数据项都是自动实现属性。

```
public class Contact
```

```
{
   // Data values as auto-implemented properties

   public string Name { get; set; }
   public string Address { get; set; }
   public string Phone { get; set; }

   public int MinutesSpent { get; set; }

   // Constructor for a contact instance
   public Contact(string name, string address, string phone)
   {
      // Copy the incoming values into the properties
      this.Name = name;
      this.Address = address;
      this.Phone = phone;
   }
}
```

该类还包含了一个使用姓名、地址和电话号码等信息设置一个联系人实例的构造函数。

```
Contact rob = new Contact(name:"Rob", address:"Rob's house",
   phone: "0000 11111 2222");
```

上述语句根据程序代码中的值创建了一个名为 rob 的新联系人。而完整的程序则会从 TextBox 元素中读取该信息。

18.2.2 存储多个联系人

前面所创建的程序在一个 List 中保存了所有的联系人项，而该 List 则保存在应用程序中。此时，我们将创建一个类来管理程序存储。该类包含了联系人 List，并提供了允许程序管理联系人并进行查找的行为，同时还创建了一个测试数据集。

```
public class ContactStore
{
   // List of contacts being stored
   private List<Contact> contacts = new List<Contact>();

   // Store a contact in the store
   public void StoreContact(Contact contact)
   {
      // Add the contact to the list
      contacts.Add(contact);
   }

   // Remove a contact from the store
   public void RemoveContact(Contact contact)
```

```
    {
        // Remove the contact from the list
        contacts.Remove(contact);
    }
}
```

上面的代码显示了允许程序添加和删除联系人的 ContactStore 行为。在下面所示的代码中，StoreContact 方法被赋予了需要保存的联系人的引用，并将其添加到联系人列表中。而 RemoveContact 方法则从列表中删除指定的联系人。

```
// Create a new contact store
ContactStore store = new ContactStore();
// Create a new contact
Contact rob = new Contact(name: "Rob", address: "Rob's house", phone: "0000 11111
2222");
// Put the new contact in the store
store.StoreContact(contact: rob);
```

代码分析

类的职责

问题： ContactStore 类中并没有提供允许程序员编辑联系人信息的命令，是否正确？

答案： 完全正确。这就是职责的合理分配。ContactStore 类对联系人的数据不负有任何责任。在程序中查找和编辑联系人信息是 Contact 对象的工作。

问题： 将 ContactStore 转换为使用其他类型的数据有多困难？

答案： 由于合理的设计，这种转换是非常容易的。所需要做的只是更改列表类型以及 StoreContact 和 RemoveContact 方法的参数——基本行为完全相同。

18.2.3　创建测试联系人

如果能够在不输入大量联系人信息的情况下对程序进行测试，那将是非常好的一件事情。为此，向 ContactStore 类中添加了一个方法，在该方法中已经使用一组联系人信息创建了一个联系人存储。

```
public class ContactStore
{
    // Static method that returns a test contact store
    public static ContactStore GetTestStore()
    {
        // This is the ContactStore that will hold the result
        ContactStore result = new ContactStore();

        // Array of test name strings
        string[] testNames = {
```

```
"Rob", "Mary", "David", "Jenny", "Chris"
"Simon", "Kevin", "Helen", "Neil",
"Amanda", "Sally", "Rory", "Robin" };

        // Work through each name in the list
        foreach (string name in testNames)
        {
            // Create a test contact from that name
            Contact newContact = new Contact(name: name, address: name +
                "'s house", phone: name + "'s phone");
            // Add the contact to the result
            result.contacts.Add(newContact);
        }

        // Return the new contact store
        return result;
    }
}
```

18.2.4 查找联系人

现在，虽然拥有了一个可用来保存联系人的 ContactStore 类，但用户还无法查找任何所需的联系人。

请记住，用户的基本想法是首先输入姓名的一部分(比如 Ro)，然后程序显示所有姓名中带有 Ro 的联系人，最后从搜索结果中选择“Robert”、“Rory”、“Robin” 等。这意味着 Find 方法不能只找到一名联系人，而应该返回搜索结果集。该功能我们前面没有实现过。到目前为止所编写的方法都只返回单个项，但方法返回一个列表或者数组是很容易实现的。

```
public class ContactStore
{
    // Returns a list of contacts where the name contains the
    // the search name
    public List<Contact> FindContactsWithName(string searchName)
    {
        // Convert the search name into capial letters
        searchName = searchName.ToUpper();

        // Create the list of contacts that will be returned
        List<Contact> result = new List<Contact>();

        // Loop through all the contacts in the store
        foreach (Contact contact in contacts)
        {
            // Create a capital-letter version of the contact name
            string contactName = contact.Name.ToUpper();
```

```
            // Test if the name contains the serach string
            if (contactName.Contains(searchName))
            {
                // Add the contact to the list if we have a match
                result.Add(contact);
            }
        }
        // Return the list of contacts with matching names
        return result;
    }
}
```

可以将 FindContactsWithName 方法看作是一种过滤器。它接收所有联系人列表，并构建一个只包含相匹配联系人的新列表。

代码分析

FindContactsWithName 方法

问题：如果在联系人中没有找到搜索字符串，那么会发生什么事情？

答案：此时的结果将是一个不包含任何元素的列表。这意味着联系人列表中没有匹配字符的联系人。如果搜索字符串在每名联系人姓名中都出现了，那么搜索结果将是所有联系人的一个副本。

问题：ToUpper()方法生成了什么内容？

答案：我们在前面的章节中曾经见过该方法。ToUpper 方法返回一个字符串的大写版本，换句话说，"Rob"将变为"ROB"。使用大小写相同的字符进行字符串比较是非常重要的，因为如果用户想要搜索"Rob"但程序却找不到"rob"，那么她会抱怨。

问题：每次进行一次搜索时都构建一个新列表是否会效率低下？

答案：不会。请记住，该列表包含的是联系人的引用，而不是联系人本身，而引用实际上是非常少量的数据。程序使用的库就会经常创建列表。

18.2.5 显示找到的联系人列表

FindContactsWithName 方法返回了一个用户可以查看的联系人列表。接下来需要显示该列表，以便可以从中选择所需的联系人。为此，可以使用 XAML 的一项非常强大的功能——数据绑定。数据绑定顾名思义，在一段数据(此时为联系人列表)和一个显示元素之间建立联系。

创建数据绑定模板

我们希望将一个 Contact 绑定到一个显示元素中，但并不能直接绑定，因为一名联系人的值包括了不同的部分，比如 Name、Address 以及 PhoneNumber 值。此时需要做的是设计一个如何显示联系人的模板。这样一来，就可以选择联系人的哪些信息在屏幕上显示(比如不显示电话号码)以及如何对数据进行格式化。具体代码如下所示：

```
<DataTemplate>
    <StackPanel Margin="4">
```

```
        <TextBlock Text="{Binding Name}"/>
        <TextBlock Text="{Binding Address}"/>
    </StackPanel>
</DataTemplate>
```

数据模板是一块描述如何显示某些数据的 XAML。上面所示的代码表示在一个包含两个项(姓名和地址)的 StackPanel 中显示数据。在显示器上最终的结果如下所示：

```
Rob Miles
Rob Miles's house
```

请注意，此时只想显示搜索列表中联系人的姓名和地址。由于没有与电话号码值的数据绑定，因此没有显示电话号码。

在 ListBox 中使用 DataTemplate

前面使用了一个数据模板来表示如何显示一个对象的属性。接下来使用该模板显示列表中的每名联系人。可以在 ListBox 的 ItemTemplate 中放置 DataTemplate 来实现该功能：

```
<ListBox Name="ContactListBox" Margin="4" Height="300">
    <ListBox.ItemTemplate>
        <DataTemplate>
            <StackPanel Margin="4">
                <TextBlock Text="{Binding Name}"/>
                <TextBlock Text="{Binding Address}"/>
            </StackPanel>
        </DataTemplate>
    </ListBox.ItemTemplate>
</ListBox>
```

被称为 ContactListBox 的 ListBox 显示元素将会显示 FindContactsWithName 方法所返回的联系人列表。为此，需要知道如何布局单个联系人的显示。ListBox 使用了一个 ItemTemplate 元素来设计列表项。在本示例中，使用了 DataTemplate 进行设计。

一旦设置了 XAML，只需要告诉 ListBox 应该显示的数据集合就可以了：

```
// Event handler that runs when the search button is clicked
private void SearchButton_Click(object sender, RoutedEventArgs e)
{
    // Get the search string from the search text box
    string searchName = searchTextBox.Text;

    // Get the list of matching contacts
    List<Contact> foundList = contacts.FindContactsWithName(searchName);

    // Display the found list
    ContactListBox.ItemsSource = foundList;  ——— 这是列表的绑定点
}
```

```
Demo 18-01 Finding Contacts
```

当用户单击屏幕上的 Search 按钮时就会运行上面的代码。FindContactsWithName 方法返回需要显示的联系人列表，然后在 ContactListBox 中显示该列表。ListBox 将集合中的每个对象显示为列表中的一个元素。图 18-3 显示了 ListBox 的工作方式。此时，用户使用了搜索字符串 a，而程序则显示了姓名中带有 a 的所有联系人。

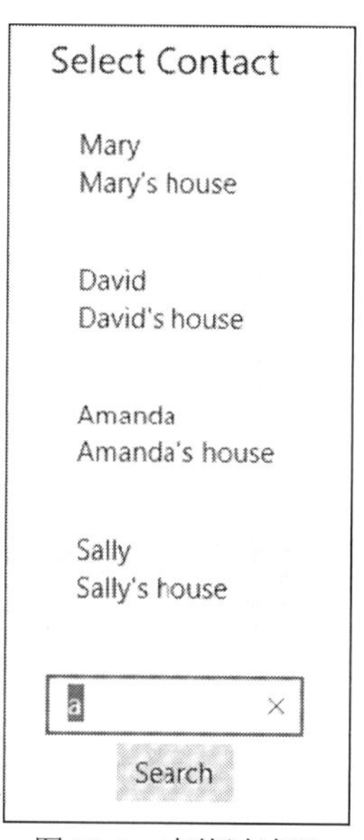

图 18-3　查找过滤器

为了生成该显示，程序只需要设置 ListBox 的 ItemsSource 属性即可，其他事情都通过显示来完成。ListBox 甚至可以自动提供滚动条；如果列表太大而超出屏幕，那么可以在 ListBox 中上下滚动内容。

代码分析

ListBox 和 ItemsSource

问题：它们是如何工作的？为了显示项，Windows 系统完成了哪些操作？

答案：如果运行该示例代码，会发现结果非常神奇。输入一些字母并单击 Search 按钮后，联系人列表会神奇地填充相匹配的联系人。这是如何做到的呢？关键在于以下的赋值语句：

```
ContactListBox.ItemsSource = foundList;
```

赋值的右边是一个集合，其中包含了所有相匹配联系人的引用。而左边是用来显示联系人列表的 ListBox 的 ItmesSource 属性。ItemsSource 属性期望被赋予需要显示的内容集合。当给予 ContactListBox 一个集合后，它会遍历集合中的每个项，并将其添加到列表中显示。程序使用了 ListBox 的 DataTemplate 元素来确定屏幕上所显示的内容。DataTemplate 中的项首先与添加到列表中的对象的属性相匹配，然后再显示。此时，定位 Name 和 Address 属性并显示。

你可能会疑惑，ContactListBox 并没有被显式地告知显示 Contact 值，程序是如何显示的呢。首先，ContactListBox 被赋予了包含 Name 和 Address 属性的列表，然后根据 XAML 中的数据模板显示这些数据。

上述过程是通过使用被称为反射(reflection)的 C#技术实现的。通过使用反射技术，程序可以询问一个对象“你有哪些属性？”，而对象则返回一个属性列表，这些属性可以与模板中的绑定相匹配。

这意味着 ListBox 模板可以使用任何包含 Name 和 Address 属性的元素，而不仅仅是 Contact 对象。

问题：如果模板所指向的属性在列表中不存在，则会发生什么事情？

答案：ListBox 的模板可以告诉 ListBox 显示列表中每个项的哪些内容：

```
<DataTemplate>
    <StackPanel Margin="4">
        <TextBlock Text="{Binding Name}"/>
        <TextBlock Text="{Binding Address}"/>
    </StackPanel>
</DataTemplate>
```

当显示列表时，反射过程将模板、绑定名称与对象中的属性进行匹配。然而，即使使用了“Binding Name”(换句话说，模板出现错误)，程序仍然可以很好地运行，但却无法显示 Name 的任何内容。这也是程序员经常碰到的 bug 的来源，所以，如果某些内容没有正常显示，那么请首先检查模板名称是否正确。

问题：如何让列表显示更好看点？

答案：可以针对姓名和地址 TextBox 元素使用不同的颜色和文本大小，从而改进列表显示。此外，还可以向模板中添加一些其他的风格元素，比如图像和形状。

18.2.6　编辑联系人

现在程序已经可以显示一个项列表。接下来需要添加数据编辑功能。当用户从列表中选择了一个项时，可以显示一个允许对所选项进行编辑的界面。为此，需要检测列表中所选项何时发生了变化。在前一章，曾经针对 ComboBox 所选项的变化编写了相关的代码，此时可以使用类似的代码。只需要将一些代码与选择项发生更改时所触发的事件相关联，程序就可以检测到 ListBox 中的选择项何时发生了变化。

图 18-4 所示的 ContactListBox 的 Properties 页面将 SelectionChanged 事件与一个方法相绑定，当用户选择了 ListBox 中的一个项时就会运行该方法。

方法的具体代码如下所示：

```
// Event handler runs when the user changes the selection in the contact list
private void ContactListBox_SelectionChanged(object sender,
    SelectionChangedEventArgs e)
{
    // If the change involves unselecting item, just return
    if (ContactListBox.SelectedItem == null)
        return;

    // Get the selected item as a contact
```

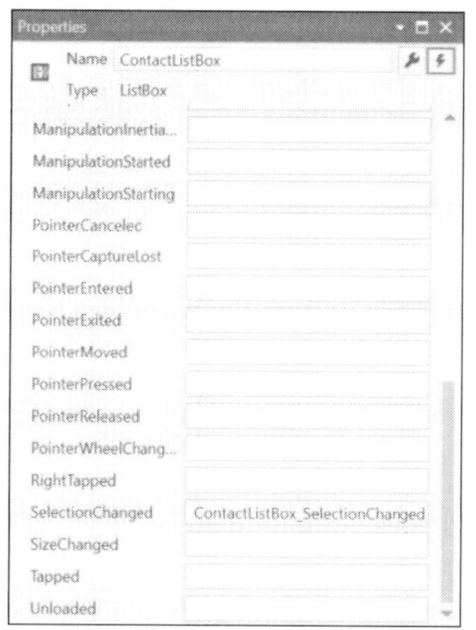

图 18-4　ContactListBox 选择更改的处理程序

```
    Contact contact = (Contact) ContactListBox.SelectedItem;
    // Load the selected contact into the editor
    selectContactForEdit(contact);
}
```

代码分析

选择项

问题： 为什么必须检查 SelectedItem 是否为 null?

答案： 思考一下使用 ListBox 时所发生的事情。在两种情况下所选项可能被更改。第一种情况显而易见，用户从列表中选择了一个项，此时将运行事件处理程序，同时 ListBox 的 SelectedItem 指向所选择的项。

第二种情况是 ListBox 加载显示一个新的列表。在这种情况下，没有任何项被选择，因为用户还没有进行选择。此时，SelectedItem 引用被设置为 null(当引用不指向任何有用的地方时可以使用 null)，因为变为 null 实际上也是一个变化，所以也会运行 SelectionChanged 方法。

当用户选择了一位联系人时，程序将调用 selectContactForEdit 方法。下一步是向该方法中添加一些行为，从而允许用户对联系人信息进行编辑。

程序员要点

ListBox 选择机制是非常强大的

我们刚刚学习了用户界面设计中的一个非常重要的原则，知道了如何显示一个项列表以及如何允许用户从列表中选择项。你可能在许多的应用程序中都见过这种行为，比如社交媒体应用程序以及音乐播放器。对于使用 XAML 表示的任何类型的项，都可以使用 ListBox 进行显示，同时，还可以将模板中项的任何属性与数据元素绑定。

联系人编辑器

可能，你和用户一直在讨论用户界面的设计问题。实际上，谈话是一种礼貌的表达方式。而随着谈话的进行，讨论逐渐热烈起来也并不奇怪。以我的经验，用户对于程序工作的方式通常有着自己强烈的意见，而这些意见程序员往往并不完全认同。然而对于图 18-5 所示的用户界面设计，双方应该都是认同的。

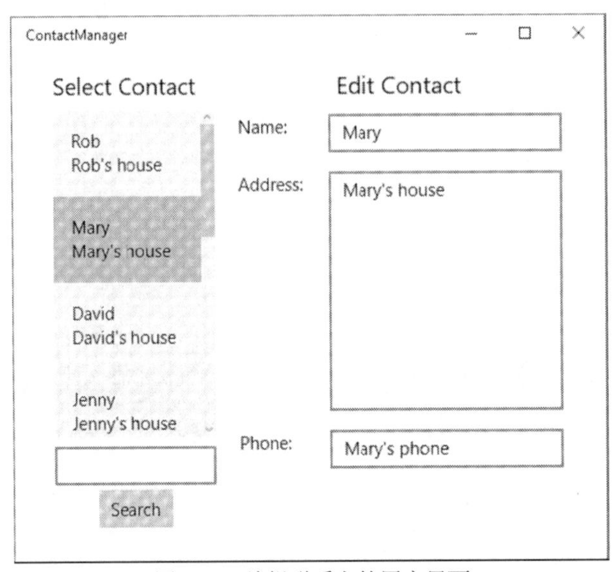

图 18-5　编辑联系人的用户界面

当用户选择一名联系人时，相关信息会显示在屏幕的右侧。可以编辑该联系人信息。如果选择了另一名联系人，那么所做的更改将被自动保存。此时你可能会认为(在我看来，这种做法是正确的)，如果用户试图离开他们正在编辑的联系人，那么程序应该显示一条提示信息，比如“你确定想要离开该项吗？当前项已被更改，是否想要保存所做的更改？”等。然而用户可能并不喜欢这种做法；她认为自己所做的更改都是正确的，如果有必要，可以非常容易地恢复以前的信息。用户不希望被这些警告信息所干扰，所以她要求不要显示这些信息。

程序员要点

客户可能并不总是对的，但他们始终是客户

我曾经在和客户的讨论过程中遇到这种情况。我设计了一个自认为非常完美的界面，但却被告知“该界面不是应该工作的界面。”如果你也遇到这种情况，那么我认为你应该记住三件事。

首先，永远不要让自己处于这样一种情况下：向用户展示已经创建好的内容，但用户却说他们不喜欢。像用户界面这些真正重要的事情应该与用户进行讨论来确定如何设计。界面应该是讨论的结果，而不是用来显示和告知的。

其次，从伦理的角度来看，如果你认为某事因为错误的方式而出现了错误，那么应该向客户指出来，并正式要求他们对错误的行为承担责任。虽然程序不属于这一范畴，但如果是出于医疗目的而编写一个应用程序，那么就必须指出任何你认为可能导致无效数据显示的设计错误。

最后，即使客户是错的，但他们仍然是客户。他们付钱请你做出所需要的东西。你最终希望客户可以认可你所做的东西。但以我的经验，有时客户也可能是对的。

当选择了一名联系人时，编辑窗格将填充联系人的详细信息，可以使用该窗格进行编辑。下面显示了 selectContactForEdit 方法的代码：

```
// This is the currently selected contact, initially null
Contact selectedContact = null;

// Selects a particular contact for editing
private void selectContactForEdit(Contact contactToEdit)  ——选择不同的联系人进行编辑
{
    // Check to see if we are currently editing a contact
    if (selectedContact != null)
    {
        // We are about to move off a contact - save it
        saveContactFromPage(selectedContact);
    }
    // Display the contact that we are moving to
    placeContactOnPage(contactToEdit);
    // Remember the selected contact so it can be saved later
    selectedContact = contactToEdit;
}
```

理解 selectContactForEdit 方法运行的上下文是非常重要的：

(1) 用户搜索一名联系人(例如，在 Search 文本框中输入 Ro，然后单击 Search 按钮)。列表被姓名中带有搜索字符串的联系人所填充。

(2) 用户在 ListBox 中选择一名联系人(比如，在显示的联系人列表中选择 Rob)。

(3) 运行 SelectionChanged 方法，因为该方法与 ListBox 中的选择更改事件相关联，并且用户选择了一个不同的联系人。

(4) 随后 selectionChanged 方法调用 selectContactForEdit，从而为编辑做好准备。

selectContactForEdit 方法必须完成两件事。首先，必须保存当前正在编辑联系人的信息(如果当前正在编辑某个联系人信息)，其次必须选中新的联系人进行编辑。程序使用了变量 selectedContact 来跟踪当前正在编辑的联系人。当程序启动时，该变量被设置为 null，从而表示没有对任何联系人进行编辑。

下面所示的若干方法完成了联系人与用户看到的页面上的 TextBox 元素之间的数据移动。每个方法都被提供了一名联系人作为参数，并将联系人信息从显示在屏幕上的信息(placeContactOnPage)移开，或者将页面上的信息保存下来(saveContactFromPage)。

```
// Place a contact on the page and make it ready for editing
private void placeContactOnPage(Contact source)
{
    // Copy the data from the source contact into the display elements
    NameTextBox.Text = source.Name;
    AddressTextBox.Text = source.Address;
    PhoneTextBox.Text = source.Phone;
}
```

```
// Load contact data from the display elements into the destinatioon contact
private void saveContactFromPage(Contact destination)
{
    // Copy the display element into the destination contact
    destination.Name = NameTextBox.Text;
    destination.Address = AddressTextBox.Text;
    destination.Phone = PhoneTextBox.Text;
}

Demo 18-02 Contact Editor
```

代码分析

编辑联系人

问题：在编辑过程中是否存在任何数据验证？

答案：这两个方法(placeContactOnPage 和 saveContactFromPage)不会对任何数据进行验证。如果 TextBox 的值为空或者输入了无效的信息，程序将不会显示任何错误信息。虽然用户可能会觉得这样做很好，但如果想要确保所保存的数据有效，那么编写一些验证过程是比较明智的做法。

18.2.7　用户界面中的数据绑定

如果运行当前完成的联系人编辑器，会发现它工作得非常好。可以选择一名联系人并进行编辑，然后移动到另一名联系人，最后再返回到原始联系人。可以看到所编辑的内容都保存到对应联系人信息中，但用户界面并没有想象中的那么好，图 18-6 显示了问题所在。

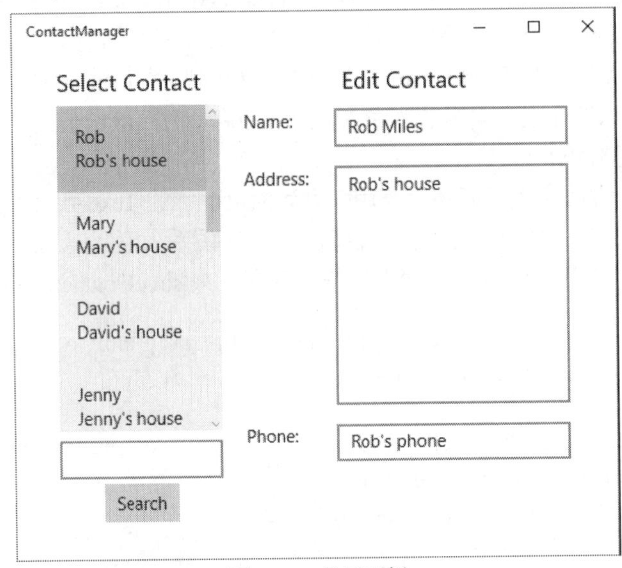

图 18-6　显示更新

此时我已经将第一名联系人的姓名更改为 Rob Miles，但屏幕左侧选择列表中的对应条目并没有反映出所做的更改。可以肯定的是，用户很快就会发现这个问题，并且不喜欢这种显示方式，所以需要修复该问题。

18.2.8　使对象可观测

为了解决上述问题，必须让显示系统“感知”那些需要更新的数据所发生的变化。当联系人的姓名发生更改时，需要通知列表的显示系统，以便更新 ListBox。在 XAML 中，可以通过让对象“可观测”达到此目的。

在 XAML 上下文中，可观测意味着“当你发生了变化时，我可以请求你告诉我。”大多数的 C#对象都是不可观测的，因为没人想要知道它们的值是否发生了变化。ContactListBox 所显示的联系人列表也不是可观测的。如果只是想要查看列表的内容，那么该列表不可观测是非常合适的，但如前面所看到的，当列表中的任何元素发生更改时，显示系统没有办法发现并更新元素。此时，需要一个可以被显示系统所“观测的”更专业的集合形式，以便集合中的任何更改都可以在显示系统上反映出来。

ObservableCollection 类

下面所示的是 ObservableCollection 类的代码。可以使用该类来保存一个项集合，并提供通知支持，以便集合中的内容发生变化时可以通知显示系统。创建 ObservableCollection 类非常简单：

```
// Observable version of the contact list
ObservableCollection<Contact> contactList;

// Event handler for the search button
private void SearchButton_Click(object sender, RoutedEventArgs e)
{
   // Get the name to search for from the search textbox
   string searchName = searchTextBox.Text;

   // Get the list of matching contacts
   List<Contact> foundList = contacts.FindContactsWithName(searchName);

   // Use the found list to create an observable collection
   contactList = new ObservableCollection<Contact>(foundList);

   // Connect the collection to the contct listbox to display it
   ContactListBox.ItemsSource = contactList;
   // Clear the edit display
   clearContactEdit();
}
```

代码分析

ObservableCollection

问题：ObservableCollection 与 List 之间有什么区别？

答案：从用户的角度来看，这两个集合类之间没有什么区别。它们的工作方式相同。不同点在于如果列表中的内容发生了变化，那么 Windows 管理系统可以连接到 ObservableCollection 所生成的事件。实际上，两个类的名称就可以看出两者的区别，一个可以被观测，而另一个则不可以。

问题：为什么不让所有的集合都可观测？

答案：虽然可以针对所有的数据存储都使用 ObservableCollection，但这可能会减慢程序的运行速度。一个可观测集合必须检查是否有人对其管理数据所做的任何更改感兴趣，从而减缓了集合的操作。这也就是为什么所显示的项保留了原来的类型。

遗憾的是，即使添加了 Search 按钮事件处理程序的新版本(上面所示的代码)，程序仍然无法反映出所做的更改。如果用户更改了联系人的姓名，列表中的文本不会反映出该更改。之所以会这样，是因为 ObservableCollection 响应的是列表内容中的更改，而不是列表元素中数据的更改。如果添加或删除一名联系人，那么列表会发生改变，但对列表中元素内容的更改不会被检测到。换句话说，当前列表无法知道它的数据何时被更改。

创建可观测的联系人

Time Tracker 用户界面中的每一个 XAML 显示元素都显示了程序中一个数据对象的视图。编辑器通过在显示元素中的属性上设置值来创建视图。

下面所示的 placeContactOnPage 方法首先获取来自 source 所引用联系人的姓名、地址和电话号码信息，然后设置对应 TextBox 的 Text 属性，从而显示联系人的详细信息。但问题是这是一次性操作。如果 Contact 的内容发生了变化，显示并不会更新，因为目前 Contact 类还不可观测。必须为 Contact 类添加一些行为，以便当 Contact 的属性发生更改时可以通知其他对象(此时为显示系统)。

```
// Place the contact on the page
private void placeContactOnPage(Contact source)
{
    // Copy the contact information from the contact onto
    // display components
    NameTextBox.Text = source.Name;
    AddressTextBox.Text = source.Address;
    PhoneTextBox.Text = source.Phone;
}
```

XAML 环境提供了一个用来执行该通知的协议，被称为 INotifyPropertyChanged。通过使用该协议，就可以在一个对象中包含一个“须告知人员列表”(如果对象中的内容发生了变化)。这有点像组织一个 Party，拟定一个邀请人员名单。如果需要更改场地或开始时间(换句话说，Party 的任何“属性”发生了变化)，那么就需要通过该邀请人员名单打电话，通知他们所做的更改，比如 Party 的开始时间是 8 点，而不是 8 点半。

此时对象中的“须告知人员列表”是一个委托对象列表。委托是一个前面没有学过的 C#功能，其功能非常强大。委托其实就是一个对象，它包含了对某一对象中某一方法的引用。如果委托被“调用”，那么委托所引用的方法也会被调用。

代码分析

委托

问题：我们在什么地方见过委托？

答案：其实我们已经见过委托的使用，但还没有亲自创建过委托。委托提供了一种将 XAML 按钮连接到程序中某一方法的机制。Time Tracker 程序中的 Search 按钮“知道”被单击时调用哪个方法，因为它被赋予了引用该方法的委托。前面已经讨论过，事件只是一种方法调用的方式——委托允许一个对象(接收者)将代理交给另一个对象(发送者)，以便事件发生时发送者可以调用该方法。

可以将一个委托看作是一个方法的“名片”。如果另一个对象拥有该名片，那么它也可以调用该方法。当 Time Tracker 应用程序启动时，XAML 系统创建了 SearchButton_Click 方法的委托，然后将该委托交给 SearchButton 对象。这也就是按钮被单击时调用对应方法的原因。当使用属性更改通知时，显示系统将“名片”交给数据项，以便在数据项中的数据被更改时知道调用哪个方法。

当程序运行时，通过使用委托，对象可以将自己绑定在一起并为消息创建路径。

此时的“须告知人员列表”看起来像一个需要变为可观测的对象。event 类型是一个 C#内置的专门用于事件处理的 delegate 类型。如果一个对象对另一个对象的属性改变感兴趣，那么就可以将一个委托附加到类中的 PropertyChanged 项。实际上我们不会为这个变量进行任何赋值，而是由显示系统完成赋值操作。

```
public event PropertyChangedEventHandler PropertyChanged;
```

现在你已经知道如何保存一个“须告知人员列表”，接下来学习如何告知列表中的人相关值发生了变化。可以通过调用委托完成该操作：

```
PropertyChanged(this, new PropertyChangedEventArgs("Address"));
```

连接到 PropertyChanged 委托的方法接受两个参数。这些信息将会提供给显示系统，从而告诉显示器某些事情发生了变化，需要进行重新绘制。第一个数据项是一个引用，指向了包含所变化属性的实际对象。第二个数据项是一个 PropertyChangedEventArgs 值，它被设置为正在更改的属性名称。上面所示的代码告之显示系统联系人的地址发生了变化。

每次联系人的地址发生变化时都希望运行上述代码，所以可以将该代码放置到 address 属性的 set 行为中。

```
// Contact class that implements the INotifyPropertyChanged methods
public class Contact :INotifyPropertyChanged
{
    // Private data value for the address
```

```
    private string address;

    // Binding point for objects that want to receive
    // notifications when this property changes
    public event PropertyChangedEventHandler PropertyChanged;

    // Public address property
    public string Address
    {

        // Read the property
        get
        {
            // Just return the address value if the property is read
            return address;
        }

        // Set the property
        set
        {
            // Store the incoming address value
            address = value;
            // Test if anything has connected to the
            // property changed event
            if(PropertyChanged != null)
            {
                // Fire the property changed event
                PropertyChanged(this, new PropertyChangedEventArgs("Address"));
            }
        }
    }
}
```

Demo 18-03 Updating Contact Editor

代码分析

INotifyPropertyChanged

上面的代码可能是到目前为止我们所见过的最复杂的C#代码，所以你可能会存在一些疑惑。

问题： 请告诉我为什么要完成上述代码的操作？

答案： 当对象中的数据发生变化时，该代码提供了一种告知显示系统的方法。显示系统需要知道值何时发生变化，以便更新数据视图。该功能是非常强大的，这意味着只要程序对所显示的联系人进行了任何更改(例如，为联系人分配一个新的地址值)，显示器就会自动更新显示而无须我们做什么事情。

问题：为什么 PropertyChanged 方法没有提供属性的新值？

答案：PropertyChanged 没有提供属性的新值看起来似乎有点“愚蠢”。这就好比说我打电话给你，并且告知“Party 的时间更改了”，然后挂断电话。当然，如果我这样做，你会立即打电话并问我，“好的，新的时间是几点呢？”对于显示系统来说，也会发生上述过程。虽然 PropertyChanged 事件并没有传递新值，但它会触发显示系统获取更新的值并进行显示。

问题：如果错误地使用了属性名，会发生什么事情呢？

答案：如果在 PropertyChanged 事件的参数中使用的是 Adress，而不是 Address，虽然程序可以运行并且不会出现错误，但并不会进行任何更新操作。

问题：一个类如何实现一个不包含任何方法的接口？

答案：Contact 类必须实现 INotifyPropertyChanged 接口，以便显示系统知道该类被观测了。实际上，接口是方法的“购物清单”。任何实现了接口的类都必须包含该接口所描述的方法，但对于 Contact 类来说，除了 PropertyChanged 事件之外，似乎没有实现任何额外的方法。

接口除了可以包含方法之外还可以包含事件，这是非常有用的。如果想要使用接口来描述对象如何连接，那么可以使用事件委托完成。

如果让所有的属性都执行适当的通知，那么就可以创建一个可以进行正确更新的编辑应用程序，如图 18-7 所示。

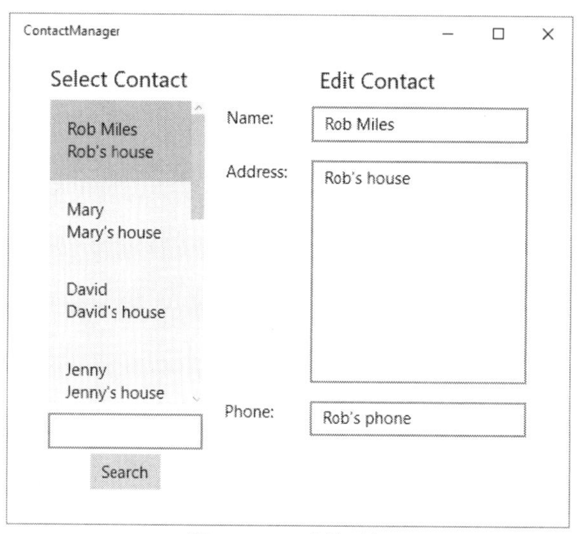

图 18-7　正确的更新

如果运行并使用 Demo 18-03 Updating Contact Editor 中的示例程序，你会发现，在用户移动到列表的另一个不同项之前 ListBox 中的文本并没有更新。这是因为目前只是更新了 Contact 的内容，但却没有触发 ListBox 内容的更新。虽然可以在每次联系人信息更新时都触发列表的更新，但我认为这种更新过于分散。

代码分析

可观测性

问题：如果列表中需要显示的数据被更新了，那么为什么必须使列表成为一个

ObservableCollection？

答案：列表必须是可观测的，因为“可观测”的绑定可以从容器传递到容器所包含的对象。显示系统与 ListBox 绑定。当联系人被添加到 ListBox 中时，每一个联系人项都绑定到 ListBox 的 ObservableCollection，从而可以正确地传播更新。你可以认为这是一个“命令链”，必须从顶部到底部连续连接。

18.3 软件设计和 Time Tracker

你年轻的兄弟对 Time Tracker 程序感到非常满意，并打算为制造蛋糕的朋友将该程序转换为“蛋糕食谱跟踪器”。但通过在线阅读了大量软件开发文章，他认为 Time Tracker 并不是非常的完美，因为“它没有使用 Model-View-ViewModel”。虽然你可能怀疑他并不是完全了解 MVVM 的含义，但他提到的这个技术是很重要的。事实证明，他的想法是正确的，好好研究一下 MVVM 是非常值得的。

Model-View-ViewModel

带有图形用户界面的程序是非常难测试的。要想发现屏幕上的所有内容是否正常工作，唯一的测试方法是输入一些值并单击按钮，然后查看所发生的事情。虽然你可以通过向他人付费的方式请人帮你测试程序一两次，但如果想要频繁地对程序进行测试，那么所付出的代价将是非常昂贵的。对于软件开发人员来说，测试用户界面是一个非常大的问题，因为他们真正希望的是测试能够自动完成。对于前面所创建的联系人编辑器来说，之所以难以测试是因为编辑行为与页面上的显示元素混合在一起，显示过程与后面的处理过程之间没有分离。如果想要测试系统，则必须编写与程序中许多不同的元素进行对话的代码。

程序员要点

学习设计模式

设计模式是一种构建解决方案的方法。每个行业都有自己从经验中总结而来的设计模式。例如，如果你正在粉刷一间房子，那么一种“模式”是先粉刷墙壁，然后粉刷大门和窗户。设计模式是根据许多开发人员和项目的经验而创建出来的。从专业的角度来看，你应该通过研究设计模式来提升自己的编程技能。而 Model-View-ViewModel 并不是需要研究的唯一模式。

对了，还有一句忠告。就像不同的粉刷工可能会建议从墙壁开始粉刷或是从大门和窗口开始粉刷一样，不同的开发人员对于不同的设计模式都持有不同的看法。在这种情况下，最好是根据自己的经验和知识做出判断，以便做出适合自己的决定。请记住，你的选择对于其他同样处于这种情况下的人是非常有参考价值的。

如果只有单个对象来完成编辑过程，那么程序就变得非常容易测试了。Model-View-ViewModel 正是为此而设计的。使用 MVVM 模式构建的解决方案都有一个视图模型类，它提供了 XAML(提供了数据视图)与 Contact 类(提供了正在使用的数据模型)之间的链接。

可以将视图模型类看作是一名豪华餐厅的服务员。用餐者(视图)坐在桌子前选择所需的菜肴，而厨房里的厨师(模式)则负责准备食物。用餐者可以根据菜单向服务员(视图模型)说出所需的菜肴，而服务员可以从厨房获取对应的菜肴并传递给用餐者。用餐者不知道菜肴是如何制作的；他只需要知道想要吃什么。服务员熟悉厨师所能理解的命令，并将用餐者的需求传给厨师。

这种结构可以带来多种好处。不同的用餐者(视图)都可以点餐。而不同的厨师可以相互替换，只要新的厨师和服务员使用相同的命令进行交流，餐馆就可以持续营业。从程序员的角度来看，最大的好处是可以逐个对视图进行测试，发出请求，然后检查来自视图模型的响应是否正确。

图 18-8 显示了对象之间交互的方式。视图和视图模型(即用餐者和服务员)之间的连接是通过数据绑定实现的。视图是 XAML 页面，而视图模型包含了所有实际驱动用户界面的代码。模型的工作是提供对系统所管理数据的访问。

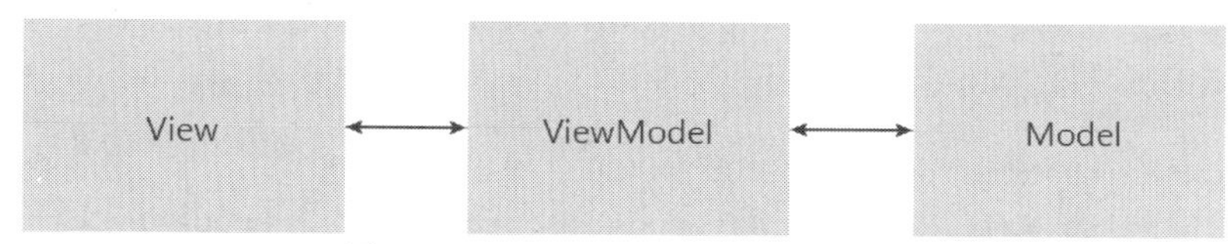

图 18-8　Model-View-ViewModel 模式

MVVM 中的数据绑定

在 XAML 联系人管理器的早期版本中，为了编辑数据，程序显式地将数据移入和移出显示元素。但除此之外，还有一种更加简单的方法，那就是使用 XAML 数据绑定将视图模型类中的数据连接到屏幕上的元素。

```
<TextBox Name="NameTextBox" Width="200" Margin="4"
Text="{Binding Name,Mode=TwoWay,UpdateSourceTrigger=PropertyChanged}">
</TextBox>
```

该 XAML 描述一个被称为 NameTextBox 的数据绑定 TextBox，其中文本框的文本被绑定到视图模型类的 Name 属性。这听起来很复杂，是吗？接下来让我们采取慢动作的方式解析这个绑定过程。可以从目前进行编辑的方式开始介绍。

```
<TextBox Name="NameTextBox" Width="200" Margin="4" Text="Robert"></TextBox>
```

上面的 XAML 定义了一个名为 NameTextBox 的 TextBox，其中包含了固定文本“Robert”。当程序运行时，会在 TextBox 中显示文本“Robert”。虽然这是显示姓名的好方法，但并不是我们想要做的事情。我们所希望的是显示用户正在使用的联系人姓名。只需要在代码中将对应的联系人姓名加载到 TextBox 中就可以了：

```
private void placeContactOnPage(Contact source)
{
    NameTextBox.Text = source.Name;
}
```

前面我们使用了 placeContactOnPage 方法让联系人可见，从而进行编辑。而上面所示的代码是该方法的简化版本。方法中的语句将联系人的姓名放到 NameTextBox 中，以便用户看到并编辑该姓名。编辑完毕之后，程序必须取回所编辑的文本，以便所做的任何更改都反映到正在编辑的联系人中。

```
private void saveContactFromPage(Contact destination)
{
   destination.Name = NameTextBox.Text;
}
Demo 18-02 Contact Editor
```

当完成编辑后调用 saveContactFromPage 方法。该简化版本只包含了一条语句，即在编辑结束后将所编辑的姓名放回到目标 Contact 中。可以在 Demo 18-02 Contact Editor 中看到完整的代码。

我们必须对所有正在编辑的项都执行上述操作。但是如果在 XAML 中使用了数据绑定，那么就可以删除这些代码了。可以指定一个 XAML 属性绑定到视图模型类中的一个属性。

NameTextBox 的数据绑定版本如下所示：

```
<TextBox Name="NameTextBox" Width="200" Margin="4"
Text="{Binding Name,Mode=TwoWay,UpdateSourceTrigger=PropertyChanged}">
</TextBox>
```

除了姓名文本来自视图模型类中的数据绑定属性之外，TextBox 的其他内容都是相同的。在下一节，我们将学习这个 Name 属性。

接下来，让我们依次学习绑定中的每个项。

```
Text="{Binding Name,Mode=TwoWay,UpdateSourceTrigger=PropertyChanged}"
```

第一个项 Binding 标识绑定到的类中的哪个属性。如果想要用户编辑联系人的地址，可以创建一个绑定到 Address 属性的 TextBox。

第二个项 Mode 指定了绑定的模式。模式可以是 OneTime、OneWay 或者 TwoWay。如果模式为 OneTime，那么只能在最初显示 TextBox 时读取源数据一次。如果此时程序更新了 TextBox 中的数据，那么所做的更改并不会反映到屏幕上。

OneWay 绑定意味着如果属性更改了，那么 XAML 控制也会更改(换句话说，如果程序更改了 Name 属性的内容，那么显示也将相应地进行更改)。但如果用户在 TextBox 中输入了一些内容，那么所输入的内容并不会反映到视图模型类中。在本示例中，我们需要使用的是 TwoWay。这意味着如果程序更改了数据，显示将会更新，同时如果用户更改了所显示的姓名，数据也会被更新。

最后一个项指明了源项(即视图模型中的属性)被更新的时机。但我认为该项的名称非常糟糕。该名称会让我们误认为正在定义用来更新源触发器的内容。但事实上，该语句的意思是“这是将导致更新源属性的触发器。”对于联系人编辑器来说，我们希望在属性被更改时(也就是说，当用户在 TextBox 中输入新内容或者当程序更改属性值时)显示管理器可以更新视图模型类中的信息，所以使用了 PropertyChanged 设置。

代码分析

理解数据绑定

问题：数据绑定看起来非常复杂。你是否可以再次告诉我为什么需要进行数据绑定呢？

答案：之所以实现数据绑定，是因为我们希望设计的视图元素中不包含任何程序代码。希望显示中的变化能够反映在视图模型的属性中，同时不需要做任何事情。换句话说，视图模型类中的 Name 属性应该自动对用户可见，而显示中所做的更改也应该自动反映到属性的内容中。

绑定可以非常形象地描述所发生的事情。当两个项被绑定时，一个对象中所做的更改会自动反映到另一个对象中，而不需要我们完成任何操作，这是一件非常好的事。

问题：数据绑定实际是如何工作的？

答案：可以将数据绑定看作一组对显示系统的指令，用以建立两个对象之间的连接。前面我们已经学习了 INotifyPropertyChanged 机制过程的基本内容。通过该机制，一个对象可以对另一个对象说“嗨！我已经发生了改变。”然后后者可以使用相关信息更新系统中的某些内容。数据绑定使用了 INotifyPropertyChanged 机制使一个项目中的更改传播到系统中的不同对象。

问题：是否只能绑定到文本属性？

答案：不是。事实上，这只是数据绑定强大功能的一个方面。可以将程序属性绑定到显示元素的不同属性，包括位置、颜色，甚至大小。绑定的过程都是相同的。

视图模型类

视图模型类管理着视图与数据对象(也被称为模型)之间的交互。XAML 所连接到的属性也是在视图模型类中定义的，此外，该类还包含了完成编辑工作所需的所有行为。

```
public class ContactManagerViewModel : INotifyPropertyChanged
{
    // Private name string
    private string name;

    // Public name property
    public string Name
    {
        get
        {
            // Return the private value for a get
            return name;
        }
        Set
        {
            // Set the private property to the incoming value
            name = value;

            if (PropertyChanged != null)
            {
                // If an object has registered an interest in the property,
                // call the PropertyChanged event to indicate the name has changed
                PropertyChanged(this,
                        new PropertyChangedEventArgs("Name"));
            }
        }
    }
}
```

上面的代码显示了视图模型类中的 Name 属性。你可能会认为前面看过类似的代码，事实上确实如此。我们在 Contact 对象中使用了相同的代码，以便显示系统可以绑定到联系人，并检测联系人姓名何时发生更改。实际上在我们的程序中，针对视图模型呈现给视图的每个数据项都拥有一个类似的属性，比如 Address、Phone number、搜索 ListBox 以及搜索文本。

将视图模型连接到视图

现在，已经拥有了一个 XAML 视图以及一个 C#视图模型。接下来需要将两者连接起来，可以将编辑页面的 DataContext 设置为该视图模型类。数据上下文定义了所有绑定将要被映射到的对象。对于联系人编辑器来说，需要将该上下文设置为 ContactManagerViewModel 类的一个实例。

```
<Page
    x:Class="ContactManager.MainPage"
    xmlns="http://schemas.microsoft.com/winfx/2006/xaml/presentation"
    xmlns:x="http://schemas.microsoft.com/winfx/2006/xaml"
    xmlns:local="using:ContactManager"
    xmlns:d="http://schemas.microsoft.com/expression/blend/2008"
    xmlns:mc="http://schemas.openxmlformats.org/markup-compatibility/2006"
    mc:Ignorable="d">  ————编辑器页面的标准 XAML 标头
    <Page.DataContext>  ————页面的 DataContext 信息的开始
        <local:ContactManagerViewModel x:Name="contactManagerViewModel"/>
</Page.DataContext>             └————标识要使用的类和本地名称
```

上述代码的 local:ContactManagerViewModel 部分标识了要被创建的类。而 x:Name= "contactManagerViewModel"部分则命名了新创建的实例。

代码分析

使用 DataContext

问题：DataContext 实际是什么？

答案：XAML 绑定包含了想要绑定的项名称。例如，将联系人的 Name 绑定到屏幕上的 TextBox。DataContext 是 XAML 与 C#对象(该对象所包含的 Name 属性保存了被绑定的值)之间的链接，也就是说，DataContext 是“数据存在的上下文。”可以使用任何类作为 XAML 页面的 DataContext，只要该类包含与页面上的属性匹配的属性。

问题：当程序运行时如何使用 DataContext？

答案：当加载页面时，系统会创建一个视图模型类的实例。此时，创建的是 ContactManagerViewModel 类的一个实例(被称为 contactManagerViewModel)。前面我们已经多次见过这种类型的对象创建。此外，当页面加载时还会创建 XAML 中的每个显示元素。

问题：数据连接是在什么地方建立的？

答案：视图模型类负责将视图连接到数据。当创建视图模型实例时连接就发生了。也就是说，应用程序从所使用的存储中加载数据，然后做好了被编辑器使用的准备。

将命令传递到视图模型

数据绑定可以将视图模型类中的属性连接到视图中的显示元素上。但它并没有提供一种方法将命令行为传递到视图模型中。此时，我们需要向视图模型提供一个命令，从而开始搜索联系人，以查找姓名中包含特定字符串的联系人。在前面的应用程序中，已经创建了事件处理程序，当单击 Search 按钮时运行该程序。在视图模型应用程序中也可以完成相同的事情，但此时事件处理程序只调用视图模型中的一个方法：

```
namespace ContactManager
{
    /// <summary>
    /// An empty page that can be used on its own or navigated to within a Frame.
    /// </summary>
    public sealed partial class MainPage : Page
    {
        // Constructor for the page
        public MainPage()
        {
            this.InitializeComponent();
        }

        // Search behavior bound to the button
        private void SearchButton_Click(object sender, RoutedEventArgs e)
        {
            // Ask the view model to perform the search
            contactManagerViewModel.DoSearch();
        }
    }
}
```

当用户单击 Search 按钮时，事件处理程序将调用视图模型类中的 DoSearch 方法。

```
public class ContactManagerViewModel : INotifyPropertyChanged
{
    public void DoSearch()
    {
        List<Contact> foundList = contacts.FindContactsWithName(SearchText);

        FoundList = new ObservableCollection<Contact>(foundList);
    }
}
```

上面所示的是视图模型中 DoSearch 方法的完整内容。该方法首先请求模型(即联系人存储)生成一个联系人列表，其中每个联系人的姓名都包含了搜索字符串。然后根据该列表创建一个 ObservableCollection，并将 FoundList 属性设置为所找到的列表。虽然该代码所做的事情与前一个版本的编辑器完全相同，但更加简洁。

代码分析

Model-View-ViewModel 的魔力

问题：事件处理程序如何找到要调用的视图模型类？

答案：当在 XAML 中设置 DataContext 时，实际上也就是说“设计中的所有数据绑定都绑定到名为 ContactManagerViewModel 的类中的属性上。”要创建的该类的实例被称为 contactManagerViewModel。当页面加载时创建该实例，然后可以在视图类中运行的代码中使用。

问题：DoSearch 方法如何获取要搜索的字符串？

答案：在前一个版本中，程序必须找到包含要搜索姓名的文本框。而此时，只需要使用属性 SearchText 就可以。该属性与视图绑定，并提供想要搜索的文本。视图模型并不知道绑定发生在哪里，甚至不知道是什么控制着属性绑定。它只知道该属性保存了所要搜索的文本。这就是 MVVM 的魔力所在。

问题：如何将 ListBox 的内容设置为搜索的结果？

答案：这个问题更能体现视图模型的魔力。视图模型中的 FoundList 属性与用来显示联系人的 ListBox 的 ItemsSource 属性绑定。当 DoSearch 方法的第二条语句完成赋值操作时，ListBox 会被自动更新。

如果你学习了更多关于 MVVM 模式的知识，就会找到一种使用命令机制的方法，即将事件直接绑定到视图模型类的方法。然而，对于本章的学习目的，上述设计是合理的。

检测视图中的变化

现在，用户可以从 ListView 中选择想要使用的联系人。可以使用数据绑定来检测所选择的联系人何时发生了变化。

```
<ListBox ItemsSource="{Binding FoundList}" Name="ContactListBox" Margin="4"
Height="273" SelectedItem="{Binding SelectedContact,Mode=TwoWay}" >
```

当用户在 ListBox 中选择了一个项时，所选择的项发生了变化。此时，绑定将会导致视图模型类中的 SelectedContact 属性发生变化。

```
public class ContactManagerViewModel : INotifyPropertyChanged
{
    private Contact selectedContact;

    public Contact SelectedContact
    {
        get
        {
            returnselectedContact;
        }
        set
        {
            if (selectedContact != null)
                saveContactFromPage (selectedContact);
```

```
                selectedContact = value;

                if (selectedContact != null)
                {
                    placeContactOnPage(SelectedContact);
                }

                if (PropertyChanged != null)
                {
                    PropertyChanged(this,
                            new PropertyChangedEventArgs("SelectedContact"));
                }
            }
        }
    }
```

Demo 18-04 MVM ContactEditor

当一个属性发生变化时，属性中的 set 行为可以允许程序进行相关控制。当选择了一个联系人时，需要首先保存当前正在编辑的联系人信息，然后再选择新的联系人进行编辑。这也就是上述代码所完成的操作。如果运行该程序，会发现工作过程完全符合需求，但所有的行为都在视图模型类中进行管理。

程序员要点

通过研究代码学习一些东西

当创建程序时，MVVM 原则是非常重要的。然而，仅通过了解代码的工作原理是学不到太多东西的。真正理解 MVVM 工作原理的唯一方法是首先知道程序员想要尝试做什么，然后再看看代码实际做了什么。

通过研究其他人编写的代码，我学到了很多好的编程知识。而我的问题也从“他们究竟为什么这么做？”转变为“哎呀，那是相当聪明的做法。”如果前面几节的内容很难理解，那么可以通过研究代码理解上面的内容并学到更多的知识。

请记住，在研究代码的过程中不要只是看代码。可以在 Visual Studio 中通过插入断点来单步调试代码，从而了解代码的运行过程。

动手实践

研究 MVVM

现在，我们已经理解了 MVVM 的工作原理，接下来可以花一些时间使用该模式构建一些简单的应用程序。可以以现有的程序为示例，并弄清楚哪些代码可以成为视图的内容，哪些代码在视图模型中，模型自身应该包含哪些内容。此外，还可以创建一个实验应用程序，通过使用数据绑定将输入 TextBox 链接到输出 TextBlock。

请记住，可以使用数据绑定控制 XAML 页面上项的方方面面，包括图像和声音。

18.4　所学到的内容

在本章，我们花费了大量的时间学习了 Model-View-ViewModel 设计模式，使用该模式可以构建易于测试和管理的用户界面。现在，你应该理解模式(pattern)的含义，即做事情的方式。此外，还学习了数据绑定原则，通过数据绑定，可以让一个对象的更改引发另一个对象的更改。属性是数据绑定中非常重要的一部分，当类中的数据发生变化时，属性可以允许触发代码动作。最后，还研究了什么是委托(delegate)，委托是一个对象，允许程序操纵对方法的引用。

这是一个非常重要的章节，它锻炼了你使用对象的技能，并了解了设计的重要性。当然，也会存在一些问题。

Model-View-ViewModel 是否是构建应用程序的唯一方法？

不是。创建带有界面的应用程序的方法有很多种。但是请记住，Model-View-ViewModel 是使用 XAML 页面描述语言创建的。在许多不同的应用程序中都使用了数据绑定原则；知道数据绑定的工作原理是非常有用的。然而，如果想要通过使用上一章中看到的“页面中的代码”技术创建所有的应用程序，对于我和用户来说也是可以的。

如何使用视图模型测试所构建的应用程序？

一旦创建了视图模型类，就可以像对待其他软件对象那样对其进行测试。可以触发对象中的行为并比较所发生的事情是否正确。例如，可以测试编辑器的搜索行为，首先创建一个测试数据集，然后在 SearchText 属性中设置一些文本并调用 DoSearch 方法，最后查看 FoundList 集合的内容。这样一来就不需要使用屏幕进行测试，视图代码中也不会包含任何 bug，因为视图根本就没有代码。

一个程序可以包含多个视图模型吗？

当然可以。一个给定的视图模型通常与应用程序中的某一特定活动相关联。在银行应用程序中，针对系统需要完成的每种事务类型都可以创建一个不同的视图模型。

为什么委托如此有用？

可以将委托视为一个指向方法的引用。我们已经在用户界面的按钮实现过程中见过委托的使用。Button 对象被赋予一个委托对象，该对象标识了当按钮被激活时要调用的方法。INotifyPropertyChanged 机制也使用了委托；通过该机制，一个对象可以注册对某一属性更改的关注。可观测对象赋予了该属性一个委托，当属性发生变化时就会调用该委托。然而委托的强大功能远非如此。

可以将一个委托引用列表转换为一个“程序中的程序。”每个委托可以被依次调用，从而提供一系列动作。我曾经在游戏中使用了委托引用列表来为游戏元素提供“脚本”，取得了非常好的效果。了解委托如何工作以及如何使用它们是一项非常有用的技能。